D1690494

Hartmut Ross / Friedemann Stahl

Handbuch Putz

Stoffe – Verarbeitung – Schadensvermeidung

Hartmut Ross / Friedemann Stahl

HANDBUCH PUTZ

Stoffe
Verarbeitung
Schadensvermeidung

mit 26 Abbildungen

Rudolf Müller

Die Deutsche Bibliothek – CIP-Einheitsaufnahme

Ross, Hartmut:
Handbuch Putz :
Stoffe – Verarbeitung – Schadensvermeidung /
Hartmut Ross ; Friedemann Stahl. –
Köln : R. Müller, 1992
ISBN 3-481-00288-2
NE: Stahl, Friedemann:

ISBN 3-481-00288-2

© Verlagsgesellschaft Rudolf Müller GmbH, Köln 1992
Alle Rechte vorbehalten
Umschlaggestaltung: Steffen Missmahl, Köln
Druck und Weiterverarbeitung:
DVG Druck- und Verlags-GmbH, Darmstadt
Printed in Germany

Inhaltsverzeichnis

Vorwort.. IX

Hinweise zur Anwendung dieses Buches.......... X

1	**Baustoffgrundlagen**............................1	
1.1	Bindemittel...1	
1.1.1	Gips und Anhydrit...........................1	
1.1.2	Luftkalk...3	
1.1.3	Hydraulischer Kalk 5	
1.1.4	Zement...6	
1.1.5	Silikate 9	
1.1.6	Lehm und Ton 9	
1.1.7	Magnesia...10	
1.1.8	Kunstharze......................................11	
1.1.9	Putz- und Mauerbinder.....................12	
1.2	Zuschlagstoffe......................................13	
1.2.1	Zuschläge mit dichtem Gefüge.............13	
1.2.2	Zuschläge mit porigem Gefüge.............14	
1.2.3	Korngröße und Kornform 15	
1.2.4	Schädliche Bestandteile in Zuschlägen....16	
1.2.5	Füllstoffe oder Füller 17	
1.2.6	Zugabewasser..................................17	
1.2.7	Pigmente 18	
1.3	Zusatzmittel...18	
1.3.1	Luftporenbildner 18	
1.3.2	Verflüssiger.....................................19	
1.3.3	Erstarrungsverzögerer 19	
1.3.4	Erstarrungsbeschleuniger 19	
1.3.5	Haftungsmittel 19	
1.3.6	Stabilisierer.....................................19	
1.3.7	Dichtungsmittel 20	
1.4	Putzmörtel..20	
1.4.1	Putzmörtelgruppen..........................20	
1.4.2	Gipsmörtel.......................................22	
1.4.3	Anhydritbinder................................24	

1.4.4	Kalkmörtel.......................................24	
1.4.5	Zementmörtel..................................26	
1.4.6	Anwendungsbereiche von Putzmörteln 26	
1.5	Organische Putze, Sonderputze und Putzsysteme..31	
1.5.1	Kunstharzputze 31	
1.5.2	Silikatputz, Silikonharzputz 35	
1.5.3	Wärmedämmputz............................37	
1.5.4	Wärmedämmverbundsystem.............37	
1.5.5	Sanierputz.......................................41	
1.5.6	Sperrputz...42	
1.5.7	Dichtungsschlämmen.......................43	
1.5.8	Historischer Putz 44	
1.5.9	Akustikputz.....................................44	
1.5.10	Schlämmputze 45	
1.5.11	Brandschutzputz..............................46	
1.6	Baustoffe für den Trockenbau 46	
1.6.1	Gipskartonplatten 47	
1.6.2	Gipsfaserplatten..............................48	
1.6.3	Technische Eigenschaften von Trockenbauplatten..........................49	
1.6.4	Metallprofile....................................50	
1.6.5	Holzprofile......................................51	
1.6.6	Befestigungsmittel...........................52	
2	**Technologische Eigenschaften**.............54	
2.1	Mechanische Kennwerte 54	
2.1.1	Spannungen....................................54	
2.1.2	Verformungen.................................55	
2.1.3	E-Modul..56	
2.1.4	Rißsicherheitskennwert 57	
2.2	Mechanisches Verhalten von Putzen.......58	
2.2.1	Auftretende Spannungen und Verformungen.................................58	
2.2.2	Abbau der Spannungen 59	

2.2.3	Regeln zum Putzaufbau	61	3.1.3 Putzträger	104
2.3	Beanspruchungen durch Witterungseinflüsse	64	3.1.3.1 Zweck und Anforderungen	105
			3.1.3.2 Arten von Putzträgern	105
2.3.1	Beanspruchungen durch Wasser und Schlagregen	64	3.1.4 Putzbewehrung	107
			3.1.4.1 Putzbewehrung aus Drahtgewebe	108
2.3.2	Beanspruchungen durch Temperaturwechsel	67	3.1.4.2 Putzbewehrung aus Glasfasergewebe	109
			3.1.5 Putzprofile	110
2.3.3	Beanspruchung durch Luftschadstoffe und Sonnenlicht	69	3.2 Putztechniken	112
			3.2.1 Verarbeitung von Hand	112
2.4	Putzuntergründe	71	3.2.2 Maschinenputz	112
2.4.1	Beton, Leichtbeton, Porenbeton	72	3.2.3 Rabitzputz	114
2.4.2	Mauerwerk aus schweren Baustoffen	73	3.2.4 Putzweisen	114
2.4.3	Mauerwerk aus leichten Baustoffen	73	3.2.5 Sgraffitotechnik	119
2.4.4	Faserzementplatten	75	3.3 Ausführungshinweise zur Mängelvermeidung verschiedener Putze	120
2.4.5	Sonstige Untergründe	75	3.3.1 Gipsputze	120
2.4.6	Mischbauweisen	77	3.3.2 Anhydritputze	121
2.5	Bauphysikalische Eigenschaften	78	3.3.3 Kalkputze	121
2.5.1	Wärmeschutz	78	3.3.4 Zementputze	122
2.5.1.1	Begriffe	78	3.3.5 Kunstharzputze	123
2.5.1.2	Winterlicher Wärmeschutz	79	3.3.6 Silikatputze	123
2.5.1.3	Sommerlicher Wärmeschutz	81	3.3.7 Wärmedämmputze	123
2.5.2	Dampfdiffusion	82	3.3.8 Wärmedämmverbundsysteme	124
2.5.2.1	Oberflächentauwasser	83	3.3.9 Sanierputze	128
2.5.2.2	Tauwasserbildung im Innern von Bauteilen	83	3.3.9.1 Luftporen	129
			3.3.9.2 Sanierputzsystem	130
2.5.3	Regenschutz	85	3.3.9.3 Schichtdicke	131
2.5.3.1	Begriffe	85	3.3.9.4 Weitere Hinweise	132
2.5.3.2	Fassadenschutztheorie nach Künzel	88	3.3.10 Sperrputze	132
2.5.3.3	Wasserhemmende und Wasserabweisende Putze	88	3.4 Mängelvermeidung in Sonderfällen	133
			3.4.1 Sockelbereiche	133
2.5.4	Schallschutz	90	3.4.2 Rolladenkästen	134
2.5.4.1	Der Schallpegel	90	3.4.3 Ausblühungen	134
2.5.4.2	Luftschalldämmung	91	3.4.4 Wärmedämmplatten aus Hartschaum	135
2.5.4.3	Trittschallschutz	92	3.4.5 Holzwolle-Leichtbauplatten	138
2.5.4.4	Trittschall-Verbesserungsmaß	92	3.4.5.1 Prüfung des Untergrundes	138
2.5.4.5	Anforderungen an den Schallschutz	93	3.4.5.2 Innenputz auf Leichtbauplatten	138
2.5.4.6	Schalldämmung von zweischaligen Bauteilen	94	3.4.5.3 Außenputz auf Leichtbauplatten mit Bewehrung aus Drahtnetzen	139
			3.4.5.4 Außenputz auf Leichtbauplatten mit Bewehrung aus Glasfasergewebe	140
3	**Ausführung von Putzarbeiten**	**96**	3.4.6 Aufsteigende Feuchtigkeit	141
3.1	Vorbereitende Arbeiten und Vorarbeiten	96	3.4.7 Putze auf Porenbeton	141
3.1.1	Beanspruchung	96	3.4.8 Putze auf Mauerwerk mit geringer Festigkeitsklasse	142
3.1.2	Untergründe	97		
3.1.2.1	Auswahl des Putzsystems	97	3.5 Anstriche auf Putzen	143
3.1.2.2	Prüfen des Untergrundes	100	3.5.1 Anforderungen an Anstriche	143
3.1.2.3	Mängel am Putzgrund	102		

3.5.2	Bauphysikalische Eigenschaften von Anstrichen	144	4.2.4.2 Rißtiefe	173
3.5.3	Beurteilung und Vorbereitung des Anstrichuntergrundes	146	4.2.4.3 Rißursache	173

3.5.2 Bauphysikalische Eigenschaften von Anstrichen ... 144
3.5.3 Beurteilung und Vorbereitung des Anstrichuntergrundes ... 146
3.5.4 Anstrichsysteme ... 148
3.5.4.1 Hydrophobierungen ... 148
3.5.4.2 Silikatfarben ... 150
3.5.4.3 Dispersions-Silikatfarben ... 150
3.5.4.4 Dispersionsfarben ... 150
3.5.4.5 Rißüberbrückende Anstriche ... 151
3.5.4.6 Polymerisatharzfarben ... 151
3.5.4.7 Silikonharzfarben ... 152
3.5.5 Auswahl von Anstrichsystemen ... 152

3.6 Trockenbauarbeiten ... 153
3.6.1 Montagewände ... 155
3.6.1.1 Wandbauarten ... 156
3.6.1.2 Unterkonstruktion ... 156
3.6.1.3 Beplankung ... 157
3.6.1.4 Hohlraumdämpfung ... 158
3.6.1.5 Spachtelung ... 158
3.6.1.6 Sonderkonstruktionen ... 159
3.6.2 Montagedecken ... 159
3.6.2.1 Deckenbauarten ... 159
3.6.2.2 Unterkonstruktion ... 160
3.6.2.3 Beplankung ... 160
3.6.2.4 Hohlraumdämpfung ... 160
3.6.2.5 Spachtelung ... 160
3.6.2.6 Akustikdecken ... 160
3.6.3 Trockenputz ... 160
3.6.4 Trockenestriche ... 161
3.6.4.1 Bauarten ... 161
3.6.4.2 Verlegung ... 161

4 Schäden und Sanierung ... 162
4.1 Schadensverursachende Angriffe ... 162
4.1.1 Verwitterung ... 163
4.1.2 Chemische Einwirkungen ... 163
4.1.3 Biogene Angriffe ... 164

4.2 Häufige Schäden, Schadensursachen und Sanierung ... 165
4.2.1 Putzablösungen vom Untergrund ... 167
4.2.2 Mangelhafte Festigkeit des Putzes ... 167
4.2.3 Mangelhafte Oberflächenfestigkeit des Putzes ... 168
4.2.4 Risse im Putz ... 169
4.2.4.1 Rißbreite ... 170

4.2.4.2 Rißtiefe ... 173
4.2.4.3 Rißursache ... 173
4.2.4.4 Sanierung von Rissen ... 174
4.2.5 Undichte Anschlüsse ... 179
4.2.6 Schäden an Sanierputzen ... 179
4.2.7 Schäden an Wärmedämmverbundsystemen ... 180

4.3 Verschiedene Schadensbilder ... 182
4.3.1 Putzablösungen ... 182
4.3.1.1 Putzablösungen durch mangelhafte Untergrundvorbehandlung ... 182
4.3.1.2 Putzablösungen durch Holz im Untergrund ... 182
4.3.1.3 Putzabrisse an Holzfachwerk ... 183
4.3.1.4 Putzablösungen durch Verschmutzungen ... 183
4.3.2 Putzschäden infolge Feuchtigkeit aus Niederschlägen ... 184
4.3.2.1 Zerstörung des Putzes durch undichte Anschlüsse ... 184
4.3.2.2 Zerstörung des Putzes durch ständige Wassereinwirkung ... 185
4.3.2.3 Abplatzungen des Oberputzes durch eindringendes Wasser ... 185
4.3.3 Putzschäden infolge aufsteigender Feuchtigkeit ... 185
4.3.3.1 Ausblühungen an einem Gipsputz ... 186
4.3.3.2 Putzschäden an falsch saniertem historischem Bauwerk ... 186
4.3.3.3 Anstrichschäden und Putzablösungen ... 187
4.3.4 Sonstige Schäden ... 187
4.3.4.1 Schäden durch falsche Einbettung eines Gewebes (zu nah am Putzgrund) ... 188
4.3.4.2 Schäden durch falsche Einbettung eines Gewebes (zu nah an der Oberfläche) ... 188
4.3.4.3 Zu geringe Festigkeit des Unterputzes ... 189

4.4 Instandhaltung von Putzen ... 190
4.4.1 Allgemeines ... 190
4.4.2 Überbeanspruchung an Details ... 191
4.4.3 Risse ... 191

5 Normen, Merkblätter und Richtlinien ... 192

6 Literaturverzeichnis ... 196

7 Lexikonteil ... 198

8 Stichwortverzeichnis ... 210

Vorwort

Im vorliegenden »Handbuch Putz« werden alle Teilaspekte, angefangen von den Baustoffgrundlagen über die Putztechniken und die Putzverarbeitung bis hin zu den Sonderputzen und Putzschäden, übersichtlich und leicht verständlich dargestellt. Eine solche zusammenfassende Darstellung, die bisher noch nicht vorliegt, ist insbesondere aus der Sicht der Baupraxis sinnvoll und nützlich. Diese Darstellung umfaßt neben neuen wissenschaftlichen Erkenntnissen und der Beschreibung von neuen Werkstoffen auch Hinweise für einen werkstoffgerechten Einsatz, u.a. von altbewährten Putzen. In diesem Buch wurde Wert auf die Berücksichtigung bestehender Normen und technischer Regelwerke gelegt, wobei diese so allgemein dargestellt werden, daß trotz des komprimierten Inhalts der Regelwerke eine leicht verständliche und übersichtliche Darstellung entstand. Dieses Buch will Anwendern die notwendigen Kenntnisse vermitteln, um Putze mängelfrei verarbeiten zu können.

Da dieses Handbuch für einen breiten Leserkreis konzipiert wurde, empfehlen wir dem Leser, zunächst die »Hinweise zur Anwendung dieses Buches« im Anschluß an dieses Vorwort durchzusehen. Das Buch beginnt mit Baustoffgrundlagen, die ein breites Basiswissen jedem zugänglich machen. Es werden nicht nur grundsätzliche Eigenschaften der einzelnen Komponenten eines Putzes erklärt, sondern auch Putzmörtelarten, Sonderputze und Putzsysteme. In Kapitel 2, Technologische Eigenschaften, wird auf die Festigkeit, die Beanspruchung und die Beständigkeit von Putzen eingegangen. Außerdem werden hier Putzuntergründe behandelt sowie die bauphysikalischen Randbedingungen. Breiten Raum nimmt das Kapitel 3 über die Anwendung von Putzen ein. Dort wird detailiert auf die Putzanwendung und die Putztechniken eingegangen. Zusätzlich werden praktische und hilfreiche Hinweise zur Mängelvermeidung gegeben. Ein besonderes Kapitel ist den Putzschäden und der Sanierung solcher Schäden gewidmet. Am Ende des Werkes befinden sich ein Normen- und Literaturverzeichnis, ein Lexikonteil, in dem wichtige Fachbegriffe erläutert sind, und ein Stichwortverzeichnis.

Die Verfasser sind für jede sachdienliche Anregung zur Verbesserung und Ergänzung des vorliegenden Buches dankbar.

Bad Teinach-Zavelstein,
im Oktober 1991

Hartmut Ross und
Friedemann Stahl

Hinweise zur Anwendung dieses Buches

Das Handbuch Putz wendet sich hauptsächlich an ausführende Firmen, insbesondere Stukkateurbetriebe, und an die ausführenden Firmen für den Trockenbau. Da der Trockenbau ein relativ junger Bereich im Handwerk ist, wird er, mangels entsprechend ausgebildeter Fachkräfte, sehr häufig von Stukkateuren oder auch Malern ausgeführt. Der Trockenbau ist speziell im Berufsbild des Wärme-, Kälte-, Schall- und Brandschutz-Facharbeiters integriert.

Da der Trockenbau vom Ansatz her eine Fortführung des Stukkateurgewerbes darstellt (Ersatz von Innenputzen durch Trockenbauplatten), wird dieser Bereich im vorliegenden Buch in entsprechender Ausführlichkeit dargestellt.

Ausführende Firmen, insbesondere *Stukkateurbetriebe*, können wesentliche Anleitungen aus dem *Ausführungsteil* (Kapitel 3) entnehmen. Die Einhaltung der Ausführungshinweise führt zur Vermeidung von Ausführungsfehlern und darauf zurückzuführenden Mängeln. Ferner finden sich wertvolle Hinweise zur Sanierung von Schäden in Kapitel 4. Mit Hilfe dieser Kapitel ist eine konsequente Mängelvermeidung möglich, auch in schwierigen Fällen.

Für *Auszubildende* des Stukkateurberufes sind insbesondere die beiden ersten Kapitel interessant, in denen Grundlagen zu den Baustoffen gegeben werden.

Für *Sachverständige* ist das Kapitel 4, Schäden und Sanierung, von besonderem Interesse, wobei dieses auf den Kapiteln 1 und 2, Baustoffgrundlagen und Technologische Eigenschaften, aufbaut.

Architekten, *beratenden Ingenieuren* und *Bauingenieuren* sei empfohlen, sich zunächst mit den Technologischen Eigenschaften (Kapitel 2) und der Ausführung von Putzen (Kapitel 3) zu beschäftigen.

Für *Studenten* empfiehlt sich das Buch in vollem Umfang, insbesondere sind jedoch die Kapitel 1 und 2, Baustoffgrundlagen und Technologische Eigenschaften, von besonderem Wert für das Studium.

1 Baustoffgrundlagen

Fachgerechtes Umgehen mit Putzmörteln erfordert Grundkenntnisse über die einzelnen Stoffe, aus denen sie zusammengemischt sind, die Zusammensetzung der Putzmörtel und deren Eigenschaften. Von großer Bedeutung ist deshalb ein fundiertes Wissen über Bindemittel, Zuschlagstoffe und Zusatzmittel. In Kapitel 1 dieses Handbuches wird zunächst auf die Herstellung sowie auf die Eigenschaften und die Verwendung von allen wichtigen Bestandteilen von Putzmörteln eingegangen.

1.1 Bindemittel

Bindemittel sind dazu da, um verschiedene Baumaterialien miteinander zu verbinden. Die meisten werden durch Brennen aus bestimmten Gesteinen gewonnen und danach mehlfein gemahlen. Dadurch wird die reagierende Oberfläche der Bindemittel um ein Vielfaches vergrößert. Mit diesem hohen Oberflächenanteil reagieren sie dann sehr leicht mit der Luftfeuchtigkeit und/oder dem Kohlendioxid der Luft. Durch diese leichte Reaktionsfähigkeit ist ihre Lagerdauer begrenzt. Werden Bindemittel mit Wasser vermengt, so erhält man den sogenannten *Bindemittelleim*. Je nach Art der Ausgangsstoffe ist dieser Bindemittelleim unterschiedlich in seiner Verarbeitbarkeit. Durch Einarbeiten von Zusatzstoffen können die Eigenschaften bei der Verarbeitung beeinflußt werden. Zuschlagstoffe beeinflussen das Endprodukt oder bringen ein solches erst zustande.

1.1.1 Gips und Anhydrit

Gips ist ein Naturbaustoff, der bereits in Ägypten zu Beginn des 3. Jahrtausends v. Chr. als Baustoff verwendet wurde, und zwar sowohl als Fugenmörtel zwischen den Steinquadern der Pyramiden als auch als Verputzmaterial. Offensichtlich geriet Gips in der römischen Antike in Vergessenheit, denn erst im 13. und 14. Jahrhundert tauchen Gipsmörtel auf der Basis von Stuckgips wieder auf. Erstaunlicherweise zeigten Untersuchungen an mittelalterlichen Gipsmörteln, daß diese eine hohe Druckfestigkeit bei geringer Wasseraufnahme haben.

Tabelle 1.1: Herstellung von Stuckgips und Estrichgips

Herstellung von Stuckgips aus Gipsvorkommen
$CaSO_4 \cdot 2H_2O \longrightarrow CaSO_4 \cdot 1/2 H_2O + 1 1/2 H_2O \uparrow$ Gips — Stuckgips — Wasser   (Calcium-Dihydrat) (Calcium-Halbhydrat)
Herstellung von Anhydrit (Estrichgips) aus Halbhydrat
$CaSO_4 \cdot 1/2 H_2O \longrightarrow CaSO_4 + 1/2 H_2O \uparrow$ Halbhydrat — Estrichgips — Wasser
Herstellung von synthetischem Gips (Anhydrit)   – Rauchgasentschwefelung $CaO + SO_2 + 1/2 O_2 \longrightarrow CaSO_4$ gebrannter Kalk — Schwefeldioxid — Sauerstoff — Anhydrit   – Naßphosphorsäureherstellung (vereinfacht) $Ca_5(PO_4)_3F + 5H_2SO_4 \longrightarrow 5CaSO_4 + 3H_3PO_4 + HF$ Phosphorit — Schwefelsäure — Anhydrit — Phosphorsäure   – Flußsäuregewinnung $CaF_2 + H_2SO_4 \longrightarrow CaSO_4 + 2HF$ Flußspat — Schwefelsäure — Anhydrit — Flußsäure

- *Vorkommen / Herstellung*

Die natürlichen Vorkommen von Gips werden ihrer unterschiedlichen äußeren Form entsprechend unterschiedlich bezeichnet (z.B. Gipsstein, Fasergips, Marienglas). Bei diesen Gipsvorkommen liegt Gips als *Dihydrat* (oder Doppelhydrat) vor. Es handelt sich dabei jeweils um Calciumsulfat, welches mit 2 Wassermolekülen verbunden ist:

$$CaSO_4 \cdot 2H_2O$$

Aus diesen Vorkommen wird u.a. Stuckgips, auch Halbhydrat genannt, durch Brennen hergestellt (siehe Tabelle 1.1). *Halbhydrat* wird chemisch als Calciumsulfat mit einem halben Wassermolekül bezeichnet:

$$CaSO_4 \cdot 1/2 H_2O$$

Es gibt auch Halbhydratvorkommen in der Natur. Diese werden i.d.R. von wasserundurchlässigen Schichten abgedeckt. Wird eine solche Schicht (z.B. im Zuge von Baumaßnahmen) zerstört, so quillt das Halbhydrat auf (wird zum Dihydrat) und kann erhebliche Probleme bereiten (Straßenbau).

Aus Halbhydrat wird durch weiteres Brennen *Anhydrit* hergestellt, der sogenannte Estrichgips (siehe Tabelle 1.1). Anhydrit ist *wasserfreies* Calciumsulfat:

$$CaSO_4$$

Es liegt in der Natur meist verunreinigt vor (Gipsstein) und weist deshalb für weitere Anwendungszwecke eine zu geringe Qualität auf. Heute wird darum hauptsächlich synthetischer Anhydrit verwendet. Dieser entsteht z.B. als Abfallprodukt bei der Rauchgasentschwefelung, der Naßphosphorsäureherstellung und bei der Flußsäuregewinnung (siehe Tabelle 1.1).

Tabelle 1.2: Arten und Phasen von Calciumsulfat

Chemische Formel	Chemische Bezeichnung	Weitere Bezeichnungen	Bildung aus	Umwandlung in	Wasserlöslichkeit
$CaSO_4 \cdot 2H_2O$	Calciumsulfat-Dihydrat	Dihydrat, Gips, Rohgips, Gipsstein, abgebundener Gips	Halbhydrat und Anhydrit III bei Hydratation	Halbhydrat bei 120 bis 180 °C, Beginn bei > 45 °C	2,0 g/l
$CaSO_4 \cdot 1/2 H_2O$	α-Calciumsulfat-Halbhydrat	α-Halbhydrat, α-Gips, Autoklavengips	Dihydrat bei 160 bis 180 °C (nasses Brennen)	Dihydrat bei Hydratation (Abbinden)	6,7 g/l
	β-Calciumsulfat-Halbhydrat	β-Halbhydrat, β-Gips, Stuckgips	Dihydrat bei 120 bis 180 °C (trockenes Brennen)	Dihydrat bei Hydratation (Abbinden)	8,8 g/l
$CaSO_4$	Calciumsulfat I	Anhydrit I, Hochtemperaturanhydrit	Anhydrit II bei > 1.180 °C	$CaSO_4 \leftrightarrow CaO + SO_3$ bei > 1.220 °C	nicht bekannt
	Calciumsulfat II	Anhydrit II s (schwerlöslich), Anhydrit, Rohanhydrit, Anhydritstein, natürlicher Anhydrit	Anhydrit III bei > 240 °C (300 bis 900 °C)	Anhydrit I bei > 1.180 °C	0,27 g/l
		Anhydrit II u (unlöslich), synthetischer Anhydrit, Chemieanhydrit	Anhydrit III bei > 240 °C (500 bis 700 °C)	Anhydrit I bei > 1.180 °C	nicht bekannt
		Anhydrit II-E, Estrichgips, erbrannter Anhydrit	Anhydrit III bei > 700 °C	Anhydrit I bei > 1.180 °C	nicht bekannt
	Calciumsulfat III	Anhydrit III, löslicher Anhydrit, α-Anhydrit III	α-Halbhydrat bei > 180 °C	Dihydrat bei Hydratation	6,7 g/l
		β-Anhydrit III	β-Halbhydrat bei > 180 °C	Dihydrat bei Hydratation (schnelle Reaktion)	8,8 g/l

In der Tabelle 1.2 sind alle Arten und Phasen von Calciumsulfat zusammengestellt. Außerdem werden weitere Bezeichnungen sowie das Herstellungsverfahren und die Wasserlöslichkeit angegeben.

- *Chemische und physikalische Eigenschaften*

Die verschiedenen Phasen von Calciumsulfat besitzen unterschiedliche Löslichkeiten in Wasser. Diese reichen von unlöslichem Anhydrit II bis zu löslichem β-Halbhydrat (Stuckgips). Beim Erhärten (Hydratation) von Stuckgips bilden sich nadelförmige Gipskristalle aus, die durch ihre Verfilzung die Festigkeit des Gipses bewirken. Die Kristalle sind beim Auskristallisieren auf eine Keimbildung angewiesen. Hydratkristalle wirken insbesondere auf Werkzeugen und Maschinen als Keime, die eine Beschleunigung der Erhärtung hervorrufen. Beim Abbinden von Stuckgips ergibt sich eine Volumenvergrößerung um 0,7 bis 1,0 %. Dadurch wird die Bildung von Schwindrissen verhindert. Durch die porige Struktur des erhärteten Gipses besitzt dieser eine feuchtigkeitsregulierende Wirkung für das umgebende Raumklima.

Bei zu starker Erhitzung von Gipsputz (z.B. bei Bränden), wird diesem Wasser entzogen, wodurch ein mürbes Halbhydrat zurückbleibt, welches eine deutlich niedrigere Wärmeleitfähigkeit besitzt und somit eine höhere Wärmedämmwirkung als das Dihydrat (Brandschutz).

Bei ständigem Wechsel von Feuchtigkeit und Trockenheit des erhärteten Gipses beginnt dieser zu »faulen«. Die Gipskristalle lösen sich hierbei auf, wodurch die gesamte Struktur zerstört und die Festigkeit stark vermindert wird.

- *Verwendung*

Calciumsulfat findet in seinen unterschiedlichen Phasen viele Anwendungsbereiche, am bekanntesten ist die Verwendung als Stuckgips. Außerdem wird Gips in Verbindung mit Sanden (z.B. Gipssandmörtel) und in Verbindung mit anderen Baustoffen und Bindemitteln verwendet (z.B. geringer Zusatz in Zement). Ein weiteres Anwendungsgebiet von Gips ist der sogenannte *Trockenbau*. Dort werden aus Gips hergestellte Gipskarton- und Gipsfaserplatten verwendet (siehe Kapitel 1.6).

Das Anhydrit, im Handel als *Anhydritbinder*, wird vorwiegend als Estrichgips verwendet und dient zur Herstellung von Anhydritestrichen. Der Abbindevorgang führt wieder zu Dihydrat, er dauert jedoch länger als beim Stuckgips und ergibt höhere Festigkeiten.

- *Normen*

DIN 1168 Teil 1 Baugipse; Begriff, Sorten und Verwendung, Lieferung und Kennzeichnung.

DIN 1168 Teil 2 Baugipse; Anforderungen, Prüfung, Überwachung.

DIN 4208 Anhydritbinder.

1.1.2 Luftkalk

Schon im 17. Jahrhundert v. Chr. wurde Kalk für Kalkputze verwendet. In Ägypten beginnt die Verwendung von Kalk als Baustoff erst später, um ca. 300 v. Chr. Es sind auch ältere Mörtelfunde bekannt, die jedoch ein Gemisch aus Calciumkarbonat und Gips darstellen. Das bedeutet, daß als Ausgangsmaterial ein Mineralgemenge verwendet worden ist. Da jedoch gebrannter Kalk bei sehr viel höheren Temperaturen hergestellt wird als Stuckgips, ist es unwahrscheinlich, daß in diesen Fällen gebrannter Kalk zur Anwendung gelangte.

- *Vorkommen / Herstellung*

Aus dem in Steinbrüchen gebrochenen *Kalkstein*

$$CaCO_3$$

wird der als Baustoff zur Anwendung gelangende *gebrannte Kalk*

$$CaO$$

durch Brennen bei ca. 1000 bis 1200 °C (unterhalb der Sintergrenze) gewonnen. Weitere Ausgangsmaterialien sind Dolomit $CaCO_3 \cdot MgCO_3$ und Kalkmergel (siehe Kapitel 1.1.3). Durch das Brennen von reinem oder fast reinem Kalkstein entsteht *Weißkalk*, durch das Brennen von Dolomit der *Dolomitkalk*. Sehr feine Weißkalke stellt man durch Brennen von Seemuscheln oder Marmor her. Die chemischen Prozesse bei der Herstellung, beim Löschen und bei der Erhärtung von Kalk sind in Tabelle 1.3 dargestellt.

Synthetisch fällt gelöschter Kalk (Carbidkalk) z.B. bei der Herstellung von Azethylengas an (siehe Tabelle 1.3).

Alle vorgenannten Kalke zählen zu den *Luftkalken*. Außer den oben genannten Bezeichnungen gibt es noch weitere, vor allem ältere Bezeichnungen. In Tabelle 1.4 sind u.a. diese Bezeichnungen den Kalken zugeordnet. Die Bezeichnung Luftkalk rührt daher, daß diese Kalke nur an der Luft erhärten können, indem sie von dieser Kohlendioxid aufnehmen.

- *Chemische und physikalische Eigenschaften*

Karbonatisierter Kalk ist im Wasser praktisch unlöslich. Somit ist der freien Witterung ausgesetzter Kalk bzw. Kalkmörtel sehr widerstandsfähig. Beeinträchtigungen ergeben sich dort, wo durch Luftverschmutzungen z.B. Schwefeldioxid vorliegt, welches zusammen mit Wasser aus dem karbonatisierten Kalk (Kalkstein) Gips bildet. Die bei der Erhärtungsreaktion von Luftkalk aus dem Kohlendioxid der Luft und dem Wasser entstehende Kohlensäure verbindet sich mit der Kalkbase zu einem Calciumsalz der Kohlensäure. Das Erhärten (Abbinden) von Kalk ist mit einer Volumensverminderung verbunden. Deshalb kann gelöschter Kalk außer für Schlämmen nie allein verwendet werden, sondern immer nur mit Füllstoffen (Zuschlägen), um die Entstehung von Schwindrissen zu vermeiden.

Da gelöschter Kalk zum Erhärten Kohlendioxid benötigt, das er aus der Luft aufnehmen muß, ist es möglich, die Erhärtung zu beschleunigen, indem künstlich Kohlendioxid zugeführt wird. Eine erhöhte Kohlendioxidzufuhr wurde früher durch das Aufstellen von Kokskörben ermöglicht. Innerhalb von dicken Mauern kann Luftkalk durch die stark verzögerte Luftzufuhr kaum erhärten. Der Erhärtungsprozeß kann dort, je nach Mauertiefe, mehrere Jahre oder gar Jahrzehnte dauern.

- *Verwendung*

Luftkalke finden Verwendung bei der Herstellung von Kalksandsteinen und Gasbetonsteinen. Zur Herstellung von Mauer- und Putzmörtel auf der Baustelle werden in der Regel nur gelöschte pulverförmige Kalkhydrate verwendet. Weiter finden Kalke im Straßenbau zur Verfestigung des Untergrundes Verwendung.

Früher wurde Kalk häufig als Außenputz in Form von reinen, mehrfach aufgetragenen Kalkschlämmen verwendet. Wegen der zeitintensiven Verarbeitung wurde diese Art von Außenputz zunehmend verdrängt.

Als typischer Füllstoff von Luftkalken gilt Sand, der jedoch frei von Salzen, Ton und organischen Stoffen sein muß.

- *Normen*

DIN 1060 Teil 1 Baukalk; Begriffe, Anforderungen, Lieferung, Überwachung.

DIN 1060 Teil 2 Baukalk; Chemische Analyseverfahren.

DIN 1060 Teil 3 Baukalk; Physikalische Prüfverfahren.

DIN 53 922 Calciumcarbid.

Tabelle 1.3: Herstellungs-, Lösch- und Erhärtungsprozesse von Kalk

Herstellung von gebranntem Kalk

$$CaCO_3 \longrightarrow CaO + CO_2\uparrow$$
Kalkstein — gebrannter Kalk — Kohlendioxid
(Calciumkarbonat) — (Calciumoxid)

Löschen von gebranntem Kalk

$$CaO + H_2O \longrightarrow Ca(OH)_2$$
gebrannter Kalk — Wasser — gelöschter Kalk
(Calciumoxid) — — (Calciumhydroxid)

Erhärtung von gelöschtem Kalk

$$Ca(OH)_2 + CO_2\downarrow \longrightarrow CaCO_3 + H_2O$$
gelöschter Kalk — Kohlendioxid — Kalkstein — Wasser
(Calciumhydroxid) — — (Calciumkarbonat)

Synthetische Herstellung von gelöschtem Kalk

– Abfallprodukt bei der Azethylenherstellung (vereinfacht)

$$CaCO_3 + 4C \longrightarrow CaC_2 + CO_2\uparrow$$
Kalkstein — Kohlenstoff — Calciumcarbid — Kohlendioxid

$$CaC_2 + H_2O \longrightarrow C_2H_2 + Ca(OH)_2$$
Calciumcarbid — Wasser — Azethylen — gelöschter Kalk

1.1.3 Hydraulischer Kalk

Erst seit dem 15. Jahrhundert sind Berichte über die Herstellung von Mörteln mit hydraulischen Bindemitteln bekannt. Im 18. Jahrhundert wurde durch Brennen einer besonders tonhaltigen Kalksteinsorte der sogenannte Romankalk (fälschlicherweise: Romanzement) hergestellt. *Hydraulische Kalke* unterscheiden sich von Luftkalken durch ihre Fähigkeit, auch unter Wasser auszuhärten, weshalb sie auch *Wasserkalk* genannt werden.

Hydraulischer Kalk kann nicht nur unter Wasser erhärten, sondern hält auch der Einwirkung des Wassers stand. Hinsichtlich des Erhärtungsverhaltens und der erreichten Festigkeiten, nehmen hydraulische Kalke eine Stellung zwischen Luftkalken und Zement ein (siehe Kapitel 1.1.4).

- *Vorkommen / Herstellung*
Aus natürlichen Vorkommen von Kalkmergel wird durch Brennen hydraulischer Kalk hergestellt. Je nach Ausgangsmaterial und nachträglichen Zusätzen zum erbrannten Kalk entstehen hieraus Wasserkalke, hydraulische Kalke und hochhydraulische Kalke. Auch durch Mischung von Luftmörtel mit hydraulischen Zuschlägen (Puzzolane) entstehen hydraulische Kalke. Diese Art von »gemischten« Kalken werden auch Puzzolankalke genannt. Puzzolane bestehen aus

Tabelle 1.4: Arten von Baukalken

Baukalkart	Herstellung	Löschprozeß	Erhärtung
Luftkalke			
Weißkalk, Fettkalk, Speckkalk	durch Brennen aus fast reinem Kalkstein	kräftig löschend, quillt dabei bis zum 3fachen	Druckfestigkeit $\approx$ 1 N/mm²
Carbidkalk	Abfallprodukt bei der Azethylenherstellung	etwas träger löschend und etwas weniger quellend als Weißkalk durch Koksstaubbeimengungen; wird nur gelöscht geliefert	erreicht etwas höhere Festigkeiten wie Weißkalk
Dolomitkalk, Graukalk, Schwarzkalk, Magerkalk	durch Brennen aus Dolomit (dolomitischer Kalkstein)	träger löschend und weniger quellend als Weißkalk, je nach Magnesiumgehalt	Druckfestigkeit $\approx$ 1 N/mm²
Weißfeinkalk, Seemuschelkalk, Marmorkalk	durch Brennen aus Seemuscheln bzw. Marmor	wie Weißkalk, wird nur gelöscht geliefert	Druckfestigkeit $\approx$ 1 N/mm²
Hydraulisch erhärtende Kalke			
Wasserkalk	durch Brennen aus mergeligem Kalkstein	träger löschend als Weißkalk	Zur Erhärtung ca. 7 Tage Luftzutritt notwendig; Druckfestigkeit $\approx$ 1 N/mm²
Hydraulischer Kalk	durch Brennen aus Kalksteinmergel oder aus Kalkstein mit zusätzlichen Hydraulefaktoren	teilweise löschfähig, wird nur gelöscht geliefert	Zur Erhärtung ca. 5 Tage Luftzutritt notwendig; Druckfestigkeit $\approx$ 2 N/mm²
Hochhydraulischer Kalk, Traßkalk, Puzzolankalk	durch Brennen aus Kalksteinmergel oder Kalkstein mit jeweils zusätzlichen Hydraulefaktoren	teilweise löschfähig, wird nur gelöscht geliefert	Zur Erhärtung ca. 1-3 Tage Luftzutritt notwendig; Druckfestigkeit $\approx$ 5 N/mm²
Romankalk	durch Brennen aus kalkarmen Mergel	wie hochhydraulischer Kalk	wie hochhydraulischer Kalk

einem Gemisch von Tonsäuren (Hydraulefaktoren), wie z.B. Quarz (SiO_2), Tonerde (Al_2O_3) und Eisenoxid (Fe_2O_3). In Tabelle 1.4 sind u.a. hydraulische Kalke zusammengestellt.

- *Chemische und physikalische Eigenschaften*

Hydraulische Kalke können mit sehr wenig oder nur anfänglicher Luftzufuhr erhärten. Hierfür verantwortlich sind die Hydraulefaktoren, die durch das Brennen oder durch nachträgliche Zumischung vorliegen. Beim Erhärten von hydraulischem Kalk läuft somit eine Vielzahl chemischer Vorgänge gleichzeitig ab.

Bei hydraulischen Kalken wird, im Gegensatz zu Luftkalken, die Kohlensäure durch eine andere Säure wie z.B. *Kieselsäure*

$$2SiO_2 \cdot H_2O$$

ersetzt. Das Reaktionsprodukt der Kalkbase mit der Kieselsäure ist Calciumsilikat (siehe Tabelle 1.5). Sowohl bei der Erhärtung von Kalk-Puzzolan-Gemischen als auch bei erbrannten hydraulischen Kalken und Portlandzement entsteht dieses Tricalcium-Disilikat-Hydrat. Ein Erstarren kann nur bei hochhydraulischen Kalken deutlich beobachtet werden. Diese werden ähnlich wie Zement nach ca. 4 Stunden fest. Die sonstigen hydraulischen Kalke verfestigen nur langsam bis sehr langsam (siehe Tabelle 1.4).

- *Verwendung*

Hydraulische Kalke werden als Bindemittel in Kalkmörteln oder als Zusatz in Mörteln mit Putz- und Mauerbindern verwendet. Ferner finden hydraulische Kalke zur Herstellung hydraulisch gebundener Tragschichten im Straßenbau Verwendung. Insgesamt verwendet man hydraulische Kalke heute relativ selten, da diese durch Zement weitgehend verdrängt wurden.

- *Normen*

DIN 1060 Teil 1 Baukalk; Begriffe, Anforderungen, Lieferung, Überwachung.

DIN 1060 Teil 2 Baukalk; Chemische Analyseverfahren.

DIN 1060 Teil 3 Baukalk; Physikalische Prüfverfahren.

DIN 18 506 Hydraulische Bindemittel für Tragschichten, Bodenverfestigungen und Bodenverbesserungen; Hydraulische Tragschichtbinder.

DIN 51 043 Traß; Anforderungen, Prüfung.

1.1.4 Zement

Anfang des 19. Jahrhunderts gelangte in England erstmals der sogenannte Portlandzement zur Anwendung. Das damalige Produkt war für heutige Begriffe noch stark verunreinigt. Der erste Portlandzement wurde bei 900 bis 1000 °C (unter der Sintergrenze) aus bereits gebranntem Kalk, der mit Ton versetzt worden war, gebrannt. 1838 gelang der durchschlagende Erfolg. Damals hat man bei Brenntemperaturen zwischen 1300 und 1500 °C (über der Sintergrenze) eine Temperatur erreicht, die durch eine Teilaufschmelzung der Silikate deren glasartiges Erstarren während der Abkühlung bewirkten.

- *Vorkommen / Herstellung*

Zement ist ein künstlicher Baustoff, der nicht wie andere Bindemittel in der Natur vorkommt.

Heute wird Zement durch Brennen im Drehrohrofen hergestellt, indem aus zerkleinertem Calciumkarbonat und Ton der sogenannte *Klinker* entsteht. Der Klinker wird anschließend fein gemahlen und mit geringen Anteilen Gips versetzt (Erhärtungsverzögerung). Das fertige mehlfeine Produkt ist dann Zement bzw. Portlandzement (PZ).

Außer dem Portlandzement, werden noch mehrere andere Zementarten hergestellt. Dabei wird der Portlandzement-Klinker vor dem Mahlen mit Zusätzen wie z.B. Hüttensand, Traß oder Flugasche versetzt (siehe Tabellen 1.6 und 1.7).

Tabelle 1.5: Erhärtungsprozesse von hydraulischem Kalk

Erhärtung von hydraulischem Kalk
$Ca(OH)_2$ + $2SiO_2 \cdot H_2O$ ⟶ $3CaO \cdot 2SiO_2 \cdot 3H_2O$
gelöschter Kalk — Kieselsäure — Kalkhydrosilikat
(Calciumhydroxid) — (Hydraulefaktor) — (Tricalcium-Disilikat-Hydrat)

1.1 Bindemittel

- *Chemische und physikalische Eigenschaften*

Zemente gehören zu den hydraulischen Bindemitteln und erhärten somit auch unter Wasser bzw. benötigen zur Erhärtung keine Luft. Sie sind nach der Erhärtung in nicht aggressivem Wasser beständig.

Die Erhärtungsreaktionen von Portlandzement sind vielfältig und an einigen Punkten wissenschaftlich noch nicht völlig geklärt. In Tabelle 1.6 sind die Erhärtungsreaktionen von Portlandzement in vereinfachter Weise dargestellt. Es werden dort die in der Zementchemie gängigen Abkürzungen für die einzelnen Reaktionskomponenten verwendet. Bei den Erhärtungsreaktionen von Portlandzement sind die kalkreichen Silikate, Aluminate und Ferrite bestrebt, sich mit Hilfe des Wassers in kalkarme Salzhydrate bzw. kalkreiche Aluminathydrate und Ferrithydrate umzuwandeln. Dieser Vorgang wird als *hydraulische Umlagerung* bezeichnet.

Die Erhärtungsreaktion zwischen Zement und Wasser verläuft je nach Zusammensetzung und Temperatur langsamer oder schneller. Bei dieser Reaktion werden große Mengen Calciumhydroxid $Ca(OH)_2$ frei, welches z.B. im Stahlbeton eine basische Umgebung bildet, die für den dort eingebauten Betonstahl als Korrosionsschutz wirkt. Aus dem Kohlendioxid in der Luft und der Luftfeuchtigkeit bzw. dem Niederschlagswasser bildet sich Kohlensäure

$$H_2CO_3.$$

Durch diese Kohlensäure beginnt der Zement bzw. der Beton allmählich zu karbonatisieren, d.h. er verliert ausgehend von der Oberfläche nach innen immer mehr von seiner basischen Wirkung (siehe Tabelle 1.7). Diese Umwandlung des Calciumhydroxides (Kalkhydrat) im Beton durch Kohlensäure zu Calciumkarbonat (Kalkstein) nennt man *Karbonatisierung*. Dadurch geht der Korrosionsschutz des Betonstahles, der durch die basische Wirkung gegeben ist, jedoch verloren. Aus diesem Grunde muß

Tabelle 1.7: Schädliche Einwirkungen auf Zement und zementhaltige Baustoffe wie Putz- und Mauermörtel und Beton

Reaktion von Zement mit Calciumsulfat (Gips)
$3CaO \cdot Al_2O_3$ + $3CaSO_4$ + $32H_2O \longrightarrow 3CaO \cdot Al_2O_3 \cdot 3CaSO_4 \cdot 32H_2O$ Calciumaluminat Gips Wasser Ettringit
Karbonatisierung von Zement bzw. Beton   (die Kohlensäure bildet sich aus dem Kohlendioxid der Luft und Wasser)
$Ca(OH)_2$ + $H_2CO_3 \longrightarrow CaCO_3$ + H_2O Calciumhydroxid Kohlensäure Kalkstein Wasser   (reagiert basisch) (reagiert neutral)

Tabelle 1.6: Zementherstellung und Erhärtungsreaktionen des Zements

Herstellung von Zementklinker (durch Brennen)		
Kalkstein + Ton $\longrightarrow$ Klinker		
Bestandteile des Zementklinkers		
Bezeichnung	Chemische Formel	Kurzbezeichnung [1]
Tricalciumsilikat	$3CaO \cdot SiO_2$	C_3S
Dicalciumsilikat	$2CaO \cdot SiO_2$	C_2S
Tricalciumaluminat	$3CaO \cdot Al_2O_3$	C_3A
Calciumaluminatferrit	$4CaO \cdot Al_2O_3 \cdot Fe_2O_3$	C_4AF
Freier Kalk	CaO	–
Freie Magnesia	MgO	–
Erhärtungsreaktionen von Zementklinker (vereinfacht)		
$2(3CaO \cdot SiO_2) + 6H_2O \longrightarrow 3CaO \cdot 2SiO_2 \cdot 3H_2O + 3Ca(OH)_2$		
$2(2CaO \cdot SiO_2) + 4H_2O \longrightarrow 3CaO \cdot 2SiO_2 \cdot 3H_2O + Ca(OH)_2$		
$3CaO \cdot Al_2O_3 + 6H_2O \longrightarrow 3CaO \cdot Al_2O_3 \cdot 6H_2O$		
oder		
$3CaO \cdot Al_2O_3 + Ca(OH)_2 + 12H_2O \longrightarrow 4CaO \cdot Al_2O_3 \cdot 13H_2O$		
$4CaO \cdot Al_2O_3 \cdot Fe_2O_3 + 2Ca(OH)_2 + 10H_2O \longrightarrow 3CaO \cdot Al_2O_3 \cdot 6H_2O + 3CaO \cdot Fe_2O_3 \cdot 6H_2O$		
$4CaO \cdot Al_2O_3 \cdot Fe_2O_3 + 4Ca(OH)_2 + 22H_2O \longrightarrow 4CaO \cdot Al_2O_3 \cdot 13H_2O + 4CaO \cdot Fe_2O_3 \cdot 13H_2O$		

[1] In der Zementchemie bedeuten: C = CaO; S = SiO_2; A = Al_2O_3; F = Fe_2O_3

Tabelle 1.8: Zementarten nach DIN 1164 und EN 197

Bezeichnung	Kennbuchstabe/Typ		Hauptbestandteile
	nach DIN 1164	nach EN 197	
Portlandzement	PZ	CE I	PZ-Klinker
Portlandkompositzement	–	CE II	PZ-Klinker + Hüttensand, Puzzolan, Flugasche, Füller
Portlandhüttenzement (Eisenportlandzement)	EPZ	CE II-S	PZ-Klinker + Hüttensand (10 bis 35 Massen%)
Portlandpuzzolanzement (Traßzement)	TrZ	CE II-Z	PZ-Klinker + Puzzolan (Traß)
Portlandflugaschezement (Flugaschezement)	–	CE II-C	PZ-Klinker + Flugasche
Portlandkalksteinzement	–	CE II-F	PZ-Klinker + Füller
Hochofenzement	HOZ	CE III	PZ-Klinker+Hüttensand (36 bis 80 Massen%)
Puzzolanzement	–	CE IV	PZ-Klinker + Puzzolan, Flugasche (zus. bis 40 Massen%)
Ölschieferzement ÖZ[1]	–	–	PZ-Klinker + Ölschieferschlacke (bis 30 Massen%)
Traßhochofenzement[1]	–	–	PZ-Klinker + Hüttensand, Traß
Tonerde(schmelz)zement[1]	–	–	Bauxit und Kalkstein

[1] nicht genormte Zemente, teils jedoch mit bauaufsichtlicher Zulassung

der Betonstahl mit einer *Mindestüberdeckung* im Beton eingebaut werden. Wenn diese eingehalten wird, bleibt der Betonstahl dauerhaft vor Korrosion geschützt, weil die Karbonatisierung des Betons mit zunehmendem Abstand von der Oberfläche immer langsamer fortschreitet.

Nahezu alle Korrosionserscheinungen an oberflächennahen Betonstählen, die eine Betoninstandsetzung erforderlich machen, sind durch Mißachtung der in DIN 1045 (Stahlbeton) festgelegten Mindestüberdeckungsmaße entstanden.

Durch die verschiedenen Zusätze zum Zementklinker vor dem Mahlen entstehen Zementarten mit unterschiedlichen Eigenschaften. Die bekanntesten Zemente sind in Tabelle 1.8 zusammengestellt.

Durch Zusatz von Hüttensand erreicht der Zement eine höhere chemische Beständigkeit (z.B. gegen sulfathaltiges Wasser) und bei der Hydratation (Erhärtung) tritt eine geringere Wärmeentwicklung auf. Der Gipszusatz im Zement verhindert eine zu schnelle Erhärtungsreaktion.

Die Zemente werden nicht nur nach ihren Inhaltsstoffen, sondern auch nach ihren Festigkeitsklassen unterschieden. Die Einteilung dieser Festigkeitsklassen reicht von Z 25 bis Z 55 und richtet sich nach der Mindestdruckfestikeit in N/mm^2 nach 28 Tagen (siehe Tabelle 1.9).

• *Verwendung*
Das Bindemittel Zement wird heute hauptsächlich für Beton verwendet. Ebenso sind mehr oder weniger umfangreiche Zusätze von Zement in Mörteln, Klebern und Injektionsmitteln vorhanden.

• *Normen*
DIN 1045 Beton und Stahlbeton; Bemessung und Ausführung.

Tabelle 1.9: Druckfestigkeiten verschiedener Zemente

Festigkeitsklasse	Druckfestigkeit in N/mm^2 nach				Kennfarbe der Verpackung bzw. des Siloanheftblattes	Farbe des Aufdruckes
	2 Tge. min.	7 Tge. min.	28 Tge. min.	max.		
Z 25[1]	–	10	25	45	violett	schwarz
Z 35 L	–	18	35	55	hellbraun	schwarz
Z 35 F	10	–	35	55	hellbraun	rot
Z 45 L	10	–	45	65	grün	schwarz
Z 45 F	20	–	45	65	grün	rot
Z 55	30	–	55	–	rot	schwarz

[1] nur für Zement mit niedriger Hydratationswärme und/oder hohem Sulfatwiderstand

DIN 1164 Teil 1 Portland-, Eisenportland-, Hochofen- und Traßzement; Begriffe, Bestandteile, Anforderungen, Lieferung.

DIN 1164 Teil 2 Portland-, Eisenportland-, Hochofen- und Traßzement; Überwachung (Güteüberwachung).

DIN 1164 Teil 100 Zement; Portlandölschieferzement; Anforderungen, Prüfungen, Überwachung.

EN 196 Teile 1 bis 7 und 21 Prüfverfahren für Zement.

EN 197 Teil 1 Zement; Zusammensetzung, Anforderungen und Konformitätskriterien; Definitionen und Zusammensetzung.

1.1.5 Silikate

Silikate liegen in den meisten Baustoffen in unterschiedlich gebundenen Formen vor. Als rein silikatisches Bindemittel ist das sogenannte *Wasserglas* bekannt. Gemessen an anderen Bindemitteln wie Gips, Kalk und Zement haben silikatische Bindemittel für Putze eine relativ geringe Bedeutung.

- *Vorkommen / Herstellung*
Silikate sind Salze der Kieselsäure, eigentlich *Metakieselsäure*
H_2SiO_3.

Silikate sind u.a. enthalten in Mauersteinen aus Ziegelmaterial, Glas und Zement. Reine silikatische Bindemittel sind das Natriumsilikat (Natronwasserglas)

Na_2SiO_3

und das Kaliumsilikat (Kaliwasserglas)

K_2SiO_3.

Das als silikatisches Bindemittel meist verwendete Kaliwasserglas wird durch Zusammenschmelzen von Sand (SiO_2) und Pottasche (K_2CO_3) hergestellt. Dabei wird der sonst in Wasser unlösliche Sand in ein wasserlösliches Kaliumsilikat, nämlich Kaliwasserglas (K_2SiO_3) überführt.

Beim Zusammenschmelzen entsteht Kohlendioxid (CO_2) das unter starkem Aufbrodeln aus der schmelzflüssigen Masse frei wird. Nach Abkühlen der Schmelzmasse entsteht das feste, glasartige und durchsichtige Kaliwasserglas. Dieses wird als wäßrige Lösung (oft mit Zusätzen und Stabilisatoren) als Bindemittel für Anstriche und Putze verwendet.

Die Erhärtung geschieht wie in Tabelle 1.10 dargestellt. Dieser Teil der Erhärtung ist chemisch. Der physikalische Teil beruht auf dem Verdunsten des Wassers und Erstarren des Bindemittels.

- *Chemische und physikalische Eigenschaften*
Bei der Erhärtungsreaktion setzt sich Wasserglas mit Kalkhydrat zu Calciumsilikat um. Dieser Prozeß wird auch Verkieselung oder Versteinerung genannt.

- *Verwendung*
Silikatische Bindemittel werden in Silikat- oder Mineralfarbanstrichen verwendet. Sie dienen außerdem in *Silikatputzen* als Bindemittel, wobei meist Kaliwasserglas verwendet wird.

1.1.6 Lehm und Ton

Lehm ist das älteste Bindemittel, das gleichzeitig als Putz- und Mauermörtel verwendet worden ist. Lehm und Ton unterscheiden sich dadurch, daß Ton aus reinen Tonmineralien mit geringen Verunreinigungen (verursachen nur Farbveränderungen) besteht und im Lehm deutlich mehr Verunreinigungen enthalten sind.

- *Vorkommen / Herstellung*
Lehm bzw. Ton gehört zu den »losen Trümmergesteinen«. Ton entstand durch die Verwitterung aus Mineralen der Urgesteine unter Einwirkung von Kohlensäure. Kohlensäure bildet sich aus Wasser und dem Kohlendioxid der Luft (siehe Tabelle 1.11). In reiner Form ist Ton weiß. Die bekannten unterschiedlichen Färbungen erhält der Ton durch *geringfügige* Verunreinigungen. Durch Wassereinwirkungen kann Ton weiteres Hydratwasser binden, wodurch er geschmeidig wird und weiterverarbeitet werden kann (siehe Tabelle 1.11).

Tabelle 1.10: Erhärtung von silikatischen Bindemitteln

Erhärtung von silikatischen Bindemitteln am Beispiel von Kaliumsilikat (Kaliwasserglas)
K_2SiO_3 + CO_2 + H_2O ⟶ SiO_2 + K_2CO_2 Kaliumsilikat Kohlendioxid Wasser   Sand (Quarz) Pottasche

Dieser Vorgang ist umkehrbar, das bedeutet, daß der Ton an der Luft austrocknet und erhärtet (Ton als Mörtel). Durch diese einfache Umkehrbarkeit ist der Ton jedoch nicht wasserbeständig. Bauten aus Lehm bzw. mit Putzen und Vermörtelungen aus Lehm müssen daher vor Feuchtigkeit, insbesondere vor Niederschlägen, geschützt werden.

Die Tonmineralien besitzen eine plättchenförmige Struktur. Kann sich Ton in Wasser langsam absetzen, so richten sich diese Plättchen in horizontaler Richtung aus. Hierdurch wirkt Lehm bzw. Ton sperrend für Wasser in senkrechter Richtung zu der Plättchenstruktur. Durch diese Eigenschaft wirken Lehmschichten im Erdreich undurchlässig für Wasser. Mit Lehm vermörteltes Mauerwerk (Historische Gebäude) kann deshalb im Fugenbereich nicht abgedichtet werden. Eine Durchtränkung mit Dichtstoffen ist aufgrund der Plättchenstruktur nicht in homogener Weise möglich, weshalb keine Dichtigkeit erreicht wird.

• *Verwendung*
Ton bzw. gereinigter Lehm wird durch Brennen weiterverarbeitet zu Ziegelerzeugnissen, Steingut, Porzellan, Schamott usw. Im Bauwesen wird Lehm heute nicht mehr verwendet, ausgenommen bei Bauten mit baubiologischen und ökologischen Schwerpunkten.

Für die Abdichtung von Stauseen, Seen und Teichen hat Lehm auch heute noch Bedeutung. In Form einer Suspension findet Ton oft zur Stabilisierung von Pfahlbohrungen während der Bohrphase Verwendung.

Tabelle 1.11: Entstehung, Herstellung und Brennen von Ton

Entstehung von Ton aus Feldspat
K-Al-Silikat + H_2CO_3 + H_2O $\longrightarrow$ $Al_2O_3 \cdot 2SiO_2 \cdot 2H_2O$ + K_2CO_3 Feldspat   Kohlensäure   Wasser   Ton (Kaolin)
Herstellung von verformbarem Ton
$Al_2O_3 \cdot 2SiO_2 \cdot 2H_2O$ + nH_2O $\longrightarrow$ $Al_2O_3 \cdot 2SiO_2 \cdot (H_2O)_{n+2}$ fester, trockener Ton   Wasser   verformbarer Ton
Brennen von Ton
$Al_2O_3 \cdot 2SiO_2 \cdot 2H_2O$ $\longrightarrow$ $Al_2O_3 \cdot 2SiO_2$ + $2H_2O \uparrow$ fester, trockener Ton   gebrannter Ton   Wasser

1.1.7 Magnesia

Die Verwendung von Magnesia im Bauwesen ist schon einige Jahrzehnte alt. Der Hauptanwendungsbereich liegt bei der Herstellung von Holzwolle-Leichtbauplatten und Magnesiaestrichen.

• *Vorkommen / Herstellung*
Der Grundstoff des Magnesiabindemittels ist die kaustisch (=ätzend) gebrannte Magnesia

$$MgO,$$

die aus dem natürlich vorkommenden Magnesit bei etwa 800 °C gebrannt wird. Daneben gibt es auch noch sintergebrannte Magnesia, die bei ca. 1600 °C hergestellt wird.

• *Chemische und physikalische Eigenschaften*
Gebrannte Magnesia verbindet sich mit Salzlösungen bestimmter Metalle und erhärtet steinartig. Am gebräulichsten ist dabei Magnesiumchloridlösung. Bei der Erhärtung des Magnesiamörtels bilden sich nadelförmige Kristalle verschiedener Zusammensetzung. Durch die Kristalle wird die Festigkeit des erhärteten Mörtels erreicht.

Da freies Magnesiumchlorid der Korrosion stark förderlich ist, müssen vor der Verarbeitung alle mit ihm in Berührung kommenden Metalle geschützt werden. Eines der Reaktionsprodukte des Magnesiamörtels ist Magnesiumhydroxid. Dies ist eine relativ starke Base, die auch Metalle wie Aluminium und Blei angreift.

Für die Herstellung von magnesiagebundenen Holzwolle-Leichtbauplatten wird anstelle der Magnesiumchloridlösung eine Magnesiumsulfatlösung verwendet. Hierdurch ist es möglich, die Platten mit verzinkten Nägeln zu befestigen, ohne daß diese korrodieren. Magnesiamörtel mit Magnesiumsulfatlösung ergeben aber geringere Festigkeiten.

Besonders zu beachten ist, daß erhärtete Magnesia *nicht wasserbeständig* ist und daher vor längerer Wassereinwirkung geschützt werden muß. Eine kurzzeitige Wasserbelastung schadet jedoch nicht.

• *Verwendung*
Bindemittel auf Magnesiabasis werden für Holzwolle-Leichtbauplatten schon seit längerer Zeit eingesetzt. Für Estriche von Industriegebäuden werden Magnesiaestriche wegen ihrer hohen Druckfestigkeit und wegen der sehr ebenen Oberfläche eingesetzt.

• *Normen*
DIN 273 Teil 1 Ausgangsstoffe für Magnesiaestriche; Kaustische Magnesia.

DIN 273 Teil 2 Ausgangsstoffe für Magnesiaestriche; Magnesiumchlorid.

1.1.8 Kunstharze

Keine andere Produktgruppe hat das Bauwesen in den letzten 40 Jahren so sehr verändert wie die Kunststoffe. Viele neue Bauweisen und Fertigprodukte sind entstanden. Als Hauptgruppen seien hier Anstriche, Beschichtungen, Kunstharzestriche, Fugendichtungsmassen, Kleber und Kunstharzputze genannt sowie die Fertigprodukte in Form von Fensterprofilen, Rohren, Einbauteilen, Dämmstoffen und Abdichtungsbahnen. Die Zahl der verschiedenartigen Kunststoffe ebenso wie der Einsatzgebiete ist sehr groß. Im Bereich der Putze finden überwiegend Kunstharze Verwendung. Als Kunstharze werden dabei die harzartigen Kunststoffe bezeichnet. Und nur diese werden im vorliegenden Buch näher behandelt.

Seit ungefähr 1960 werden *Kunstharzputze* in nennenswertem Umfang eingesetzt. Das bekannteste Anwendungsgebiet hatten sie von Anfang an als Deckschicht von Wärmedämmverbundsystemen. Aber auch als Oberputz auf herkömmlichen Putzen, direkt auf Stahlbeton oder im Fertighausbau auf Fassadenplatten haben sie ein vielfältiges Anwendungsgebiet gefunden.

• *Vorkommen / Herstellung*
Die Herstellung von Kunstharzen, wie sie in der Putztechnologie verwendet werden, erfolgt durch chemische Synthese, sie werden also künstlich hergestellt. Als Rohstoff dient dabei Erdöl. – Das in Kunstharzputzen verwendete Bindemittel in Form einer Kunststoffdispersion wird z.B. aus Acrylsäureestern Methacrylsäureestern, Vinylacetat, Vinylpropionat, Styrolbutadien oder Styrolacrylat hergestellt. Diese Kunststoffe kommen dabei in reiner Form oder als Gemische vor. Auch Bindemittel als Lösung, z.B. Polymere aus Acrylsäureestern, Methacrylsäureestern und Vinylaromaten, sind bekannt.

Bei Kunstharzputzen werden vor allem Polymethacrylat (Polymer aus Methacrylsäureestern; Acrylharz) und Polyvinylacetat (Polymer aus Vinylacetat) verwendet, und zwar in der Regel als *Dispersionen*. Dispersionen sind Kunstharze in feinster Verteilung in Wasser. Die Kunststoffteilchen in Dispersionen haben nur einen Durchmesser von ca. 0,1 μm bis 10 μm und somit die Größe von Farbpigmenten. Die Kunststoffteilchen haben also einen deutlich kleineren Durchmesser als Zement, der je nach Mahlfeinheit einen Durchmesser von ca. 10 bis 100 μm aufweist. Das ist auch der Grund, weshalb sich die Kunststoffteilchen zwischen die Zementteilchen anlagern und die Eigenschaften von zement- oder kalkgebundenen Putzen nennenswert beeinflussen können. Man macht sich dies bei kunststoffvergüteten mineralischen Putzen zunutze.

Außer den genannten Kunststoffen gibt es noch eine Reihe von zweikomponentigen Kunststoffen, die im Bauwesen vielfach als Bindemittel Verwendung finden, jedoch selten in Putzen.

Tabelle 1.12: Auswahl einiger Kunstharze

Bezeichnung	Abkürzung	Verwendung
Epoxid	EP	Haftbrücken, Beschichtungen, Kleber, Estriche
Ungesättigte Polyester	UP	Estriche, Behälter
Polyurethan	PUR	Dämmstoffe, Fugenmassen, Beschichtungen
Polymethacrylat	PMMA	Als dispergiertes Bindemittel in Kunstharzputzen, Bindemittel für Estriche, Acrylglas
Polyvinylacetat	PVAC	Als dispergiertes Bindemittel in Kunstharzputzen

In Tabelle 1.12 sind die wichtigsten zweikomponentigen Kunstharze zusammengestellt.

- *Chemische und physikalische Eigenschaften*

Die chemischen und physikalischen Eigenschaften von Kunststoffen sowie von Kunstharzen unterscheiden sich sehr weitreichend von mineralischen Bindemitteln. Einer der Hauptunterschiede besteht in den mehr oder weniger plastischen Eigenschaften der Kunststoffe, die ihnen oftmals auch den Namen gegeben haben (Plastik, engl.: plastics, franz.: matiere plastique). Weitere wesentliche Unterschiede liegen im Verhalten bei höheren Temperaturen. Kunstharze haben im Vergleich zu mineralischen Bindemitteln außerdem eine geringere Rohdichte, eine höhere Zugfestigkeit, eine größere Bruchdehnung, einen größeren Wärmeausdehnungskoeffizienten und einen geringeren E-Modul.

Das Erhärtungsverhalten von Kunstharzen ist sehr vielfältig und kann auch bei gleichen Rohstoffgruppen variieren. Die meisten Kunstharze, die im Putzbereich von Interesse sind, werden als flüssige Dispersionen oder, in Werktrockenmörteln, als Dispersionspulver eingesetzt. Die dispergierten Kunstharze härten nur dann zum gewünschten Bindemittel aus, wenn das sie umgebende Wasser verdunstet. Durch das Verdunsten des Wassers rücken die Kunststoffteilchen näher zusammen und polymerisieren, d.h. sie bilden einen zusammenhängenden und dann nicht mehr wasserlöslichen Film.

Kunstharzzusätze zu Putzen können deren Eigenschaften erheblich verbessern. Hierzu zählen die Erhöhung der Zähigkeit, die Verbesserung der Wasserundurchlässigkeit, die Erhöhung der chemischen Widerstandsfähigkeit sowie die meist verbesserte Haftung auf dem Untergrund. Es können also ganz gezielt typische Schwachpunkte von mineralischen Putzen (z.B. geringe Bruchdehnung) verbessert werden.

- *Verwendung*

Kunstharze oder Kunstharzzusätze finden im Putzwesen sehr vielfältig Verwendung, häufig ohne daß den Verarbeitern davon etwas bekannt wäre, z.B. in sehr vielen Werktrockenmörteln und nahezu allen Sonderputzen (Sanierputz, Dichtungsputz, Wärmedämmputz).

Viele Haftbrücken sind auf Kunststoffdispersionsbasis aufgebaut.

Bei Kunstharzputzen liegt der Bindemittelgehalt zwischen mindestens 4,5 Massen% (Innenputze) und mindestens 8 Massen% (Außenputze). Je nach Korngröße und Kornverteilung kann der Bindemittelgehalt bei Kunstharzputzen auch deutlich höher liegen.

Die vielen anderen Kunststoffe und Kunstharze finden im Putzbereich meist nur in Sonderfällen Anwendung. So gibt es z.B. außer mineralischen, kunststoffvergüteten Dünnputzen (Betoninstandsetzung) auch epoxidharzgebundene Dünnputze und Reparaturmörtel. In Dämmputzen kommen Polystyrolkügelchen zum Einsatz und in einigen Wärmedämmverbundsystemen kommen oberhalb der PS-Hartschaumplatten ausschließlich kunststoffgebundene Armierungsschichten und Putze zum Einsatz.

1.1.9 Putz- und Mauerbinder

Dieses Bindemittel ist kein reines Bindemittel wie z.B. Zement oder Gips, sondern ein Gemisch aus Bindemittel, Füller und Zusatzmittel. Dennoch wird es einfach als Bindemittel bezeichnet.

Putz- und Mauerbinder (PM-Binder) ist ein fein gemahlenes hydraulisches Bindemittel für Putz- und Mauermörtel. Mit Wasser angemacht erhärtet es sowohl an der Luft als auch unter Wasser und bleibt auch unter Wasser fest. Putz- und Mauerbinder dient zur Herstellung von Putz- und Mauermörteln. Er gehört zu den hydraulischen Bindemitteln und besteht im allgemeinen aus Zement als Bindemittel, Gesteinsmehl als Füller und verschiedenen Zusatzmitteln (wie Verzögerer, Luftporenbildner und Plastifizierer) zur Verbesserung der Verarbeitungseigenschaften. In bestimmten Fällen wird auch Kalkhydrat zur Verbesserung der Verarbeitbarkeit zugegeben.

Die Füller im Putz- und Mauerbinder dienen zur Erniedrigung der vom Zement herrührenden Festigkeit, zur Verminderung der Schwindrißbildung und zum

Erreichen eines geschmeidigen Mörtels.

- *Chemische und physikalische Eigenschaften*

Da Putz- und Mauerbinder als Bindemittel hauptsächlich Zement enthält, so sind seine Eigenschaften ähnlich denen des Zements oder ähnlichen Bindemittelmischungen mit Zement. Die Druckfestigkeit nach 28 Tagen liegt zwischen 5 und 15 N/mm^2, wobei diese Werte nicht die Werte des reinen Putz- und Mauerbinders darstellen, sondern die einer in DIN 4211 beschriebenen Mörtelmischung aus Putz- und Mauerbinder, Normsand und Wasser.

- *Verwendung*

Der Putz- und Mauerbinder wird für Putz- und Mauermörtel der Mörtelgruppen I und II verwendet, für Mörtelgruppe III nur als Zusatz an Stelle von Kalk.

- *Normen*

DIN 4211 Putz- und Mauerbinder; Begriff, Anforderungen, Prüfungen, Überwachung.

1.2 Zuschlagstoffe

Mit Bindemitteln allein kann nur in bestimmten Fällen, z.B. bei Gips, ein Putzmörtel hergestellt werden. Deshalb gelangen Zuschlagstoffe zur Anwendung. Mit Hilfe von Zuschlagstoffen kann ein Putzmörtel hergestellt werden, der dann vielfältigen Anforderungen entsprechen kann. Zuschlagstoffe helfen auch, um bei Bindemitteln, die während des Erhärtungsvorganges schwinden, Schwindrisse zu vermeiden. Nicht zuletzt dienen sie zur Streckung des Bindemittels, insbesondere bei teuren Bindemitteln.

1.2.1 Zuschläge mit dichtem Gefüge

Die am häufigsten verwendeten Zuschlagstoffe für Putze sind *Sande*. Sande werden aus dem Kies-/Sandgemisch von Flüssen herausgesiebt (Flußsand). *Flußsande* entstehen aus Gesteinstrümmern, die mit dem Fluß mitgespült und mehr und mehr abgeschliffen werden. In den Flußoberläufen sind sie meist eckiger und wenig abgeschliffen und z.T. mit verwitterten Bestandteilen behaftet. Weiter transportierte Sande, vor allem aus Flußunterläufen und Küstengebieten, sind glatt und abgerundet mit sehr hohem Quarzgehalt. Die aus Flüssen gewonnenen Sande sind arm an Feinstanteilen (Mehlkorn), im Gegensatz zu Sand aus Gruben (Grubensand), der oft lehmhaltig ist. *Grubensand* ist z.B. aus Ablagerungen von Gletschern entstanden.

Aus verschiedenen Festgesteinen wie z.B. Granit, Basalt, Quarzit und Kalkstein werden in Steinbrüchen nach Zerkleinerung sogenannte *Brechsande* hergestellt.

In Tabelle 1.13 sind gängige Zuschlagstoffe mit dichtem Gefüge zusammengestellt.

Neben den natürlichen Zuschlägen werden künstliche Zuschäge verwendet. Den größten Anteil nehmen dabei *Hüttensande*, seltener Hochofenschlacken ein. Die Verarbeitbarkeit von Putzen durch Hüttensandzuschlag ist wegen der Kornform jedoch schlechter (siehe Kapitel 1.2.4).

Der Vollständigkeit halber seien hier noch Zuschläge genannt, die in *verschleißfestem Estrich* Verwendung finden (z.B. Elektrokorund).

Bei der Herstellung von *Gipsfaserplatten* werden dem Gips Zellulosefasern zur Erzielung höherer Festigkeiten zugesetzt.

Zur Herstellung von *Strahlenschutzputzen* wird dem Putzmörtel außer Sand noch strahlungshemmendes Material zugegeben wie z.B. Schwerspat. Solche Putze finden vor allem zur Abschirmung von Röntgenräumen ihre Anwendung. Außerdem haben solche Zuschlagstoffe im Beton beim Bau von Kernkraftwerken ein Einsatzgebiet.

- *Normen*

DIN 1100 Hartstoffe für zementgebundene Hartstoffestriche.

DIN 4226 Teil 1 Zuschlag für Beton; Zuschlag mit dichtem Gefüge; Begriffe, Bezeichnung und Anforderungen.

1.2.2 Zuschläge mit porigem Gefüge

Leichtzuschläge bzw. Stoffe mit porigem Gefüge (niedrige Rohdichte) werden Mörteln und Betonen zur Erreichung bestimmter Eigenschaften zugesetzt. Am häufigsten werden Leichtzuschläge zugesetzt, um eine höhere *Wärmedämmung* (niedrigere Wärmeleitfähigkeit) zu erreichen, Brandschutzputze herzustellen und eine geringere Rohdichte einzustellen (z.B. Leichtbeton). Dabei gelangen am häufigsten Stoffe wie Bims, Schaumlava, Hüttenbims, Blähton und Blähschiefer zur Anwendung. Als extrem leichte Zuschläge gelten Blähperlite (Perlite), Blähglimmer (Vermiculite) und geschäumtes Polystyrol.

In Tabelle 1.14 sind Zuschlagstoffe mit porigem Gefüge zusammengestellt. Bims gelangt hauptsächlich in hochwärmedämmenden Mauersteinen zur Anwendung, ebenso Blähton und Blähperlite. Holz-Sägemehl wurde früher für Holzbeton verwendet, heute kommen nur noch Holzspäne für die Herstellung von Holzwolle-Leichtbauplatten zum Einsatz.

Für Wärmedämmputze verwendet man neben Blähperlite und Blähglimmer auch Polystyrol, einen geschäumten Kunststoff. Blähglimmer und geschäumtes Polystyrol verleihen Putzen die höchste Wärmedämmfähigkeit.

Für die Herstellung von Brandschutzputzen dürfen nur unbrennbare Materialien verwendet werden. Als Zuschlagstoff mit porigem Gefüge werden hierfür hauptsächlich Blähperlite und Blähglimmer verwendet.

• *Normen*
DIN 4226 Teil 2 Zuschlag für Beton; Zuschlag mit porigem Gefüge (Leichtzuschlag); Begriffe, Bezeichnung und Anforderungen.

Tabelle 1.13: Zuschlagstoffe mit dichtem Gefüge

Zuschlagstoff	Einsatzgebiete	Rohdichte (Schüttdichte) in kg/dm^3
Natürliche Zuschläge		
Sand und Brechsand	Mörtel, Beton	2,55 bis 2,65 (1,4 bis 2,0)
Kies und Schotter	Beton, Mörtel (nur bedingt)	2,55 bis 2,65 (1,4 bis 1,9)
Künstliche Zuschläge		
Hochofenschlacke	Beton	1,5 bis 1,8
Hüttensand, hell	Mörtel, zusammen mit nat. Sand	0,5 bis 0,9
Hüttensand, dunkel	Mörtel, zusammen mit nat. Sand	0,9 bis 1,4
Kohleschlacke	Beton (nur bedingt)	1,5 bis 1,8
Ziegelsplitt	Beton und Mörtel (nur bedingt)	1,2 bis 1,8
Schamotte	Feuerfester Beton und Mörtel	1,7 bis 1,9
Sonderzuschläge		
Elektrokorund	verschleißfeste Schichten	3,9 bis 4,0
Siliziumkarbid	verschleißfeste Schichten	3,1 bis 3,2
Asbest	früher für Brandschutz- und Akustikputze und dünne Platten; zur Erzielung von hoher Zugfestigkeit (z.B. Asbestzementfassadenplatten)	0,3 bis 0,6
Zellulosefasern (Papierfasern)	dünne Platten; zur Erzielung von höheren Festigkeiten (z.B. Gipsfaserplatten)	–
Kunststoff-Fasern	dünne Platten; zur Erzielung von hoher Zugfestigkeit (z.B. Faserzementfassadenplatten)	≈ 1,1
Glasfasern	dünne Platten; zur Erzielung von hoher Zugfestigkeit	2,2 bis 3,0
Metallspäne	verschleißfeste Schichten	–
Schwerspat (Baryt)	Strahlenschutz (Röntgen- und γ-Strahlung)	4,15 bis 4,55
Brauneisenstein, Serpentin	Strahlenschutz (Neutronen-Strahlung)	4,9 bis 5,0

Tabelle 1.14: Zuschlagstoffe mit porigem Gefüge

Zuschlagstoff	Einsatzgebiete	Rohdichte (Schüttdichte) in kg/dm^3
Natürliche Zuschläge		
Bims	Mauersteine, Leichtmörtel, Leichtbeton	0,4 bis 0,9 ($\approx$ 0,3)
Schaumlava (Tuffe)	Mauersteine, Leichtbeton	0,7 bis 1,5
Holzspäne, Holzwolle	Holzwolle-Leichtbauplatten	$\approx$ 0,6
Künstliche Zuschläge		
Hüttenbims	Leichtbeton	0,6 bis 1,8 (0,4 bis 0,75)
Sinterbims	Leichtbeton	0,5 bis 1,8
Blähton	Mauersteine, Wärmedämmputze, Leichtbeton	0,6 bis 1,6 (0,3 bis 1,4)
Blähschiefer	Leichtbeton	0,8 bis 1,8 (0,5 bis 1,6)
Blähperlite (Perlite)	Mauersteine, Wärmedämmputze, Leichtbeton	0,1 bis 0,3 (0,06 bis 0,2)
Blähglimmer (Vermiculite)	Wärmedämmputze, Leichtbeton, Leichtmörtel	0,1 bis 0,2 (0,07 bis 0,09)
Schaumglas	Leichtbeton	0,12 bis 0,14
Polystyrol	Wärmedämmputze, Leichtbeton, Leichtmörtel	$\approx$ 0,04 (0,012)

setzung bestimmt die Verwendbarkeit hinsichtlich bestimmter Bindemittel (siehe Tabelle 1.16) und hinsichtlich der Putzlage (siehe Tabelle 1.17). Ferner wird durch die Körnung die Putzstruktur bei Oberputzen bestimmt.

Die *Kornform* der Sande sollte gedrungen sein. Günstige Größenverhältnisse für Länge/Breite sind $\leq$ 3. Langsplittrige und/oder scharfkantige Körner erschweren die Verarbeitbarkeit und beeinträchtigen die Verdichtungswilligkeit des Mörtels. Brechsande erreichen bei der Herstellung in Brechmaschinen i.d.R. keine ideale Kornform. Deshalb werden sogenannte *Edelbrechsande* eingesetzt, in in Prallmühlen hergestellt werden. Dort entsteht die geforderte günstige Kornform.

1.2.3 Korngröße und Kornform

Von der Korngröße ist die Eignung der Zuschlagstoffe für bestimmte Putze abhängig. Die Bezeichnung der Zuschläge nimmt man anhand der *Korngrößen* vor. Dabei werden *Korngruppen* und *Kornklassen* unterschieden. Als Korngruppe (z.B. 0/4 oder 0/8) bzw. Lieferkörnung werden die Zuschläge zwischen den zwei zugehörigen Prüfsieben bezeichnet, als Kornklasse (z.B. 2/4 oder 4/8) die Zuschläge zwischen 2 benachbarten Prüfsieben. Werden Kies bzw. Splitt und Sand gemischt, so bezeichnet man die Mischung als Kiessand bzw. Splittsand. Tabelle 1.15 gibt einen Überblick über die gängigen Bezeichnungen.

Wichtig ist die Abstufung des Korngemisches. Die Zusammen-

Tabelle 1.15: Korngrößen und Korngruppen und Bezeichnung des Zuschlags

Zuschlag mit		Zuordnung zur Korngruppe in mm	Zusätzliche Bezeichnung für	
Kleinstkorn in mm	Größtkorn in mm		ungebrochenen Zuschlag	gebrochenen Zuschlag
–	0,25	0/0,25	Feinst- ⎫ Fein- ⎬ Sand Grob- ⎭	Feinst- ⎫ Fein- ⎬ Brechsand Grob- ⎭
–	1	0/1		
1	4	1/4		
4	32	4/32	Kies	Splitt
32	63	32/63	Grobkies	Schotter

Tabelle 1.16: Körnung von Sandgemischen und ihre Eignung für bestimmte Putze nach Otto Graf

Mörteleignung der Körnung	Anteil der Gesamtmenge in %			
	grobkörnig 3 - 7 mm	mittelkörnig 1 - 3 mm	feinkörnig 0,2 - 1 mm	mehlig 0 - 0,2 mm
Zuordung zur Korngruppe in mm	2/8	1/2	0,25/1	0/0,25
für alle Putzmörtel geeignet	40	36	12	12
für Kalkmörtel noch brauchbar	25	35	22	18
für Zementmörtel noch brauchbar	0	30	45	25
unbrauchbar	0	0	65	35

Tabelle 1.17: Korngrößen für Putze

Anwendung		Putzlage	Korngruppe/Lieferkörnung in mm
Wandputz	außen	Spritzbewurf	0/4 oder 0/8
		Unterputz	0/2 oder 0/4
		Oberputz	0/2, 0/4 oder 0/8
	innen	Spritzbewurf	0/4 oder 0/8
		Unterputz	0/2 oder 0/4
		Oberputz	0/1, 0/2 oder 0/4
Deckenputz		Spritzbewurf	0/4
		Unterputz	0/2 oder 0/4
		Oberputz	0/1 oder 0/2

1.2.4 Schädliche Bestandteile in Zuschlägen

Stoffe, die das Erhärten von Bindemitteln bzw. Mörteln behindern oder die Festigkeit und Dichtheit derselben herabsetzen, nennt man schädliche Bestandteile des Zuschlages. Weiter können solche schädlichen Bestandteile auch zu Abplatzungen und Verfärbungen führen oder im Beton den Korrosionsschutz der Bewehrung schädigend beeinträchtigen. Schädliche Stoffe sind abschlämmbare Bestandteile, organische Stoffe, Bestandteile die nicht raumbeständig sind und quellen und schwinden, verschiedene Salze und Säuren, Schwefelverbindungen, alkalilösliche Kieselsäure, wasserlösliche Eisenverbindungen, Glimmer, schaumige und glasige Schlackenstücke und Zucker.

• *Abschlämmbare Bestandteile*
Abschlämmbare Bestandteile (z.B. Lehm, Ton und feiner Gesteinsstaub) unterbrechen den festen Verbund zwischen Bindemittel und Zuschlag. Als abschlämmbare Bestandteile gelten solche mit einem Durchmesser < 0,063 mm. Nach DIN 4226 gelten Richtwerte zur Begrenzung des Gehaltes an abschlämmbaren Bestandteilen. Für Putze sind die Anforderungen an die abschlämmbaren Bestandteile etwas geringer als bei Beton, sie dürfen im allgemeinen bis zu 5 Massen-% betragen.

Um Sande zu prüfen kann auf der Baustelle ein einfacher *Absetzversuch* durchgeführt werden. Dazu wird eine zylinderförmige Glasflasche zu $2/3$ mit dem zu untersuchenden Sand gefüllt und der Rest mit Wasser. Nach kräftigem Schütteln des Gemisches läßt man dieses eine Stunde stehen und schüttelt anschließend nochmals. Es muß dann abgewartet werden bis sich das Wasser geklärt hat und sich alle Feinteile abgesetzt haben. Die feinen tonigen Bestandteile schweben am längsten im Wasser und bilden nach der Absetzung die oberste Schicht mit Höhe h_T. Der Anteil der tonigen Bestandteile u_T kann dann mittels der nachfolgenden Gleichung errechnet werden:

$$u_T = \frac{h_T}{h_{S+T}}$$

Dabei ist h_{S+T} die Höhe des Sandes einschließlich der tonigen Bestandteile im Glas. Das Ergebnis liegt in Volumen-% vor, entspricht jedoch in etwa dem in Massen-%.

• *Quellfähige Bestandteile*
Quellfähige Bestandteile (z.B. Braunkohle, Steinkohle) im Zu-

schlagstoff können durch Aufsaugen des Zugabewassers treiben und durch Zerfall oder chemische Reaktion die Festigkeit mindern. Dies gilt insbesondere für Braunkohle, weniger für Steinkohle. Je feiner die schädlichen Bestandteile vorliegen, desto gefährlicher sind sie für das Erhärten.

• *Organische Verunreinigung*
Bei Organischen Verunreinigungen (z.B. Humus, Holz, Sägemehl) ist die Verunreinigung durch *Humus* besonders wichtig. Humusstoffe unterbinden die einwandfreie Verbindung zwischen Bindemittel und Zuschlagstoff und wirken somit festigkeitsmindernd. Je feiner die Verunreinigungen verteilt sind, desto schädlicher sind die Auswirkungen.

Um auf der Baustelle Putzsande auf organische Verunreinigungen zu prüfen, füllt man eine Glasflasche aus Weißglas zu zwei Dritteln mit dem zu prüfenden Sand und füllt den Rest mit 3%iger Natronlauge auf. Nach Durchschütteln und einer Wartezeit von 24 Stunden wird die Farbe der Lauge über dem Sand geprüft. Eine gelbliche Verfärbung ist normal, hell- oder gar dunkelbraune Verfärbungen weisen auf zu starke organische Verunreinigungen des Sandes hin. Der Sand kann dann nicht verwendet werden.

• *Salze*
Chloride liegen z.B. im Seesand als Magnesiumchlorid vor. Sie fördern die Korrosion der Bewehrung. Bei Stahlbeton darf der Chloridgehalt maximal 0,04 Massen-% betragen.

Sulfate in Mörteln (z.B. Gips oder Anhydrit) bewirken im Zusammenhang mit hydraulischen Bindemitteln ein Sulfattreiben (Ettringit). Der Sulfatgehalt darf aus diesem Grund 1 Massen-% nicht übersteigen. Ausgenommen ist hiervon Schwerspat (Bariumsulfat), der unlöslich ist. Zur Ettringitbildung siehe Kapitel 1.1.4.

Sulfide in Mörteln (z.B. Schwefelkies) wandeln sich mit Luft und Wasser in Sulfate um und spalten dabei Schwefelsäure ab. Die Schädigung erfolgt dann über die Sulfate (siehe oben) und über die Schwefelsäure, die die Korrosion von Stahlarmierungen fördert und die Karbonatisierung vorantreibt. Das in der Hochofenschlacke befindliche Calciumsulfid gilt als unschädlich.

• *Normen*
DIN 4226 Teil 3 Zuschlag für Beton; Prüfung von Zuschlag mit dichtem oder porigem Gefüge.

1.2.5 Füllstoffe oder Füller

Mit dem Begriff Füllstoffe oder Füller werden Zuschläge zu Mörtel und Beton bezeichnet, die aus demselben Material wie die Zuschläge bestehen können, jedoch zu anderen Zwecken eingesetzt werden (z.B. Gesteinsmehl zur Verbesserung der Verarbeitbarkeit). Bei Anstrichstoffen und Beschichtungen werden Füllstoffe zur Füllung bzw. Streckung zugesetzt. Auch in Klebstoffen können Füllstoffe enthalten sein. In Spachtelmassen werden Füllstoffe wie Kreide, Schiefermehl und Feinstsande verwendet.

1.2.6 Zugabewasser

Das Zugabewasser in Mörteln muß je nach Bindemittel als Gleitmittel dienen (z.B. bei Zement), um den Reibungswiderstand zwischen den einzelnen Bindemittelteilchen zu verringern, und es dient als Ausgangsstoff für die ablaufenden chemischen Reaktionen des Bindemittels. Zugabewasser hat in Mörteln deshalb physikalische und chemische Bedeutung.

Als Zugabewasser ist das in der Natur vorkommende Wasser in der Regel geeignet. Bestimmte Gewässer enthalten Bestandteile, die das Erhärten der Bindemittel beeinträchtigen können oder auch den Korrosionsschutz der Bewehrung ungünstig beeinflussen. Vorsicht ist bei Industrieabwässern geboten, die als Zugabewasser verwendet werden sollen.

Schädliche Bestandteile des Zugabewassers wurden teilweise schon in Kapitel 1.2.4 genannt. Im Zugabewasser können hiervon Säuren, Sulfate, organische Verbindungen und Zucker enthalten sein. Für Stahlbeton darf der Chloridgehalt höchstens 600 bzw. 300 mg/dm^3 betragen. Zugabewasser, bei dem unzulässige Bestandteile vermutet werden ist zunächst nach Farbe, Geruch, Geschmack und auf Schaumbildung zu überprüfen. Im Zweifelsfalle müssen chemische Analysen vorgenommen werden.

1.2.7 Pigmente

Falls eine Einfärbung gewünscht wird, werden zur Färbung von Mörtel und Beton verschiedene Farbpigmente eingesetzt. Hauptsächlich werden hier Metalloxide verwendet. In Tabelle 1.18 sind verschiedene Pigmente zusammengestellt. Die Farbwirkung der Pigmente hängt zunächst von der Farbe des Mörtels bzw. des Betons ab und ferner von der Feinheit und Reinheit der Pigmente. Helle Farbpigmente erfordern hellen Mörtel bzw. Beton, um überhaupt eine Farbwirkung zu erzielen. Hier ist die Verwendung von *Weißzement* empfehlenswert.

Zur Anwendung gelangen hauptsächlich anorganische, synthetisch hergestellte Buntpigmente, die licht- und wetterfest sowie akalibeständig sein müssen.

Die Größe der einzelnen Farbpigmentteilchen liegt bei ca. 0,5 µm, sie sind somit viel feiner als Zement. Die Dichten der Pigmente liegen zwischen 3,7 und 5,2 kg/dm^3. Die Menge des Farbpigmentzusatzes beträgt zwischen 2 und 8 %, bezogen auf den Bindemittelgehalt.

Die Farbwirkung von Pigmenten kann nur an ausgetrockneten und erhärteten Mörteln und Betonen beurteilt werden.

- *Normen*

DIN 53 237 Pigmente; Pigmente zum Einfärben von zement- und kalkgebundenen Baustoffen.

DIN 55 943 Farbmittel; Begriffe.

1.3 Zusatzmittel

Als Zusatzmittel in Putzen und Mauermörteln werden ähnliche wie bei Beton eingesetzt. Es gelangen Luftporenbildner, Erstarrungsverzögerer und -beschleuniger, Dichtungsmittel, Verflüssiger, Haftungsmittel- und Stabilisierer zum Einsatz. Werden Zusatzmittel dem Mörtel zugegeben, so ist in jedem Fall eine Mörtel-Eignungsprüfung erforderlich.

Zusatzmittel haben eine chemische und/oder physikalische Wirkung. Sie werden dem Mörtel zugegeben zur Erreichung bestimmter Eigenschaften des Frischmörtels und/oder des Festmörtels. Die Zusatzmittel für Mörtel lehnen sich an die Richtlinien für Betonzusatzmittel an. Aus diesem Grund haben Bezeichnungen für Zusatzmittel teilweise den Wortzusatz »Beton« im Namen.

1.3.1 Luftporenbildner

Im Gegensatz zu Beton, wo Luftporenbildner (LP) dazu dienen, eine Verbesserung der Frost- bzw. Frost-Tausalz-Beständigkeit zu erreichen, werden diese im Mörtel nur in Sonderfällen eingesetzt (z.B. Sanierputz). Die Luftporenbildner bestehen meist aus Naturharzseifen, Alkylarylsulfonaten oder Polyglykolether. In Sanierputzen erzeugen die Luftporenbildner während des Mischens einen feinblasigen Schaum. Dieser muß möglichst stabil sein, damit sich die kleinen Luftbläschen nicht zu großen Blasen vereinigen und entweichen, sondern bis zur Erhärtung

Tabelle 1.18: Farbpigmente für Mörtel und Beton

Farbe	Pigmente
Weiß	Titandioxid (TiO$_2$)
Lichtgelb	Titan-Nickel-Antimonoxid
Gelb	Eisenoxidhydroxid (FeOOH), Barytgelb, Neapelgelb
Rot	Eisenoxide
Grün	Chrom(III)oxid (Cr$_2$O$_3$), Chrom(III)oxidhydrat (CrOOH), Kobaltgrün, Ultramaringrün, Grüne Erde
Blau	Kobalt-Aluminium-Chromoxid (CoO·Al$_2$O$_3$·Cr$_2$O$_3$), Ultramarinblau (Na-Al-Silikat), Mangan-Blau
Violett	Ultramarinviolett
Braun	Eisenoxidgemisch aus rot, gelb und schwarz
Grau	Schiefergrau
Schwarz	Rußsuspensionen, Kohlenstoff, Eisen(II,III)oxid (Fe$_3$O$_4$), Mangan-Schwarz

des Putzes bestehen bleiben. Die Luftporenbildung erfolgt in der Regel durch die grenzflächenaktiven, schaumbildenden Luftporenbildner auf physikalisch-mechanische Weise, also beim Mischvorgang. Um stabile Luftporen in ausreichender Menge zu erhalten, sind Mischzeiten von mindestens 2 bis 3 Minuten einzuhalten. Eine zu lange Mischzeit wiederum kann die gebildeten Luftporen zerstören.

1.3.2 Verflüssiger

Durch Verflüssiger, früher auch Gleit-, Flies- oder Plastifizierungsmittel genannt, wird die Verarbeitbarkeit des Mörtels verbessert und der Wasseranspruch reduziert. Dadurch ergibt sich eine Erhöhung der Festigkeit und der Dichte des erhärteten Mörtels. Gleichzeitig wird auch die Frostbeständigkeit, die Wasserundurchlässigkeit und die Widerstandsfähigkeit gegen chemische Angriffe erhöht.

Aus dem Bereich der Betontechnologie sind die Betonverflüssiger (BV) und die Fließmittel (FM) bekannt. Gelegentlich werden Fließmittel auch als »Superverflüssiger« bezeichnet, mit denen *Fließbeton* bzw. pumpbarer Beton hergestellt wird.

Verflüssiger werden meist auf der Basis von ligninsulfosauren Salzen oder in Verbindung mit Polymeren aufgebaut. Diese Zusatzmittel setzen die Oberflächenspannung des Wassers herab. Dadurch entsteht eine vollkommenere Dispergierung (Feinverteilung) des Bindemittels. So hergestellter Mörtel, ganz besonders Putzmörtel, muß besonders gut feucht gehalten werden, da das entspannte Wasser aus den Kapillaren schneller verdunstet als normales, nicht entspanntes Wasser.

1.3.3 Erstarrungsverzögerer

Erstarrungsverzögerer (VZ) können das Erstarren von zementgebundenem Mörtel deutlich verzögern. Die übliche Verarbeitungszeit von ca. 2 bis 3 Stunden (je nach Zementart und Temperatur) kann mit Erstarrungsverzögerern deutlich verlängert werden. Bei Mörteln werden solche Zusatzmittel im Hochsommer eingesetzt, wenn die durch hohe Lufttemperaturen erzeugte Erstarrungsbeschleunigung ausgeglichen werden soll. Durch die Verzögerung der Erstarrung verläuft auch die Hydratationswärmentwicklung in zementhaltigen Mörteln entsprechend langsamer (nahezu unbedeutend bei Mörteln). Die Verzögerungswirkung ist temperaturabhängig, sie ist bei höheren Temperaturen geringer als bei tieferen.

Als Verzögerungsmittel sind vorwiegend Phosphate, Oxicarbonsäuren bzw. deren Salze, Sulfonate, Glukonate, Silikate, Borate und Kalilauge bekannt.

1.3.4 Erstarrungsbeschleuniger

Erstarrungsbeschleuniger (BE) werden vor allem bei tiefen Temperaturen zur Beschleunigung der Erstarrung des Mörtels eingesetzt, ferner in Sonderputzen zum Absperren von Wassereinbrüchen und beim Einsetzen von Spezialdübeln, Ankern und Steinschrauben.

Erstarrungsbeschleuniger vergrößern bei zementhaltigen Mörteln die Hydratationswärmentwicklung (unbedeutend bei Mörteln) und vergrößern das Schwindmaß. Erstarrungsbeschleuniger werden z.T. auch als »Frostschutzmittel« angeboten, um z.B. bei Temperaturen unter dem Gefrierpunkt noch Putze aufbringen zu können. Doch hier ist Vorsicht geboten.

Erstarrungsbeschleuniger enthalten häufig Karbonate, Aluminate, Silikate oder organische Stoffe auf Harnstoffbasis.

1.3.5 Haftungsmittel

Haftungsmittel sollen dazu dienen, die Haftung des Mörtels auf dem Untergrund zu verbessern. Dazu werden oft Kunstharzdispersionen zum Mörtel gegeben (z.B. Polyvinylpropionat PVP). Gleichzeitig ändern sich mit der Dispersionszugabe oft auch andere Eigenschaften des Mörtels (siehe Kapitel 1.1.8).

1.3.6 Stabilisierer

Stabilisierer (ST) werden vor allem bei Werkmörteln (Transportmörteln) verwendet, um einem zu starken Wasserabsaugen durch Mauersteine entgegenzuwirken. Stabilisierer bewirken eine Erhöhung der Viskosität des Wassers, wodurch seine Beweglichkeit verringert wird. Gleichzeitig wird das Wasserrückhaltevermögen erhöht.

1.3.7 Dichtungsmittel

Putzen wird häufig ein Dichtungsmittel (DM) zugesetzt. Dieses verhindert die Wasseraufnahme bzw. das Eindringen von Wasser in den Putz. Er erhält dadurch *wasserabweisende* (hydrophobierende) Eigenschaften. Ferner können Dichtungsmittel auch Poren verstopfen, porenvermindernd oder verflüssigend wirken. Dichtungsmittel auf Oleat- oder Stearatbasis haben hydrophobierende Wirkung, solche mit Eiweißstoffen wirken porenverstopfend. Silikatische Stoffe (z.B. Wasserglas) wirken porenvermindernd.

Der Vollständigkeit halber sei erwähnt, daß Dichtungsmittel auch in Beton zur Herstellung von sogenanntem »Sperrbeton« Verwendung finden.

1.4 Putzmörtel

Aus *Putzmörteln* oder Beschichtungsstoffen werden an Wänden und Decken in einer oder mehreren Lagen bestimmter Dicke *Putze* hergestellt. Sie erhalten ihre endgültigen Eigenschaften erst durch ihre Verfestigung (Erhärtung) am Baukörper (Untergrund).

Vordergründig dienen Putze zur *Oberflächengestaltung* eines Bauwerkes. Wichtiger ist jedoch, daß sie ganz bestimmte *bauphysikalische Aufgaben* zu erfüllen haben, die von den verwendeten Putzmörteln bzw. den Beschichtungsstoffen und der Dicke des Putzes abhängen.

Im Sinne der DIN 18 550 sind Oberflächenbehandlungen von Bauteilen, wie z.B. gespachtelte Glätt- und Ausgleichsschichten, Wischputz, Schlämmputz, Bestich, Rapputz sowie Imprägnierungen und Anstriche *keine* Putze. Aufgrund jahrzehnte- oder gar jahrhundertelanger Namensgebung und der eingespielten Aufgabenbereiche des Stukkateurgewerbes werden hier auch einige der vorgenannten »putzartigen Überzüge« als Putze bezeichnet, im Gegensatz zur DIN 18 550.

Zur Herstellung von Putz auf Wänden und Decken gelangen *Putzmörtel* zur Anwendung. Die Unterscheidung der Putzmörtel erfolgt nach verschiedenen Gesichtspunkten. Die wichtigsten Unterscheidungsmerkmale sind:

- Art des verwendeten Bindemittels (Putzmörtelgruppe),
- Zusammensetzung des Putzmörtels (Mörtelart),
- Anforderungen an den Putz im Zusammenhang mit den Anwendungsbereichen (Putzart) und
- Schichtenfolge.

Ferner unterscheidet man nach

- Putzweise und
- Putzgrund.

1.4.1 Putzmörtelgruppen

Putzmörtel sind ein Gemisch von einem oder mehreren Bindemitteln, Zuschlagstoffen mit einem überwiegenden Kornanteil zwischen 0,25 und 4 mm und Wasser, gegebenenfalls auch Zusätzen. In Sonderfällen kann bei Putzmörteln der Kornanteil mit einem Durchmesser über 4 mm überwiegen. Bei Putzmörteln aus Baugipsen und Anhydritbindern kann der Zuschlag entfallen. Die

Tabelle 1.19: Putzmörtelgruppen nach DIN 18 550

Putzmörtelgruppe[1]	Art der Bindemittel
P I	Luftkalke[2], Wasserkalke, Hydraulische Kalke
P II	Hochhydraulische Kalke, Putz- und Mauerbinder, Kalk-Zement-Gemische
P III	Zemente
P IV	Baugipse ohne und mit Anteilen an Baukalk
P V	Anhydritbinder ohne und mit Anteilen an Baukalk
[1] Weitergehende Aufgliederung der Putzmörtelgruppen siehe Tabelle 1.20 [2] Ein begrenzter Zementzusatz ist zulässig.	

1.4 Putzmörtel

Putzmörtel werden nach Tabelle 1.19 den Putzmörtelgruppen P I bis P V zugeordnet, sofern sie die dort angeführten mineralischen Bindemittel enthalten und bestimmte, auf Erfahrung gründende Mischungsverhältnisse von Bindemittel zu Zuschlag aufweisen.

Die in DIN 18 550 beschriebenen Putzmörtel umfassen Mörtel mit mineralischen Bindemitteln und Zusammensetzungen, die aus jahrzehnte- bzw. jahrhundertelanger Erfahrung resultieren. Für andere Putzmörtel mit hiervon abweichender Zusammensetzung müssen durch Eignungsprüfungen die erforderlichen Eigenschaften für die Zuordnung zu den Putzmörtelgruppen nachgewiesen werden.

In der Tabelle 1.20 werden die Mischungsverhältnisse von allgemein üblichen Putzmörteln mit mineralischen Bindemitteln und dem Zuschlagstoff Sand angegeben. Weitere Putzmörtelmischungen mit mineralischen Bindemitteln sind in den nachfolgenden Kapiteln 1.4.2 bis 1.4.5 angegeben.

Es gibt noch weitere Putzmörtelmischungen als die in Tabelle 1.20 genannten, z.B. solche mit organischen Bindemitteln oder mit Zuschlägen mit porigem Gefüge. Diese sind in Kapitel 1.5 beschrieben. Technologische Eigenschaften der Putze, wie mechanische Kennwerte, physikalische und chemische Beständigkeit sowie Anforderungen an Putzuntergründe sind in Kapitel 2 zusammengestellt.

• *Normen*
DIN 18 550 Teil 1 Putz; Begriffe und Anforderungen.

Tabelle 1.20: Mischungverhältnisse von Putzmörteln in Raumteilen für mineralische Zuschläge mit dichtem Gefüge nach DIN 18 550 (erweiterte Tabelle)

Zeile	Putzmörtelgruppe	Mörtelart	Baukalk DIN 1060			Putz- und Mauerbinder DIN 4211	Zement DIN 1164	Baugipse ohne werkseitig beigegebene Zusätze DIN 1168		Anhydritbinder DIN 4208	Sand mineral. Zuschläge mit dichtem Gefüge
			Luftkalk Wasserkalk Kalkteig Rohdichte	Kalkhydrat	Hydraulischer Kalk	Hochhydraulischer Kalk			Stuckgips	Putzgips		
			\multicolumn{9}{c}{Schüttdichte der Ausgangsstoffe [1] in kg/dm³}									
			1,25	0,5	0,8	1,0	1,0	1,2	0,9	0,9	1,0	1,3[2]
1	P I	a Luftkalkmörtel und Wasserkalkmörtel	1,0[3]									3,5 bis 4,5
2				1,0[3]								3,0 bis 4,0
3		b Hydraulischer Kalkmörtel			1,0							3,0 bis 4,0
4	P II	a Hochhydraulischer Kalkmörtel; Mörtel mit Putz- und Mauerbinder				1,0 oder 1,0						3,0 bis 4,0
5		b Kalkzementmörtel	1,5 oder 2,0					1,0				9,0 bis 11,0
6	P III	a Zementmörtel mit Zusatz von Luftkalk	≤ 0,5					2,0				6,0 bis 8,0
7		b Zementmörtel						1,0				3,0 bis 4,0
8	P IV	a Gipsmörtel							1,0[4]			–
9		b Gipssandmörtel							1,0[4] oder	1,0[4]		1,0 bis 3,0
10		c Gipskalkmörtel	1,0 oder 1,0						0,5 bis 1,0 oder	1,0 bis 2,0		3,0 bis 4,0
11		d Kalkgipsmörtel	1,0 oder 1,0						0,1 bis 0,2 oder	0,2 bis 0,5		3,0 bis 4,0
12	P V	a Anhydritmörtel									1,0	≤ 2,5
13		b Anhydritkalkmörtel	1,0 oder 1,5								3,0	12,0

1 Bei der Umrechnung von Raumteilen in Gewichtsteile können die hier angegebenen Werte zugrunde gelegt werden, falls die Schüttdichten nicht bekannt sind.
2 Diese Schüttdichte bezieht sich auf einen Feuchtigkeitsgehalt von 2 bis 5 Massen-%.
3 Ein begrenzter Zementzusatz ist zulässig.
4 Um die Geschmeidigkeit zu verbessern, kann Weißkalk in geringen Mengen, und für die Regelung der Versteifungszeiten können Verzögerer zugesetzt werden.

DIN 18 550 Teil 2 Putz; Putze aus Mörteln mit mineralischen Bindemitteln; Ausführung.

1.4.2 Gipsmörtel

Die Verwendung von Gipsputzen ist regional sehr unterschiedlich. Während sich im Süden Deutschlands seit über zwanzig Jahren die einlagigen Gips-Maschinenputze durchgesetzt haben, wird im Saarland hauptsächlich noch mit dem normalen Putzgips gearbeitet. Diese Putzart wurde dort aus Frankreich übernommen. Im Rheinland werden häufig Fertigputzgipse angewendet. Grundsätzlich setzt sich die Anwendung von Gips-Maschinenputz jedoch immer mehr durch.

Die Erhärtung (Hydratation) der Baugipse ist mit einem gewissen Quellen verbunden (siehe Kapitel 1.1 und Tabelle 2.1). Diese Eigenschaften stehen im Gegensatz zu allen anderen Putzmörteln und sind als günstig anzusehen, weil bei der Erhärtung keine Schwindspannungen auftreten. Zudem schwinden die Gipsmörtel beim Austrocknen praktisch nicht. Gipsputze besitzen zudem eine günstige, feuerhemmende Wirkung. Dabei wird bei Hitze- und Feuereinwirkung zunächst durch das Verdampfen des Kristallwassers im Gips Wärmeenergie verbraucht und zudem bleibt die entwässerte, mürbe Gipsschicht weitgehend als wärmedämmende Schicht ohne Rissebildung am Untergrund haften.

Eine Übersicht über die verschiedenen Baugipsarten nach DIN 1168 sowie ihre wichtigsten Eigenschaften und ihre Verwendung sind in Tabelle 1.21 zusammengestellt.

• *Zusammensetzung*
Stuckgips besteht überwiegend aus Halbhydrat, Putz- und Maschinenputzgips aus Halbhydrat, Anhydrit II und Anhydrit III. Alle weiteren Baugipse werden auf der Basis von Stuckgips oder Putzgips hergestellt. Estrichgips und Marmorgips haben heute keine Bedeutung mehr.

Tabelle 1.21: Baugipsarten, ihre Eigenschaften und Verwendung

Baugipsart	Versteifungsbeginn in Minuten	Biegezugfestigkeit in N/mm²	Druckfestigkeit in N/mm²	Besondere Eigenschaften	Verwendung für
Baugipse ohne werkseitige Zusätze					
Stuckgips	8 bis 25	≥ 2,5	–	feingemahlen, rasches Versteifen	Innenputz, Stuck- und Rabitzarbeiten, Gipsbauplatten
Putzgips	≥ 3	≥ 2,5	–	rasches Versteifen, längere Bearbeitbarkeit	Innenputz, Rabitzarbeiten
Baugipse mit werkseitigen Zusätzen					
Fertigputzgips	≥ 25	≥ 1,0	≥ 2,5	langsames Versteifen	Innenputz
Haftputzgips z.T. mit Füllstoffen	≥ 25	≥ 1,0	≥ 2,5	langsames Versteifen, gute Haftung	meist einlagige Innenputze, auch auf schwierigem Putzgrund
Maschinenputzgips z.T. mit Füllstoffen	≥ 25	≥ 1,0	≥ 2,5	langsames Versteifen, kontinuierlich maschinell verarbeitbar	Innenputz, mit Putzmaschinen aufgebracht
Ansetzgips	≥ 25	≥ 2,5	≥ 6,0	langsames Versteifen, gute Haftung, hohes Wasserrückhaltevermögen	Ansetzen von Gipskartonplatten
Fugengips	≥ 25	≥ 1,5	≥ 3,0	langsames Versteifen, hohes Wasserrückhaltevermögen	Verfugen und Verspachteln von Gipsbauplatten
Spachtelgips	≥ 15	≥ 1,0	≥ 2,5		

1.4 Putzmörtel

- *Zubereitung bzw. Anmachen des Putzmörtels*

Gipsmörtel: Da Gipsmörtel einen sehr frühen Versteifungsbeginn hat und zügig abbindet (siehe Tabelle 1.21), ist nur soviel Mörtel anzumachen, wie innerhalb der kurzen Zeit verarbeitet werden kann. Für die Zubereitung von Gipsmörtel, wird der Gips langsam in Wasser eingestreut, bis auf der Oberfläche trockene Inseln stehenbleiben. Das entspricht einer Mischung von 10 kg Gips und 6 bis 7 l Wasser. Sollen Verzögerungsmittel zugesetzt werden, so sind diese vorher im Wasser aufzulösen. Einfache Verzögerungsmittel sind z.B. Kalkbeigaben.

Falls der Gips und/oder das Anmachwasser bei der Verarbeitung warm ist (z.B. durch Sonnenbestrahlung oder andere Wärmeeinwirkungen), so muß einkalkuliert werden, daß der Gips in noch kürzerer Zeit erhärtet.

Gipssandmörtel: Auch dieser Mörtel hat einen relativ schnellen Versteifungsbeginn. Gipssandmörtel ist ein Gipsmörtel, welcher mit Sand abgemagert ist. Bei diesem Mörtel wird der Gips zunächst in Wasser eingestreut, wie bei reinem Gipsmörtel. Anschließend wird die Masse durchgerührt und der Sand zugesetzt. Sollen langsam bindende Gipse zur Anwendung gelangen, so sind hierbei die Vorschriften des Lieferwerkes zu beachten. Häufig wird dem Wasser zuerst etwas Kalkhydrat beigesetzt (Verzögerung). Das Mischungsverhältnis liegt hier bei 10 kg Gips zu 9 l Wasser und das Mischungsverhältnis Gips zu Sand ca. 1:1 bis 1:3. Bei Zusatz von Weißkalk (Verzögerer) kann ca. 1 l Weißkalk auf 10 l Wasser zugegeben werden.

Stuckmörtel: Für das Ziehen von Gesimsen im Innenbereich wird ein Stuckmörtel mit einem Mischungsverhältnis von 10 Raumteilen Stuckgips, einem Raumteil Weißkalkteig und ca. 7 Raumteilen Wasser hergestellt. Es erfolgt keine Sandzugabe. Beim Anmachen wird zuerst der Kalk im Wasser aufgelöst und anschließend der Gips zugegeben.

Der erhärtete Stuckmörtel erreicht je nach Wassergipsverhältnis unterschiedliche Festigkeiten. Die Tabelle 1.22 gibt dazu eine Übersicht.

Gipskalkmörtel und Kalkgipsmörtel: Die bevorzugte Mischung für Gipskalkmörtel besteht aus einem Teil Gips, einem Teil Kalk und 3 bis 4 Teilen Sand. Der Kalk und der Gips werden jeweils getrennt angemacht. Das Anmachen erfolgt für Kalk und Gips jeweils wie unter Kalkmörtel bzw. Gipsmörtel beschrieben. Kurz vor der Verarbeitung werden die beiden Massen zusammengemischt.

Stuck- und Putzgips erfordern wegen dem relativ schnellen Versteifungsbeginn einen verhältnismäßig hohen Wasserzusatz. Nach dem Versteifungsbeginn darf dem Gipsmörtel aber grundsätzlich kein Wasser mehr zugegeben werden, weil dadurch die Auskristallisation des Calciumsulfats behindert bzw. beeinträchtigt wird, was *erhebliche Festigkeitsbeeinträchtigungen* verursachen kann. Nach dem Versteifungsende darf Gipsmörtel nicht weiter verrieben werden, weil hierdurch die Calciumsulfatkristalle im Bereich der Verreibungszone zerstört werden und somit die Festigkeit eine Minderung erfährt. Der Putz »sandet« dann an der Oberfläche ab. Zum Mischen mit Sand oder anderen Zuschlagstoffen sind langsamer versteifende Baugipsarten vorzuziehen.

Da das Vorliegen von Kristallisationskeimen (siehe Kapitel 1.1) den Versteifungsbeginn erheblich beschleunigen kann, muß mit sauberen Geräten ohne Mörtelreste gearbeitet werden. Auch dürfen die Zuschlagstoffe keine störenden Verunreinigungen enthalten.

Baugipse bestehen in der Regel aus einer oder mehreren abgestimmten Hydratstufen des Calciumsulfates. Um die Verarbeitbarkeit, das Versteifen und die

Tabelle 1.22: *Festigkeiten von Stuckmörtel in Abhängigkeit vom Wassergipsverhältnis*

Wassergipsverhältnis	0,8	1,2	1,6	2,0
Härte in N/mm^2	17	4	2	1,5
Druckfestigkeit in N/mm^2	8,3	3,0	1,4	0,8
Biegezugfestigkeit in N/mm^2	3,9	1,5	0,7	0,6
Rohdichte in kg/m^3 (trocken)	1,0	0,75	0,6	0,5

Haftung zu beeinflussen, werden für bestimmte Sorten im Werk Zusätze und/oder Füllstoffe zugegeben.

- *Normen*

DIN 1168 Teil 1 Baugipse; Begriff, Sorten und Verwendung, Lieferung und Kennzeichnung.

DIN 1168 Teil 2 Baugipse; Anforderungen, Prüfung, Überwachung.

1.4.3 Anhydritbinder

Entsprechend der Gewinnung des Anhydrits wird das Bindemittel als synthetischer oder Natur-Anhydritbinder bezeichnet. In Tabelle 1.23 sind die Festigkeiten den Festigkeitsklassen zugeordnet. Für Innenputze gelangt die Festigkeitsklasse AB 5 zur Anwendung und für Estriche AB 20. Mörtel aus Anhydritbinder quellen bei der Erhärtung weniger als Gipsmörtel und schwinden beim Austrocknen ebenso wie Gipsmörtel praktisch nicht.

Die Mischungsanweisungen auf den Papiersäcken sind genau zu beachten, damit die erwarteten Eigenschaften nicht beeinträchtigt werden. Vor allem ist dann auf ein exaktes Mischen zu achten, wenn der Anreger erst auf der Baustelle zugegeben wird. Für die Reinheit der Sande gilt wie bei den Baugipsen, daß sie keine die Erhärtung störenden Zusätze enthalten dürfen.

- *Zubereiten bzw. Anmachen des Putzmörtels*

Anhydritmörtel: Das Anmachen erfolgt wie bei reinem Gipsmörtel.

Anhydritkalkmörtel: Das Anmachen erfolgt wie bei Gipskalkmörtel.

- *Normen*

DIN 4208 Anhydritbinder.

1.4.4 Kalkmörtel

Die verschiedenen Baukalke sind in Tabelle 1.24 zusammengestellt. Die gängigen Baukalke sind in DIN 1060 beschrieben. Sie unterscheiden sich sehr deutlich in ihrer Schüttdichte, welche zusätzlich in der o.g. Tabelle angegeben ist. Im Wasseranspruch unterscheiden sich die Luftkalke sehr deutlich von den hydraulisch erhärtenden Kalken. Luftkalke benötigen beim Ansetzen mehr Wasser als hydraulisch erhärtende Kalke.

Weißfeinkalk wird überwiegend bei der Herstellung von Kalksandsteinen und Porenbetonsteinen bzw. Porenbetonplatten (früher Gasbetonsteine bzw. Gasbetonplatten) verwendet.

Stückkalk und Feinkalk sind gebrannte Kalke in stückiger und gemahlener Form, welche vor der Verarbeitung entsprechend eingesumpft werden müssen (siehe weiter unten). Für Mauer- und Putzmörtel gelangen meist abgelöschte, pulverförmige Kalkhydrate oder gemahlene hydraulische und hochhydraulische Kalke zur Anwendung. Bei den hydrau-

Tabelle 1.23: Festigkeiten von Anhydritbinder nach DIN 4208

Festigkeitsklasse	AB 5	AB 20
Biegezugfestigkeit in N/mm²		
nach 3 Tagen	0,5	1,6
nach 28 Tagen	1,2	4,0
Druckfestigkeit in N/mm²		
nach 3 Tagen	2,0	5,0
nach 28 Tagen	8,0	20,0

Tabelle 1.24: Baukalke nach DIN 1060

Baukalkart	Farbe	Mindestdruckfestigkeit des Normmörtels nach 28 Tagen	Schüttdichte in kg/m²
Luftkalke			
Weißkalk	weiß	keine Forderung (≈ 1 N/mm²)	0,3 bis 0,5
Dolomitkalk	weiß bis hellgrau		0,4 bis 0,6
Hydraulisch erhärtende Kalke			
Wasserkalkhydrat	hellgrau	1 N/mm²	0,5 bis 0,7
Hydraulischer Kalk	i. allg. grau	2 N/mm²	0,6 bis 1,0
Hochhydraulischer Kalk	i. allg. grau	5 N/mm²	0,7 bis 1,2

Tabelle 1.25: Richtwerte für die Schüttdichte von Kalkhydraten

Kalkhydrat	Schüttdichte in kg/dm^3
Weißkalkhydrat	≈ 0,5
Carbidkalkhydrat	≈ 0,7
Wasserkalkhydrat	≈ 0,7
Dolomitkalkhydrat	≈ 0,5

lisch erhärtenden Kalken muß beachtet werden, daß ihre Verarbeitungszeit durch die hydraulische Reaktion begrenzt ist.

Wie Kalke, so unterscheiden sich auch Kalkhydrate in der Schüttdichte. In Tabelle 1.25 sind Richtwerte für gängige Handelsformen angegeben.

- *Zubereitung bzw. Anmachen des Putzmörtels*

Luftkalkmörtel und Wasserkalkmörtel: Zur Anmischung von Kalkmörtel ist zunächst der Kalkteig mit Wasser zu verflüssigen und anschließend mit Sand kellengerecht zu mischen. Bei der Verwendung von gelöschten Pulverkalken ist zunächst der Sand mit dem Kalk trocken zu mischen, (nur bei *trockenem* Sand), anschließend wird Wasser zugegeben. Wenn der Sand naß oder feucht ist, so wird der Kalk zuerst mit Wasser vermischt und dann der Sand zugegeben.

Sollen ungelöschte Pulverkalke verarbeitet werden, so sind diese folgendermaßen zu löschen: In das Löschgefäß wird die 1^1/2fache Wassermenge des zu löschenden Kalkes gefüllt. Anschließend wird der Kalk eingeschüttet und durchgerührt bis zum Beginn des Löschens. Danach wird je nach dem Löschverhalten nochmal die 1 bis 2fache Menge (Raumteile) des Kalkpulvers an Wasser zugegeben und durchgerührt. Der eingesumpfte Kalk muß dann, je nach den Angaben vom Lieferwerk, stehen bleiben (meist ca. 12 Stunden).

Werden Luftkalkmörtel im Außenbereich verwendet, so sollten sie mit Zementzusatz verarbeitet werden. Dies deshalb, weil in einem Teil der Fachliteratur reinem Luftkalkmörtel für die Verwendung als Außenputz keine große Widerstandsfähigkeit bescheinigt wird. Aus der geschichtlichen Entwicklung der Außenputze sind Putze aus Luftkalkmörtel jedoch als relativ dauerhaft bekannt. Ein Zementzusatz sollte deshalb nur aus Gründen des schnelleren Erhärtens zugegeben werden.

Hydraulischer Kalkmörtel und hochhydraulischer Kalkmörtel: Diese Mörtel werden wie Luftkalkmörtel angemischt. Sie benötigen keine Zementzusätze und dürfen keine Gipszusätze enthalten. Putze aus hydraulischen und hochhydraulischen Kalkmörteln sind widerstandsfähiger gegen Feuchtigkeit und haben höhere Festigkeiten als Mörtel aus Luftkalken. Zu den hochhydraulischen Kalken gehört der Traßkalk und der daraus hergestellte *Traßkalkmörtel*. Traßkalk besteht aus einem fabrikfertigen Gemisch von Traß mit gelöschtem Kalkpulver oder mit hydraulischem Kalk. Traßkalkmörtel haben ihren Vorteil darin, daß sie sehr dichte und ausblühungsfreie Putze und

Tabelle 1.26: Bewährte Mischungsverhältnisse von Traß mit Kalken

Bindemittelkomponenten von Traßkalk	Mischungsverhältnis der Bindemittel in Raumteilen
Kalkteig : Traß	1 : 1,5 bis 2,0
Kalkhydratpulver : Traß	1,5 : 1
Hochhydraulisches Kalkpulver : Traß	1 : 1
Kalkhydratpulver : Traß : Zement	2 : 5 : 2,5 oder 2 : 4 : 3

Tabelle 1.27: Bewährte Mischungsverhältnisse von Traßkalk mit Sand

Verwendung der Mörtelmischung für	Mischungsverhältnis Traßkalk : Sand in Raumteilen
Mauerwerk mit Mörteln der Mörtelgruppe MG I	1 : 4 bis 5
Grund- und Kellermauerwerk mit Mörtel der Mörtelgruppe MG II	1 : 3 bis 4
normaler Außen- und Unterputz	1 : 3 bis 4
besonders dichter und wetterfester Außenputz	1 : 2 bis 3
Putzmörtel für Innenputz	1 : 4 bis 5

Mörtel ergeben. Insbesondere werden sie als Fugenmörtel für Ziegel- und Natursteinverblendungen angewandt. Einige Mischungsverhältnisse für Traßkalkmörtel sind in den Tabellen 1.26 und 1.27 angegeben.

Kalkzementmörtel: Beim Anmachen von Kalkzementmörtel wird dem fertiggemischten Kalkmörtel kurz vor der Verarbeitung der mit Wasser angerührte Zementanteil zugegeben. Kalkzementmörtel werden relativ häufig eingesetzt, und zwar sowohl für Unterputze als auch für Oberputze.

• *Normen*
DIN 1060 Teil 1 Baukalk; Begriffe, Anforderungen, Lieferung, Überwachung.

DIN 1060 Teil 2 Baukalk; Chemische Analyseverfahren.

DIN 1060 Teil 3 Baukalk; Physikalische Prüfverfahren.

DIN 51 043 Traß; Anforderungen, Prüfung.

1.4.5 Zementmörtel

Zementputze werden in der Regel dort verwendet, wo eine große Widerstandsfähigkeit gegenüber Feuchtigkeit gefordert wird (z.B. im Sockelbereich). Putze aus Zementmörteln (Putzmörtelgruppe P III) ergeben sehr feste und kaum saugende, starre Putze).

• *Zubereiten bzw. Anmachen des Putzmörtels*
Beim Anmachen von *Zementmörtel* wird zunächst Sand und Zement trocken gemischt. Anschließend wird Wasser zugegeben, bis zur gewünschten Konsistenz.

• *Besonderheiten*
Auch bei Zementputzen können je nach Anwendungszweck unterschiedliche Mischungsverhältnisse der Mörtel zum Einsatz gelangen. In Tabelle 1.28 sind einige gebräuchliche Mischungsverhältnisse zusammengestellt.

Mit Zementmörtel werden auch sogenannte Waschputze oder Steinwaschputze hergestellt.

Vorsicht ist geboten vor allem bei Zementputzen auf Untergründen mit aufsteigender Feuchtigkeit (Sockelbereich). Auch ein noch so gut haftender Zementputz kann durch rückseitige Feuchtigkeit vom Untergrund abgelöst werden. Dies gilt auch für andere Außenputze. Für das Verputzen von Untergründen mit aufsteigender Feuchtigkeit, welches sich durch andere Maßnahmen nicht unterbinden läßt, sollte Sanierputz (siehe Kapitel 1.5.5) verwendet werden.

1.4.6 Anwendungsbereiche von Putzmörteln

Die Kennzeichnung eines Putzes nach seiner örtlichen Lage im Bauwerk und der dadurch gegebenen Beanspruchungsart wird als *Putzanwendung* bezeichnet. Eine hauptsächliche Unterscheidung erfolgt hierbei in Innenputz und Außenputz. Eine weitere Untergliederung erfolgt beim Innenputz wie nachfolgend beschrieben:

• Innenwandputz: Für alle normalen Wohn- und Aufenthaltsräume üblicher Luftfeuchte einschließlich privat genutzter Küchen und Bäder.
• Innenwandputz: Für Feuchträume, die erhöhter Feuchtebelastung ausgesetzt sind (z.B. gewerblich bzw. öffentlich genutzte Bäder, Duschen und Küchen).
• Innendeckenputz: Für alle normalen Wohn- und Aufenthaltsräume üblicher Luftfeuchte einschließlich privat genutzter Küchen und Bäder.
• Innendeckenputz: Für Feuchträume, die erhöhter Feuchtebelastung ausgesetzt sind (z.B.

Tabelle 1.28: Gebräuchliche Mischungsverhältnisse von Zementmörteln

Verwendung der Mörtelmischung für	Mischungskomponenten	Mischungsverhältnis in Raumteilen
Spritzbewurf für feuchtigkeitsbelastete Bereiche oder als Putz	Zement : Sand	1 : 3
wie vor, jedoch bessere Verarbeitbarkeit	Zement : Kalkhydrat : Sand	2 : 1 : 6
Zementmörtel als Unterputz und Zementmörtel-Feinputz	Zement : Kalkhydrat : Sand	3 : 1 : 12

1.4 Putzmörtel

gewerblich bzw. öffentlich genutzte Bäder, Duschen und Küchen).

Bei Außenputzen wird folgendermaßen untergliedert:

- Außenwandputz: Auf allen Außenwandflächen außer dem Sockelbereich.
- Kellerwand-Außenputz: Im Bereich von erdangefüllten Außenwänden.
- Außensockelputz: Im Sockelbereich der Außenwände.
- Außendeckenputz: Auf Deckenuntersichten im Freien, die von der Witterung beansprucht sind (z.B. Balkonunterseiten).

Als *Putzsystem* werden die Lagen eines Putzes in ihrer Gesamtheit bezeichnet, die zusammen mit dem Putzgrund die Anforderungen an einen Putz erfüllen. Nach dieser Definition kann auch ein einlagiger Putz als Putzsystem bezeichnet werden.

In den Tabellen 1.29 bis 1.32 sind bewährte Putzsysteme zusammengestellt. Bei Anwendung dieser Putzsysteme und der zugehörigen sach- und fachgerechten Ausführung können die in DIN 18 550 genannten Anforderungen an den Putz ohne weiteren Nachweis als erfüllt angesehen werden. Die Tabellen 1.29 bis 1.32 entsprechen der Aufteilung der nachfolgenden Kapitel. Die Tabellen entsprechen denen in DIN 18 550, sind jedoch um einige Anmerkungen erweitert.

Es muß an dieser Stelle darauf hingewiesen werden, daß die in DIN 18 550 zusammengestellten

Tabelle 1.29: Bewährte Putzsysteme für Außenputze nach DIN 18 550 erweiterte Tabelle

Zeile	Anforderung bzw. Putzanwendung	Putzmörtelgruppe bzw. Beschichtungsstoff-Typ für Unterputz [1]	Oberputz [2]	Zusatzmittel [3]
1	ohne besondere Anforderung	–	P I	
2		P I	P I	
3		–	P II	
4		P II	P I	
5		P II	P II	
6		P II	P Org 1	
7		–	P Org 1 [4]	
8		–	P III	
9	wasserhemmend	P I	P I	erforderlich
10		–	P I c	erforderlich
11		–	P II	
12		P II	P I	
13		P II	P II	
14		P II	P Org 1	
15		–	P Org 1 [4]	
16		–	P III [4]	
17	wasserabweisend [6]	P I c	P I	erforderlich
18		P II	P I	erforderlich
19		–	P I c [5]	erforderlich [3]
20		–	P II [5]	
21		P II	P II	erforderlich
22		P II	P Org 1	
23		–	P Org 1 [4]	
24		–	P III [4]	
25	erhöhte Festigkeit	–	P II	
26		P II	P II	
27		P II	P Org 1	
28		–	P Org 1 [4]	
29		–	P III	
30	Kellerwand-Außenputz	–	P III	
31	Außensockelputz	–	P III	
32		P III	P III	
33		P III	P Org 1	
34		–	P Org 1 [4]	

[1] Auf wenig saugenden Untergründen (z.B. Mauerwerk aus glatten Steinen oder Beton) ist ein Spritzbewurf der Putzmörtelgruppe P II bzw. P III oder gleichwertiges vorzusehen.
[2] Oberputze können mit abschließender Oberflächengestaltung oder ohne diese ausgeführt werden (z.B. bei zu beschichtenden Flächen).
[3] Eignungsnachweis nach DIN 18 550 Teil 2 (01.85), Abschnitt 3.4 erforderlich.
[4] nur bei Beton mit geschlossenem Gefüge als Putzgrund
[5] nur mit Eignungsnachweis am Putzsystem zulässig
[6] Oberputze mit geriebener Struktur können besondere Maßnahmen erforderlich machen.

bewährten Putzsysteme nur die in Deutschland bewährten beschreiben. In anderen europäischen Ländern sind darüber hinaus Putzsysteme üblich, welche ebenso als bewährt angesehen müssen. So sind aus skandinavischen Ländern Putzsysteme bekannt, welche bei Frost verarbeitet werden können, während in südlichen Ländern verarbeitete Putzmörtel hohe Außentemperaturen während der Erhärtungszeit möglichst ohne Schwindrißbildung überstehen müssen.

- *Außenwandputz und Außendeckenputz*

Außenputze sind in der Regel der freien Witterung ausgesetzt. Je nach Orientierung der entsprechenden Wand (Himmelsrichtung), der Höhenlage und der klimatischen Lage ist die Beanspruchung eines Außenputzes unterschiedlich. In Kapitel 2.3 werden die Beanspruchungen genauer beschrieben. Grundsätzlich ist es sinnvoll, die landschaftlich überlieferten und bewährten Putzarten zu berücksichtigen, wobei diese auf die heutigen Untergründe angepaßt werden müssen, um Fehler zu vermeiden.

Neben dem reinen Witterungsschutz hat der Außenputz auch heute noch eine wichtige ästhetische Funktion, die sich sowohl in der Farbe als auch in der Struktur ausdrückt (z.B. Jugendstil).

Meistens werden Außenputze (siehe Tabelle 1.29 und 1.30) zweilagig hergestellt. Bei wasserabweisender Ausführung eines Putzsystems muß entweder dem Unterputz ein Dichtungsmittel (siehe Kapitel 1.3.7) zugesetzt werden oder der Oberputz muß einen wasserabweisenden Anstrich erhalten (siehe Kapitel 4). Bei Anstrichen ist zu beachten, daß die Wasserdampfdiffusion der Außenwand nicht beeinträchtigt wird.

Es ist zu berücksichtigen, daß bei einem Dichtungsmittelzusatz im Unterputz der Oberputz unmittelbar danach aufgebracht werden muß, da der Dichtungsmittelzusatz im Unterputz eine ausreichende Haftung des Oberputzes verhindern kann, wenn der Oberputz nach dem Erhärten des Unterputzes aufgebracht wird.

Schon durch einfache Wärmespannungen kann sich der Oberputz dann ablösen.

Es ist dagegen nicht sinnvoll, auch dem Oberputz ein Dichtungsmittel zuzugeben, weil dieser verhältnismäßig dünn ist, und das Dichtungsmittel dann nur wenig Wirkung hat.

Als *Unterputz* (Grundputz, Augleichsputz) gelangen Putzmörtel der Gruppe P I, P II und P III zum Einsatz. Sie sind dazu da, um einen ganzflächigen Ausgleich des unebenen Untergrundes aus Mauerwerk mit Fugenanteil zu bewirken. Es entsteht in der Re-

Tabelle 1.30: *Bewährte Putzsysteme für Außendeckenputze nach DIN 18 550*

Zeile	Putzmörtelgruppe bzw. Beschichtungsstoff-Typ bei Decken ohne bzw. mit Putzträger		
	Einbettung des Putzträgers	Unterputz	Oberputz [1]
1	–	P II	P I
2	P II	P II	P I
3	–	P II	P II
4	P II	P II	P II
5	–	P II	P IV [2]
6	P II	P II	P IV [2]
7	–	P II	P Org 1
8	P II	P II	P Org 1
9	–	–	P III
10	–	P III	P III
11	P III	P III	P II
12	P III	P II	P II
13	–	P III	P Org 1
14	P III	P III	P Org 1
15	P III	P II	P Org 1
16	–	–	P IV [2]
17	P IV [2]	–	P IV [2]
18	–	P IV [2]	P IV [2]
19	P IV [2]	P IV [2]	P IV [2]
20	–	–	P Org 1 [3]
[1] Oberputze können mit abschließender Oberflächengestaltung oder ohne diese ausgeführt werden (z.B. bei zu beschichtenden Flächen).			
[2] nur an feuchtigkeitsgeschützten Flächen			
[3] nur bei Beton mit geschlossenem Gefüge als Putzgrund			

gel eine ungleichmäßige Schichtdicke.

Der *Oberputz* (Deckputz) bestimmt die Oberflächenwirkung. Für diesen Putz wird heute meist Fertigputz verwendet. Es gelangen unterschiedliche Putzmörtelgruppen zum Einsatz. Während die Auftragsdicke beim Unterputz ca. 15 mm beträgt, liegt sie beim Oberputz zwischen 5 und 10 mm.

Einlagige Putze (z.B. Mörtelgruppe P II) werden zunehmend im Außen- wie auch im Innenbereich verwendet. Zum Einsatz gelangen dabei Werktrockenmörtel, die in einer Dicke bis zu 20 mm aufgetragen werden (innen bis 15 mm). Zusatzmittel zum Erreichen bestimmter Eigenschaften sind diesen Mischungen beigegeben.

Als *Edelputze* werden solche Putze bezeichnet, welche mit kalk- und zementechten Farben oder farbigen Gesteinsmehlen durchgefärbt sind und als Oberputze eingesetzt werden. Sogenannten *Kratzputzen* werden glitzernde Minerale bzw. Sande (z.B. Kalkspat) zugesetzt. Den *Steinputzen* (Stockputz) werden neben dem abgetönten Bindemittelgemisch noch farbige, gebrochene Natursteinsande zugegeben. *Waschputzen* gibt man farbige Natursteinsande (runde Kornformen) bei. Besondere Waschputze enthalten anstatt der farbigen Sande auch verschiedene Sorten gebrochener Seemuscheln.

- *Innenwandputz*

Innenwandputze dienen zunächst dazu, den Wänden eine mehr oder weniger glatte Oberfläche zu geben, welche ggf. mit einem Anstrich oder einer Tapete versehen werden kann. Die Putzoberfläche richtet sich nach der vorgesehenen Raumnutzung und den ästhetischen Bedürfnissen der Bewohner. Die Anforderungen an den Innenwandputz in normalen Räumen bestehen nur darin, daß er neben der gewünschten Oberfläche einen tragfähigen Untergrund für einen Anstrich oder eine Tapete gibt. In Feuchträumen (Naßzellen) ergeben sich zusätzliche Anforderungen an den Putz, der dort den Einwirkungen von Feuchtigkeit standhalten muß.

Grundsätzliche Erläuterungen zu

Tabelle 1.31: Bewährte Putzsysteme für Innenwandputze nach DIN 18 550 (erweiterte Tabelle)

Zeile	Anforderungen bzw. Putzanwendung	Putzmörtelgruppe bzw. Beschichtungsstoff-Typ für	
		Unterputz	Oberputz [1,2]
1	nur geringe Beanspruchung [3]	–	P I a,b
2		P I a,b	P I a,b
3		P II	P I a, b, P IV d
4		P IV	P I a, b, P IV d
5	übliche Beanspruchung [4,5]	–	P I c
6		P I c	P I c
7		–	P II
8		P II	P I c, P II, P IV a, b, c, P V, P Org 1, P Org 2
9		–	P III
10		P III	P I c, P II, P III, P Org 1, P Org 2
11		–	P IV a, b, c
12		P IV a, b ,c	P IV a, b, c, P Org 1, P Org 2
13		–	P V
14		P V	P V, P Org 1, P Org 2
15		–	P Org 1, P Org 2 [6]
16	Feuchträume [7]	–	P I
17		P I	P I
18		–	P II
19		P II	P I, P II, P Org 1
20		–	P III
21		P III	P II, P III, P Org 1
22		–	P Org 1 [6]

1. Bei mehreren genannten Putzmörtelgruppen ist jeweils nur eine als Oberputz zu verwenden.
2. Oberputze können mit abschließender Oberflächengestaltung oder ohne diese ausgeführt werden (z.B. bei zu beschichtenden Flächen).
3. z.B. normale Wohnräume
4. Schließt die Anwendung bei geringer Beanspruchung ein.
5. z.B. normale Wohn- und Arbeitsräume, privat genutzte Küchen und Bäder; Zeilen 7 bis 15: erhöhte Abriebfestigkeit, außer mit Oberputz P I, z.B. in Treppenhäusern, Fluren von öffentlichen Gebäuden
6. nur bei Beton mit geschlossenem Gefüge als Putzgrund
7. Hierzu zählen nicht privat genutzte Küchen und Bäder, sondern z.B. gewerblich bzw. öffentlich genutzte Bäder, Duschen und Küchen.

den Putzlagen, welche prinzipiell auch für Innenputze gelten, sind im vorigen Kapitel »Außenwand- und Außendeckenputze« enthalten.

Innenwandputze mit geringer oder üblicher Beanspruchung werden zunehmend als *einlagige* Putze hergestellt. Die o.g. Anforderungen an Innenwandputze werden von allen in der Tabelle 1.31 genannten Putzsystemen erfüllt.

Innenwandputze, die eine erhöhte Abriebfestigkeit aufweisen müssen (z.B. in Fluren von öffentlichen Gebäuden, in Schulen, in Treppenhäusern von Mehrfamilienwohnhäusern), erfordern entsprechende Putzsysteme. Putze, welche mit der Putzmörtelgruppe P I als Oberputz hergestellt wurden, sind hierzu nicht geeignet.

In Feuchträumen, (z.B. gewerblich bzw. öffentlich genutzte Bäder, Duschen und Küchen) müssen Putze verwendet werden, die gegen langzeitig einwirkende Feuchtigkeit beständig sind. Eine Verwendung von Putzmörteln mit dem Bindemittel Gips (P IV) und Anhydrit (P V) scheiden daher aus. Nach DIN 18 550 gelten solche Putzsysteme jedoch in privat genutzten Küchen und Bädern als geeignet. Es empfiehlt sich aber, hiervon abweichend auch in privat genutzten Bädern und Duschen keine Putze der Putzmörtelgruppe P IV und P V zu verwenden.

Die Putzdicke bei Innenwandputzen beträgt in der Regel 15 mm. Bei einlagigen Putzen sowie bei Fertigputz darf sie 5 mm nicht unterschreiten. Wird im Oberputz Gips verwendet, so ist auch im Unterputz Gips zu verwenden. Der Oberputz wird häufig als glatter Wandputz oder Glättputz hergestellt. Die Ausführungsweise ist regional unterschiedlich.

• *Innendeckenputz*

An Innendeckenputze werden weitgehend dieselben Anforderungen wie an Innenwandputze gestellt.

Grundsätzliche Erläuterungen zu den Putzlagen, welche prinzipiell

Tabelle 1.32: Bewährte Putzsysteme für Innendeckenputze[1] nach DIN 18 550 (erweiterte Tabelle)

Zeile	Anforderungen bzw. Putzanwendung	Putzmörtelgruppe bzw. Beschichtungsstoff-Typ für	
		Unterputz	Oberputz [2,3]
1	nur geringe Beanspruchung [4]	–	P I a, b
2		P I a, b	P I a, b
3		P II	P I a, b, P IV d
4		P IV	P I a, b, P IV d
5	übliche Beanspruchung [5,6]	–	P I c
6		P I c	P I c
7		–	P II
8		P II	P I c, P II, P IV a, b, c, P Org 1, P Org 2
9		–	P IV a, b, c
10		P IV a, b, c	P IV a, b, c, P Org 1, P Org 2
11		–	P V
12		P V	P V, P Org 1, P Org 2
13		–	P Org 1 [7], P Org 2 [7]
14	Feuchträume [8]	–	P I
15		P I	P I
16		–	P II
17		P II	P I, P II, P Org 1
18		–	P III
19		P III	P II, P III, P Org 1
20		–	P Org 1 [7]

1 Bei Innendeckenputzen auf Putzträgern ist gegebenenfalls der Putzträger vor dem Aufbringen des Unterputzes in Mörtel einzubetten. Als Mörtel ist Mörtel mindestens gleicher Festigkeit wie für den Unterputz zu verwenden.
2 Bei mehreren genannten Putzmörtelgruppen ist jeweils nur eine als Oberputz zu verwenden.
3 Oberputze können mit abschließender Oberflächengestaltung oder ohne diese ausgeführt werden (z.B. bei zu beschichtenden Flächen).
4 z.B. normale Wohnräume
5 Schließt die Anwendung bei geringer Beanspruchung ein.
6 z.B. normale Wohn- und Arbeitsräume, privat genutzte Küchen und Bäder; Zeilen 7 bis 13: erhöhte Abriebfestigkeit, außer mit Oberputz P I, z.B. in Treppenhäusern, Fluren von öffentlichen Gebäuden
7 nur bei Beton mit geschlossenem Gefüge als Putzgrund.
8 Hierzu zählen nicht privat genutzte Küchen und Bäder, sondern z.B. gewerblich bzw. öffentlich genutzte Bäder, Duschen und Küchen.

auch für Innenputze gelten, sind in Kapitel »Außenwand- und Außendeckenputze« enthalten.

Die o.g. Anforderungen werden von allen in Tabelle 1.32 genannten Putzsystemen erfüllt.

Die Putzdicke beim Innendeckenputz beträgt in der Regel mindestens 15 mm (Brandschutz), jedoch nicht über 20 mm. Werden einlagige Putze der Putzmörtelgruppe P IV a verwendet oder Fertig- und Haftputzgips, so darf die Putzdicke 5 mm nicht unterschreiten.

Sind Bewegungen des Deckenbereiches gegenüber dem Wandbereich im Gebäude abzusehen (z.B. bei Kehlbalkendecken, Dachschrägen, Massivdecken auf Gleitfolien), so ist der Deckenputz vom Wandputz durch einen Kellenschnitt zu trennen. Der Kellenschnitt kann später durch eine Tapetenleiste abgedeckt werden.

- *Normen*
DIN 18 550 Teil 1 Putz; Begriffe und Anforderungen.

DIN 18 550 Teil 2 Putz; Putze aus Mörteln mit mineralischen Bindemitteln; Ausführung.

1.5 Organische Putze, Sonderputze und Putzsysteme

Dieses Kapitel befaßt sich mit solchen Putzen, die speziell für einen bestimmten Anwendungszweck hergestellt werden. Solche Putze sind fast ausnahmslos im Werk *verarbeitungsfertig* zubereitete Putze (z.B. Kunstharzputze) oder *Werkmörtel* (z.B. Sanierputze).

Die hier behandelten Putze werden also nicht auf der Baustelle hergestellt oder zusammengesetzt, sondern kommen als Fertigprodukte bzw. als Werkmörtel, denen nur Wasser vor dem Mischen zugesetzt wird, auf die Baustelle. Dies hat seinen Grund darin, daß es nicht möglich ist, solche Putze auf der Baustelle in gesicherter Qualität herzustellen, weil oft eine Reihe von Zusätzen enthalten ist, deren Wirkungen sich durch Über- oder Unterdosierung stark ändern. Sonderputze dürfen daher auch keinesfalls auf der Bautelle mit zusätzlichen Bindemitteln, Zuschlägen, Pigmenten oder Zusatzmitteln versehen werden, es sei denn, gewisse Zusätze (z.B. Abtönpasten bei Kunstharzputzen) sind im technischen Merkblatt ausdrücklich erlaubt.

Von nahezu allen hier behandelten Sonderputzen gibt es *technische Merkblätter* und Verarbeitungsvorschriften, die auf der Baustelle vorhanden sein sollten und die beachtet werden müssen. Hierin sind unter anderem Angaben zur Bindemittelart, zum Schichtaufbau, zum Anmischen und zur Verarbeitung gemacht.

Weiterhin wird das Anwendungsgebiet genannt, die Mindestverarbeitungstemperatur, die Erhärtungszeit und vieles mehr. Alle Angaben müssen beachtet werden, weil andernfalls ein *Verarbeitungsfehler* entstehen kann.

1.5.1 Kunstharzputze

Kunstharzputze haben Kunstharze als Bindemittel und gehören somit zu den organischen Putzen. Der weitverbreitete und inzwischen genormte Begriff »Kunstharzputze« ist eigentlich nicht richtig. Es müßte genau genommen »kunstharzgebundener Putz« heißen, denn nur das Bindemittel besteht aus Kunstharz, während die anderen Komponenten (Sande, Füllstoffe) die gleichen sind, wie sie auch in mineralischen Putzen verwendet werden. Die Bindemittel, nämlich die Kunstharze, wurden bereits in Kapitel 1.1.8 vorgestellt. Kunstharzputze werden zwar erst seit ca. 1960 eingesetzt, sie haben aber eine rasante Entwicklung hinter sich und werden nun Jahr für Jahr allein in Deutschland auf Millionen von Quadratmetern eingesetzt.

Die hauptsächlichen Anwendungsgebiete sind:

- Deckputz in Wärmedämmverbundsystemen (siehe Kapitel 1.5.4) und
- Oberputz auf mineralischen Unterputzen.

Kunstharzputze haben im Vergleich zu Putzen aus rein mineralischen (anorganischen) Bindemitteln eine Reihe von Vorteilen, die in Tabelle 1.33 zusammengestellt sind.

Die Entwicklung der Kunstharzputze begann etwa ab Mitte der fünfziger Jahre aus zwei verschiedenen Richtungen. Einerseits mischte man den auch gerade erst entstandenen Dispersionsfarben grobe Füllstoffe und Sande zu und applizierte diese Materialien mit einer Bürste oder Traufel in relativ dicker Schicht. Man versuchte dabei verschiedene Oberflächenstrukturen zu erzielen. So entstanden die ersten Rollputze und Rillenputze. Etwa gleichzeitig wurden den bereits seit langem bekannten mineralischen Mörteln Kunstharzdispersionen zugesetzt, um die Zugfestigkeit, die Verarbeitung und die Haftung zum Untergrund zu verbessern sowie die Wasseraufnahme zu vermindern. So entstanden *vergütete Mineralputze*, deren Bindemittel nach wie vor mineralisch waren. Bedingt durch diese beiden Entwicklungen verarbeiten heute sowohl die Maler als auch die Stukkateure Kunstharzputze.

- *Normung*

Schon frühzeitig hat man begonnen, Anforderungen und Prüfungen für Kunstharzputze aufzustellen, um deren Eignung zu überprüfen und nachzuweisen. Bereits 1978 gab es von der U.E.A.t.c. eine Richtlinie über Kunstharzputze zur Beurteilung der Eignung. Die U.E.A.t.c. ist die Europäische Union für das Agrément im Bauwesen und hat ihren Sitz in Paris. Ihr gehören eine Reihe von Mitgliedsländern an. Deutschland ist in der U.E.A.t.c. durch die Bundesanstalt für Materialprüfung in Berlin vertreten.

Nach Erscheinen der DIN-Normen über Kunstharzputze sind diese in Deutschland von größerer praktischer Bedeutung als die U.E.A.t.c.-Richtlinien. Maßgeblich sind die DIN 18 556 und die DIN 18 558, welche im Jahre 1985 erschienen sind und die Prüfungen und Anforderungen von Kunstharzputzen behandeln. Nach den o.g. Normen sind Kunstharzputze »Beschichtungen mit putzartigem Aussehen«. Es werden die in Tabelle 1.34 genannten Putzarten für die Anwendung im Innenbereich und Außenbereich unterschieden.

Tabelle 1.34: Typen von Kunstharzputzen

Beschichtungsstoff-Typ	für Kunstharzputz als
P Org 1	Außen- und Innenputz
P Org 2	Innenputz

In der Begriffsbestimmung der o.g. Normen wird weiter unterschieden zwischen

- *Beschichtungsstoff* für Kunstharzputze, also der pastösen Masse im Gebinde, die noch verarbeitet werden muß und die erst nach Trocknung den Kunstharzputz ergibt und
- *Kunstharzputz*, also dem getrockneten und erhärteten Produkt, wie es nach der Applikation auf dem Untergrund vorliegt.

Eine gleichartige Unterscheidung gibt es auch bei mineralischen Putzen. Hier wird unterschieden zwischen dem *Putzmörtel*, also dem angemachten Mörtel und dem *Putz*, dem erhärteten Putzmörtel am Baukörper. Diese Unterschiede sind wichtig, weil sowohl an den Beschichtungsstoff (bei mineralischen Putzen an den Mörtel) als auch an den Kunstharzputz bzw. an den mineralischen Putz unterschiedliche Anforderungen gestellt werden.

Die Begriffe Beschichtungsstoff und Kunstharzputz werden in der Praxis jedoch meist nicht eindeu-

Tabelle 1.33: Vorteile, die die Verarbeitung/Verwendung von Kunstharzputzen bietet

Vorteile von Kunstharzputzen
- gute Haftung auf vielen Untergründen
- geringe Rißanfälligkeit
- als Fertigprodukt ohne Anmischen zu verarbeiten
- Verarbeitung in einem Arbeitsgang, also ohne Nachbehandlung
- relativ dünne Schichtdicke, daher kein Transport großer Materialmengen innerhalb der Baustelle
- viele Oberflächenstrukturen möglich
- in nahezu allen Farben lieferbar
- schlagregendicht und mehr oder weniger wasserdampfdurchlässig

tig getrennt und als Kunstharzputz wird sowohl der Beschichtungsstoff als auch das erhärtete Fertigprodukt bezeichnet.

Die DIN 18 558 schreibt für Kunstharzputze je nach Anwendungsgebiet einen *Mindestgehalt* an Bindemittel vor. Diese sind in Tabelle 1.35 genannt. Man erkennt aus dieser Tabelle, daß in Kunstharzputzen für die Außenanwendung deutlich höhere Bindemittelgehalte vorliegen müssen als in Kunstharzputzen für die Innenanwendung. Der Bindemittelgehalt bezieht sich dabei jeweils auf die Festkörpermasse des erhärteten Kunstharzputzes.

Außer dem Bindemittelgehalt wird gemäß DIN 18 556 geprüft, ob der Beschichtungsstoff *rißfrei* auftrocknet. Mit der Prüfung der unteren Verarbeitungstemperatur wird festgestellt, ob der Beschichtungsstoff bei der *unteren Verarbeitungstemperatur* von 5 °C störungsfrei auftrocknet und mit der Prüfung der Lagerstabilität wird die zu erwartende *Lagerungsdauer* des Beschichtungsstoffes ermittelt, während der es zu keinen Entmischungen kommen darf.

Darüberhinaus gibt es noch Prüfungen am erhärteten Kunstharzputz. Hierbei steht der *Regenschutz* des Kunstharzputzes im Vordergrund. Dazu wird neben der Wasserdampfdurchlässigkeit des Kunstharzputzes auch die kapillare Wasseraufnahme ermittelt. Auf die sehr wichtige Anforderung eines ausreichenden Regenschutzes wird in Kapitel 2.3 ausführlich eingegangen. Bei der Prüfung der *Frostbeständigkeit* wird die Beständigkeit des Kunstharzputzes gegen die wechselnde Einwirkung von Feuchtigkeit und Kälte (–15 °C) ermittelt. Mit der Prüfung der *Verseifungsbeständigkeit* kann die Beständigkeit gegen Einwirkung alkalischer Medien aus dem Untergrund beurteilt werden. Hierzu gehört insbesondere die chemische Beständigkeit des Bindemittels gegenüber alkalischen Lösungen (z.B. aus Zement).

• *Zusammensetzung, Arten*
Kunstharzputze bestehen aus den in Kapitel 1.1.8 genannten organischen Bindemitteln oder anderen, organischen Bindemitteln ähnlichen Stoffen sowie aus Zuschlagstoffen (Sande, Füllstoffe, Pigmente). Außerdem sind Zusatzmittel wie Hilfsstoffe zur Filmbildung, Entschäumer, Verdickungsmittel, Konservierungsstoffe und Wasser oder Lösungsmittel zur Einstellung der Verarbeitungskonsistenz enthalten.

Die Bindemittel werden überwiegend als *Dispersion*, also fein verteilt in Wasser eingesetzt. Die wichtigsten Anforderungen an die verwendeten Bindemittel sind eine gute Bindefähigkeit, geringe Thermoplastizität und eine geringe Quellbarkeit bei Feuchtigkeitseinwirkung sowie eine ausreichende Beständigkeit gegen alkalische Einflüsse.

Die Hauptbestandteile von Kunstharzputzen sind Zuschlagstoffe, und zwar Sande. Diese sind, je nach Art des Kunstharzputzes unterschiedlich und geben dem Kunstharzputz sein spezifisches Aussehen. Die Korngröße der Zuschlagstoffe reicht üblicherweise von einem Größtkorn von ca. 1,0 mm bis zu Größtkorndurchmessern von ca. 6 bis 8 mm, z.T. bis 15 mm. Je nach Korngröße und Kornzusammensetzung sowie nach Auftragsart kann man verschiedene Oberflächeneffekte erzielen und die Kunstharzputze als Kratzputz, Reibeputz, Rillenputz, Spritzputz, Rollputz, Modellierputz oder Streichputz herstellen.

Die Kratzputzstruktur wird z.B. erzielt durch den Gehalt gleicher Anteile der verschiedenen Korngrößen innerhalb des Sandgemisches. Das Bindemittel schrumpft während des Trocknungsprozesses zusammen, und die Strukturkornmischung ragt deutlich aus der Fläche heraus. Es entsteht so eine gleichmäßige und in ihrer Struktur einheitliche Oberfläche, die der mineralischen Kratzputzstruktur ähnelt.

Tabelle 1.35: Mindestgehalt von Bindemittel in Kunstharzputzen

Typ	Größtkorn des Zuschlags	Mindestgehalt an Bindemittel
P Org 1	≤ 1 mm	8 Massen%
	≥ 1 mm	7 Massen%
P Org 2	≤ 1 mm	5,5 Massen%
	≥ 1 mm	4,5 Massen%

Bei Reibe- und Rillenputzen ist im Beschichtungsstoff für den Kunstharzputz ein gewisser Anteil Überkorn enthalten, so daß beim Verscheiben rillenartige Vertiefungen in der sonst glatten Oberfläche erzeugt werden. Je nach Art des Verscheibens sind Rund-, Längs- oder Querstrukturen möglich.

Die anderen genannten Arten der Kunstharzputze, nämlich Spritz-, Roll-, Streich- und Modellierputzstrukturen entstehen nicht durch die Zusammensetzung des Beschichtungsstoffes sondern durch das jeweilige Applikationsverfahren (z.B. Spritzputz) und die anschließende Bearbeitung der Oberfläche.

Je nach Art der Oberflächenstrukturen und des Größtkornes des Kunstharzputzes ergeben sich deutlich unterschiedliche Schichtdicken und Verbrauchsmengen. In Tabelle 1.36 sind einige Arten von Kunstharzputzen beispielhaft zusammengestellt.

Während früher die meisten Kunstharzputze in gebrochenem Weiß angeboten wurden, gibt es bereits seit vielen Jahren werkmäßig vorgemischte, bunte Kunstharzputze. Außer dem meist verwendeten Titandioxid als Weißpigment sind auch Buntpigmente zugefügt (siehe Kapitel 1.2.7) und verschiedene Hersteller werben damit, daß sie die Beschichtungsstoffe für ihre Kunstharzputze in mehr als 300 möglichen Farben anbieten.

Außer den Kunstharzputzen auf Dispersionsbasis, die relativ einfach zu verarbeiten sind und bei denen die Werkzeuge unmittelbar nach Gebrauch mit Wasser ausgewaschen werden können, gibt es auch Kunstharzputze mit *gelöstem* Kunststoffbindemittel. Diese Beschichtungsstoffe für die Kunstharzputze enthalten also Lösungsmittel und sind damit feuergefährlich. Man darf daher bei der Verarbeitung solcher Beschichtungsstoffe nicht rauchen und muß die Arbeitsschutzvorschriften hinsichtlich von Lösungsmitteln beachten, insbesondere bei der Verarbeitung in Innenräumen. Bei solchen Kunstharzputzen handelt es sich überwiegend um *Natursteinputze*. Diese werden meist für dekorative Sockelputze oder dekorative Innenputze eingesetzt und enthalten als Zuschläge farbige Natursteine, Marmorsplitt oder lichtecht gefärbte Quarzsteine bzw. Natursteingranulate. Die Besonderheit liegt darin, daß als Bindemittel ein transparentes, durchsichtiges Kunstharz eingesetzt wird, so daß später alle Natursteine sichtbar bleiben. Solche transparenten Bindemittel, die auch eine ausreichende Vergilbungsbeständigkeit aufweisen, können nicht dispergiert, sondern nur in Lösungsmitteln gelöst werden.

- *Eigenschaften*

Die Beschichtungsstoffe für Kunstharzputze werden verarbeitungsfertig im gewünschten Farbton geliefert und lassen sich leicht und zügig verarbeiten. Sie haften auf fast jedem sauberen, trockenen und tragfähigen Untergrund und trocknen gleichmäßig und ohne Fleckenbildung auf.

Nach der Erhärtung sind Kunstharzputze hart und widerstandsfähig, aber trotzdem in gewissen Grenzen flexibel. Sie sind auf Grund ihrer Schichtdicke in der Lage, tote Putzrisse, also solche, die keine nennenswerten Bewegungen ausführen, dauerhaft zu überbrücken. Die Oberflächen von Kunstharzputzen sind reinigungsfähig und lassen sich mit üblichen Haushaltsreinigern säubern.

Kunstharzputze in der hier geschilderten Zusammensetzung, die auf mineralische Untergründe aufgetragen werden, entsprechen im Brandverhalten mindestens der Baustoffklasse B1 nach DIN 4102 (Brandverhalten von Baustoffen und Bauteilen). Kunstharzputze gelten also als

Tabelle 1.36: Ungefähre Verbrauchsmengen von unterschiedlichen Arten von Kunstharzputzen

Art	Durchmesser des Größtkorns in mm	Verbrauch in kg/m^2
Rillenputz, fein	1,5	2,0
Rillenputz, grob	3,5	4,5
Reibeputz	3,0	4,5
Strukturputz	4,0	12,0
Kratzputz	2,5	4,0
Rollputz	1,0	2,5

schwer entflammbar und dürfen ohne weitere Nachweise auch an Häusern bis 20 m Höhe aufgetragen werden.

Solche Kunstharzputze, die im technischen Merkblatt nicht ausdrücklich für die Außenanwendung vorgesehen sind, haben keine ausreichende Beständigkeit gegen alkalische Einflüsse, Wasser- und Frosteinwirkung oder Sonnenlicht. Bei Kunstharzputzen, die für die Außenanwendung vorgesehen sind, liegen diese Eigenschaften vor sowie zusätzlich die Eigenschaft »wasserabweisend«. Das bedeutet, daß in Normen festgelegte Grenzwerte für den Wasseraufnahmekoeffizienten w und die diffusionsäquivalente Luftschichtdicke s_d eingehalten werden. Weitere Ausführungen zu den o.g. bauphysikalischen Eigenschaften sind in Kapitel 2.5 enthalten.

Kunstharzputze sind also auf Grund ihres Aufbaus (ca. 7 % Kunststoffbindemittel und ca. 93 % mineralische Zuschläge) in der Lage, einen wirksamen Schutz vor Regen und Schlagregen zu bieten und lassen nur wenig Wasser in den Untergrund eindringen. Trotzdem sind sie in ausreichendem Maße wasserdampfdurchlässig.

• *Verwendung*
Die Haupteinsatzgebiete von Kunstharzputzen sind im Innenbereich z.B. Treppenhäuser oder Innenwände. Im Außenbereich steht der Einsatz als Oberputz auf mineralischem Unterputz der Putzmörtelgruppe P II nach DIN 18 550 (siehe Kapitel 1.4) im Vordergrund sowie der Einsatz als Deckputz auf der Armierungsschicht von Wärmedämmverbundsystemen (siehe Kapitel 1.5.4). Außerdem werden Kunstharzputze auch direkt auf Beton eingesetzt sowie als Sockelputze. In allen Fällen der Außenanwendung (meist auch bei der Innenanwendung) wird zunächst eine *Grundierung* aufgetragen und nach deren Erhärtung der Beschichtungsstoff für den Kunstharzputz.

Wenn die rißüberbrückenden Eigenschaften von Kunstharzputzen verbessert werden sollen, wird entweder ein komplettes Wärmedämmverbundsystem aufgebracht (siehe Kapitel 1.5.4) oder es wird nur eine armierte Zwischenschicht unterhalb des Kunstharzputzes angeordnet. Der Aufbau einer solchen Schicht wird ebenfalls in Kapitel 1.5.4 beschrieben.

Im industriellen Bereich gibt es außerdem einige Spezialanwendungen, z.B. Beschichtung von Fassadenplatten, Wandelementen im Fertighausbau, Fertiggaragen oder Trafostationen. Bei entsprechender Variation der Rohstoffzusammensetzung können so z.B. kurze Trockenzeiten oder eine besonders hohe Flexibilität erreicht werden. Es gibt Kunstharzputze, die so flexibel eingestellt und mit einem Kunststoffgewebe oder einem Glasfasergewebe armiert sind, daß sie in der Lage sind, Risse zu überbrücken bzw. die Spalte von Wandplatten. Diese Anwendung hat im Fertighausbau eine gewisse Bedeutung erlangt. Die dabei eingesetzten Kunstharzputze kommen wegen ihrer speziellen Eigenschaften für die breite Anwendung jedoch meist nicht in Frage.

• *Normen*
DIN 4102 Teil 1 Brandverhalten von Baustoffen und Bauteilen; Baustoffe; Begriffe, Anforderungen und Prüfungen.

DIN 18 556 Prüfung von Beschichtungsstoffen für Kunstharzputze und von Kunstharzputzen.

DIN 18 558 Kunstharzputze; Begriffe, Anforderungen, Ausführung.

1.5.2 Silikatputz, Silikonharzputz

In diesem Kapitel werden zwei Verwandte des Kunstharzputzes vorgestellt, nämlich Silikatputze und Silikonharzputze. Diese sind ähnlich wie Kunstharzputze aufgebaut, unterscheiden sich aber durch die Bindemittel, wodurch einige veränderte Eigenschaften und Einsatzgebiete resultieren.

• *Zusammensetzung, Arten von Silikatputzen*
Im Vergleich zu Kunstharzputzen sind Silikatputze weniger flexibel. Ihre Wasserdampfdurchlässigkeit ist aber im allgemeinen größer, weshalb sie oft dort eingesetzt werden, wo diese Eigenschaft von Interesse ist, z.B. bei historischen Bauwerken. Aufgrund ihrer Nichtbrennbarkeit werden Silikatputze zunehmend aber auch als Deckschicht bei Wärmedämmverbundsystemen eingesetzt.

Silikatputze sind bis auf das Bindemittel weitgehend wie Kunstharzputze aufgebaut. Das Bindemittel der Silikatputze besteht aus Kaliwasserglas (siehe Kapitel 1.1.5) mit einem Dispersionszusatz von ca. 5 %. Der Dispersionszusatz dient der Stabilisierung, um den Silikatputz lagerbeständig zu erhalten und um die Verarbeitbarkeit zu verbessern. Oft kommen hier Acrylate zur Anwendung. Im Gegensatz zu den Silikatfarben, die als Bindemittel ebenfalls Wasserglas enthalten und die zweikomponentig sind, kann bei Silikatputz nicht auf Kunstharzzusätze verzichtet werden. Es handelt sich bei Silikatputzen also nicht um »rein mineralische« Putze wie sie im Bereich des Denkmalschutzes und der Baubiologie oft gefordert werden.

Im Gegensatz zu Kunstharzputzen können in Silikatputzen nur wasserglasbeständige Pigmente verwendet werden, die mögliche Farbpalette ist daher eingeschränkt. Bei besonderen Farbwünschen werden Silikatputze daher mit einem Deckanstrich auf Wasserglasbasis versehen. Da Silikatputze in deutlich geringerem Umfang eingesetzt werden als Kunstharzputze, gibt es sie in weniger verschiedenen Ausführungen und Korngrößenabstufungen.

• *Eigenschaften*
Silikatputze erhärten *physikalisch* (durch Verdunsten des Wassers und Erstarren des Bindemittels zu festem Wasserglas) und *chemisch* durch Einwirkung von Kohlendioxid aus der Luft (Verkieselung). Dabei entsteht SiO_2 unter Ausscheidung von Pottasche (Kaliumkarbonat K_2CO_3). Die Verkieselung findet nur dann statt, wenn ein silikatischer bzw. richtig vorbehandelter Untergrund vorliegt. Es müssen z.B. *sandhaltige* Putze oder silikatisch gebundene Steine vorliegen. Wenn ein sandhaltiger Putz mit einem Kunststoffanstrich versehen ist, der nicht entfernt wird, kann wegen des Anstrichs keine Verkieselung stattfinden und damit kein wetterfester Silikatputz entstehen.

Silikatputze sind daher nicht einsetzbar bei Untergründen aus Holz, Holzspanplatten oder Kunststoffen.

Wenn geeignete Untergründe vorliegen, zeichnen sich Silikatputze durch eine gute Wetterbeständigkeit und Dauerhaftigkeit aus. Im Vergleich zu Kunstharzputzen sind sie meist starrer und lassen mehr Wasser kapillar in den Untergrund eindringen. Sie sind jedoch auch wasserdampfdurchlässiger als Kunstharzputze, so daß eingedrungenes Wasser gut wieder ausdiffundieren kann. Die festgelegten Grenzwerte für die Eigenschaft »wasserabweisend« werden von nahezu allen Silikatputzen erfüllt.

Silikatputze sind im allgemeinen dauerhafter als Kunstharzputze und nicht thermoplastisch, d.h. sie ändern ihre Eigenschaften bei höheren Temperaturen nicht.

Silikatputze sind außerdem entsprechend DIN 4102 »nichtbrennbar«. Sie dürfen daher auch an Hochhäusern mit mehr als 20 m Höhe aufgebracht werden und finden deshalb auf Wärmedämmverbundsystemen mit mineralischen Wärmedämmplatten Verwendung.

• *Verwendung*
Silikatputze werden in deutlich geringerem Umfang eingesetzt als Kunstharzputze. Sie erfordern geeignete, silikatische Untergrunde und können dann im Innen- und Außenbereich eingesetzt werden. Das Haupteinsatzgebiet liegt im Außenbereich als Oberputz auf mineralischen Unterputzen der Putzmörtelgruppe P II nach DIN 18 550. Relativ häufig kommen Silikatputze dabei an historischen Bauwerken zum Einsatz oder als neuer Oberputz auf mineralischen Altputzen. Im letztgenannten Fall, oder wenn Risse vorhanden sind, wird vor dem Auftrag des Silikatputzes eine mit Glasfasergewebe bewehrte Armierungsschicht aufgebracht (siehe Kapitel 1.5.4), die das rißüberbrückende Verhalten deutlich verbessert.

• *Silikonharzputze*
Silikonharze werden seit ca. 1960 im Bauwesen eingesetzt, wobei man sich zu Beginn überwiegend auf farblose Hydrophobierungen des Untergrundes beschränkt hat. Der Untergrund (meist mineralisch) nimmt durch eine Hydrophobierung deutlich weniger Wasser auf.

Seit einigen Jahren gibt es nun auch Putze mit Silikonharz als Bindemittel, wobei dafür meist Silikonemulsionen eingesetzt werden. Silikonharzputze sind wie die Silikatputze gut wasserdampfdurchlässig und haben zusätzlich einen geringen Wasseraufnahmekoeffizienten. Die Anwendung der Silikonharzputze ist jedoch noch relativ jung.

• *Normen*
DIN 4102 Teil 1 Brandverhalten von Baustoffen und Bauteilen; Baustoffe; Begriffe, Anforderungen und Prüfungen.

DIN 18 550 Teil 1 Putz; Begriffe und Anforderungen.

DIN 18 550 Teil 2 Putz; Putze aus Mörteln mit mineralischen Bindemitteln; Ausführung.

1.5.3 Wärmedämmputz

Seit ca. 25 Jahren werden mit steigender Tendenz Wärmedämmputze verwendet. In den letzten zehn Jahren hat der Marktanteil der Wärmedämmputz-Systeme stark zugenommen. Der Gedanke, daß der sowieso erforderliche Außenputz durch einen Wärmedämmputz ersetzt werden kann, welcher gleichzeitig eine deutlich höhere Wärmedämmung der gesamten Außenwand bringt, gewinnt mehr und mehr an Bedeutung. Das Stukkateurgewerbe hat hiermit eine *handwerksgerechte* Möglichkeit, mit Putzmörteln den zusätzlichen Nutzen der Wärmedämmung beim Aufbringen eines Putzsystems zu erreichen. Die Verarbeitung von Wärmedämmputzen weicht jedoch in einigen Punkten von der normaler Außenputze ab. Insbesondere ist hier der wesentlich leichtere Mörtel, die stark erhöhte Putzschichtdicke und die höhere Festigkeit des Oberputzes gegenüber dem wärmedämmenden Unterputz zu nennen, wobei der letzte Punkt einer wichtigen herkömmlichen Putzregel widerspricht (siehe Kapitel 2.2.3). Dennoch bleiben die meisten Putztechniken auch hier gültig, was die Verarbeitung durch den Stukkateur interessant macht, da dieser bei seinen erlernten Arbeitsweisen bleiben kann.

Putze, die eine deutlich höhere Wärmedämmung aufweisen als z.B. Gips- oder Kalkzementputze, werden als Wärmedämmputz bezeichnet. Ihre Wärmeleitfähigkeit λ darf 0,20 W/mK nicht überschreiten. Als Zuschläge kommen solche mit porigem Gefüge wie z.B. Blähton, Blähglimmer oder Polystyrol-Hartschaum-Kügelchen zur Anwendung. Eine Kombination zwischen organischen und mineralischen Zuschlägen ist möglich. Wärmedämmputze erreichen heute Rechenwerte für die Wärmeleitfähigkeit von $\lambda_R = 0,07$ W/mK.

Wärmedämmputze werden als Werkmörtel hergestellt und bestehen aus einem Wärmedämmunterputz mit einer Dicke von ca. 30 bis 80 mm und einem darauf abgestimmten Oberputz mit einer Dicke von ca. 3 bis 8 mm. Der Oberputz muß den Mörtelgruppen P I oder P II zuzuordnen sein und ebenso als Werkmörtel hergestellt werden. Das gesamte Putzsystem muß hinsichtlich seines wasserabweisenden Verhaltens so eingestellt sein, daß Niederschläge die wärmedämmende Wirkung nicht beeinträchtigen, bzw. daß die tatsächliche Wärmeleitfähigkeit nicht über den Rechenwert der Wärmeleitfähigkeit ansteigt.

Wärmedämmunterputze können je nach erforderlicher Wärmedämmung in mehreren Lagen bis ca. 80 mm Dicke aufgebracht werden. Zur Verbesserung der gesamten Wärmedämmung einer Wand durch Wärmedämmputz siehe Kapitel 2.5.1.

• *Normen*
DIN 18 550 Teil 3 Putze; Wärmedämmputzsysteme aus Mörteln mit mineralischen Bindemitteln und expandiertem Polystyrol (EPS) als Zuschlag; Begriff, Anforderungen, Prüfung, Ausführung, Überwachung.

1.5.4 Wärmedämmverbundsystem

Ende der 60er Jahre wurde das erste Wärmedämmverbundsystem aus Polystyrol-Hartschaumplatten und armiertem Putz entwickelt. Die Entwicklung der Außenwand-Dämmung begann jedoch schon in den 50er Jahren. Man hat damals auf Außenwände Polystyrol-Platten aufgeklebt, wobei ein Kleber auf Dispersionsbasis verwendet wurde. Die Deckbeschichtung erfolgte mit dem gleichen oder einem dem Kleber ähnlichen Material.

Mit der Energiekrise im Jahre 1973 und der damit verbundenen Forderung nach einem erhöhten Wärmeschutz erlebte das *Wärmedämmverbundsystem* einen Boom im Wohnungsbau. Sehr viele Firmen befaßten sich innerhalb kurzer Zeit mit der Entwicklung und Produktion eines Wärmedämmverbundsystems, welches anfänglich empirisch entwickelt (d.h. dem Experiment entnommen) wurde. Wegen der fehlenden Erfahrung und der bis zum damaligen Zeitpunkt nur wenigen Fachleuten bekannten Erfordernisse für das Gesamtsystem, waren viele dieser Systeme stark schadensbehaftet.

Nach den anfänglichen schlechten Erfahrungen in der Praxis wurden intensive Anstrengungen zur Prüfung, Normung und zur Schulung der Verarbeiter unternommen. Inzwischen haben sich die Wärmedämmverbundsysteme bewährt. Wichtig bei der Anwendung ist vor allem, daß nur vollständige *Systeme* eines Herstellers eingesetzt, daß nicht Komponenten eines Systems mit denen eines anderen kombiniert, und daß die Verarbeitungsvorschriften eingehalten werden.

Hinsichtlich der Normung von Wärmedämmverbundsystemen gab es erste brauchbare Prüfgrundsätze und Anforderungskataloge ab 1978 von der U.E.A.t.c. (siehe Kapitel 1.5.1). Nach Ausführung der Prüfungen der »U.E.A.t.c. Richtlinie für die Erteilung von Agréments für außenseitige Wärmedämmverbundsysteme mit dünnen Putzen auf Wärmedämm-Material« konnten dauerhafte und schadensanfällige Systeme unterschieden werden. Nur die Systeme, die ein entsprechendes U.E.A.t.c.-Agrément erhalten haben, konnten sich durchsetzen.

Im Rahmen der DIN-Normung erschien erst im Dezember 1988 eine Vornorm über Wärmedämm-Verbundsysteme (DIN 18 559).

Außer mit der Bezeichnung Wärmedämmverbundsystem wurden diese Putzsysteme früher auch als »Thermohaut« oder als »Vollwärmeschutz« bezeichnet. Beide Begriffe haben sich gegenüber der anschaulichen Bezeichnung »Wärmedämmverbundsystem«, abgekürzt WDVS, nicht durchgesetzt. Ein Wärmedämmverbundsystem besteht aus drei maßgeblichen Schichten:

- Kleber,
- Wärmedämmung und
- Putz.

Beim Putz werden zwei weitere Schichten, nämlich die

- Armierungsschicht und die
- Deckschicht

unterschieden. In Bild 1.1 ist der

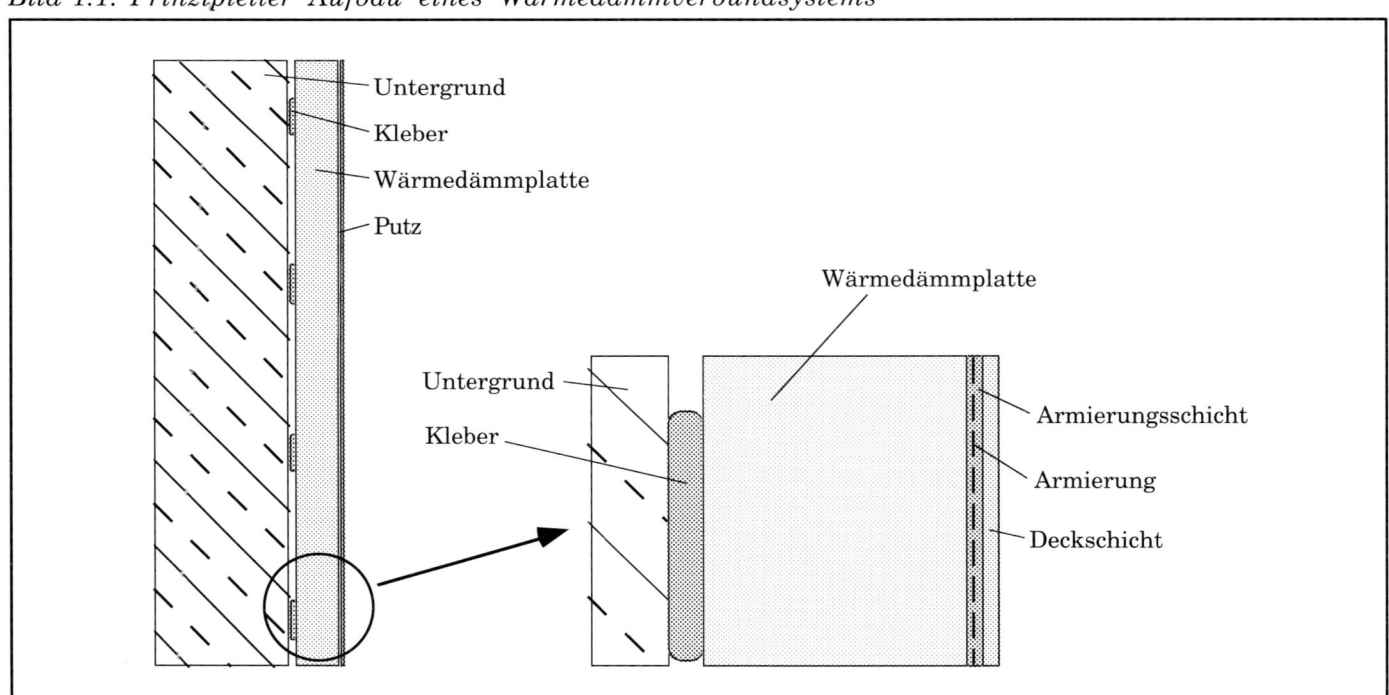

Bild 1.1: Prinzipieller Aufbau eines Wärmedämmverbundsystems

1.5 Organische Putze, Sonderputze und Putzsysteme

prinzipielle Aufbau eines Wärmedämmverbundsystems dargestellt.

Die wichtigsten Vorteile eines Wärmedämmverbundsystems sind folgende:

Der *Untergrund* (Tragschicht, Wand) kann mit geringerer Wärmedämmung und mit größerer Masse ausgestattet werden. Das ergibt eine günstigere Schalldämmung und eine wesentlich verbesserte Wärmespeicherfähigkeit für die Innenräume.

Die *Wärmedämmschicht* bringt in den meisten Fällen den gesamten Wärmeschutz der Außenwand. Es ist dadurch auch leicht möglich, die entsprechenden Außenwände mit einer viel höheren Wärmedämmung auszustatten, als dies z.B. mit einem Mauerwerk möglich wäre.

Der dünne *Putz* leistet den erforderlichen Witterungsschutz.

Die einzelnen Aufgaben einer Außenwand wie Wärmespeicherfähigkeit, Schallschutz, Wärmedämmung und Witterungsschutz, die eine massive Außenwand normalerweise alleine leisten muß, verteilen sich bei einem Wärmedämmverbundsystem auf die einzelnen Schichten. Dadurch wird es möglich, die Eigenschaften getrennt voneinander und damit gezielt zu beeinflussen.

Durch die getrennten physikalischen Erfordernisse an die einzelnen Komponenten eines Wärmedämmverbundsystems werden an diese auch jeweils besondere Anforderungen gestellt.

• *Untergrund*
Der Untergrund muß so beschaffen sein, daß darauf die Dämmplatten ausreichend fest und eben verklebt werden können. Dazu hat dieser die folgenden Eigenschaften aufzuweisen:

- fest, sauber
- trocken (keine Restfeuchtigkeit oder gar aufsteigende Feuchtigkeit)
- gleichmäßig saugend
- gleichmäßig eben

Liegen diese Voraussetzungen nicht vor, so ist er ggf. vorzubehandeln durch Abbürsten, Abschleifen, Dampfstrahlen oder durch eine Grundierung. Unebenheiten des Untergrundes, die sich mit dem Klebemörtel allein nicht ausgleichen lassen, müssen beseitigt werden.

• *Kleber*
Der Kleber verbindet den Dämmstoff kraftschlüssig mit dem Untergrund. Die an den Kleber gestellten Forderungen sind folgende:

- hohe Haftzugfestigkeit
- geringes Schwindmaß
- gutes elastisches Verhalten
- gute Haftung am Dämmstoff und am Untergrund
- hohe Wasserbeständigkeit
- hohe Alkalibeständigkeit
- gute Verarbeitbarkeit

• *Wärmedämmung*
Als Wärmedämmstoffe gelangen Platten aus Mineralfaser, Polystyrol-Hartschaum, Polystyrol-Extruderschaum, Holzwolle-Leichtbauplatten, Kokosfaserplatten und Mehrschicht-Leichtbauplatten zur Anwendung. Im Außenbereich werden nicht alle der hier genannten Dämmstoffe eingesetzt. Die wichtigsten Eigenschaften von Wärmedämmstoffen für Wärmedämmverbundsysteme sind:

- niedrige Wärmeleitfähigkeit
- Temperaturbeständigkeit im Bereich zwischen −30 °C und +80 °C
- Unverrottbarkeit
- hohe Elastizität (niedriger statischer E-Modul)
- ausreichende Zugfestigkeit (Abscherfestigkeit) senkrecht zur Plattenebene
- Rechtwinkligkeit der Platten (fugenlose Verlegung)
- enge Toleranzen der Plattenmaße
- kein Nachschwinden

Je nach Art des Dämmstoffes, der Art des Putzes und der Beanspruchung des Wärmedämmverbundsystems (insbesondere der durch die Gebäudehöhe bedingte unterschiedliche Windbelastung) sind die Wärmedämmplatten zusätzlich zur Verklebung zu *verdübeln*. In besonderen Fällen, in denen sich der Untergrund für eine Verklebung nicht eignet, ist auch eine mechanische Befestigung allein möglich.

• *Armierungsschicht*
Wie oben beschrieben ist die Armierungsschicht ein Teil des Putzes. Die Armierung wird in die ca. 2 mm dicke Armierungsschicht mittig eingebettet. Schwindkräfte und thermisch bedingte Kräfte werden von der hoch zugfesten Armierungs-

schicht aufgenommen und verteilt, so daß keine großen Verformungen entstehen, die im Putz zu Rissen führen könnten. Ferner hat die Armierungsschicht eine Schutzfunktion für die Armierung. Die Eigenschaften, die von der Armierungsschicht verlangt werden, sind ähnlich wie beim Kleber.

• *Armierung*
Die Armierung besteht in der Regel aus Glasseiden-Gittergewebe. Die Armierung muß sämtliche auftretenden Kräfte (innere und äußere) aufnehmen können.

Die inneren Kräfte ergeben sich aus den unterschiedlichen thermischen Ausdehnungskoeffizienten der einzelnen Komponenten des Wärmedämmverbundsystems und aus den Schwindvorgängen der Polystyrol-Dämmplatten. Sie ergeben sich außerdem durch die Stöße der Wärmedämmplatten. Die äußeren Kräfte sind mechanische Beanspruchungen, wie z.B. Stoß und Schlag, welche zu einem gewissen Grad von der Armierung schadensfrei aufgenommen werden müssen.

In der Regel werden diese hohen Anforderungen nur von Glasseidengeweben erfüllt. Gewebe auf Kunststoffbasis sind ungeeignet, weil sie erst nach relativ großen Verformungen nennenswerte Zugkräfte aufnehmen können.

Von der Armierung werden folgende Eigenschaften verlangt:

- hohe Zugfestigkeit bei geringer Dehnung
- gute form- und kraftschlüssige Verbindung der Armierung in der Armierungsschicht
- Widerstandsfähigkeit gegen Inhaltsstoffe der Armierungsmasse
- Widerstandsfähigkeit gegen Witterungseinflüsse und Mikroorganismen
- Langzeit-Formbeständigkeit und Hitzebeständigkeit

• *Eigenschaften*
Bei Wärmedämmverbundsystemen stehen die bauphysikalischen Eigenschaften bezüglich des Feuchtigkeitsschutzes, des Schallschutzes, des Brandschutzes und das Verhalten bei Windbelastung im Vordergrund. Ferner interessieren die chemischen und physikalischen Baustoff- und Systemeigenschaften, auf die hier kurz eingegangen wird. Sie bestimmen in Verbindung mit den bauphysikalischen Eigenschaften die Dauerhaftigkeit der getroffenen Wärmedämm-Maßnahmen. Zum Verständnis der speziellen Eigenschaften und der Wirkungsweisen von außenliegenden Wärmedämmverbundsystemen sollen hier die maßgeblichen bauphysikalischen Verhaltensweisen beschrieben und die wichtigen Kenngrößen erläutert werden.

Vorteile bieten Wärmedämmverbundsysteme insbesondere dann, wenn im Rahmen einer zusätzlichen Wärmedämmung eventuell notwendige Sanierungen der Fassade umgangen werden können. Im einzelnen können hier folgende Vorteile genannt werden:

- Eine Außendämmung in Form eines Wärmedämmverbundsystemes beseitigt Wärmebrücken.
- Der Regenschutz der Außenwand wird durch ein Wärmedämmverbundsystem verbessert.
- Das System besitzt rißüberbrückende Eigenschaften.
- Im Vergleich zu hinterlüfteter Fassadenbekleidung mit Wärmedämmung schneidet ein Wärmedämmverbundsystem mit niedrigeren Kosten besser ab.

• *Verwendung*
Wegen ihrer vielen, bauphysikalisch guten Eigenschaften werden Wärmedämmverbundsysteme in den letzten Jahren immer häufiger verwendet. Derzeit werden damit ca. 15 Mio. m² Fassadenflächen pro Jahr wärmegedämmt.

Wärmedämmverbundsysteme werden hauptsächlich dann eingesetzt, wenn der Wärmeschutz eines Gebäudes erhöht werden soll oder durch die Baukonstruktion bedingt eine Außendämmung vorgesehen wird.

Auch im Fertighausbau werden vielfach Wärmedämmverbundsysteme eingesetzt, und zwar nicht wegen der Wärmedämmung, sondern wegen der rißüberbrückenden Eigenschaften, die an den Stößen der einzelnen Wandplatten erforderlich sind. Für die gewünschte Rißüberbrückung reicht meist eine Dämmschichtdicke von 30 mm aus, während sonst in der Regel 50 oder 60 mm dicke Dämmschichten eingesetzt werden.

An vielen Bauwerken aus Stahlbeton liegen heute Korrosionsschäden der in der Oberfläche der Bauteile liegenden Bewehrung vor. Daher werden zur Sanierung und zum vorbeugenden Schutz des Stahlbetons bestimmte Arten von Mörteln und Beschichtungen eingesetzt, die als Betoninstandsetzungssysteme bezeichnet werden. Die ergriffenen Maßnahmen haben das Ziel, bereits korrodierte Bewehrungen wieder dauerhaft zu schützen und gefährdete Bereiche durch Hemmung der CO_2-Zufuhr vor weiterer Karbonatisierung zu bewahren.

Auf die Einzelheiten zu diesem Thema soll hier nicht näher eingegangen werden. Wenn die Möglichkeit besteht, auf den Charakter einer Sichtbetonfläche zu verzichten, so bieten sich sehr günstige Sanierungsmöglichkeiten für Stahlbeton durch die Anbringung eines Wärmedämmverbundsystems. Die Wirkung des Verbundsystems basiert in erster Linie darauf, daß die Temperatur des Stahlbetonbauteils nun weitgehend konstant bleibt und dem Bauteil eine trockene Umgebung geschaffen wird. Damit sind die notwendigen Bedingungen für eine nennenswerte Korrosion, nämlich eine relative Luftfeuchtigkeit von mehr als ca. 50 bis 60 % nicht mehr gegeben. Darüber hinaus wirkt sich das Wärmedämmverbundsystem auch insofern günstig auf den Korrosionsschutz aus, als Risse in der Fassade dauerhaft überbrückt und somit vor Witterungseinwirkungen geschützt werden. Außerdem ergibt sich eine gewisse Behinderung der CO_2-Zufuhr und damit eine Verminderung der weiteren Karbonatisierung der Betonoberfläche.

• *Normen und Richtlinien*
DIN 18 559 Wärmedämm-Verbundsysteme; Begriffe, Allgemeine Angaben.

U.E.A.t.c.-Richtlinien für die Beurteilung der Eignung von Wärmedämmverbundsystemen für Fassaden.

1.5.5 Sanierputz

Sanierputz eignet sich hervorragend, um die Oberflächen von feuchtem, salzhaltigem Mauerwerk trockenzulegen. Sanierputze zeichnen sich gegenüber anderen Putzen durch einen relativ hohen Luftporengehalt aus. Dieser hohe Luftporengehalt ist erforderlich, um die Auskristallisation von Salzen im Putz zu ermöglichen, ohne daß der Putz Schaden erleidet.

Sanierputze werden laut WTA (Wissenschaftlich-Technischer Arbeitskreis für Denkmalschutz und Bauwerkssanierung) wie folgt definiert:

»Sanierputze sind Werk-Trockenmörtel gemäß DIN 18 575 zur Herstellung von Putzen mit hoher Porosität und Wasserdampfdurchlässigkeit bei gleichzeitig erheblich verminderter kapillarer Leitfähigkeit«.

Von der Zusammensetzung her sind Sanierputze meist zementhaltige Putze, die durch Zusatz von Luftporenbildnern eine sehr poröse Struktur und damit eine geringe Rohdichte erhalten. Der Luftporengehalt von erhärtetem Sanierputz liegt zwischen 30 und 45 Vol.-%. Durch die hochporöse Struktur des Putzes kann Feuchtigkeit, die aus dem Untergrund in den Sanierputz eindringt, innerhalb des Putzes verdunsten. Durch das grobporige Gefüge von Sanierputzen sowie durch die werkmäßige Hydrophobierung des Putzes werden die Benetzbarkeit der Poren und die Saugfähigkeit herabgesetzt, so daß keine kapillare Wasseraufnahme erfolgen kann. Anfallende Salze, die gelöst mit der Feuchtigkeit des Mauerwerkes transportiert werden, können in den relativ großen Luftporen des Sanierputzes auskristallisieren, ohne eine mechanische Zerstörung des Putzes nach sich zu ziehen. Das Wasser aus dem Mauerwerk kann also nur in Form von Wasserdampf durch den Sanierputz gelangen, so daß die Putzoberfläche trocken bleibt und die gelösten, ausblühfähigen Salze zurückgehalten werden.

Außer den überwiegend eingesetzten Sanierputzen mit *Zement* als Bindemittel gibt es auch Sanierputze, die als Bindemittel *Traßkalk* oder *Romankalk* aufweisen (siehe Kapitel 1.1.3). Solche Putze ergeben eine weniger feste Struktur und sind daher meist für den Sockelbereich nicht geeignet. In besonderen Fällen, z.B. bei Mischmauerwerk mit stark unterschiedlicher Festigkeit, kann ihr Einsatz wegen der langsamen Festigkeitszunahme und den dadurch bedingten geringen Schwindspannungen aber sinnvoll sein.

Der Sanierputz ist jedoch kein Wundermittel, er hat seine Grenzen. So kann er bei *drückendem Wasser* nicht verhindern, daß die Oberfläche des Putzes feucht wird und daß Wasser durchdringt. Auch bei nichtdrückendem Wasser und bei einem sehr hohen Salztransport aus dem Untergrund in den Sanierputz werden die Luftporen nach und nach ausgefüllt. In den gefüllten Poren wirkt sich dann der Salzdruck genauso zerstörend aus wie in anderen Putzen auch. Der Sanierputz wird dann mürbe, blättert ab oder löst sich vom Untergrund. Hierzu sind jedoch sehr große Salzmengen erforderlich. Ein Sanierputz mit einer Dicke von 20 mm kann ca. 4 bis 6 kg Salz pro m² einlagern.

Bei den meisten Sanierungsmaßnahmen mit Sanierputz wird deshalb vorbeugend der Untergrund in geeigneter Weise trockengelegt, so daß ein ständiger Feuchtigkeitsnachschub ausgeschaltet oder zumindest stark reduziert wird. Dadurch erreicht ein Sanierputzsystem eine hohe Gebrauchsdauer, wie sie von anderen Putzen bekannt ist, die keiner Salzbelastung ausgesetzt sind.

In extremen Fällen, die in der Praxis sehr wohl vorkommen, ist die Abdichtung des Untergrunds nicht oder nur eingeschränkt möglich. In solchen Fällen liegt die Gebrauchsdauer von Sanierputzsystemen im Bereich zwischen 2 und 15 Jahren. Je nach den Einflüssen aus dem Untergrund und nach Art und Dicke des Sanierputzes wird die Gebrauchsdauer begrenzt durch Feuchtigkeitserscheinungen, durch Ausblühungen an der Oberfläche oder durch eine Zerstörung des Sanierputzes (z.B. Haftungs- oder Festigkeitsverlust).

Es ist wichtig, daß nur solche Sanierputze zum Einsatz kommen, die entsprechend dem WTA-Merkblatt für Sanierputze geprüft sind. Im derzeit aktuellen WTA-Merkblatt 2-1-85 werden folgende Anforderungen festgelegt:

- Luftporengehalt des Frischmörtels: > 25 Vol.-%
- Wasserdampfdiffusionswiderstandszahl (μ-Wert): < 12
- Kapillare Wasseraufnahme nach 24 Stunden: 3 - 7 mm
- Druckfestigkeit nach 28 Tagen: < 6 N/mm²
- Verhältnis von Druck- und Biegezugfestigkeit nach 28 Tagen: < 3,0

Sanierputze haben im erhärteten Zustand eine Rohdichte von ca. 1.050 bis 1.350 kg/m³ und einen Luftporengehalt von bis zu 45 Vol.-%.

Es gibt auch Sanierputze, die organische Zuschläge (expandierte Polystyrolkügelchen) enthalten. Solche Sanierputze bringen zusätzlich einen Wärmedämm-Effekt.

Die Luftporenbildner in Sanierputzen bestehen meist aus Naturharzseifen, Alkylarylsulfonaten oder Polyglykolether und erzeugen während des Mischens einen feinblasigen Schaum im Sanierputz. Die Luftporen werden dabei auf physikalisch-mechanische Weise während des Mischens gebildet und nicht wie beispielsweise bei Porenbeton (Gasbeton) auf chemischer Basis.

Es ist bei Sanierputzen daher sehr wichtig, daß sie auf richtige Art und Weise sowie ausreichend lange gemischt werden, so daß die notwenigen Luftporen im Sanierputz auch tatsächlich gebildet werden.

Vor dem Auftrag des Sanierputzes ist meist ein warzenförmiger Haftspritzbewurf erforderlich, der ca. 50 % des Untergrundes bedecken soll. Nach Erhärtung des Haftspritzbewurfes wird der Sanierputz in 1 bis 2 Lagen aufgebracht, wobei üblicherweise eine Mindestschichtdicke von ca. 20 mm eingehalten werden muß.

- *Richtlinien*
WTA-Merkblatt 2-1-85: Die bauphysikalischen Anforderungen an Sanierputze.

1.5.6 Sperrputz

Abdichtende Wirkungen durch einen Putz erreicht man mit dem Auftrag eines Sperrputzes. Die Wirkungsweise ist ähnlich der eines wasserdichten Betons. Durch genau festgelegte Zuschläge und eine ganz bestimmte Kornabstufung wird ein sehr dichtes Gefüge des erhärteten Putzes erreicht. Eine vollständig wasserdichte Abdichtung wie z.B. mit einer Bitumenschweißbahn oder Kunststoff-Folie kann durch einen Sperrputz nicht erzielt werden. Sein Abdichtungsprinzip beruht darauf, daß nur äußerst geringe Mengen an Feuchtigkeit durchgelassen werden, die dann auf der anderen Seite verdunsten können oder kapillar durch angrenzende Baustoffe weitergeleitet werden.

Sperrputze können sowohl von der Rückseite als auch von der Vorderseite mit Wasser belastet werden, ohne daß sie Beeinträchtigungen in ihrer Haftung erfahren. Voraussetzung dafür ist, daß keine ausblühfähigen Salze vorliegen.

Sperrputze sind dort gut geeignet, wo andere Abdichtungen, z.B. auf bituminöser Basis, nicht aufgebracht werden können (z.B. in Trinkwasserschutzgebieten). Ein häufiges Einsatzgebiet von Sperrputzen ist auch die nachträgliche Innenabdichtung von Kellern oder anderen wasserbeanspruchten Flächen, bei denen man aus Kostengründen auf eine nachträgliche und technisch sinnvollere Außenabdichtung verzichtet. Sperrputze sind außerdem für Trinkwasserbehälter gut geeignet.

Der Nachteil von Sperrputzen besteht in ihrer Rißanfälligkeit, einerseits hervorgerufen durch das Schwinden beim Erhärtungsprozeß und andererseits durch die mangelhafte Fähigkeit zur Überbrückung von neuentstehenden Rissen im Untergrund. Da Sperrputze einen besonders hohen Anteil an Fein- und Feinstkörnung haben, können sich schon bei geringen Schichtdicken Schwindrisse in der Oberfläche bilden (siehe Kapitel 2.2). Um dem entgegenzuwirken, darf der Putz nur in relativ dünnen Schichten aufgetragen werden, was dann eine mehrlagige Ausführung bedingt, und muß während der Erhärtungsphase durch Behängen mit PE-Folien vor zu schneller Austrocknung geschützt werden.

Sperrputze sind Zementmörtel der Putzmörtelgruppe P III nach DIN 18 550 mit Sand der Korngröße 0 bis 3 mm (Sieblinie Bereich 3 nach DIN 1045) mit einem Feinstkornanteil (0 bis 0,25 mm) von ca. 20 Massen-% und Zugabe eines Dichtungsmittels. Die Mischungsverhältnisse der einzelnen Lagen von Baustellensperrputzen sind unterschiedlich. Für die erste Lage wird in der Regel ein Mischungsverhältnis Zement zu Sand von 1 : 2, für die zweite Lage ein Mischungsverhältnis von 1 : 3 angestrebt.

Aus Gründen einer höheren Sicherheit bei der Mischung des Mörtels empfiehlt es sich, vor allem bei kleineren zu bearbeitenden Flächen, Werk-Trockenmörtel einzusetzen. Je nach zu erwartender Wasserbeanspruchung werden Sperrputze in ca. 10 bis 20 mm Dicke (mehrlagig) aufgebracht. Je nach Art des Sperrputzes und des Untergrundes kann ein Haftspritzbewurf erforderlich sein. Ein Sperrputz, der z.B. auf einen wasserdurchlässigen Beton oder ein wasserdurchlässiges Mauerwerk zweilagig in ca. 20 mm Dicke aufgebracht wird, kann auch gegen Wasser mit ca. 1,5 bar Druck (15 m Wassersäule) seine abdichtende Wirkung dauerhaft erfüllen.

1.5.7 Dichtungsschlämmen

Dichtungsschlämmen sind ähnlich aufgebaut wie Sperrputze und werden ausschließlich als Werk-Trockenmörtel geliefert. Sie unterscheiden sich von Sperrputzen dadurch, daß ihre Schichtdicke mit ca. 2 bis 5 mm deutlich geringer ist, und daß sie nicht aufgezogen oder aufgespachtelt, sondern mit einer Bürste aufgeschlämmt werden. Dies wird üblicherweise in mindestens 2 Arbeitsgängen durchgeführt. Während Sperrputze sowohl für die dem Wasser zugewandte Seite als auch für die dem Wasser abgewandte Seite eingesetzt werden können, sind Dichtungsschlämmen nur auf der dem Wasser zugewandten Seite dauerhaft beständig. Auf dieser Seite sind Dichtungsschlämmen auch vielfach bewährt und werden häufig eingesetzt, z.B. bei der außenseitigen Kellerabdichtung gegen nichtdrückendes Wasser und drückendes Wasser bis ca. 0,5 bar (5 m Wassersäule), bei Trinkwasserbehältern und Schwimmbädern.

Während Sperrputze aufgrund ihrer höheren Schichtdicke auch bei unebenem oder porigem Untergrund eingesetzt werden können, ist bei Dichtungsschlämmen ein ebener und hohlraumfreier Untergrund erforderlich. Auf problematischen Untergründen wird daher vor dem Auftrag der Dichtungsschlämme meist ein Ausgleichsputz (Putzmörtelgruppe P III) in ca. 10 mm Dicke aufgebracht.

Weder ein Sperrputz noch eine mineralische Dichtungsschlämme können sich bewegende Risse im Untergrund überbrücken, weil sie dazu zu starr sind. Es gibt aber seit mehreren Jahren Dichtungsschlämmen von verschiedenen Herstellern, die durch einen hohen Kunststoffanteil vergütet sind und dadurch flexibel werden, bei gleichzeitiger guter Abdichtungswirkung und Beständigkeit gegen Wasser. Mit solchen flexiblen Dichtungsschlämmen können bei ausreichender Schichtdicke feine Risse des Untergrundes überbrückt werden. Es ist wichtig, daß in solchen Fällen die Dichtungsschlämme überall gleichmäßig und ausreichend dick sein muß, ca. 3 bis 5 mm, was u.a. einen ebenen Untergrund erfordert. Beim Auftrag von flexiblen Dichtungsschlämmen muß daher ggf. vorher ein Ausgleichsputz aufgebracht werden. Keinesfalls darf die Fähigkeit zur Rißüberbrückung überschätzt werden. Breitere Risse (mehr als 0,2 mm breit) oder gar Fugen dürfen also nicht mit einer flexiblen Dichtungsschlämme abgedichtet werden.

1.5.8 Historischer Putz

Im Zuge der Denkmalschutzvorschriften für historische Gebäude müssen alte, historische Putze durch neue mit ähnlicher oder gleicher Zusammensetzung und Eigenschaften ersetzt werden. In der Regel werden diese Putze heute hinsichtlich Zusammensetzung, Farbe und Struktur nicht fabrikmäßig hergestellt. Sie sind jedoch von ihrer grundsätzlichen Zusammensetzung her in der Normung zu finden. Diese Putze stellen deshalb vom Grundsatz her keine neue Putzart dar, sondern nur ganz bestimmte Modifikationen bekannter Zusammensetzungen. Hin und wieder kommt es vor, daß Fachbetriebe mit langer Tradition ihre eigenen Hausrezepte von historischen Putzen haben, wovon sie nur Teile preisgeben.

Sehr häufig ist bei Bauwerken, für die historische Putze vorgesehen sind, der Untergrund nicht in der Weise definiert wie bei Neubauten. Es müssen deshalb entsprechende Untergrundvorbehandlungsmaßnahmen (siehe Kapitel 2.4) durchgeführt werden, auch ist teilweise ein Haftspritzbewurf notwendig.

Als Putze für historische Bauwerke sind Traß-Kalk-Putze bekannt, die je nach früherem Aussehen des Bauwerkes auch im Originalfarbton, z.B. »barockgelb«, eingefärbt werden können.

Weitere Faktoren, die das Aussehen des Putzes beeinflussen, sind die bei der früheren Putzherstellung verwendeten örtlichen Sande (z.B. rötliche Sande in Franken) oder andere Zuschlagstoffe, wie Ziegelmehl oder Ziegelsplitt (in Gegenden wo Ziegel verbaut wurden) oder Eisenschlacke (in der Nähe von Bergbau und Verhüttung).

Kalk als Bindemittel in historischen Putzen hatte einen wesentlichen Einfluß auf die optische und strukturelle Beschaffenheit des Putzes. Da die früher hergestellten Kalke meist verschmutzt waren und daher eine Eigenfarbigkeit hatten, waren sie nie weiß. Auch waren in der Regel in den Putzen Kalkklümpchen vorhanden, da die Kalkverarbeitung, gemessen am heutigen Standard, keinen gleichmäßigen, klümpchenfreien Kalk liefern konnte. Optisch sind diese Kalkklümpchen in historischen Putzen ein wichtiger Bestandteil und prägen das Erscheinungsbild mit. Inwieweit sie Einfluß auf die Putzqualität haben, wurde noch nicht weiter untersucht, vermutlich haben sie jedoch Einfluß auf den Feuchtigkeitshaushalt und die Regenerierung der Kalkbindung im Putz.

Einfluß auf den Kalk als Bindemittel hatte damals auch die Art und Weise wie er gelöscht wurde. Am verbreitetsten war das Einsumpfen des Kalkes. Es wurde auch »trocken« gelöschter Kalk verwendet, wobei die Kalkbrocken luftdicht mit Sand abgedeckt und dann mit Wasser übergossen wurden. Es ist zu vermuten, daß vor allem im Mittelalter zum fertig gemischten Mörtel ungelöschter Kalk zugegeben worden ist. Die Nachahmung oder die örtliche Ausbesserung von historischen Putzen ist also ein sehr spezielles Fachgebiet und es bedarf umfangreichen Voruntersuchungen am jeweiligen Putz und einer großen Erfahrung bei der Herstellung und Verarbeitung der nachgemachten historischen Putze.

1.5.9 Akustikputz

Um in Räumen bestimmte raumakustische Eigenschaften zu erreichen, werden die Oberflächen der Bauteile entsprechend schallabsorbierend ausgestattet. Neben vielen möglichen Wandbekleidungen und Deckenabhängungen gibt es die Möglichkeit, sogenannte *Akustikputze* aufzubringen. Auf Grund der hierfür notwendigen, aufwendigen Vorgehensweise sind diese Putze jedoch kostspielig. Sie finden deshalb meist nur dort Anwendung, wo eine bestimmte Oberfläche aus ästhetischen Gründen gewünscht wird oder wo Bekleidungen irgendwelcher Art nicht möglich sind.

Akustikputze werden aus Werktrockenmörtel hergestellt. Durch eine poröse Oberfläche und den entsprechenden Unterbau wirken sie schallabsorbierend. Je nachdem, ob sie direkt auf massiven Untergründen oder z.B. auf Holzwolle-Leichtbauplatten oder Holzfaserplatten aufgetragen werden (Spritzputz), wirkt sich die Schallabsorption in den einzelnen Frequenzbereichen unterschiedlich stark aus.

Akustikputze werden häufig als Spritzputze auf hydraulischer Bindemittelbasis hergestellt. Hochabsorbierende Akustikputze haben wegen ihrer porösen Struktur eine stoßempfindliche Oberfläche und sind nur wenige Millimeter dick auf dem Untergrund aufgebracht. Es ist daher empfehlenswert, solche Putze nur in den Bereichen anzubringen, die nicht mechanisch beansprucht werden (z.B. Decke, obere Wandbereiche). Die Dicke der Gesamtkonstruktion des Akustikputzsystems liegt zwischen ca. 50 mm und ca. 200 mm.

Akustikputze auf putzfähigen Platten, die mit Decken- bzw. Wandabstand verlegt werden, haben einen ausgeglichenen Frequenzgang zwischen 125 und 4000 Hz. Das bedeutet, daß die Schallabsorption im genannten Frequenzbereich wenig Schwankungen unterliegt und so die gewünschte akustische Wirkung erzielt wird.

1.5.10 Schlämmputze

Schlämmputze sind ein Randgebiet bei der Putzherstellung, sie werden in letzter Zeit aber zunehmend eingesetzt. Es handelt sich dabei um solche Putze bzw. Putzsysteme, die nicht aufgespritzt oder aufgetragen werden, sondern mit einer Bürste aufgeschlämmt werden. Schlämmputze werden verwendet, wenn die Untergrundstruktur sichtbar bleiben soll. Daher werden sie hauptsächlich auf Mauerwerk, Bimsbeton oder brettgeschaltem Stahlbeton aufgeschlämmt.

Schlämmputze bestehen überwiegend aus Zement als Bindemittel, abgestuften Sanden und Feinzuschlägen. Darüber hinaus sind Kunststoffzusätze zur Modifizierung enthalten, die die Haftung auf dem Untergrund verbessern und dem Schlämmputz günstigere mechanische Eigenschaften verleihen (z.B. größere Bruchdehnung, kleinere Schwindneigung, kleinerer Wasseraufnahmekoeffizient. Außerdem sind in Schlämmputzen noch verschiedene Zusatzstoffe enthalten. Die schlämmbare, relativ flüssige Konsistenz wird also nicht durch eine erhöhte Wasserzugabe erzielt, die sich ungünstig auf die Festigkeit und den Wasseraufnahmekoeffizienten auswirkt, sondern durch eine Erhöhung des Anteils an Kunststoffdispersion, der durch seinen Wasseranteil gleichzeitig die schlämmbare Konsistenz sicherstellt.

Außer den Schlämmputzen auf Zementbasis gibt es auch Schlämmputze auf Kunststoffbasis als Bindemittel. Solche Schlämmputze sowie auch Schlämmputze auf Zementbasis, jedoch mit hohem Kunststoffanteil, zeichnen sich außerdem durch eine begrenzte Fähigkeit zur Rißüberbrückung aus! Sie können also sich bewegende Spalte im Mauerwerk oder neu entstehende Risse im Untergrund überbrücken, ohne selbst Risse zu erleiden. Die Fähigkeit zur Überbrückung von Rissen ist jedoch begrenzt und hängt außer von den Eigenschaften des Schlämmputzes in hohem Maße von der Schichtdicke ab. Ein ca. 1,5 mm dicker, kunststoffvergüteter Schlämmputz auf Zementbasis kann etwa 0,3 mm breite Risse des Untergrundes überbrücken.

Praktisch alle Schlämmputze, die für Fassaden eingesetzt werden, erhalten abschließend einen *Anstrich*, der meist zwei- oder dreilagig aufgebracht wird. Solche Anstriche sind z.T. aus bauphysikalischen Gründen erforderlich, weil der dünne Schlämmputz allein keine ausreichende Schutzwirkung erbringt, wie sie Putzsysteme nach DIN 18 550 erbringen können (z.B. wasserhemmend bzw. wasserabweisend). Auch in solchen Fällen, wo der Untergrund einer Schutzwirkung gar nicht bedarf, weil es sich z.B. um Beton oder wetterbeständiges Mauerwerk handelt, werden Schlämmputze in der Regel aus optischen Gründen mit Anstrichen versehen.

Damit ein Schlämmputz mit Anstrich auch nicht wetterbeständigen Untergründen (z.B. Bimsbetonsteine, nicht frostbeständiges Mauerwerk) einen ausreichenden Schutz bietet, muß das Schlämmputz-Anstrichsystem mindestens die Eigenschaft »wasserabweisend« aufweisen. Dies muß durch entsprechende Prüfungen nachgewiesen werden (Kapitel 2.3).

1.5.11 Brandschutzputz

Um für bestimmte Bauteile einen höheren Brandschutz zu erreichen, werden diese mit einem Brandschutzputz versehen. Dieser hat zur Folge, daß sich die Feuerwiderstandsdauer für das Bauteil erhöht. Zum Einsatz gelangen Putze der Mörtelgruppe II oder IV nach DIN 18550. Auch Putze mit porösen Zuschlägen, wie z.B. Perlite- oder Vermiculiteputz sind möglich. Einige wichtige Anwendungen sind in DIN 4102 Teil 4 beschrieben.

Eine gute Haftung von Brandschutzputzen ist zu gewährleisten, z.B. durch einen Spritzbewurf und/oder durch maschinellen Putzauftrag und/oder durch fugenreiches Mauerwerk. Eine Verzahnung des Putzes mit dem Untergrund ist hier von goßer Wichtigkeit. Ist der Untergrund sehr glatt, so sind Putzträger zu verwenden.

Bei Brandschutzputzen mit porigen Zuschlägen wird ein Mischungsverhältnis von einem Raumteil Zement zu 4 bis 5 Raumteilen Leichtzuschlägen oder ein Raumteil Baugips zu 1,5 Raumteilen Leichtzuschlägen angewendet. Ein Unterputz mit Leichtzuschlägen von mindestens 10 mm Dicke, in Verbindung mit einem Oberputz von mindestens 5 mm Dicke, ergibt insgesamt einen *Brandschutzputz*.

Die brandschutztechnisch notwendigen Dicken hängen von Art und Ausführung des Putzes ab. Im allgemeinen liegen die Putzdicken zwischen 15 und 65 mm und ergeben, z.B. im Zusammenhang mit Stahlstützen, Feuerwiderstandsklassen von F 30-A bis F 180-A nach DIN 4102.

• *Normen*
DIN 4102 Teil 1 und 2 Brandverhalten von Baustoffen und Bauteilen; Baustoffe; Begriffe, Anforderungen und Prüfungen.

DIN 4102 Teil 3 Brandverhalten von Baustoffen und Bauteilen; Brandwände und nichttragende Außenwände; Begriffe, Anforderungen und Prüfungen.

DIN 4102 Teil 4 Brandverhalten von Baustoffen und Bauteilen; Zusammenstellung und Anwendung klassifizierter Baustoffe, Bauteile und Sonderbauteile.

DIN 18 550 Teil 1 Putz; Begriffe und Anforderungen.

DIN 18 550 Teil 2 Putz; Putze aus Mörteln mit mineralischen Bindemitteln; Ausführung.

1.6 Baustoffe für den Trockenbau

Im Laufe der Jahrhunderte haben sich die üblichen Bauweisen durch die regional vorkommenden Baustoffe und durch die klimatischen Verhältnisse geprägt. Weitere Einflußfaktoren ergaben sich durch die handwerklichen Möglichkeiten. Durch diese historische Entwicklung bedingt ergaben sich Bauweisen, bei denen nahezu durchgängig die Verwendung von Putzen oder putzartigen Überzügen notwendig wurde.

In neuerer Zeit wurde über kostengünstige Baumethoden bei schnellerer Ausführbarkeit immer stärker nachgedacht. Der *Trockenbau* entstand. Unter Trockenbau versteht man den Innenausbau auf der Basis von Bauplatten verschiedener Art, welche dem Putz ähnlich sind bzw. dessen Funktion ersetzen. Die wichtigsten Vertreter des Trockenbaus sind Gipskartonplatten, Holzspanplatten und Gipsfaserplatten. Im weiteren Sinne können auch Innenwandbekleidungen aus Holzpaneelen, Nut- und Federschalung und aufgeklebten Bekleidungen als Trockenbau gelten. Im vorliegenden Kapitel sollen Baustoffe für den Trockenbau besprochen werden, insbesondere Bauweisen mit Trockenbauplatten wie *Gipskarton-* und *Gipsfaserplatten*, deren Einbau u.a. auch vom Stukateur-Gewerbe vorgenommen wird. Dazu gehören neben Wand- und Deckenbekleidungen auch weitergehende Trockenbausysteme wie z.B. *Montagewände*.

1.6.1 Gipskartonplatten

Die Verwendung von Gipskartonplatten hat sich in der Vergangenheit immer stärker durchgesetzt. Die Verwendung dieser und ähnlicher Platten bietet zahlreiche Möglichkeiten zur Rationalisierung des Bauens.

- *Herstellung*

Gipskartonplatten werden aus einem schnell erhärtenden Gips hergestellt. Bei der maschinellen Mischung werden diesem je nach Einsatzzweck Zusätze zur Erzielung besonderer Eigenschaften beigemischt. Die noch nicht erhärtete Gipsmasse wird im maschinellen Prozeß beidseitig mit einer Kartonummantelung versehen. Durch die Kartonummantelung erhält die so entstandene Gipskartonplatte Eigenschaften, welche weder alleine vom Gips noch vom Karton auch nur annähernd erreicht werden können (z.B. Biegefestigkeit).

Die Oberflächen dieser Gipskartonplatten eignen sich für sämtliche gebräuchlichen Oberflächenbehandlungen, wie z.B. Anstriche, Tapeten, dünne Strukturputze oder Beläge mit Fliesen.

Gipskartonplatten (GK-Platten) werden heute in mehreren Plattenarten und Lieferformen hergestellt, welche auf den jeweiligen Verwendungszweck abgestimmt sind. In der DIN 18 180 sind Anforderungen an die Gipskartonplatten festgelegt. In Tabelle 1.37 sind die verschiedenen Arten der Gipskartonplatten zusammengestellt. Dort findet sich auch eine kurze Beschreibung ihres Verwendungszwecks.

Bei der Herstellung von Gipskartonplatten werden die Längskanten kartonummantelt, während an den geschnittenen Querkanten der Gipskern sichtbar ist. Die Form der Kartonummantelung an den Längskanten hat für den

Tabelle 1.37: Arten, Bezeichnung und Verwendung von Gipskartonplatten.

Bezeichnung	Kurzzeichen	Verwendung	Kennzeichnung
Gipskarton-Bauplatten B	GKB	Wand-Trockenputz, ab 12,5 mm Dicke auch für Wand- und Deckenbekleidungen auf Unterkonstruktion, für abgehängte Decken und für Montagewände bzw. Metall- oder Holzständerwände.	Karton: gelb-bräunlich Aufdruck: blaue Farbe
Gipskarton-Bauplatten F (Feuerschutzplatten)	GKF	wie Gipskarton-Bauplatten B, jedoch mit Anforderungen an die Feuerwiderstandsdauer.	Karton: gelb-bräunlich Aufdruck: rote Farbe
Gipskarton-Bauplatten B – imprägniert	GKBI	wie Gipskarton-Bauplatten B, jedoch mit Anforderungen an die Feuchtigkeitsbeständigkeit (z.B. in privat genutzten Küchen und Bädern).	Karton: grünlich (fungizid ausgerüsteter Karton) Aufdruck: blaue Farbe
Gipskarton-Bauplatten F – imprägniert (Feuerschutzplatten I)	GKFI	In diesen Gipskartonplatten sind die Eigenschaften von GKF und GKBI Platten kombiniert. Entsprechend ist auch ihre Verwendung.	Karton: grünlich (fungizid ausgerüsteter Karton) Aufdruck: rote Farbe
Gipskarton-Putzträgerplatten	GKP	Putzträger auf Unterkonstruktionen.	Karton: grau Aufdruck: blaue Farbe
Gipskarton-Zuschnittplatten	–	Diese Platten werden für unterschiedliche Zwecke verwendet, z.B. in kleinformatigem Zuschnitt für abgehängte Decken (Gipskarton-Kassetten).	keine allgemeingültige Kennzeichnung
Gipskarton-Lochplatten	–	Diese Gipskartonplatten werden je nach Verwendungszweck in kleineren Formaten zugeschnitten und mit Löchern, Schlitzen oder Stanzungen versehen (z.B. Gipskarton-Lochkassetten). Mit rückseitigem Faservlies oder mit Mineralfaserplatten wirkt diese Konstruktion dann als Schallschluckplatte.	keine allgemeingültige Kennzeichnung

Anwendungszweck Bedeutung. In Bild 1.2 sind die Kantenformen dargestellt. Platten mit abgeflachten Kanten (AK) und halbrunden abgeflachten Kanten (HRAK) sind dazu geeignet, eine Fugenverspachtelung aufzunehmen (z.B. Trockenputz), während Platten mit voller Kante (VK) und mit Winkelkante (WK) bei der Montage ohne Verspachtelung eingesetzt werden (z.B. Montagewände). Platten mit runden Kanten (RK) werden vorwiegend als Putzträger verwendet. Zur Überspachtelung mit spezieller Spachtelmasse ohne Bewehrungsstreifen eignen sich Platten mit halbrunden Kanten (HRK).

Bild 1.2: Kantenformen von Gipskartonplatten

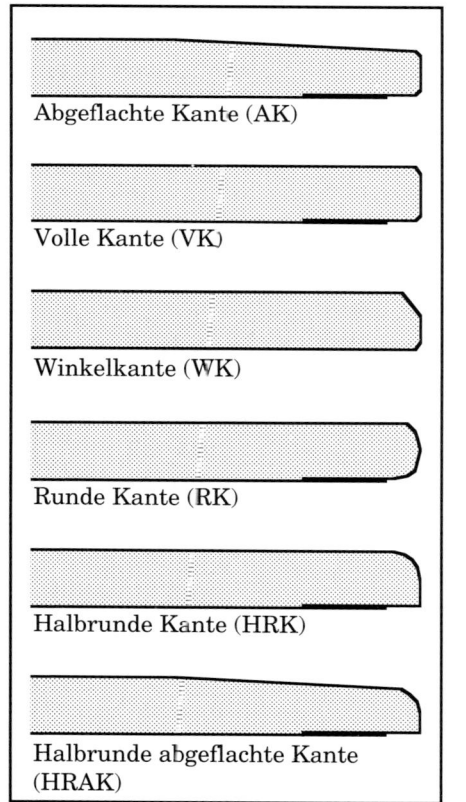

- Abgeflachte Kante (AK)
- Volle Kante (VK)
- Winkelkante (WK)
- Runde Kante (RK)
- Halbrunde Kante (HRK)
- Halbrunde abgeflachte Kante (HRAK)

Aus Gipskartonplatten werden u.a. auch *Verbundplatten* hergestellt. Diese bestehen aus 9,5 bzw. 12,5 mm dicken Gipskarton-Bauplatten und einer darauf aufgeklebten Wärmedämmschicht aus Polystyrol-Hartschaum, Polyurethan-Hartschaum oder Mineralfaserplatten. Bei einigen Ausführungsvarianten wird zwischen Gipskartonplatten und Wärmedämmschicht noch eine Aluminiumfolie (Dampfsperre) eingebaut.

In Kapitel 1.6.3 sind die kennzeichnenden physikalischen Eigenschaften von Gipskartonplatten beschrieben.

• *Verwendung*
Gipskartonplatten werden als Wand- und Deckenbekleidungen verwendet. Dabei gelangen zwei Befestigungsmöglichkeiten zur Anwendung. Zum einen ist dies die Verklebung der Platten auf dem Untergrund mittels eines geeigneten Klebers. Das Aufkleben ist jedoch nur an ebenen Wänden möglich. Die zweite Möglichkeit zur Befestigung ist das Anschrauben, seltener auch Nageln der Platten auf eine Unterkonstruktion. Die Unterkonstruktion kann im einfachsten Fall eine Lattung an Wand oder Decke sein. Weitere Unterkonstruktionen sind Deckenabhängungen, Metallprofile oder Montagewände aus Holz oder Metallprofilen.

Auch Gipskarton-Verbundplatten können als Wand- und Deckenbekleidungen verwendet werden. An senkrechten Bauteilen erfolgt die Befestigung wie bei den einfachen Gipskartonplatten über einen Kleber oder über eine Unterkonstruktion, an der Decke nur über eine Unterkonstruktion. Die Vorteile solcher Verbundplatten liegen neben der schnellen Verarbeitbarkeit in der Erhöhung der Wärmedämmung einer Wand. Verbundplatten mit Mineralfaserdämmplatten können außerdem noch den Schallschutz verbessern.

Durch Gipskartonplatten und Gipskarton-Verbundplatten kann der Innenausbau von Gebäuden wesentlich beschleunigt werden, da Wartezeiten zur Erhärtung und Austrocknung wie bei anderen Putzen nicht berücksichtigt werden müssen.

• *Normen*
DIN 18 180 Gipskarton-Platten; Arten, Anforderungen, Prüfung.

DIN 18 181 Gipskarton-Platten im Hochbau; Richtlinien für die Verarbeitung.

DIN 18 184 Gipskarton-Verbundplatten.

DIN 18 189 Deckenplatten aus Gips; Plattenarten, Maße, Anforderungen, Prüfung.

1.6.2 Gipsfaserplatten

Relativ jung sind Gipsfaserplatten, welche erst seit Anfang der 70er Jahre produziert werden. Vor allem in den 80er Jahren eroberten sich die Gipsfaserplatten einen beachtlichen Marktanteil. Kleinformatige Platten mit den Maßen 1,5 x 1,0 m bis 1,5 x 2,5 m werden vorwiegend im Innenausbau als Trockenputz verwendet, während großformatige

Platten mit den Maßen 6,0 x 2,5 m hauptsächlich von der Fertighausindustrie verarbeitet werden. In ähnlicher Weise wie Gipskartonplatten werden Gipsfaserplatten auch als Verbundplatten mit einer aufgeklebten Wärmedämmschicht geliefert. Auch sind inzwischen im Trockenbau Gipsfaserplatten als Estrichelemente (Trockenestrich) gebräuchlich.

• *Herstellung*
Derzeit sind 2 verschiedene Plattentypen bekannt, nämlich einschichtige Gipsfaserplatten aus gebranntem Naturgips und dreischichtige Gipsfaserplatten aus Gips von Rauchgasentschwefelungsanlagen. Die Unterschiede zwischen der Einschichtenplatte und der Dreischichtenplatte sind jedoch unwesentlich.

Im Gegensatz zu Gipskartonplatten haben Gipsfaserplatten keine Kartonschicht. Gipsfaserplatten sind aus einem Gemisch aus Gips und Zellulosefasern (aus Altpapier) hergestellt. Dabei werden die beiden Bestandteile nach Vermischung und Zugabe von Wasser unter hohem Druck zu homogenen Platten verpreßt. Gipsfaserplatten nehmen hier einen Trend der jüngeren Vergangenheit auf, in der sich faserverstärkte Produkte in vielen Bereichen der Technik, einschließlich der Bautechnik, mehr und mehr durchsetzen. Der Anteil der Zellulosefasern in Gipsfaserplatten liegt bei 15 bis 20%.

Durch den Einbau von Fasern in ein Bindemittel, erhält man einen Verbundwerkstoff, der sich insbesondere durch eine hohe Biegefestigkeit auszeichnet.

In Kapitel 1.6.3 sind die kennzeichnenden Eigenschaften im Vergleich mit Gipskartonplatten beschrieben.

Es gibt für die Herstellung der Platten verschiedene patentierte Verfahren, was mit ein Grund dafür ist, daß dieser Plattentyp bisher noch nicht genormt wurde.

Nach der Herstellung der Platte wird diese beidseitig mit einer wäßrigen Silikonemulsion benetzt, wodurch eine Staubbindung und eine Verzögerung der Feuchtigkeitsaufnahme erreicht wird.

• *Verwendung*
Die Verwendung von Gipsfaserplatten im Trockenbau entspricht der von Gipskartonplatten. Entsprechend der unterschiedlichen Eigenschaften gibt es auch Unterschiede bei den Konstruktionen. Zusätzlich werden Gipsfaserplatten als Trockenestrich verwendet.

1.6.3 Technische Eigenschaften von Trockenbauplatten

Die Eigenschaften von Gipskartonplatten und Gipsfaserplatten sind hinsichtlich der Verarbeitung und der Anwendung ähnlich, teils gleich. Durch die um ca. ein Drittel höhere Rohdichte

Tabelle 1.38: Kennzeichnende Eigenschaften von Gipskarton- und Gipsfaserplatten

	Gipskartonplatten	Gipsfaserplatten
Ausgleichsfeuchte bei 20 °C und 65 % rel. Luftfeuchte	≈ 0,5 Massen-%	nicht bekannt
Schwind-/Quellmaß bei freier Dehnung, 20 °C und Erhöhung der rel. Luftfeuchte von 65 auf 95 %	≈ 0,2 mm/m	≈ 0,9 mm/m
Wasserdampfdiffusionswiderstandszahl μ	8 [1]	11 - 23
Druckfestigkeit senkrecht zur Oberfläche σ_D	8,0 - 9,5 N/mm^2	22 - 28 N/mm^2
Haftzugfestigkeit σ_Z	≈ 0,3 N/mm^2	≈ 0,3 N/mm^2
Wärmeleitfähigkeit λ	0,21 W/mK [1]	≈ 0,35 W/mK
Bewertetes Schalldämm-Maß R'_w einer einzelnen, 12,5 mm dicken Platte	≈ 29 dB	≈ 33 dB
Bewertetes Schalldämm-Maß R'_w einer mit 12,5 mm dicken Platten einfach beplankten Montagewand (Gesamtdicke 100 mm)	48 - 49 dB	49 - 52 dB
Rohdichte ρ	900 kg/m^3	1.150 - 1.200 kg/m^3
Elastizitäts-Modul (E-Modul)	≈ 3.800 N/mm^2	3.500 N/mm^2

1 nach DIN 4108

der Gipsfaserplatten gegenüber den Gipskartonplatten können erstere in dünnerer Ausführung eingesetzt werden, um gleiche bauphysikalische Werte im Schallschutz und Brandschutz zu erreichen. Einzelne technische Daten können der Tabelle 1.38 entnommen werden, wo die beiden Plattentypen einander gegenübergestellt sind.

Gipskarton- und Gipsfaserplatten haben mehrere Vorteile. Die Masse einer Montagewand mit diesen Platten liegt zwischen 30 und 70 kg/m² Wandfläche. Aufgrund dieser geringen Masse und der dennoch sehr guten Werte im Wärmeschutz, Schallschutz und Brandschutz ist der Einsatz vor allem dort sinnvoll, wo schnelle Montage und große Flexibilität gewünscht wird. Montagewände und Montagedecken aus Gipskarton- oder Gipsfaserplatten bieten dazu noch die Möglichkeit zur Unterbringung aller Ver- und Entsorgungsleitungen.

Ebenso zeigen sich Vorteile bei der innenseitigen Dämmung von Außenwänden mit Gipskarton- oder Gipsfaser-Verbundplatten. Diese Art von Wärmedämmung ist vorwiegend bei Altbauten bzw. Sanierungsobjekten gefragt.

1.6.4 Metallprofile

Zur Herstellung von Montagewänden, Montagedecken und Vorsatzschalen werden meist Metallprofile eingesetzt. Holzprofile sind zwar auch geeignet, deren Verarbeitung ist jedoch den entsprechenden Fachleuten wie Zimmermann und Schreiner vorbehalten (siehe Kapitel 1.6.5).

Als Metallprofile werden vorwiegend C-Profile oder U-Profile mit Materialdicken von 0,6 und 0,7 mm verwendet. Zur Unterscheidung der *Profilblechdicken* erhalten die Profile eine Farbkennzeichnung, und zwar blau für Blechdicke 0,6 mm, rot für Blechdicke 0,7 mm und grün für die Blechdicke 1,0 mm.

Die Bezeichnung von Profilen erfolgt wie in Tabelle 1.39 angegeben, die *Profilquerschnitte* sind in Bild 1.3 dargestellt. Bei normalen Bauhöhen von Montagewänden zwischen 2 und 4 Metern sind in der Regel Profilblechdicken von 0,6 mm erforderlich. Für Riegel mit besonderen Aufgaben ist eine Blechdicke von 1,0 mm notwendig und bei Türöffnungen sind 2,0 mm Blechdicke erforderlich.

In den Stegen von Wandprofilen können Ausstanzungen für die Durchführung von Installationsleitungen vorgesehen werden. Die statische Sicherheit darf dadurch jedoch nicht gefährdet werden.

Tabelle 1.39: Metall-Regelprofile für Trockenbau-Standardkonstruktionen nach DIN 18 182

Profil Benennung	Kurzbezeichnung	Steghöhe in mm	Flanschbreite in mm	Blechdicke in mm	Farbkennzeichnung
C-Decken-Profil	CD 60 x 27	60	27	0,6	–
C-Wand-Profile	CW 30 x 06	28,8	48	0,6	blau
	CW 50 x 06	48,8			
	CW 75 x 06	73,8			
	CW 100 x 06	98,8			
	CW 50 x 07	48,8	48	0,7	rot
	CW 75 x 07	73,8			
	CW 100 x 07	98,8			
	CW 50 x 10	48,8	48	1,0	grün
	CW 75 x 10	73,8			
	CW 100 x 10	988			
	CW 50 x 20	48,8	48	2,0	–
	CW 75 x 20	73,8			
	CW 100 x 20	98,8			
U-Wand-Profile	UW 30 x 06	30	40	0,6	–
	UW 50 x 06	50			
	UW 75 x 06	75			
	UW 100 x 06	100			
L-Wandinnen-Eckprofil	LWI 60 x 06	60	60	0,6	–
L-Wandaußen-Eckprofil	LWA 60 x 06	60	60	0,6	–

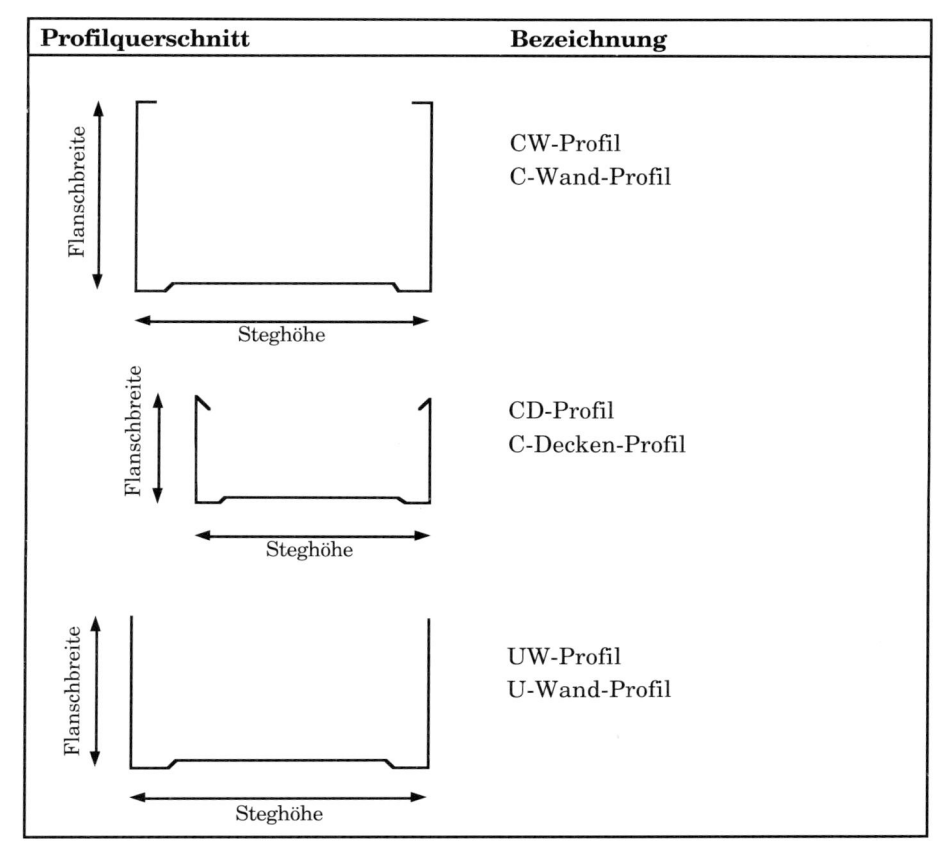

Profilquerschnitt	Bezeichnung
(Flanschbreite / Steghöhe)	CW-Profil C-Wand-Profil
(Flanschbreite / Steghöhe)	CD-Profil C-Decken-Profil
(Flanschbreite / Steghöhe)	UW-Profil U-Wand-Profil

Bild 1.3: Querschnitte der wichtigsten Metallprofile

Für alle beschriebenen Unterkonstruktionen aus Metall gilt, daß sie korrosionsgeschützt sein müssen. Im normalen Anwendungsbereich dieser Metallprofile erhalten diese einen Zinküberzug mit einer Dicke von ca. 7 µm je Seite.

Bei abgehängten Decken werden zur Verbesserung des Schallschutzes *Federbügel* oder *Federschienen* verwendet. Diese Konstruktionselemente bewirken eine *akustische Abkoppelung* der Rohdecke von der abgehängten Decke und dadurch eine geringere Schallübertragung. Wegen der akustisch besseren Eigenschaften sollten, wo möglich, nur noch Federbügel anstatt Federschienen verwendet werden.

• *Normen*
DIN 18 182 Teil 1 Zubehör für die Verarbeitung von Gipskartonplatten; Profile aus Stahlblech.

1.6.5 Holzprofile

Montagewände, Montagedecken und Wandbekleidungen mit Unterkonstruktionen aus Holzprofilen, erreichen bei gleicher Beplankungsart und Hohlraumdämpfung geringere Werte für den Schallschutz und Brandschutz als solche mit Metallständern. In vielen Fällen werden diese Konstruktionen dennoch angewendet, da sie in bestimmten Fällen völlig ausreichende bauphysikalische Werte liefern und/oder weil von der Gesamtkonstruktion eines Gebäudes her Holzunterkonstruktionen sinnvoller sind. Auf Holzunterkonstruktionen können Trockenbauplatten nicht nur geschraubt, sondern auch genagelt oder mit Klammern befestigt werden.

Die Hölzer für die Rahmenkonstruktion müssen dabei mindestens die Anforderungen der Güteklasse II nach DIN 4074 Teil 1 erfüllen und der Schnittklasse A entsprechen. Beim Einbau muß darauf geachtet werden, daß die Hölzer einen Feuchtigkeitsgehalt von höchstens 20 % haben. Der Einsatz von Holzschutzmitteln nach DIN 68 800 ist nicht unbedingt erforderlich, jedoch vielfach zweckmäßig. Ölhaltige Imprägnierungen sind zu vermeiden.

Der Querschnitt von Holzlatten für Montagedecken darf 48 x 24 mm nicht unterschreiten. Die Abmessungen von Grundlatten müssen mindestens 40 x 60 mm betragen. Bei Abhängern aus Holz, wird eine Mindestdicke von 20 mm vorgeschrieben bei einem Mindestquerschnitt von 10 cm^2. Entsprechendes gilt ebenso für Montagewände. Dort müssen die Auflagerflächen für die Trockenbauplatten mindestens 48 mm breit sein, so daß im Stoßbereich für jede Platte mindestens 24 mm zur Verfügung stehen.

- *Normen*
DIN 4074 Teil 1 Bauholz für Holzbauteile; Gütebedingungen für Bauschnittholz (Nadelholz).

DIN 68 800 Teil 1 Holzschutz im Hochbau; Allgemeines.

1.6.6 Befestigungsmittel

Als Befestigungsmittel von Trockenbauplatten auf Metall- und Holzprofilen oder direkt auf dem Untergrund werden Befestigungsmittel wie Schrauben, Nägel, Klammern, Niete, Crimpern, Klemmen, Kleber und Ansetzgips verwendet. Jede Befestigungsart hat ihre Vor- und Nachteile und einen bestimmten Einsatzbereich. In der Tabelle 1.40 sind die einzelnen Befestigungsmittel mit den zugehörigen Einsatzgebieten zusammengestellt.

- *Schrauben*
Schrauben sind auf die Trockenbauplatten so abgestimmt, daß der Trompetenkopf der Schnellbauschraube fransenfrei in der Platte versenkt werden kann. Die Form der Schraube ist so gestaltet, daß der erforderliche Vortrieb zum Bohren gewährleistet wird, ohne daß ein Gipsauswurf stattfindet. Zudem bildet die Schraubspitze einen hohen Kragen im Metallprofil, in dem deren Sitz gewährleistet ist.

Schnellbauschrauben können auch zur Verbindung von Hölzern untereinander eingesetzt werden, z.B. bei abgehängten Decken.

Die Länge der Schraube l_S richtet sich nach der Plattendicke d:

$$l_S = 2 \cdot d.$$

- *Nägel*
Die Vorteile des Nagelns liegen in der schnellen mechanischen Verarbeitung, z.B. Nageln mit Preßluft, und darin, daß sie kostengünstiger als Schrauben sind.

Die beiden gebräuchlichen Nagelarten benötigen unterschiedliche Eindringtiefen l_E, abhängig vom Nageldurchmesser d_N.

Glatte Nägel:

$$l_E \geq 12 \cdot d_N$$

Gerillte Nägel:

$$l_E \geq 8 \cdot d_N$$

Die Nageldurchmesser wiederum hängen von den Plattendicken d ab. Empfohlene Nageldurchmesser d_N sind

bei $d \leq 12{,}5$ mm: $d_N = 2{,}1$ mm

bei $d > 12{,}5$ mm: $d_N = 2{,}5$ mm

- *Klammern*
Klammern werden als Befestigungsmittel von Trockenbauplatten hauptsächlich im Fertighausbau verwendet. Es dürfen heute

Tabelle 1.40: Einsatzgebiete von Befestigungsmitteln für Trockenbauplatten (TB-Platte)

Befestigungsmittel	Einsatzgebiete					
	TB-Platte auf Metall mm		TB-Platte auf Holz	TB-Platte auf TB-Platte	Holz auf Holz	Metall auf Metall	Metall auf Holz
	≤ 0,7	≤ 2,0					
Schnellbauschraube mit scharfer reduzierter Spitze	•		•		•		•
Schnellbauschraube mit Bohrspitze		•					
Schnellbauschraube mit Bohrspitze und Zylinderkopf						•	
Glatte Nägel, mechanisch eingetrieben, nur für Wand			•				
Gerillte Nägel, mechanisch eingetrieben, vorgeschrieben für Decken			•				
Klammern			•				
Alu-Blindniet 3 x 4,5 mm						•	
Klemmprofile	•	•					
Kleber	•	•	•				
Crimperzange						•	
Grobgewinde-(Gips-)schrauben				•			

nur noch Klammern mit symmetrischen Spitzen mit einer Mindestdrahtdicke von 1 mm verwendet werden. Die Rückenlänge der Klammer muß dabei mindestens 5 mm betragen. Die erforderliche Eindringtiefe l_E ist vom Drahtdurchmesser d_N abhängig:

$$l_E \geq 15 \cdot d_N$$

• *Niete*
Als Befestigungsmittel werden Niete nur zur Befestigung der Metallprofile untereinander eingesetzt. Sie werden vor allem deshalb verwendet, weil der Flachrundkopf der Niete weniger aufträgt als der Zylinderkopf von Schrauben. In der Regel gelangen Niete mit einer Schaftlänge von 4,5 mm und einem Durchmesser von 3,0 mm zur Anwendung, die mit 3,2 mm Durchmesser vorzubohren sind.

Bevorzugt werden Niete beim Einbau von Riegeln für Türen und Fenster eingesetzt. Ihr Einsatz ist nicht empfehlenswert für Halterungen von Türzargen.

• *Crimpern*
Das Crimpern als Befestigungsmittel ist ebenso wie das Nieten nur für Metallprofile untereinander möglich. Dabei wird ein Dorn durch 2 aufeinanderliegende Bleche gedrückt und verbindet diese so miteinander. Diese Art einer Befestigung ist nur für das Vorfixieren von Metallständerkonstruktionen zulässig. Anschließend muß die Konstruktion vernietet oder verschraubt werden.

• *Klemmen*
Klemm-Montage eignet sich für folienkaschierte Trockenbauplatten oder Dekorplatten. Die Auflagerbreite der Trockenbauplatten auf dem Ständerwerk wird auf ca. 10 mm reduziert, um das Hutprofil einbauen zu können. Das Hutprofil kann gleichzeitig auch Regalträger sein. Hutprofile ohne Regalträger erhalten zur Abdeckung der Schraubenköpfe Abdeckprofile aus PVC oder Aluminium.

• *Kleben*
Müssen Trockenbauplatten aus konstruktiven oder ästhetischen Gründen ohne sichtbare Befestigung eingebaut werden, so wird geklebt. In Fällen, wo z.B. die Befestigung von Dekorplatten unsichtbar sein soll, werden diese Platten auf zuvor verschraubte Grundplatten aufgeklebt. Die Verklebung erfolgt dabei im Dünnbettverfahren.

• *Ansetzgips*
Diese Befestigungsart von Trockenbauplatten erfolgt dort, wo ein Trockenputz in Form von Trockenbauplatten aufgebracht werden soll. Die Anwendung ist auf ebene Wände mit tragfähigem Untergrund beschränkt.

• *Normen*
DIN 18 168 Teil 1 Leichte Deckenbekleidungen und Unterdecken; Anforderungen für die Ausführung.

DIN 18 182 Teil 2 Zubehör für die Verarbeitung von Gipskartonplatten; Schnellbauschrauben.

DIN 18 182 Teil 3 Zubehör für die Verarbeitung von Gipskartonplatten; Klammern.

DIN 18 182 Teil 4 Zubehör für die Verarbeitung von Gipskartonplatten; Nägel.

2
Technologische Eigenschaften

Zum Verständnis der Wirkungsweise von Putzmörteln und Putzen sowie zum Verständnis von verschiedenen Verarbeitungsgrundsätzen ist es unumgänglich, sich mit den technologischen Eigenschaften von Putzen zu befassen. Nur dann können ungünstige Zusammenhänge und Einflüsse frühzeitig erkannt und möglichen Schäden vorgebeugt werden.

2.1 Mechanische Kennwerte

In diesem Kapitel werden zunächst die wesentlichen mechanischen Kennwerte, die für die technologischen Eigenschaften von Putzen von Bedeutung sind, vorgestellt und erläutert. Es wird außerdem zum Teil kurz das Meßverfahren beschrieben und die entsprechenden Kennwerte der verschiedenartigen Putze werden zusammengestellt.

2.1.1 Spannungen

Spannungen und Festigkeiten werden bei allgemeiner Nennung mit dem griechischen Buchstaben Sigma σ bezeichnet, bei Darstellung von Prüfwerten ist die Verwendung des griechischen Buchstabens Beta β üblich. Die Einheit der Spannungen und Festigkeiten ist N/mm², also Kraft je Flächeneinheit. Spannungen geben den *Spannungszustand* des Werkstoffes an, also die Kraft, die je Flächeneinheit wirkt. Festigkeiten geben dagegen *Grenzspannungen* an, bei deren Überschreitung es zum Bruch kommt. Jeder Baustoff und jeder Putz erleidet bei Belastungen aus Druck, Zug, Biegezug, einseitiger Erwärmung oder Abscheren bestimmte Spannungen, denen jeweils die entsprechenden Festigkeiten gegenüberstehen.

Bild 2.1: Belastungsanordnung und Berechnung der Biegezugspannung bei der Dreipunkt-Biegezugprüfung

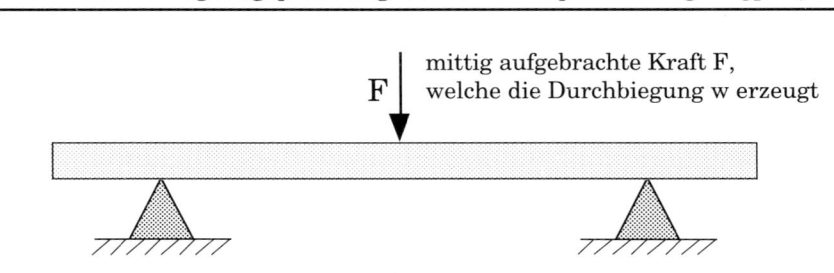

F ↓ mittig aufgebrachte Kraft F, welche die Durchbiegung w erzeugt

Die Unterseite der Probe wird bei Belastung mit einer *Biegezugspannung* σ_{BZ} beansprucht. Diese errechnet sich zu

$$\sigma_{BZ} = \frac{3}{2} \cdot \frac{F \cdot l^2}{b \cdot d^3}$$

mit l = Abstand zwischen den Auflagen in mm
　　 b = Breite des Probekörpers in mm
　　 d = Höhe des Probekörpers in mm

Aus den gemessenen Durchbiegungen läßt sich der E-Modul der Probe errechnen zu

$$E = \frac{l^3}{4 \cdot b \cdot d^3} \cdot \frac{F}{w}$$

mit F = mittig einwirkende Kraft in N
　　 w = Durchbiegung infolge der einwirkenden Kraft in mm

Es wird u.a. unterschieden zwischen *Druckspannungen*, die durch Druckkräfte hervorgerufen werden und *Zugspannungen*, die durch Zugkräfte hervorgerufen werden. Außerdem gibt es *Biegezugspannungen*, die als die größte Zugspannung im Probenquerschnitt bei einer Biegung definiert werden. Die übersichtlichsten Verhältnisse liegen bei der Dreipunkt-Biegezugprüfung vor, wo ein auf beiden Enden aufgelagerter Probekörper mittig belastet wird, so daß er eine entsprechende Biegeverformung erfährt. Die Verhältnisse bei einer Dreipunkt-Biegezugprüfung gehen aus Bild 2.1 hervor.

Scherspannungen sind Spannungen, die bei Relativbewegungen parallel zur Oberfläche hervorgerufen werden. Sie treten z.B. beim Schwinden eines Baustoffes auf, der im Verbund mit einem anderen Baustoff steht.

Unter *Schwindspannungen* versteht man solche Spannungen, die durch Schwindvorgänge hervorgerufen werden. Meist äußern sich Schwindspannungen in Putzen als Zugspannungen, die unter Umständen zu Rißbildungen führen können.

Spannungen werden nicht direkt gemessen, sondern mit Hilfe von gemessenen Kräften oder gemessenen Verformungen errechnet, wobei die Abmessungen der Belastungsvorrichtung und des Probekörpers berücksichtigt werden.

Alle Spannungen verursachen *Verformungen*, auf die im folgenden Kapitel eingegangen wird.

2.1.2 Verformungen

Verformungen werden mit dem griechischen Buchstaben Epsilon ε gekennzeichnet und geben eine Längenänderung bezogen auf eine bestimmte Länge an. Die übliche Einheit ist mm/m bzw. ‰. Verformungen sind also dimensionslos. Sie können durch mehrere Einflüsse hervorgerufen werden, z.B. durch Zugkräfte oder Druckkräfte. In diesen Fällen spricht man von Dehnungen bzw. Stauchungen.

• *Temperaturänderungen*
Wesentlich für Putze sind Verformungen, die durch Temperaturänderungen hervorgerufen werden. Solche Verformungen heißen thermische Verformungen. Sie werden errechnet zu

$$\Delta l = \alpha_T \cdot \Delta_T$$

mit Verlängerung oder Verkürzung Δl in mm, Temperaturdehnzahl α_T in 1/K und Temperaturdifferenz Δ_T in K (Kelvin). Die Temperaturdehnzahlen von Baustoffen und Putzen werden durch Längenmessungen an in Sand gelagerten Proben bei vorgegebenen Temperaturänderungen bestimmt.

Durch eine Behinderung von thermischen Verformungen treten Spannungen auf. Diese Verhältnisse liegen z.B. bei einem mineralischen Putz vor, der am Mauerwerk haftet und der sich bei Abkühlung früher und schneller verkürzt als das noch warme Mauerwerk. Die Verkürzung wird dabei durch den Verbund zum Mauerwerk behindert, so daß Zugspannungen im Putz auftreten.

• *Schwinden beim Erhärten*
Eine weitere, für Putze wichtige Verformungsart ist das *Schwinden*, also die einmalige Verkürzung beim Erhärten des Mörtels. Nahezu alle gebräuchlichen mineralischen Bindemittel, insbesondere auch die Kunststoffbindemittel, schwinden bei der Erhärtung. Sie verringern also ihr Volumen. Bei Putzen, die im Verbund zum Untergrund stehen, treten dadurch Zugspannungen auf, weil in Richtung der Putzoberfläche das Schwinden durch den Verbund behindert wird. Senkrecht zur Oberfläche wird das Schwinden nicht behindert, weshalb der erhärtete Putz in seiner Dicke geringfügig abnimmt. Das Schwindmaß ϵ_S gibt an, um wieviel mm/m bzw. um wieviel ‰ sich ein Mörtel bei der Erhärtung verkürzt. Das Schwindmaß wird als Verkürzung beim Erhärten gemessen, wobei Probekörper in Prismenform verwendet werden, die sich allseitig frei verkürzen können.

• *Quellen und Schwinden infolge Wassereinwirkung*
Zusätzlich zu den bereits behandelten Verformungen können bei einer Änderung der Luftfeuchtigkeit oder bei Wasserbeanspruchung weitere Verformungen des Putzes auftreten, nämlich die *hygrischen Verformungen*. Diese bezeichnet man auch als Quellen und Schwinden.

Unter Quellen versteht man die Vergrößerung des Volumens durch Wasseraufnahme bei hoher Luftfeuchtigkeit oder bei Wassereinwirkung und unter Schwinden versteht man die Volumenverringerung beim Austrocknen. Der Mechanismus und die eigentliche Ursache dieses Verhaltens sind noch nicht vollständig geklärt. Von bautechnischer Bedeutung ist bei Putzen im allgemeinen nur das Schwinden bei der Austrocknung, weil es die Schwindspannungen, die bei der Erhärtung entstanden sind, noch verstärkt.

Die beiden beschriebenen Arten von Schwinden dürfen nicht verwechselt werden, nämlich das *einmalige* Schwinden bei der Erhärtung (Schwindmaß ε_S) und das Trocknungsschwinden, das beim Austrocknen eines Putzes nach *jeder* Durchfeuchtung auftritt.

2.1.3 E-Modul

E-Modul bedeutet Elastizitätsmodul. Dieser wird in N/mm² angegeben und ist ein Maß für das elastische Verhalten. Der E-Modul gibt an, wieviel Kraft pro Flächeneinheit erforderlich ist, um einen Stoff um ein bestimmtes Maß zu verformen. Er stellt also den Zusammenhang her zwischen einer Spannung und der entsprechenden Verformung. Voraussetzung für die Anwendung und die Ermittlung des E-Moduls ist ein linearer Zusammenhang zwischen Kraft und Verformung, wie er im üblichen Anwendungsbereich von mineralischen und kunststoffgebundenen Putzen gegeben ist.

Der E-Modul kann auf verschiedene Weise bestimmt werden. Für Putze wird meist der Dreipunkt-Biegeversuch angewandt, wobei eine wechselnde, an- und abschwellende Kraft aufgebracht wird. In Abhängigkeit von der anschwellenden Belastung muß die Durchbiegung mit einem elektronischen Wegaufnehmer kontinuierlich bis zum Bruch mit einem Schreiber registriert werden. Aus dem so gewonnenen Kraft-Dehnungs-Diagramm kann dann der E-Modul berechnet werden (siehe Bild 2.1, Seite 54).

In Tabelle 2.1 sind als Übersicht einige der hier beschriebenen mechanischen Kennwerte von Putzen zusammengestellt. Die Werte stammen aus der Literatur, zum Teil aus den technischen Merkblättern der Produkthersteller und können von Produkt zu Produkt verschieden sein. Es handelt sich jeweils nur um un-

Tabelle 2.1: Mechanische Kennwerte von Putzen (ca.-Werte)

Baustoff	Druckfestigkeit σ_D in N/mm²	Zugfestigkeit σ_Z in N/mm²	E-Modul E in N/mm²	Temperaturdehnzahl α_T in 1/K·10⁻⁶	Schwindmaß ε_S in mm/m bzw. in ‰	Rißsicherheitskennwert K_R	Längenänderung durch Wasseraufnahme in mm/m bzw. in ‰
Kalkputz P I	1,5	0,1	5000	12	–0,8	≈ 0,02	0,4
Kalkzementputz P II	4	0,3	6000	12	–0,8	≈ 0,04	0,3
Zementputz P III	15	1,5	15000	10	–0,7	≈ 0,10	0,2
Gipsputz P IV	3	0,3	5000	12	+1,0	–	–
Kunstharzputz	5	1,0	5000	15	–0,8	≈ 0,15	–
Silikatputz	5	0,3	7000	12	–	≈ 0,05	–
Wärmedämmputz	0,7	0,1	1000	15	–0,9	≈ 0,07	–
Edelputz	2,5	0,3	5000	12	–0,7	≈ 0,05	–
Sanierputz	4	0,3	3000	15	–0,8	≈ 0,08	–
Leichtputz	3	0,3	6000	15	–0,8	≈ 0,04	–
Beton (B 45)	45	3,5	30000	10	–0,5	–	0,15
Kunststoffbindemittel	15	20	3000	150	–1,5	≈ 0,99	3,0
Kunststoffbindemittel mit Füllstoffen	45	20	10000	20	–0,5	≈ 1,67	0,4

gefähre Werte.

Die Tabelle wurde außerdem erweitert um Beton und um Kunststoffbindemittel. Man erkennt aus der Tabelle u.a., daß Gips hinsichtlich des Schwindmaßes eine Sonderrolle einnimmt. Gips dehnt sich beim Erhärten nämlich aus, so daß es zu keinen Schwindspannungen, sondern zu Druckspannungen kommt.

2.1.4 Rißsicherheitskennwert

Zur Beurteilung des Rißverhaltens von Putzen können nicht nur einzelne physikalische Größen dienen, da sie nicht das *Zusammenwirken* der unterschiedlichen Kennwerte beschreiben. Zur Beurteilung der Rißempfindlichkeit von Putzen, auch von historischen Putzen, wurde daher ein *Rißsicherheitskennwert* K_R definiert, dessen Gleichung empirisch ermittelt worden ist. Der Rißsicherheitskennwert wird durch verschiedene physikalische Parameter beeinflußt.

Die Verformungen des Putzes am Bauwerk entstehen durch das Schwinden ε_s bei der Austrocknung bzw. Erhärtung oder durch das Quellen ε_q bei Feuchtigkeitsaufnahme bzw. Erhärtung (bei gipshaltigen Putzen). Desweiteren ergeben sich Verformungen durch Temperaturänderungen ε_T. Wegen des Verbunds zum Untergrund, der die Verformungen des Putzes behindert, entstehen Spannungen σ. Diese werden durch innere Spannungsumlagerung und Krietcheffekte (Relaxation) vermindert. Dieser Effekt wird mit der Relaxationszahl, dem griechischen Buchstaben Ksi ψ, beschrieben.

Die Beurteilung der *Rißneigung* bzw. der *Rißsicherheit* von Putzen ist es nach wie vor schwierig, da sich deren physikalische Eigenschaften mit zunehmendem Putzalter verändern und sie dazu noch von den herrschenden Klimabedingungen und dem Putzgrund beeinflußt werden. Derzeit ist es nicht möglich, die Rißsicherheit von Putzen unter Berücksichtigung des Putzgrundes quantitativ sicher zu beurteilen. Eine qualitative Beurteilung ist jedoch möglich. Dabei ist davon auszugehen, daß Putze in der Regel frei von schädlichen Rissen bleiben, wenn ihr E-Modul gegenüber dem des Putzgrundes kleiner ist (siehe Kapitel 2.3.3).

Darüber hinaus beeinflussen die Zugspannungen im Putz die Rißbildung am meisten, da die Zugfestigkeit β_Z häufig nur ca. 10 % der Druckfestigkeit β_D beträgt.

Um aus diesen einzelnen physikalischen Kennwerten ein Gesamtbild zu erhalten, wurde ein *Rißsicherheitskennwert* K_R eingeführt. Die Gleichung setzt sich aus den einzelnen, oben beschriebenen physikalischen Komponenten zusammen.

$$K_R = \frac{\beta_Z}{E_Z \cdot (\varepsilon_S + \varepsilon_T) \cdot \psi}$$

Obwohl nun eine Gleichung besteht, die das Putzverhalten hinsichtlich der Rißsicherheit weitgehend beschreibt, ist es derzeit noch nicht möglich, durch ein aussagesicheres und einfaches Prüfverfahren die Relaxationszahl ψ zu ermitteln. Aus diesem Grund ist der Kennwert K_R noch ohne Berücksichtigung von ψ zu ermitteln. Der Wert ψ ist grundsätzlich < 1.

Da sich bei mineralischen Putzen die Temperaturdehnzahlen α_T nicht sehr stark unterscheiden, kann die vorgenannte Gleichung vereinfacht werden zu

$$K_R = \frac{\beta_Z}{E_Z \cdot \varepsilon_S}.$$

Günstig hinsichtlich geringer Rißneigung eines Putzes ist demzufolge ein möglichst hoher K_R-Wert. Die einzelnen Einflüsse der physikalischen Werte auf die Rißsicherheit des Putzes können aus den o.g. Gleichungen abgelesen werden. Mit zunehmender Zugfestigkeit des Putzes β_Z sowie mit abnehmendem Elastizitätsmodul bei Zugbeanspruchung E_Z, mit abnehmenden Formänderungen des Putzes infolge Schwindens ε_S und infolge der Temperatureinflüsse ε_T wird die Rißsicherheit des Putzes größer. Die Tabelle 2.1 zeigt die Rißsicherheitskennwerte K_R einiger Putze.

2.2 Mechanisches Verhalten von Putzen

In diesem Kapitel werden die einzelnen Phasen eines neu aufgebrachten und erhärtenden Putzes betrachtet, insbesondere was seine mechanischen Beanspruchungen betrifft. Da mineralische Putze im Vergleich zu Kunstharzputzen eher zu Rißbildungen neigen, werden hier überwiegend mineralische Putze betrachtet.

2.2.1 Auftretende Spannungen und Verformungen

Die auftretenden Spannungen und Verformungen erhärtender mineralischer Putze werden in großem Maße vom Erhärtungsvorgang und dem damit verbundenen *Schwinden* bestimmt. Wenn der frische Putzmörtel auf den zu verputzenden Untergrund aufgebracht worden ist, ist er zunächst noch weich und hat keine starre Haftung zum Untergrund, sondern einen verschieblichen Verbund. Mit Beginn des Erhärtens laufen mehrere Vorgänge parallel ab. Das Bindemittel erhärtet langsam und schwindet dabei. Gleichzeitig steigen die Festigkeit und der E-Modul des Putzes an, was zu einer immer starreren Haftung am Untergrund führt. Die durch das Schwinden hervorgerufenen Zugspannungen können dann also nicht mehr durch den verschieblichen Verbund abgebaut werden.

Durch die Erhärtungsreaktion wird außerdem Wärme frei, und die Temperatur des erhärtenden Mörtels steigt an. Dies wirkt dem Schwinden entgegen, weil die Temperaturerhöhung mit einer Ausdehnung verbunden ist. Der Einfluß ist jedoch meist nur gering, weil die entstehende Wärme bei relativ dünnen Putzen schnell an die umgebende Luft oder den Untergrund abgeführt wird. Die Temperatur der umgebenden Luft hat daher einen stärkeren Einfluß auf die Temperaturentwicklung des Putzes als die Reaktionswärme. Deshalb bestimmt die Lufttemperatur auch im wesentlichen, ob eine Erhöhung oder eine Abschwächung der durch das Schwinden bedingten Spannungen auftritt.

Ein weiterer nennenswerter Faktor, der die Verformungen des erhärtenden Putzes bestimmt, ist die Verdunstung von überschüssigem Anmachwasser. Dieses Verdunsten bewirkt ebenfalls ein Schwinden (Verkürzung) des Putzes und damit eine Verstärkung der Schwindspannungen. Aus diesem Grund soll die zum Anmachen erforderliche Wassermenge möglichst gering gehalten werden und es soll nicht aus Gründen einer leichteren Verarbeitung zu viel überschüssiges Wasser zugegeben werden.

Wenn die Verarbeitbarkeit oder die Pumpfähigkeit des Putzmörtels verbessert werden soll, bieten sich entsprechende *Zusatzmittel* an (siehe Kapitel 1.3), die diese Eigenschaft ohne deutliche Nachteile anderer Eigenschaften verbessern.

Junge Putze sind in den ersten Stunden der Erhärtung, also ca. 10 bis 24 Stunden nach der Zugabe von Wasser, hinsichtlich möglicher Rißbildungen am stärksten gefährdet. Die Zugfestigkeit ist dann nämlich noch relativ gering, sie wird aber durch den Schwindvorgang und die anderen beschriebenen Vorgänge bereits in hohem Maße in Anspruch genommen. Es kann daher bei Überschreitung der noch geringen Zugfestigkeit des Putzes zu Rissen kommen. Solche Risse, die während der Erhärtungsphase des Putzes entstehen, sind meist schon nach 1 bis 2 Tagen sichtbar in Form von Netzrissen in der Oberfläche des Putzes oder auch als einzelne durchgehende Risse. Die erstgenannten Risse sind dabei meist ca. 0,1 bis 0,2 mm breit, die letztgenannten häufig breiter als 0,2 mm.

Tabelle 2.2: Maßnahmen, die bei mineralischen Putzen (z.B. Kalkzementputz) die Schwindspannungen reduzieren.

Maßnahme	Wirkungsweise
Bindemittelanteil nicht zu hoch	viel Bindemittel verstärkt das Schwinden
Wasseranteil nicht zu hoch	Überschüssiges Wasser verstärkt das Schwinden und reduziert gleichzeitig die Zugfestigkeit
kein schneller Wasserentzug bzw. Feuchthalten des Putzes	schneller Wasserentzug verstärkt das Schwinden
keine Erschütterungen des Putzes	Erschütterungen können kurzfristig die Zugspannungen deutlich erhöhen

In Tabelle 2.2. sind einige Maßnahmen zusammengestellt, die ein zu großes Schwinden reduzieren, und damit der Gefahr von Rißbildungen entgegenwirken können. Einige der Faktoren können nicht oder nur schwer beeinflußt werden (z.B. Bindemittelanteil, Abkühlung des Putzes in der Nacht). Es ist daher um so wichtiger, den jungen erhärtenden Putz durch die beeinflußbaren Faktoren, z.B. durch Feuchthalten in den ersten Tagen, zu entlasten und ihn auf keinen Fall Erschütterungen auszusetzen.

2.2.2 Abbau der Spannungen

Entsprechend den Ausführungen in Kapitel 2.2.1 tritt beim Erhärten von Putzen unvermeidlich ein Schwinden ein, das je nach den Gegebenheiten mehr oder weniger groß ist. Wenn ein erhärtender Putz z.B. auf eine gewachste Glasplatte aufgebracht wird, schwindet der Putz und vermindert sein Volumen. Dies hat eine Verminderung der Putzdicke zur Folge sowie eine Verminderung der Abmessungen, also eine Verkürzung des Putzes. Da der Putz auf der Glasplatte keine Haftung zum Untergrund hat, kann er sich ohne Behinderung verkürzen und es entstehen keine Schwindspannungen im Putz (Anmerkung: Durch Messung der Längenänderungen bei gleichen Temperatur- und Feuchtigkeitsverhältnissen kann auf diese Weise das Schwindmaß eines Putzes im Labor gemessen werden; siehe Tabelle 2.1). Im Fall des Putzes auf dem zu verputzenden Untergrund kann jedoch nur die Verringerung der *Dicke* unbehindert erfolgen. Die Verringerung der *Abmessungen* des Putzes, also die Verformungen parallel zur Oberfläche, werden durch den sich aufbauenden starren Verbund zum Untergrund behindert.

• *Verbundwirkung*
Da der Putz trotz der Behinderung der Verformung schwindet, bauen sich deshalb *Zugspannungen* auf. Die Größe der Zugspannungen richtet sich nach der Gleichung

$$\sigma = E \cdot \varepsilon,$$

die für einen solchen Putz gilt, der an beiden Enden eine feste Einspannung hat und sich ansonsten frei verformen kann. Diese Verhältnisse sind in Bild 2.2 dargestellt. Man sieht also, daß ein solcher Putz *ohne Verbund* durch die Behinderung des Schwindens Risse bekommt, weil die Zugspannungen durch das Schwinden größer werden als die Zugfestigkeit des Putzes.

In der Praxis bleiben Putze *mit Verbund* zum Untergrund rißfrei. Dies beruht einerseits darauf, daß ein Teil der Spannungen während der Erhärtungsphase innerhalb des Putzes durch bleibende Verformungen abgebaut wird. Andererseits geht der Putz mit dem Untergrund einen *Verbund* ein. Dadurch übertragen sich die Schwindspannungen auch auf den Untergrund und werden im Putz deutlich reduziert. Der Untergrund trägt im Falle eines Verbunds also mit dazu bei, die Schwindspannungen des Putzes zu vermindern und erleidet dadurch Druckspannungen. Der beschriebene Spannungsabbau funktioniert nur,

Bild 2.2: Spannungen in einem schwindenden Putz

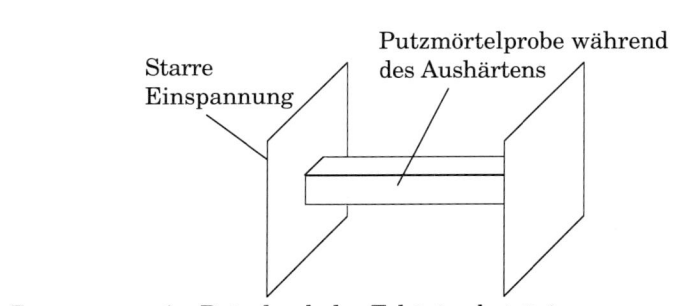

Die Zugspannung im Putz durch das Erhärten beträgt:
$$\sigma = E \cdot \varepsilon_s$$
Für Kalkzementputz gilt entsprechend Tabelle 2.1:
$E = 6.000$ N/mm^2, Schwindmaß $\varepsilon_S = 0{,}8$ mm/m $= 0{,}8$ ‰
Die Zugspannung im Putz beträgt also:
$$\sigma = 6.000 \text{ N/mm}^2 \cdot 0{,}8\text{‰} = 4{,}8 \text{ N/mm}^2$$
Diese Zugspannung ist deutlich größer als die Zugfestigkeit eines Kalkzementputzes von ca. 0,3 N/mm^2. Die Putzprobe würde also bei starrer Einspannung Risse bekommen.

wenn ein starrer und fester Verbund zum Untergrund vorliegt. Fehlt dieser Verbund, findet der Spannungsabbau nicht statt und der Putz bekommt im hohlliegenden Bereich *Risse*, weil hier die Zugspannungen größer werden als die Zugfestigkeit. Es ist deshalb unbedingt darauf zu achten, daß der Putz eine ganzflächige, gute Haftung zum Untergrund hat, und daß der Untergrund so beschaffen ist, daß er die vom Putz erzeugten Spannungen auch aufnehmen kann.

• *Putzdicke*

Die Gleichung in Bild 2.2 zeigt auch, daß die Schwindspannungen *nicht* von der Länge des Putzes abhängen. Bei längeren Abmessungen verteilen sich die Dehnungen nämlich auch auf einer größeren Länge.

Man sieht aus der Gleichung weiter, daß die Zugspannungen auch nicht von den anderen Abmessungen des Putzes abhängen, also von dessen Dicke und Breite. Dies gilt aber nur, wenn die Abmessungen der in Bild 2.2 dargestellten Putzprobe auf voller Länge gleichbleiben. Die Spannung hängt nämlich von der einwirkenden Kraft und der Fläche ab:

$$\sigma = \frac{F}{A}$$

(Kraft pro Fläche). Wenn der in Bild 2.2 gezeigte Probekörper im Mittelbereich nur halb so dick wäre (siehe Bild 2.3), wäre die Spannung doppelt so groß. Das bedeutet, daß sich an Stellen, wo der Putz dünner ist als in der Umgebung, die Spannungen erhöhen. Putze sollten daher möglichst in gleichmäßiger Dicke aufgebracht werden, weil sonst an den Dünnstellen Risse entstehen können.

Querschnittsfläche A_2 Querschnittsfläche A_1

$$A_2 = 1/2 A_1$$

Spannung in Fläche A_1: $\sigma_1 = \dfrac{F}{A_1}$

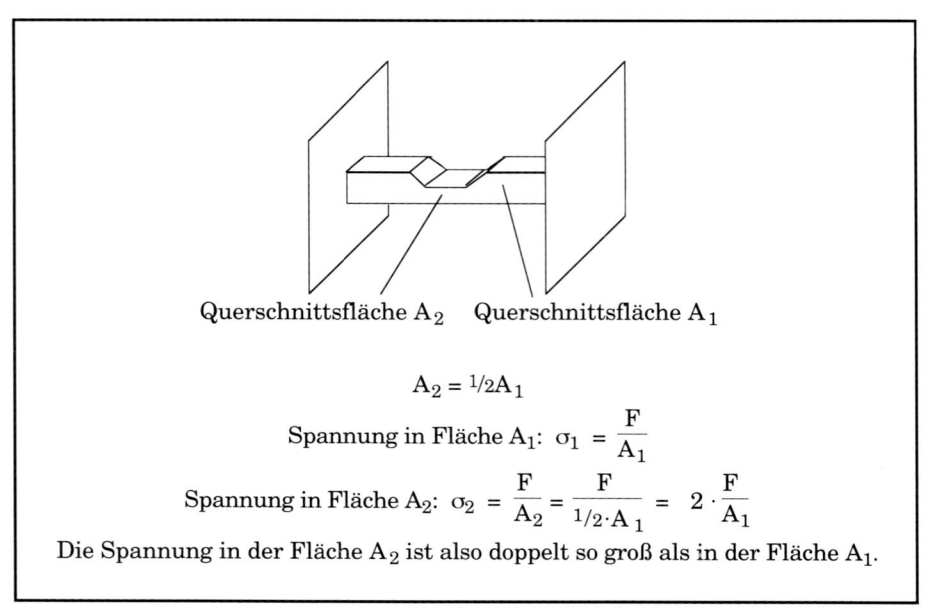

Spannung in Fläche A_2: $\sigma_2 = \dfrac{F}{A_2} = \dfrac{F}{1/2 \cdot A_1} = 2 \cdot \dfrac{F}{A_1}$

Die Spannung in der Fläche A_2 ist also doppelt so groß als in der Fläche A_1.

Bild 2.3: Spannungserhöhung im dünneren Bereich

Aus den bisherigen Ausführungen kann man eine weitere Gesetzmäßigkeit erkennen. Weil ein großer Teil der Schwindspannungen des Putzes durch Verbund zum Untergrund abgebaut wird, werden die untergrundnahen Bereiche des Putzes stärker von Schwindspannungen entlastet als die oberflächennahen Bereiche des Putzes. Die oberflächennahen Bereiche des Putzes sind also am stärksten rißgefährdet, weil hier die Spannungen am wenigsten durch Verbund abgetragen werden, und weil in diesem Bereich außerdem am frühesten und am schnellsten Austrocknungserscheinungen sowie Temperaturänderungen auftreten. Dies ist ein weiterer Grund dafür, daß die Putzoberfläche sorgfältig durch Feuchthalten nachbehandelt werden soll.

Es wird aus den mechanischen Zusammenhängen weiter deutlich, daß bei *zu dicken Putzschichten* trotz ausreichendem Verbund zum Untergrund die Schwindspannungen an der Oberfläche nur noch in geringem Maße abgebaut werden können, weil der Abstand von der Oberfläche zum Untergrund zu groß ist. Aus diesem Grund dürfen Putze nicht in zu großer Schichtdicke aufgebracht werden, sondern müssen gegebenenfalls *mehrlagig* aufgebracht werden. Je stärker das Schwindmaß und je geringer die Zugfestigkeit eines Putzes ist, desto rißgefährdeter ist er und desto dünner müssen die einzelnen Lagen sein. Dieser Zusammenhang wird deutlich, wenn man einen Vergleich macht zwischen einer Spachtelmasse, einem Putz und Beton, wie er in Tabelle 2.3 durchgeführt worden ist. Man sieht, daß durch die Erhöhung des Größtkornes und durch die Verringerung des Bindemittelgehaltes das Schwindmaß absinkt und die mögliche Schichtdicke zunimmt. Es ist auch ohne weiteres einsehbar, daß bei einem Dünnputz mit 0,3 mm Größtkorn bei Schichtdicken von mehr als 2 mm die obere Zone nicht mehr durch Verbundwirkung von Zugspannungen entlastet werden kann.

- *E-Modul*
  (Zusatz von Kunststoffen)

Wenn man dafür sorgt, daß der aufzubringende Putz vollflächig eine gute Haftung zum Untergrund aufweist, die Schicht in gleichmäßiger Dicke aufgebracht wird und die Einzelschichten nicht zu dick werden, hat man von der Verarbeitungsseite viel für einen schwindarmen Putz getan. Die Zugspannungen im Putz bei der Erhärtung bleiben gering und der Putz bleibt rißfrei.

Wie aus der in Bild 2.2 genannten Gleichung $\sigma = E \cdot \varepsilon$ hervorgeht, hängen die Spannungen im Putz bei der Erhärtung vom E-Modul und vom Schwindmaß ab, also von materialspezifischen Kennwerten. Das Schwindmaß kann man bei mineralischen Bindemitteln nur in begrenztem Umfang herabsetzen. Eine größere Beeinflußbarkeit liegt aber beim E-Modul vor. Wenn es z.B. gelingt, den E-Modul eines Putzes unter Beibehaltung aller anderen Eigenschaften um 20 % zu vermindern, hat das auch um 20 % niedrigere Zugspannungen durch Schwinden zur Folge. Mit Hilfe von *Kunstharzzusätzen* zu mineralischen Mörteln (entweder als Dispersion mit dem Anmachwasser oder als Dispersionspulver im Werktrockenmörtel) hat man gute Erfolge bei der Verringerung des E-Moduls erzielt, ohne dadurch andere maßgebliche Eigenschaften zu verschlechtern. Die im Vergleich zu mineralischen Bindemitteln sehr viel kleineren Kunststoffteilchen lagern sich um alle Zement- und Kalkteile an und bewirken einen weniger starren Verbund des mineralischen Bindemittels untereinander, so daß die möglichen Verformungen zunehmen und damit der E-Modul des Putzes verringert wird. Ein Kunststoffzusatz ist auch deswegen gut geeignet, weil das in der Kunststoffdispersion vorhandene Wasser von den mineralischen Bindemitteln zur Erhärtung gebraucht wird und mit diesem Wasserentzug aus der Dispersion gleichzeitig der Kunststoff erhärtet. Man braucht also kein zusätzliches Anmachwasser im Putz, das andere Eigenschaften wieder verändern würde.

Ein Zusatz von Kunstharzen zu mineralischen Bindemitteln erhöht außerdem auch die Zugfestigkeit, so daß auch aus diesem Grunde kunstharzvergütete Putze weniger rißempfindlich sind.

Weitere Möglichkeiten, den E-Modul in mineralischen Putzen zu vermindern, bestehen z.B. darin, den Bindemittelgehalt zu vermindern, weniger starre Bindemittel einzusetzen, den Aufbau der Zuschlagstoffe zu ändern oder Luftporenbildner zuzugeben. All diese Möglichkeiten können aber auch gleichzeitig andere gewünschte Eigenschaften verschlechtern (z.B. Festigkeit, Verarbeitbarkeit, Wasser- und Frostbeständigkeit), so daß die Vor- und Nachteile für den Putz sorgfältig geprüft werden müssen.

2.2.3 Regeln zum Putzaufbau

In diesem Kapitel werden die aus den mechanischen Kennwerten und den auftretenden Spannungen hergeleiteten Grundsätze zusammengefaßt und es werden die daraus resultierenden Regeln genannt. Ziel der Regeln zum Putzaufbau ist es, die unvermeidlichen Eigenspannungen im Putz, die bei der Erhärtung und den nachfolgenden Beanspruchungen durch Temperatur- und

Tabelle 2.3: Mögliche Schichtdicken in einer Lage ohne Rißbildungen

Werkstoff	Größtkorn in mm	Bindemittelgehalt (relativ)	Schwindmaß ε_S in mm/m bzw. ‰	mögliche Schichtdicke in einer Lage in mm
Spachtelmasse bzw. Dünnputz	0,3	hoch	−1,5	2
Kalkzementputz P II	4	mittel	−0,8	20
Beton (B25)	64	gering	−0,5	> 200

Wassereinwirkung entstehen, möglichst gering zu halten.

• *Haftung*
Grundbedingung für einen spannungsarmen Putz ist eine *vollflächige und feste Haftung* des Putzes zum Untergrund, so daß die Eigenspannungen abgebaut werden können. Dazu ist die Beschaffenheit des Putzgrundes und dessen Vorbereitung von großer Bedeutung. Der Putzgrund ist daher auf seine Eignung zu überprüfen und durch geeignete Maßnahmen vorzubereiten. Hierzu können u.a. gehören: Reinigung, Beseitigung von Unebenheiten, Spritzbewurf, Vornässen. Auf diese Maßnahmen wird in Kapitel 3.1 näher eingegangen.

• *Putzdicke*
Die in einer Lage aufgebrachte Putzdicke darf nicht zu hoch sein und muß gleichmäßig dick sein, weil sonst in der Oberfläche des Putzes zu große Spannungen auftreten, die Risse verursachen können. Die mögliche Putzdicke hängt einerseits von den Eigenschaften und der Zusammensetzung des Putzmörtels ab (z.B. Bindemittelgehalt, Korngröße), andererseits aber von der Verarbeitung und vom Untergrund. Es gilt grundsätzlich: je höher eine Einzelschichtdicke des Putzes ist, desto sorgfältiger müssen alle Verarbeitungsbedingungen eingehalten werden. Wenn ein unebener Untergrund vorliegt, muß dieser zunächst geglättet werden, damit der Putz überall gleichmäßig dick aufgebracht werden kann. Unebenheiten dürfen nämlich nicht durch einen unterschiedlich dicken Putz ausgeglichen werden, sondern müssen vorher durch eine zusätzliche Spachtelschicht beseitigt werden. Da Putze zur Erfüllung ihrer bauphysikalischen Aufgaben gewisse Mindestdicken benötigen, ist es auch nicht richtig, die Putzdicke zu verringern. Es ist vielmehr notwendig, den Putzmörtel in der geforderten Dicke und möglichst gleichmäßig aufzubringen. Es können daher auch Lehren erforderlich sein, an denen man die Putzdicke kontrollieren kann.

• *Festigkeitsaufbau (E-Modul)*
Eine bereits seit Jahrzehnten bestehende, aber nach wie vor gültige *Putzregel* besagt, daß die einzelnen Putzlagen von der Festigkeit des Untergrundes ausgehend nach außen zunehmend *weniger fest* werden sollen, bzw. daß die einzelnen Putzlagen höchstens die gleiche Festigkeit haben sollen. Keine Putzlage soll eine höhere Festigkeit haben als die darunter liegende. Diese Putzregel ist auch in der Putznorm DIN 18 550 erwähnt und in die bewährten Putzsysteme der Norm eingearbeitet. Alle dort genannten Putzsysteme (siehe auch Kapitel 1.4) haben also nach außen hin weniger feste bzw. gleichfeste Putze.

Was genau mit »Festigkeit« in der o.g. Putzregel gemeint ist, wird nicht ausgeführt. Aufgrund der in den Kapiteln 2.1 und 2.2 gemachten Ausführungen wird jedoch deutlich, daß es zum gesicherten Abbau der Spannungen innerhalb der einzelnen Putzlagen nicht primär auf die Festigkeit des Putzes ankommt (also Druckfestigkeit oder Zugfestigkeit), sondern auf den *E-Modul* des Putzes. Es muß also der E-Modul der einzelnen Putzlagen, beginnend vom Untergrund, nach außen hin *abnehmen*. Dann nimmt die mögliche Verformungsfähigkeit der Putzlagen bei einwirkenden Spannungen zu, und alle Putzlagen können ihre Schwind- und Temperaturspannungen zum jeweiligen Untergrund hin abbauen, weil dieser »härter« ist als die darüberliegende Lage.

Da früher im allgemeinen die Festigkeit eines Putzes, insbesondere die Druckfestigkeit, proportional mit dem E-Modul zusammenhing, wurde in der Putzregel nicht zwischen Festigkeit und E-Modul unterschieden. Bei modernen Putzen mit Kunststoffzusätzen, Leichtzuschlägen oder Zusatzmitteln (Luftporenbildner) kann jedoch z.T. der E-Modul unabhängig von der Festigkeit verändert werden. Daher ist bei modernen Putzen auf die Abstufung des *E-Moduls* zu achten. Dieser soll bei den einzelnen Putzlagen nach außen hin abnehmen.

Es gibt bereits seit vielen Jahren Putzsysteme, die die o.g. Putzregel zum Festigkeitsaufbau verletzen und die trotzdem keine Schäden zeigen und sich in der Praxis bewährt haben. Hierzu gehören insbesondere Wärmedämmputze (WDP) und Wärmedämmverbundsysteme (WDVS). Diese Putzsysteme werden in den Kapiteln 1.5.3 und 1.5.4 behandelt. In begründeten Fällen, in denen dem Festigkeitsgefälle und dem E-Modul Rechnung getragen wird, kann also von der o.g. Putzregel abgewichen werden. Es handelt sich jeweils jedoch um spezielle *Putzsysteme*, bei denen die Komponenten nicht ausgetauscht werden dürfen.

Wärmedämmende Unterputze für Wärmedämmputze, deren Zuschlag aus geschäumtem Polystyrol besteht, haben Druckfestigkeiten von ca. 0,3 bis 0,7 N/mm^2 und einen E-Modul von ca. 1.000 (siehe Tabelle 2.1, Seite 56). Als Oberputze erhalten diese wärmedämmenden Unterputze wasserabweisende Edelputze mit Druckfestigkeiten von ca. 1,0 bis 2,5 N/mm^2 und einem E-Modul von ca. 5.000 N/mm^2. Die beschriebene Putzregel ist also verletzt.

Seit etwa 20 Jahren werden diese Putze jedoch mit Erfolg eingesetzt. Die Erklärung für ihr Funktionieren liegt darin begründet, daß sich in dem verhältnismäßig niedrigen Festigkeitsbereich des Unterputzes keine hohen Spannungen aufbauen und die speziell für die weichen Unterputze entwickelten Edelputze ein geringes Schwindmaß und eine hohe Druckfestigkeit aufweisen. Es dürfen daher keine systemfremden Edelputze auf Wärmedämmunterputzen eingesetzt werden.

Noch extremer sind die Verhältnisse bei Wärmedämmverbundsystemen. Hier weisen die Wärmedämmplatten (Mineralfaser oder Polystyrol-Hartschaum) einen sehr geringen E-Modul von nur ca. 10 N/mm^2 auf, und als Oberputze werden Kunstharzputze oder Silikatputze mit einem E-Modul von ca. 5.000 N/mm^2 eingesetzt. Solche Systeme funktionieren nur durch den Einbau einer hoch zugfesten, armierten Zwischenschicht zwischen Dämmplatte und abschließendem Kunstharzputz oder Silikatputz. Auch hier darf keinesfalls von den Systemkomponenten des Wärmedämmverbundsystems abgewichen werden.

Für die Mehrzahl aller anderen Putzsysteme hat die beschriebene Putzregel aber nach wie vor Gültigkeit.

• *Verarbeitung*

Die wichtigste Regel der Verarbeitung, durch die ein übermäßig großes Schwinden des Putzes verhindert werden soll, sagt, daß nur soviel Wasser zuzugeben ist, wie es die technischen Merkblätter vorsehen bzw. nur soviel, wie es dem Bindemittelgehalt des Putzmörtels entspricht. Außerdem ist der Putz in den ersten Tagen sorgfältig vor zu schnellem Wasserentzug zu schützen. Ungünstigen Umständen, die einen schnellen Wasserentzug bewirken, wie z.B. starke Sonneneinwirkung, Wind oder dauernder Zug, ist durch besondere Maßnahmen zu begegnen.

Einen zu schnellen Wasserentzug verhindert z.B. das Besprengen des Putzes mit Wasser (gegebenenfalls mehrmals am Tag), das Abdecken der Putzoberfläche mit Kunststoffolien oder das Abdecken des Gerüstes einschließlich des oberen, offenen Bereiches mit dichten Planen. Im letztgenannten Fall ist das Abspritzen der Putzoberfläche trotzdem erforderlich, der zeitliche Abstand zwischen den einzelnen Abspritzungen kann jedoch erhöht werden.

• *Putzgrund*

Vor dem Aufbringen des Putzes ist der Putzgrund sorgfältig auf seine Eignung zu prüfen. Hierauf wird in Kapitel 2.4 näher eingegangen sowie in Kapitel 3.1.

2.3 Beanspruchungen durch Witterungseinflüsse

Putze aller Art werden überwiegend zum *Schutz* und zur *Verschönerung* der geputzten Bauteile eingesetzt. Die Schutzwirkung umfaßt dabei sowohl den Schutz des Putzgrundes vor Zerstörung (z.B. Schutz eines Mauerwerkes vor Wasser- und Frosteinwirkung), als auch die Sicherstellung bauphysikalischer Forderungen, damit es weder an der Innenwand noch im Wandaufbau zu Feuchtigkeitsanreicherungen kommt. Diese beiden wesentlichen Hauptaufgaben kann der Putz nur dann erfüllen, wenn er für die Anforderungen (insbesondere bauphysikalischer Art) prinzipiell geeignet ist und wenn er *dauerhaft* ist gegenüber den physikalischen und chemischen Beanspruchungen, denen er ausgesetzt wird. Unter »Dauerhaftigkeit« wird dabei verstanden, daß unter den üblicherweise zu erwartenden einwirkenden Beanspruchungen eine Gebrauchsdauer und Tauglichkeit gegeben sind, die dem Stand der Technik entsprechen. Bei einem dauerhaften Putz dürfen also beispielsweise durch Frost keine frühzeitigen Schäden durch eine absandende Oberfläche, Ablösungen oder Abplatzungen auftreten.

Wasser, Frost und Temperaturwechsel gehören zu den *physikalischen* Beanspruchungen, denen Putze ausgesetzt sind. Weitere physikalische Beanspruchungen sind mechanische Einwirkungen durch Stoß und Erschütterung sowie durch Reinigungsmaßnahmen mit Wasser und Bürste.

Unter allen Beanspruchungen, denen Putze ausgesetzt sind, kann die Beanspruchung durch *Wasser* als die stärkste und schädlichste angesehen werden, insbesondere auch deshalb, weil manche anderen Einwirkungen erst in Verbindung mit Wasser schädigend wirken. Als Beispiel sei hier die Frosteinwirkung genannt, die nur dann zu Schäden führen kann, wenn vorher eine Durchfeuchtung des Putzes stattgefunden hat.

Die klimatischen Situationen, denen Putze ausgesetzt sind, können von Ort zu Ort unterschiedlichen, starken Wechseln unterliegen. Meistens werden Putze im Außenbereich den klimatischen Beanspruchungen unterworfen, die der jeweiligen landschaftlichen Situation und der Ausrichtung der bewitterten Flächen (Himmelsrichtung, Niederschlagsmenge und Windeinwirkung) entspricht. Dieses Klima wird als *Mesoklima* bezeichnet. Kleinere Flächenbereiche können aber anders beansprucht sein. So kann z.B. in Bodennähe oder an Stellen ohne oder mit schlechter Wasserabführung (Sockelbereiche, Balkonanschlüsse) unabhängig vom Klima der übrigen Flächen ein Feuchtklima herrschen. Dieses örtlich einwirkende Klima wird als *Mikroklima* bezeichnet.

In Tabelle 2.4 sind eine Reihe von Klimas und deren charakteristische Einwirkungen genannt, denen Putze ausgesetzt sind.

2.3.1 Beanspruchungen durch Wasser und Schlagregen

Wasser in jeder Form, also als Regen, Nebel, Schnee, Wasserdampf oder Tau übt die stärkste Beanspruchung auf Putze aus. In Sockel- oder Balkonbereichen kommt noch eine zusätzliche mechanische Beanspruchung durch das Wasser beim Aufprall auf eine horizontale Oberfläche dazu. An den angrenzenden vertikalen

Tabelle 2.4: Übersicht über verschiedene Klimate und deren Einwirkungen

Klima	Physikalische und chemische Einwirkungen
Raumklima	Geringe klimatische Einwirkungen, jedoch Beanspruchungen durch Reinigung, Stöße, Erschütterungen und Nikotin möglich.
Land- und Gebirgsklima	Geringe Luftverunreinigungen, jedoch hoher Lichtanteil und nennenswerte, auch schnelle Temperaturwechsel. Je nach Lage können auch Schlagregenbeanspruchungen, erhöhte Wassereinwirkung und starker Frost dazukommen.
Industrie- und Stadtklima	Mäßige bis starke Luftverunreinigung, reduzierte Beanspruchung durch Licht und Temperaturwechsel.
Feuchtklima	Hohe Luftfeuchtigkeit in Meeres- und Seenähe sowie in Flußniederungen, dadurch zusätzliche Tauwasserbelastung an den Oberflächen, jedoch reduzierte Beanspruchung durch Temperaturwechsel.

Flächen liegen somit »Spritzwasserbereiche« vor.

Wasser kann ein *Quellen* des Bindemittels im Putz zur Folge haben, insbesondere von Kunststoffbindemitteln oder den Kunststoffanteilen in vergüteten Putzen. Dieser physikalische Vorgang ist grundsätzlich reversibel, geht also nach Beendigung der Einwirkung wieder zurück (Schwinden). Beim Quellen eines Putzes erfolgt eine Einlagerung von Wassermolekülen in das Bindemittel, in die Grenzflächen zwischen Füllstoffen und Bindemittel und manchmal auch in die Haftfläche zwischen Putz und Untergrund. Gequollene Putze sind mechanisch empfindlicher als ungequollene Putze, haften schlechter und sind gegen chemische Einflüsse anfälliger. Zusätzlich zum Quellen kann bei starker Wasserbeanspruchung auch ein Auffüllen der Poren und Kapillaren des Putzes mit Wasser dazukommen.

Besonders schädlich ist eine Wasserbeanspruchung bei Putzen, wenn sie in Verbindung mit *wasserlöslichen Salzen* oder mit *Frost* auftritt. Im erstgenannten Fall kommt es bei der Austrocknung zum Auskristallisieren der Salze, wobei diese in den engen Poren und Kapillaren des Putzes einen erheblichen Druck ausüben können. Dieser Druck tritt nach jeder erneuten Wasserbeanspruchung auf und allmählich wird die Festigkeit des Bindemittels reduziert. Der Putz sandet ab oder wird mürb.

Eine ähnliche Beanspruchung liegt bei Frosteinwirkung nach vorheriger Wasserbeanspruchung vor, weil sich das im Putz enthaltene Wasser beim Gefrieren um ca. 9 % ausdehnt, wobei ebenfalls das Gefüge des Putzes beansprucht wird. Richtig zusammengesetzte und für die Außenanwendung geeignete Putze sind deshalb dauerhaft, weil die auftretenden Spannungen begrenzt bleiben. Solche Putze sind einerseits so aufgebaut, daß Wasser nicht schnell und porenfüllend aufgesaugt wird und haben andererseits ein ausreichend verzweigtes Poren- und Kapillarsystem, so daß Raum bleibt für das sich ausdehnende Wasser.

Man kann den Beanspruchungsgrad von Putzen gut durch die Höhe der Wassereinwirkung zuordnen. Je stärker die Wassereinwirkung ist, desto stärker ist im allgemeinen auch die Beanspruchung des Putzes. Die höchsten Beanspruchungen liegen vor an Sockeln, aufgehenden Wänden von freien Balkonen sowie in Ablaufbereichen von Balkonen, Vordächern, Wasserspeiern und anderen Details. Verstärkt wird die Wassereinwirkung an Hochhäusern, in Gebieten mit starkem Niederschlag und Wind sowie in Feuchtgebieten. Kritisch sind vor allem solche Details, wo konstruktiv bedingt ein erhöhter Wasseranfall vorliegt (z.B. Ablaufbereiche von Balkonen). Hier kann schnell die Grenze der Leistungsfähigkeit von Putzen überschritten werden.

Bild 2.4 zeigt, daß bei hohen Gebäuden mit geringem oder keinem Dachüberstand die Wasser-

Bild 2.4: Schlagregenbeanspruchung in Abhängigkeit von der Gebäudehöhe

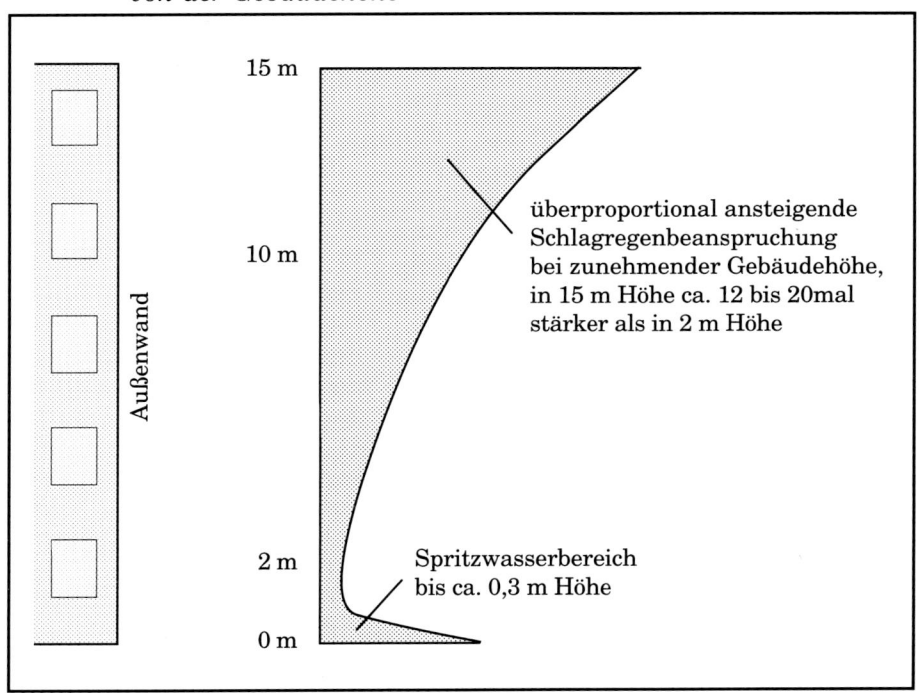

überproportional ansteigende Schlagregenbeanspruchung bei zunehmender Gebäudehöhe, in 15 m Höhe ca. 12 bis 20mal stärker als in 2 m Höhe

Spritzwasserbereich bis ca. 0,3 m Höhe

belastung des Putzes an der Fassade überproportional zunimmt. Die Ursache dafür ist die bei hohen Gebäuden häufig vorkommende gleichzeitige Einwirkung von Wind und Regen. Das Wasser läuft also nicht nur an der Fassade ab, sondern wird durch den Wind in den Putz hineingedrückt. Eine solche Wasserbeanspruchung wird als *Schlagregenbeanspruchung* bezeichnet. Es gibt Fälle, wo an Hochhäusern Putze bis zum 3. Obergeschoß auch nach mehreren Jahren in einwandfreiem Zustand waren und der darüberliegende Putz schollenartige Ablösungen (Frostschäden) aufwies und bereits stark zerstört war.

Üblicherweise wird ein durch Schlagregen beanspruchter Putz durch die Wasseraufnahme nicht geschädigt. Trotzdem ist es erforderlich, daß die in den Putz eindringende Wassermenge begrenzt wird, und zwar deshalb, weil sonst die wärmedämmenden Eigenschaften des Wandbaustoffes deutlich vermindert werden. Dies gilt insbesondere für Wärmedämmstoffe oder poröse Baustoffe (z.B. porosierte Ziegel, Porenbeton, Bimsbeton). In der DIN 4108 Teil 3 sind deshalb bestimmte Beanspruchungsgruppen festgelegt, die u.a. von der Beanspruchung durch Schlagregen abhängen. Die Beanspruchungsgruppen werden anhand der Jahresniederschlagsmengen eingeteilt. In Bild 2.5 sind Jahresniederschlagsmessungen für Deutschland zur überschlägigen Ermittlung angegeben. Die Zuordnung zu den Beanspruchungsgruppen richtet sich aber nicht nur nach der Jahresnieder-

Bild 2.5: Regenkarte zur überschlägigen Ermittlung der durchschnittlichen Jahresniederschlagsmengen

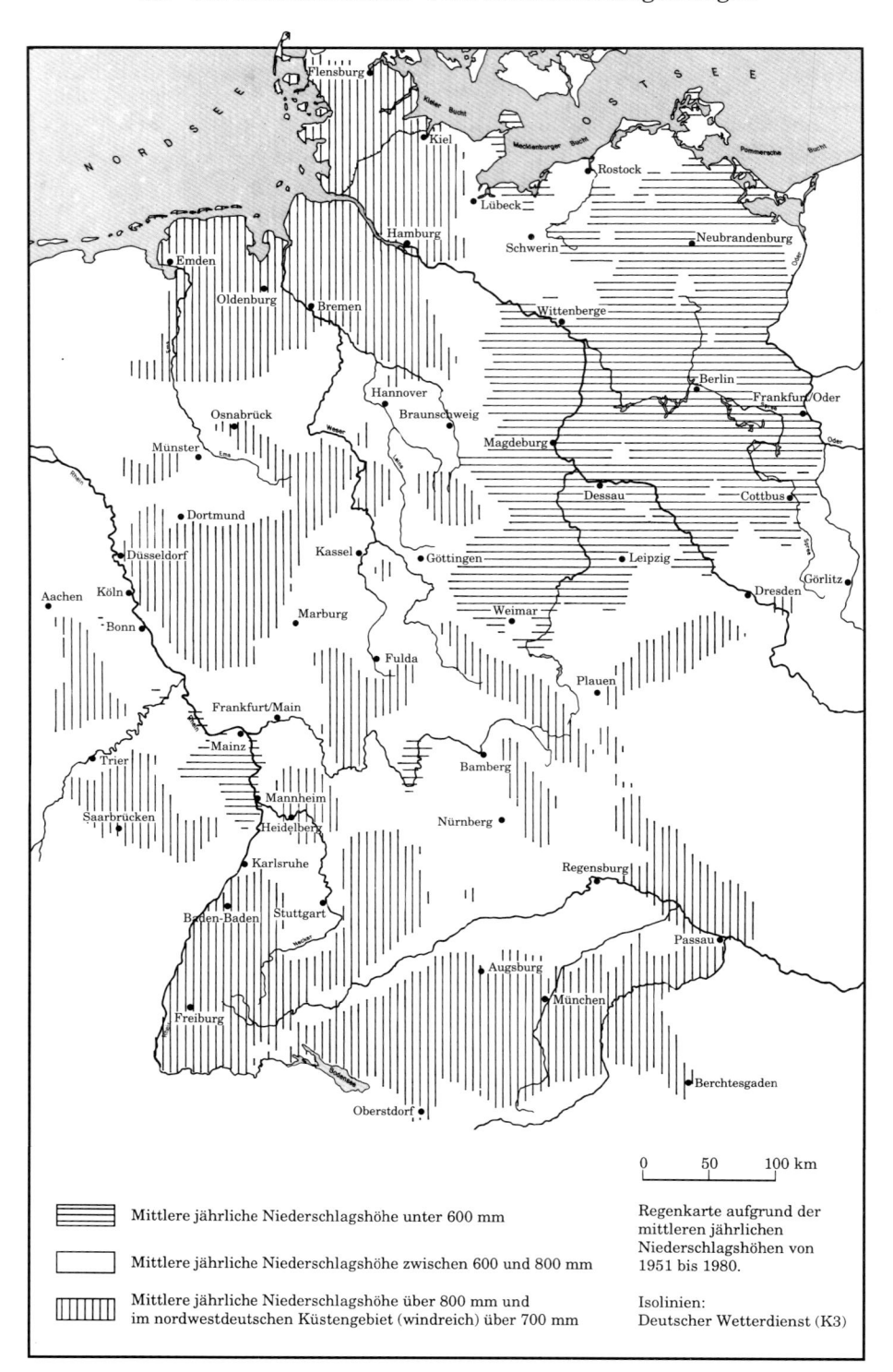

schlagsmenge, sondern es werden auch die örtlichen Verhältnisse berücksichtigt (z.B. windreiche Gebiete, Hochhäuser, exponierte Lagen).

In Tabelle 2.5 sind die einzelnen Beanspruchungsgruppen genannt und es werden die jeweiligen Anforderungen an Außenputze zugeordnet.

Die vorgenannte Tabelle wurde aus DIN 4108 entnommen. Es wurden jedoch nur die für Putze maßgeblichen Teile der Tabelle hierher übertragen. Lediglich bei der Beanspruchungsgruppe I (geringe Schlagregenbeanspruchung) können Außenputze ohne besondere Anforderungen an den Schlagregenschutz verwendet werden. Die Beanspruchungsgruppen II (mittlere Schlagregenbeanspruchung) und III (starke Schlagregenbeanspruchung) erfordern wasserhemmende bzw. wasserabweisende Außenputze.

Auf diese bauphysikalischen Eigenschaften sowie auf die Prüfung dieser Eigenschaften wird in Kapitel 2.5.3 näher eingegangen.

• *Normen*
DIN 4108 Teil 3 Wärmeschutz im Hochbau; Klimabedingter Feuchteschutz; Anforderungen und Hinweise für Planung und Ausführung.

2.3.2 Beanspruchungen durch Temperaturwechsel

Bei den Beanspruchungen durch Temperaturwechsel kommt es

Tabelle 2.5: Beispiele für die Zuordnung von Wandbauarten und Beanspruchungsgruppen (Auszug aus DIN 4108 Teil 3)

Beanspruchungsgruppe I geringe Schlagregenbeanspruchung	**Beanspruchungsgruppe II** mittlere Schlagregenbeanspruchung	**Beanspruchungsgruppe III** starke Schlagregenbeanspruchung
Mit Außenputz ohne besondere Anforderung an den Schlagregenschutz nach DIN 18 550 Teil 1 verputzte – Außenwände aus Mauerwerk, Wandbauplatten, Beton o.ä. – Holzwolle-Leichtbauplatten, ausgeführt nach DIN 1102 (mit Fugenbewehrung) – Mehrschicht-Leichtbauplatten, ausgeführt nach DIN 1104 Teil 2 (mit ganzflächiger Bewehrung)	Mit wasserhemmendem Außenputz nach DIN 18 550 Teil 1 oder einem Kunstharzputz nach DIN 18 568 verputzte – Außenwände aus Mauerwerk, Wandbauplatten, Beton o. ä. – Holzwolle-Leichtbauplatten, ausgeführt nach DIN 1102 (mit Fugenbewehrung) oder Mehrschicht-Leichtbauplatten mit zu verputzenden Holzwolleschichten der Dicken ≥ 15 mm, ausgeführt nach DIN 1104 Teil 2 (mit ganzflächiger Bewehrung)	Mit wasserabweisendem Außenputz nach DIN 18 550 Teil 1 oder einem Kunstharzputz nach DIN 18 568 verputzte – Außenwände aus Mauerwerk, Wandbauplatten, Beton o. ä. – Holzwolle-Leichtbauplatten, ausgeführt nach DIN 1102 (mit Fugenbewehrung) Mehrschicht-Leichtbauplatten mit zu verputzenden Holzwolleschichten der Dicken < 15 mm, ausgeführt nach DIN 1104 Teil 2 (mit ganzflächiger Bewehrung) unter Verwendung von Werkmörtel nach DIN 18 557
	Außenwände mit angemörtelten Bekleidungen nach DIN 18 515	Außenwände mit angemauerten Bekleidungen mit Unterputz nach DIN 18 515 und mit wasserabweisendem Fugenmörtel[1]; Außenwände mit angemörtelten Bekleidungen mit Unterputz nach DIN 18 515 und mit wasserabweisendem Fugenmörtel[1]

[1] Wasserabweisende Fugenmörtel müssen einen Wasseraufnahmekoeffizienten $w \leq 0{,}5$ kg/m²h^{0,5} aufweisen, ermittelt nach DIN 52 617.

nicht in erster Linie auf die maximale bzw. minimale Temperatur an, sondern vor allem auf die Häufigkeit, die Schnelligkeit und den Absolutwert der Temperaturwechsel. Eine tiefste Temperatur von −20 °C oder eine höchste Temperatur von +70 °C (bei Sonneneinwirkung an dunklen Flächen) ist also weniger schädlich für Putze als *schnelle Temperaturwechsel* von z.B. +20 °C auf −10 °C, wie sie an sonnenbeschienenen Westwänden im Winter innerhalb von wenigen Stunden durchaus üblich sein können. Noch schnellere Temperaturwechsel liegen dann vor, wenn sonnenbeschienene, warme Putze durch einen kalten Platzregen oder durch kaltes Spritzwasser beansprucht werden. Der Fall einer kalten Oberfläche, die schnell erwärmt wird, tritt dagegen nur selten auf.

Die Bilder 2.6 und 2.7 zeigen die Auswirkungen auf die Temperaturverhältnisse von Wandoberflächen unter verschiedenen Bedingungen. Diese Bilder erlauben Rückschlüsse auf konkrete, zu verputzende Wandflächen und lassen ungünstige Verhältnisse leicht erkennen.

Bild 2.6 zeigt die Tagesverläufe der Oberflächentemperaturen von nach Westen orientierten, verputzten Wandflächen unter sommerlichen Bedingungen. Die Wandflächen weisen unterschiedliche Farben auf und man erkennt deutlich, daß dunkle Wandflächen eine höhere Maximaltemperatur erreichen und daß die Temperaturwechsel, insbesondere die rißgefährdete Abkühlphase, schneller verlaufen. Wenn möglich, sollten Putze daher in hellen Farben gehalten werden. Beim Wunsch von Bauherren nach dunklen Putzoberflächen müssen die örtlichen Verhältnisse überprüft werden und ggf. sind Putze mit geringen Eigenspannungen zu verwenden.

Auf Bild 2.7 sind die Tagesverläufe der Oberflächentemperaturen von verputzten Außenwänden dargestellt und zwar von einer Ost-, Süd- und Westwand. Es handelt sich dabei jeweils um hellgrau verputzte Außenwände. Man erkennt sofort, daß West-

Bild 2.6: Oberflächentemperaturen eines nach Westen orientierten Putzes unterschiedlicher Farbe im Sommer

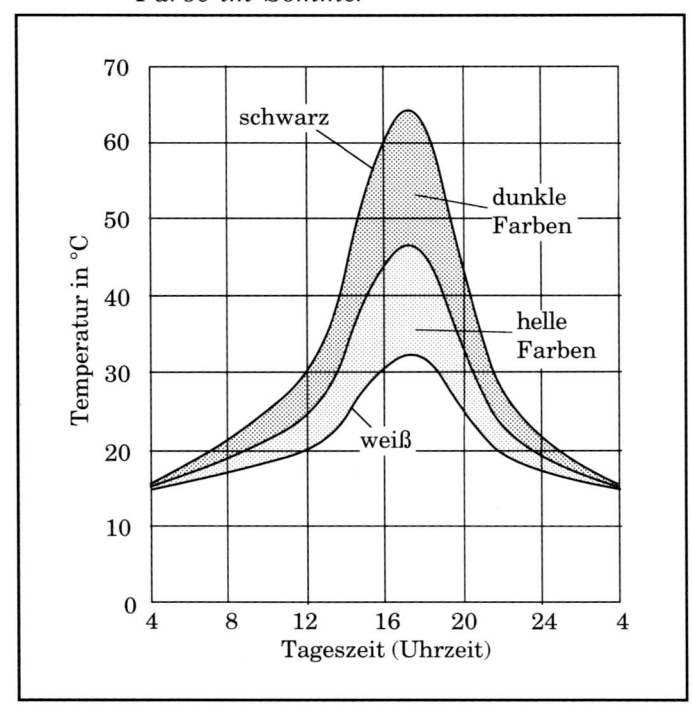

Bild 2.7: Oberflächentemperaturen eines hellgrauen Putzes an unterschiedlich orientierten Wandflächen im Frühjahr

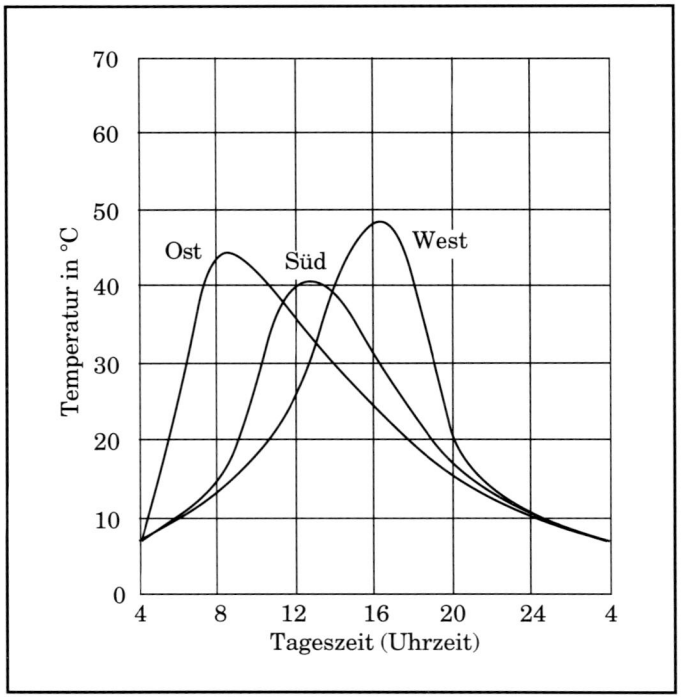

wände mit deutlichem Abstand am stärksten durch Temperaturwechsel beansprucht werden. Innerhalb von nur ca. 4 Stunden erfolgt hier ein Temperaturabfall von + 48° C auf + 18° C, also eine Temperaturdifferenz von 30 K. Ein gleichhoher Temperaturabfall von 30 K, nämlich von + 45° C auf + 15° C, dauert bei der Ostwand dagegen ca. 13 Stunden.

Die schädigende Wirkung der Temperaturwechsel beruht darauf, daß im Laufe der Erwärmung der gesamte Putzquerschnitt sowie auch die Oberfläche des Untergrundes eine gleichmäßige, hohe Temperatur erreichen. Die Abkühlung der Putzoberfläche erfolgt dann jedoch so schnell, daß die unteren Bereiche des Putzes sowie der Untergrund noch warm sind, während die Putzoberfläche schon kalt ist und sich dementsprechend verkürzt (siehe Kapitel 2.1.2 und Tabelle 2.1). Diese Verkürzungen, die vom Temperaturunterschied und den Wärmeausdehnungskoeffizienten des Putzes und des Untergrundes abhängen, rufen *Zugspannungen* in der Putzoberfläche hervor, die durch Verbund abgebaut werden müssen. Häufige und rasche Temperaturwechsel können daher auf Dauer die Festigkeit der Putzoberfläche vermindern und zu Absandungen und Rissen führen.

Meist sind es nicht Wasserbeanspruchungen oder Temperaturwechsel alleine, die den Putz besonders stark beanspruchen, sondern die Kombination beider Einwirkungen.

• *Sonstige Beanspruchungen*
Zu den sonstigen physikalischen Beanspruchungen gehören vor allem Stöße, Erschütterungen und Reinigungseinwirkungen. Alle diese Beanspruchungen führen jedoch im allgemeinen bei erhärteten Putzen nur in begrenztem Umfang zu Beeinträchtigungen der Dauerhaftigkeit des Putzes, weil sowohl mineralische Putze als auch Kunstharzputze relativ beständig sind gegen Stöße, Erschütterungen und Reinigungseinwirkungen.

Eine Ausnahme liegt jedoch in ausgesprochenen Tieffluggebieten vor, da hier durch die Erschütterungen bedingt Risse im Untergrund und im Putz auftreten können.

Während der *Erhärtung* von Putzen müssen Erschütterungen und Stöße unbedingt vermieden werden, weil sonst durch die kurzfristigen Erhöhungen der Zugspannung Risse im Putz entstehen können.

2.3.3 Beanspruchung durch Luftschadstoffe und Sonnenlicht

Die Beanspruchungen durch Luftschadstoffe und Sonnenlicht gehören zu den *chemischen* Beanspruchungen, denen Putze ausgesetzt sind. Im Vergleich zur Wasserbelastung sind die chemischen Belastungen für Putze nur selten schadensauslösend. In solchen Fällen aber, wo zu einer starken Wasserbelastung eine chemische Belastung hinzukommt, kann diese schadensverstärkend wirken. Dies hat seinen Grund darin, daß ein durch häufige Wasserbelastungen beanspruchter Putz anfälliger ist für chemische Einwirkungen.

• *Luftschadstoffe*
Aus Tabelle 2.6 kann man die Zusammensetzung der Gase der Luft entnehmen. 1 m³ Luft wiegt ca. 1,3 kg und enthält außerdem je nach relativer Luftfeuchtigkeit und Temperatur noch ca. 2 bis 20 g Wasserdampf. Zusätzlich zu diesen natürlichen Gasen der Luft kommen je nach Lage noch mehr oder weniger Fremdstoffe dazu, die *Luftschadstoffe*. Dazu gehören vor allem Schwefeldioxid, Stickoxide, Schwefelwasserstoff, Ozon, Kohlenmonoxid, Schwebstaub und ein über das normale Maß hinausgehender Gehalt von Kohlendioxid. Die größte Rolle spielt dabei Kohlendioxid, das in der Luft bereits natürlicherweise zu 0,03 Vol.-% (= ca. 600 mg/m³) enthalten ist. In Ballungsgebieten kann dieser Anteil bis auf ca. 0,08 Vol.-% (= ca. 1.400 mg/m³) ansteigen. Demgegenüber sind die Anteile

Tabelle 2.6: Zusammensetzung der Gase in der Luft an der Erdoberfläche

Gas	Stickstoff N_2	Sauerstoff O_2	Argon Ar	Kohlendioxid CO_2	Neon, Helium, Krypton, Wasserstoff, Xenon
Massen-%	75,52	23,15	1,28	0,05	> 0,01
Volumen-%	78,09	20,95	0,93	0,03	> 0,01

der anderen Luftschadstoffe relativ gering, wie man in Tabelle 2.7 erkennt.

Zum sauren Regen trägt Schwefeldioxid SO_2 am stärksten bei mit einem Gehalt von bis zu ca. 0,8 mg/m³. Die sauren Bestandteile der Luft können durch Oxidation und in Verbindung mit Wasserdampf und Regen verdünnte Säuren bilden, nämlich Kohlensäure H_2CO_3 aus CO_2, Schwefelsäure H_2SO_4 bzw. schweflige Säure H_2SO_3 aus SO_2 und Salpetersäure HNO_3 aus NO_2. Solche Säuren können prinzipiell sowohl mineralische Bindemittel als auch Kunststoffbindemittel angreifen. Man unterscheidet dabei den *lösenden Angriff* und den *treibenden Angriff*. Beim lösenden Angriff werden vorher schwer lösliche Verbindungen des Bindemittels in leicht lösliche Verbindungen überführt und dann abgetragen. Beim treibenden Angriff finden chemische Reaktionen im Bindemittel oder im Zuschlag statt, die starke Volumenvergrößerungen bedingen und damit Spannungen auslösen, die die Festigkeit beeinträchtigen.

Bei *hohen* Konzentrationen sind übliche mineralische Bindemittel wie Kalk und Zement zwar nicht beständig gegen Schwefelsäure (treibender Angriff) und Salpetersäure (lösender Angriff), diese Konzentrationen werden in der Praxis bei uns aber bei weitem nicht erreicht, so daß die Dauerhaftigkeit von einwandfrei hergestellten und zusammengesetzten Putzen durch chemische Angriffe nur sehr wenig beeinträchtigt wird. Die chemischen Angriffe durch die Luftschadstoffe bewirken im allgemeinen lediglich ein früheres Absanden der Putzoberfläche.

• *Sonnenlicht*
Sonnenlicht wirkt zum einen durch die Infrarot-Strahlung (IR-Strahlung), die zu einer Erwärmung von sonnenbeschienenen Flächen führt. Dies hat physikalische Beanspruchungen des Putzes, nämlich Temperaturwechsel zur Folge. Eine chemische Beanspruchung durch das Sonnenlicht entsteht zum anderen durch die Ultraviolett-Strahlung (UV-Strahlung), also einer energiereichen Strahlung mit einer Wellenlänge bei 200 nm (nm = Nanometer = 10^{-9} m). Mineralische Bindemittel werden dadurch nur wenig beeinträchtigt. Kunststoffbindemittel und Pigmente können jedoch relativ stark durch UV-Strahlung verändert werden.

Bei Kunststoffbindemitteln ist unter dem Einfluß von UV-Strahlung, unterstützt durch Luftfeuchtigkeit und Sauerstoff, von der Oberfläche her eine *Zersetzung* des Kunststoffes möglich. Dies hat eine oberflächliche Abwitterung zur Folge, verbunden mit einem Schichtdickenverlust, Glanzverlust und zunehmender Rauhigkeit. Durch diese Zersetzung des Kunststoffbindemittels werden Pigment- und Füllstoffteilchen freigelegt, die einen abwischbaren Belag bilden können. Man spricht dann von einer »kreidenden Oberfläche«.

Entsprechend ausgewählte Bindemittel in Verbindung mit geeigneten Füllstoffen und Pigmenten sind jedoch ausreichend beständig gegen UV-Einwirkung, so daß es innerhalb der Nutzungszeit zu keinen nennenswerten Kreidungserscheinungen kommt. Auch Versprödungen des Kunststoffbindemittels, also ein Ansteigen des E-Moduls und eine Verringerung der Verformbarkeit sind bei geeigneten Kunststoffbindemitteln nur gering.

Pigmente können durch UV-Einwirkung in ihrer Farbe verändert werden und verblassen. Dies betrifft vor allem eingefärbte Kunstharzputze, weniger mineralische Putze. Bei der Auswahl von farbigen Kunstharzputzen im Außenbereich ist daher auf lichtbeständige (lichtechte) Pigmente zu achten. Die Lichtechtheit von farbigen Putzen kann nach DIN 54 004 geprüft werden, wobei die Lichtechtheitsstufe 8 die höchste Stufe darstellt. Bei einer tausendstündigen Bestrahlung mit

Tabelle 2.7: Gehalt an sonstigen Luftschadstoffen

Luftschadstoff	Grenzwert in mg/m³	üblicher Gehalt in Industriegebieten in mg/m³
Schwefeldioxid SO_2	1,0	0,01 bis 0,8
Stickoxid NO_2	0,2	0,05 bis 0,2
Kohlenmonoxid CO	50	3 bis 15
Ozon O_3	0,12	0,05 bis 0,3
Schwebstaub	0,5	0,1 bis 0,4

UV-reichem Xenonlicht dürfen bei der Lichtechtheitsstufe 8 keine Verfärbungen auftreten.

- *Normen*
DIN 54 004 Bestimmung der Lichtechtheit von Färbungen und Drucken mit künstlichem Tageslicht (gefiltertes Xenonlicht).

2.4 Putzuntergründe

Die technologischen Eigenschaften der verschiedenen Putzuntergründe müssen bei der Auswahl von Putzsystemen bekannt sein, damit ein *geeignetes Putzsystem* ausgewählt werden kann. Besonders wichtig sind dabei neben den Festigkeitseigenschaften das Schwindverhalten, das Rißverhalten, die Saugfähigkeit, die Rauhigkeit und die Wärmeleitfähigkeit.

Die ersten drei Kriterien (Festigkeitseigenschaften, Schwindverhalten, Rißverhalten) sind wichtig im Hinblick auf die mechanische Abstimmung mit dem Untergrund. Es darf also kein Putz mit zu hohem E-Modul gewählt werden und das Schwinden des Untergrundes ist abzuwarten.

Die Kenntnis der *Saugfähigkeit* des Untergrundes ist wichtig, damit z.B. bei einem stark saugfähigen Untergrund nicht das Anmachwasser des Putzmörtels in den Untergrund gesaugt wird und dann für die Erhärtung des Bindemittels nicht mehr zur Verfügung steht. Je nach vorhandener Saugfähigkeit gibt es mehrere Möglichkeiten, ein zu starkes Saugen zu vermeiden, z.B. durch Vornässen, teilflächigen oder vollflächigen Spritzbewurf.

Eine ausreichende *Rauhigkeit* des Untergrundes ist erforderlich, damit bei der Verarbeitung und nach der Erhärtung des Putzes eine gute Haftung zwischen Untergrund und Putz erzielt werden kann. Bei zu glatten Flächen kann ein Aufrauhen oder ein Spritzbewurf erforderlich sein.

Die Kenntnis der *Wärmeleitfähigkeit* des Untergrundes ist für die Abschätzung der Beanspruchung durch Temperaturwechsel notwendig. Untergründe mit hoher Wärmeleitfähigkeit (also schlechter Wärmedämmung) wie Beton, Vollziegel oder Natursteine führen die auf den Putz einwirkende Wärme schnell in den Untergrund ab, so daß die Spitzentemperaturen des Putzes weniger hoch werden. Beim Abkühlen des Außenputzes geben diese Untergründe die Wärme wieder ab, so daß auch die Mindesttemperaturen weniger tief werden und die Geschwindigkeit der Temperaturänderung relativ klein ist. Beides wirkt sich günstig aus, weil dadurch die Beanspruchungen des Putzes durch Temperaturwechsel geringer werden.

Untergründe mit geringer Wärmeleitfähigkeit (also guter Wärmedämmung) wie porösierte Ziegel, Porenbeton, Dämmstoffplatten haben deutlich höhere Maximaltemperaturen des Putzes bei Wärmeeinwirkung zur Folge und einen schnellen Temperaturwechsel. Bei solchen Untergründen sollte also darauf geachtet werden, daß keine dunklen Farben aufgebracht werden, die die maximale Temperatur bei Sonneneinwirkung zusätzlich deutlich erhöhen.

2.4.1 Beton, Leichtbeton, Porenbeton

Die in der Überschrift genannten Betonarten unterscheiden sich in ihren Eigenschaften sehr deutlich voneinander und müssen jeweils einzeln betrachtet und in der Praxis unterschiedlich behandelt werden.

• *Beton*

Beton ist im allgemeinen ein unproblematischer Untergrund zum Putzen, weil er sehr fest und homogen und nur wenig saugfähig ist. Auch in bauphysikalischer Hinsicht ist Beton meist unproblematisch, weil er einen relativ hohen Diffusionswiderstand für Wasserdampf aufweist.

Bei *neuem* Beton muß man auf eine ausreichende Erhärtungszeit achten, damit das Schwinden des Betons vor dem Verputzen schon weitgehend abgeklungen ist. Außerdem muß man auf Rückstände von *Entschalungsmitteln* (Schalöl) achten, die die Putzhaftung beeinträchtigen können. Solche Rückstände müssen unbedingt entfernt werden (z.B. durch Dampfstrahlen).

Bei *altem* Beton muß vor allem die Oberflächenfestigkeit überprüft und auf Risse oder Betonabplatzungen geachtet werden. Ggf. sind vor dem Putzauftrag zusätzliche, vorbereitende Maßnahmen erforderlich, wie z.B. Wasserstrahlen des Betons oder Betoninstandsetzungsarbeiten.

• *Leichtbeton*

Für Leichtbeton gilt im Prinzip ähnliches wie für Normalbeton, bei Leichtbeton muß in bauphysikalischer Hinsicht jedoch die höhere Wasserdampfdurchlässigkeit beachtet werden.

Eine verbreitete Erscheinung bei Leichtbeton ist eine netzartige Rißbildung der Betonoberfläche mit Rißbreiten von ca. 0,2 mm. Diese Rißbildungen erfordern oft den Einsatz von rißunempfindlichen Putzen. Es ist wegen dieser Risse sinnvoll, Putze auf Leichtbeton *zweilagig* auszuführen, damit die Risse innerhalb der ersten Lage aufgefangen werden und nicht auf den Oberputz durchschlagen können.

• *Porenbeton*

Der Baustoff Porenbeton, früher Gasbeton oder Schaumbeton, ist in einer ersten, inzwischen nicht mehr gültigen Norm DIN 4223 vom Juli 1958 genormt worden, und der Name Gasbeton ist bekannt und verbreitet. Vor einigen Jahren wurde der Name Gasbeton vom Verband der Gasbetonindustrie geändert in *Porenbeton* und der Verband heißt seitdem »Bundesverband der Porenbetonindustrie«. Obwohl sich der Name »Porenbeton« noch nicht allgemein durchgesetzt hat, wird in diesem Buch diese neue Bezeichnung verwendet.

Es ist wichtig zu wissen, daß unbehandelter, auch hydrophobierter oder mit einem starren Anstrich versehener Porenbeton *nicht wetterbeständig* ist. Bei normaler Wasser- und Frosteinwirkung kommt es nach gewisser Zeit zu schollenartigen Ablösungen des Porenbetons. Im Vergleich zu Normalbeton oder Leichtbeton muß Porenbeton durch den Putz also geschützt werden.

Porenbeton ist beim Verputzen als kritischer Untergrund zu betrachten. Er unterscheidet sich in seinen Eigenschaften sehr deutlich von Beton oder Leichtbeton, insbesondere hinsichtlich der Festigkeit, des E-Moduls, der Wasseraufnahme und der Wasserdampfdurchlässigkeit. Da Porenbeton stark wassersaugend ist, muß vor dem Verputzen meist ein ganzflächiger Spritzbewurf aufgebracht werden, damit eine einwandfreie Putzhaftung erreicht wird.

Es ist weiter zu beachten, daß unbehandelter Porenbeton große Wassermengen aufsaugen kann und dabei stark quillt und sich ausdehnt. Wenn ein solchermaßen durchfeuchteter oder nur oberflächlich abgetrockneter Porenbeton verputzt wird, trocknet dieser nach dem Verputzen und schwindet dabei, ebenso wie der frisch aufgebrachte Putz. In gewissem Umfang ist dieses Verhalten erwünscht und führt zu einer Reduktion der Schwindspannungen des Putzes. Das Schwinden des Porenbetons kann bei entsprechender vorheriger Durchfeuchtung aber deutlich stärker sein als das Schwinden des Putzes, so daß es zu *Druckspannungen* im Putz kommen kann und damit verbunden zu Beulenbildung oder Ablösungen des Putzes.

Porenbeton ist außerdem relativ stark wärmedämmend, so daß die Oberflächentemperaturen des Putzes höher werden als bei Beton oder Leichtbeton und sich auch schnell ändern können. Putze für Porenbeton müssen daher relativ verformbar sein. Auch der E-Modul des Putzes darf nicht zu hoch sein, sondern sollte niedriger sein als der des Porenbetons (Festigkeitgefälle von innen nach außen; siehe Kapitel 2.2.3).

Porenbeton-Wandelemente, insbesondere im Industriebau werden häufig nicht mit mineralischen Putzen verputzt, sondern mit organisch gebundenen, speziellen Putzen. Diese Dünnputze werden Gasbetonbeschichtung genannt und sind hinsichtlich der Wasseraufnahme und der Wasserdampfdurchlässigkeit speziell auf Porenbeton abgestimmt. Sie sind ähnlich wie Kunstharzputze aufgebaut, ihr Bindemittelanteil ist jedoch meist höher und sie weisen dadurch *rißüberbrückende Eigenschaften* auf, so daß die Bewegungen an großen Porenbetonelementen oder an den Stößen von Porenbetonplatten trotz der dünnen Schichtdicke von Porenbetonbeschichtungen (ca. 1 bis 2 mm) rißfrei überbrückt werden.

• *Normen*
DIN 1045 Beton und Stahlbeton; Bemessung und Ausführung.

DIN 4219 Teil 1 Leichtbeton und Stahlleichtbeton mit geschlossenem Gefüge; Anforderungen an den Beton; Herstellung und Überwachung.

DIN 4223 Gasbeton; Bewehrte Bauteile.

2.4.2 Mauerwerk aus schweren Baustoffen

Zu diesen Mauerwerksarten gehören solche Putzuntergründe, die aus Baustoffen mit einer Rohdichte von mehr als ca. 1.200 bis 1.500 kg/m³ erstellt worden sind. Hierzu zählen z.B. Vollziegel, Kalksandsteine, Betonsteine und Hüttensteine soweit sie nicht durch künstliches porosieren oder durch die Anordnung von vielen Hohlräumen mit dünnen Stegen in ihrer Rohdichte stark abgemindert sind.

Mauerwerk aus schweren Baustoffen zeichnet sich durch einen relativ hohen E-Modul von mehr als ca. 10.000 N/mm² aus. Daher können auftretende Spannungen im Putz bei einer guten Haftung sicher im Untergrund abgebaut werden. Außerdem haben die genannten schweren Wandbaustoffe eine relativ hohe Wärmeleitfähigkeit von > 0,5 W/mK, so daß keine großen Temperaturspannungen auftreten. Mauerwerk aus schweren Baustoffen bietet daher günstige Voraussetzungen als Untergrund für Putze.

Je nach Art des Baustoffes müssen die Saugfähigkeit und die Oberflächenbeschaffenheit beachtet werden. Mauerwerk aus Vollziegeln, Betonsteinen und Hüttensteinen ist meist ausreichend rauh und saugt nur wenig, so daß im allgemeinen, außer sauberem Abkehren, keine Vorbehandlungsmaßnahmen erforderlich sind; ggf. muß etwas vorgenäßt werden.

Kalksandsteine saugen stärker und bei Verwendung großflächiger Blöcke aus Kalksandstein ist der Putzgrund relativ glatt. Daher ist üblicherweise ein Spritzbewurf vor Auftrag des Unterputzes erforderlich.

• *Normen*
DIN 105 Teil 1 Mauerziegel; Vollziegel und Hochlochziegel.

DIN 106 Teil 1 Kalksandsteine; Kalksteine, Blocksteine, Hohlblocksteine.

DIN 398 Hüttensteine; Vollsteine, Lochsteine, Hohlblocksteine.

2.4.3 Mauerwerk aus leichten Baustoffen

Zum Mauerwerk aus leichten Baustoffen gehören Putzuntergründe mit einer Rohdichte der Mauerziegel von weniger als ca. 1.200 bis 1.500 kg/m³. Hierzu zählen u.a. Leichtbeton, Porenbeton, Bimsbeton und Leichtziegel oder Mauerziegel aus Beton oder Kalksandstein mit einem hohen Anteil von Hohlkammern. Die Verringerung der Rohdichte dient zum einen dazu, die Masse beim Transport und Herstellen des Mauerwerkes zu reduzieren und die auf die Gebäudefundamente wirkenden Lasten zu vermindern. Vor allem aber soll die Verringerung der Rohdichte des Wandbaustoffes die *Wärmeleitfähigkeit* herabsetzen und damit die Wärmedämmung deutlich erhöhen. Die Entwicklung zu immer leichteren Mauerziegeln hat sich seit der Energiekrise von 1973 und damit verbundenen erhöhten Anforderungen an den Wärmeschutz beschleunigt.

Wie man in Tabelle 2.8 erkennt, haben z.B. Leichthochlochziegel mit einer Rohdichte von 800 kg/m³ eine Wärmeleitfähigkeit von $\lambda \leq 0,4$ W/mK, und damit eine ca. fünfmal bessere Wärmedämmung als Beton bei gleicher Wanddicke. Das Ziel der Verringerung der Rohdichte ist es, einschaliges Mauerwerk (kostengünstig) ohne zusätzliche Dämmschicht erstellen zu können, das trotzdem eine hohe Wärmedämmung aufweist.

Die Verringerung der Rohdichte kann auf verschiedene Arten erfolgen. Vielfach werden bei der Herstellung gasbildende Substanzen zugegeben, so daß viele innere Poren im Baustoff entstehen. Nach diesem Prinzip wird z.B. Porenbeton hergestellt. Eine andere Möglichkeit besteht in der Verwendung von sehr leichten, porigen Zuschlägen, wie z.B. bei porosierten Ziegeln, Leichtbeton oder Bimsbeton. Der dritte Weg, der zur Verringerung der Rohdichte beschritten wird, besteht in der Ausbildung von Hohlkammern oder Löchern in Längs- oder Querrichtung, wie z.B. bei Lochziegeln. Vielfach werden mehrere Verfahren (z.B. bei Leichthochlochziegeln) kombiniert und eine porosierte Grundsubstanz wird mit vielen Löchern oder Hohlkammern versehen. Außer der gewünschten Verringerung der Wärmeleitfähigkeit wird bei allen o.g. Verfahren aber auch die Festigkeit und der E-Modul abgemindert. Besonders extrem sind die Verhältnisse z.B. bei Leichthochlochziegeln, wenn diese mit *Leichtmörtel* vermauert werden. Der Leichtmörtel enthält als Zuschlag keinen Quarzsand (Rohdichte ca. 1.800 kg/m³) sondern *Leichtzuschläge* (Blähton, Bims, geschäumtes Polystyrol) mit sehr geringer Rohdichte. Dadurch bietet der Mörtel zwar eine bessere Wärmedämmung, hat aber auch eine geringere Festigkeit. Die Druckfestigkeit eines solchen Mauerwerks mit Leichtmörtel ist für die statischen Erfordernisse bei entsprechender Dicke des Mauerwerks zwar ausreichend, der E-Modul aber für manche Putze zu gering, so daß die Eigenspannungen des Putzes nur begrenzt abgebaut werden können und es zu Rissen im Putz kommen kann. Dies trifft z.B. bei Kalkzementmörtel zu. Bei Mauerwerk aus sehr leichten Baustoffen muß daher darauf geachtet werden, daß der Putz keinen zu hohen E-Modul und ein ausreichendes Verformungsvermögen hat.

Die Erfahrung hat außerdem gezeigt, daß manche Ausführungsfehler bei der Herstellung von Mauerwerk aus schweren Baustoffen (wie z.B. nicht vollfugige Vermörtelung, zu kleines Überbindemaß) vom Putz ohne Risse ertragen werden, während dieselben Ausführungsfehler bei

Tabelle 2.8: Kennwerte der wichtigsten Putzuntergründe

Baustoff	Rohdichte ρ in kg/m³	E-Modul E in N/mm²	Temperaturdehnzahl α_T in 1/K·10^6	Schwindmaß ε_S in mm/m bzw. in ‰	Diffusionswiderstandszahl μ (dimensionslos)	Wärmeleitfähigkeit λ in W/mK
Beton B 25	2100	30000	12	−0,5	100	2,1
Beton B 55	2100	39000	15	−0,5	100	2,1
Leichtbeton (LB 10)	1300	5000	12	−1,0	100	0,6
Porenbeton (Gasbeton)	600	1000	7	−0,3	8	0,2
Vollziegel	2000	20000	6	−0,2	80	1,0
Kalksandstein	2000	15000	8	−0,3	20	1,1
Betonsteine (Hohlblock)	1600	10000	10	−0,5	10	1,0
Leichthochlochziegel	800	ca. 1000	8	−	10	≤ 0,4
Bimsbeton	800	ca. 1000	10	−0,6	10	0,4
Holzwolle-Leichtbauplatte	400	−	−	−	3	0,1
Polystyrol-Hartschaumplatte (Extruderschaum)	20	15	100	−	150	0,04
Mehrschicht-Leichtbauplatte	350	−	−	−	50	0,1

Mauerwerk aus leichten Baustoffen zu Rissen führten.

• *Normen*
DIN 105 Teil 2 Mauerziegel; Leichthochlochziegel.

DIN 4165 Gasbeton-Blocksteine und Gasbeton-Plansteine.

DIN 18 152 Vollsteine und Vollblöcke aus Leichtbeton.

2.4.4 Faserzementplatten

Die im Bauwesen gebräuchlichsten zementgebundenen Platten für Fassaden sind *Asbestzementplatten* und *Faserzementplatten*. Neue Asbestzementplatten gibt es seit ca. Mitte der 80er Jahre nicht mehr, statt dessen werden Faserzementplatten verwendet, in denen die Asbestfasern durch Kunststoffasern ersetzt worden sind. Der Ersatz war notwendig geworden, weil bei vielen Verarbeitungsmethoden von Asbestzementerzeugnissen Feinstaub erzeugt wird. Gesundheitsschädlich sind Asbestfeinstaubfasern mit weniger als 3 µm Durchmesser und 5 bis 500 µm Länge, die beim Einatmen in die Lunge gelangen und Asbestose und Lungenkrebs erzeugen können. Die Gefährdung geht also nicht vom Bauteil, sondern vom Fasergehalt in der Luft aus.

Beim Verarbeiten von alten Asbestzementplatten auf der Baustelle sind die Unfallverhütungsvorschriften »Schutz gegen gesundheitsgefährlichen mineralischen Staub (VGB 119)« zu beachten.

Beim Bearbeiten von Asbestzement-Bauteilen dürfen nur zugelassene Arbeitsgeräte verwendet werden, die keinen Feinstaub erzeugen. Insbesondere sind keine Trennschleifer erlaubt sondern nur grobspanende Geräte (z.B. langsam laufende Fräsen) oder Stanzen.

Die Umweltbelastung durch abgewitterte Asbestfasern von unbeschichteten Asbestzementplatten ist relativ gering und vernachläßigbar. Ein Freiwerden von Asbestfeinstaub kann aber bei der Untergrundvorbehandlung von bewitterten Asbestzementbauteilen entstehen, weshalb in manchen Fällen Asbestzementplatten nicht gereinigt werden dürfen (z.B. mit Hochdruckwasserstrahl) sondern belassen oder ausgetauscht werden müssen.

Bei Faserzementplatten bleibt das Herstellungsverfahren unverändert. Die zur Erhöhung der Zugfestigkeit und Biegezugfestigkeit erforderlichen Fasern bestehen jedoch nicht aus Asbest, sondern aus Kunststoff. Im Vergleich zu Asbestzementplatten haben Faserzementplatten einen geringeren E-Modul und die elastische Verformbarkeit der Bauteile wird größer. Beide Eigenschaften sind in den meisten Anwendungsfällen als positiv anzusehen. Vielfach werden jedoch hinsichtlich des Wärmeausdehnungskoeffizienten und der Längenänderungen infolge Wasseraufnahme ungünstigere Werte erreicht, die Längenänderungen durch Temperatur und Feuchtigkeit werden also größer. Das ist beim Verputzen von Faserzementplatten zu beachten, insbesondere an den Plattenstößen, wo sich die Verformungen am stärksten äußern.

Zu verputzende Fassaden aus Faserzementplatten gibt es im Massivhausbau nur sehr selten. Ihr Einsatz beschränkt sich meist auf Fertighäuser und auf den Innenbereich. Wegen der Verformungskonzentrationen auf die Plattenstöße kommen mineralische Putze für Asbestzement- oder Faserzementplatten nur dann in Frage, wenn die Stöße nicht überbrückt werden müssen, was meist jedoch gefordert wird. Dafür eignen sich am besten Wärmedämmverbundsysteme, die im Fertighausbau auch am häufigsten eingesetzt werden. Außerdem gibt es für die Fertighausindustrie auch spezielle Kunstharzputze, die mit Hilfe einer Armierung im Stoßbereich oder einer ganzflächigen Armierungsschicht die geforderten rißüberbrückenden Eigenschaften bekommen.

• *Normen und Richtlinien*
DIN 274 Teil 4 Asbestzementplatten; Ebene Tafeln; Maße, Anforderungen, Prüfungen.

VGB 119 Schutz gegen gesundheitsgefährlichen mineralischen Staub.

2.4.5 Sonstige Untergründe

Außer den bisher behandelten Wandbaustoffen, die meist den größten Teil der zu verputzenden Fläche bilden, werden in nahezu allen Fällen auch weitere Baustoffe eingesetzt, die sich durch ihre besonderen Eigenschaften auszeichnen. Das bekannteste

Einsatzgebiet ist die zusätzliche Wärmedämmung von Deckenstirnseiten oder Rolladenkästen mit Wärmedämmplatten zur Vermeidung von Wärmebrücken in diesen Bereichen.

• *Holzwolle-Leichtbauplatten und Mehrschicht-Leichtbauplatten*

Sowohl Holzwolle-Leichtbauplatten (HWL-Platten) als auch Mehrschicht-Leichtbauplatten sind seit Jahrzehnten bekannt und bestehen aus langfaseriger, längsgehobelter Holzwolle, die mit mineralischen Bindemitteln (Zement oder Magnesit) gebunden ist (Holzwolle-Leichtbauplatten). Mehrschicht-Leichtbauplatten haben einen Kern aus Polystyrol-Hartschaum oder Mineralfasern und auf einer oder beiden Seiten eine 5 oder 10 mm dicke Schicht zementgebundener Holzwolle. Diese Platten, die als Holzwolle-Leichtbauplatten und als Mehrschicht-Leichtbauplatten eine gute Wärmedämmung erreichen, werden für zu dämmende Stahlbeton-Stützen eingesetzt sowie für zu dämmende Stürze von Fenstern und Türen, für Deckenstirnseiten, auskragende Balkonplatten, offene Durchfahrten, Kniestöcke, Rolladenkästen und andere Bauteile, die später verputzt werden sollen. Auch großflächige Außenwandbereiche werden mit Mehrschicht-Leichtbauplatten gedämmt und anschließend verputzt.

Für das Verputzen von Holzwolle-Leichtbauplatten und Mehrschicht-Leichtbauplatten im Übergang zu Mauerwerk existieren Empfehlungen des Bundesverbandes der Leichtbauplattenindustrie. Es handelt sich dabei um die Empfehlung »Außenputz auf Holzwolle-Leichtbauplatten nach DIN 1101 und Mehrschicht-Leichtbauplatten nach DIN 1104«, Ausgabe 1985. Anfängliche Fehler beim Verputzen dieser Platten, die Rißbildungen nach sich zogen, können heute als bekannt gelten. Das heißt jedoch nicht, daß keine Ausführungsfehler mehr vorkommen oder möglich sind.

• *Polystyrol-Extruderschaumplatten*

Seit etwa Ende der 80er Jahre werden immer häufiger Dämmplatten aus Polystyrol-Extruderschaum (PSE) zur Dämmung von Deckenstirnseiten, Kniestöcken aus Stahlbeton, Stahlbetonpfeilern, Überzügen und sogar Wandscheiben in der Außenwand verwendet. Diese Dämmplatten fallen deshalb stark auf, weil sich die hellgrün oder hellblau eingefärbten Dämmplatten (je nach Hersteller) auf der Außenseite der Neubauten durch ihre Farbe vom Mauerwerk abheben.

Die Dämmplatten aus Polystyrol-Extruderschaum werden aus treibmittelhaltigem Polystyrolgranulat hergestellt und in 2 Stufen aufgeschäumt, so daß ein zusammenhängender Hartschaum mit geschlossener Zellstruktur entsteht. Die Rohdichten liegen bei ca. 20 bis 50 kg/m^3. Die Dämmplatten aus Polystyrol-Extruderschaum sind zäh und hart. Sie besitzen also bei einem relativ hohen Verformungswiderstand nur eine geringe elastische Verformbarkeit und kommen daher von den mechanischen Eigenschaften den üblichen mineralischen Baustoffen am nächsten, obwohl hinsichtlich E-Modul, Wärmeausdehnungskoeffizient und anderer Eigenschaften noch beträchtliche Unterschiede bestehen.

Es ist zu beachten, daß das Überputzen von Dämmplatten noch ein relativ neues Anwendungsgebiet ist und daß die Dämmplatten nichtsaugend sind und andere Eigenschaften als sonstige Wandbaustoffe haben. Eine sichere und dauerhafte Haftung zwischen mineralischen Putzen und Hartschaumdämmplatten ist daher nicht ohne weiteres gegeben. Entsprechend der Putznorm DIN 18 550 gelten Dämmplatten daher nicht als geeigneter Untergrund, und es sind beim Verputzen besondere Maßnahmen erforderlich, auf die in Kapitel 3 eingegangen wird.

• *Weitere Untergründe*

Einige weitere, in Teilflächen zu verputzende Untergründe, die jeweils besondere Maßnahmen erforderlich machen, sind Holz und Holzplatten (Spanplatten, Tischlerplatten), Gipskartonplatten, Kunststoffe und Metall. Alle diese Werkstoffe unterscheiden sich in den mechanischen Eigenschaften mehr oder weniger stark von üblichen, mineralischen Wandbaustoffen, insbesondere hinsichtlich E-Modul, Wärmeausdehnungskoeffizient, Wassersaugfähigkeit und Rauhigkeit.

Holz und Holzwerkstoffe können infolge weiterer Austrocknung und bei Wasseraufnahme und Wasserabgabe stark quellen und schwinden und es muß dafür gesorgt werden, daß der Putz an den Übergangsstellen zu anderen Wandbaustoffen nicht reißt.

Kunststoffe (z.B. Abdeckplatten oder Rolladenprofile aus Kunststoff) haben im Vergleich zu mineralischen Baustoffen zwar einen deutlich höheren Wärmeausdehnungskoeffizienten, der zu großen Relativbewegungen an den Bauteilgrenzen führen kann. Die Hauptschwierigkeit beim Überputzen von Kunststoffen sind aber meist Haftungsprobleme. Dies macht auch bei Kunststoffen besondere Maßnahmen vor dem Verputzen erforderlich.

Die Haftungsprobleme müssen auch beim Verputzen von Metallen beachtet werden, und zwar sowohl bei Stahl, verzinktem Stahl und mit Korrosionsschutzanstrichen versehenen Stahlflächen als auch bei anderen Metallen wie Aluminium, Kupfer, Zink oder Blei. Je nach Werkstoff muß außerdem auf das Korrosionsverhalten der Metalle geachtet werden sowie, insbesondere bei dünnen Blechen, auf die Stabilität des Putzgrundes.

• *Normen und Richtlinien*
DIN 1101 Holzwolle-Leichtbauplatten; Maße, Anforderungen, Prüfung.

DIN 1102 Holzwolle-Leichtbauplatten nach DIN 1101; Verarbeitung.

DIN 1104 Teil 1 Mehrschicht-Leichtbauplatten aus Schaumkunststoffen und Holzwolle; Maße, Anforderungen, Prüfung.

DIN 1104 Teil 2 Mehrschicht-Leichtbauplatten aus Schaumkunststoffen und Holzwolle; Verarbeitung.

DIN 18 164 Teil 1 Schaumkunststoffe als Dämmstoffe für das Bauwesen; Dämmstoffe für die Wärmedämmung.

Bundesverband der Leichbauplattenindustrie: Außenputz auf Holzwolle-Leichtbauplatten nach DIN 1101 und Mehrschicht-Leichtbauplatten nach DIN 1104.

2.4.6 Mischbauweisen

Bei allen zu verputzenden Untergründen mit verschiedenartigen Baustoffen handelt es sich um Mischbauweisen, bei denen vor dem Putzauftrag meist ergänzende oder besondere Maßnahmen erforderlich werden. Diese Maßnahmen können von einer zusätzlichen Untergrundvorbehandlung, über die Auswahl von speziellen Putzsystemen, bis zur Putzarmierung oder dem Anbringen von Putzträgern reichen. In manchen Fällen ist auch die Anordnung einer Fuge im Putz erforderlich.

Mischbauweisen sind wegen der Probleme beim Putzauftrag wenn möglich zu vermeiden (z.B. kein Einsatz von verschiedenen Wandbaustoffen innerhalb einer Wand, Mischmauerwerk). In nahezu allen Fällen im Wohnungsbau sind Mischbauweisen in gewissem Umfang jedoch üblich und notwendig, um die geforderten bauphysikalischen Eigenschaften zu erfüllen. Dies reicht vom Wärmeschutz von Balkonen, Deckenstirnseiten und Rolladenkästen über den Brandschutz von Stahlstützen bis zu Abdeckungen von Installationskanälen. Schon von Anfang an hat sich daher die Gipser- und Stukkateurzunft auch mit Armierungen und Putzträgern befaßt. Die ältesten bekannten Verputzträger sind Schilfrohrmatten, die beim Verputzen von Fachwerkhäusern eingesetzt wurden. Diese, heute nur noch bei Denkmalschutzarbeiten eingesetzten Matten, sind durch wirksamere und schneller aufzubringende Putzträger (z.B. Streckmetall, Drahtgewebe) oder Armierungen (Glasfasergewebe oder Kunststoffgewebe) abgelöst worden.

Das Ziel aller zusätzlichen Maßnahmen bei den Mischbauweisen ist es, die im Stoßbereich unterschiedlicher Baustoffe erhöhten Spannungen im Putz abzubauen und zu verteilen. Die erhöhten Spannungen werden aufgebaut durch das unterschiedliche Schwindverhalten oder Ausdehnungsverhalten bei Temperatureinwirkung der benachbarten Baustoffe, die sich an den Bauteilübergängen konzentrieren. Außerdem treten erhöhte Spannungen in Bereichen mit nicht ausreichender Haftung des Putzes zum Untergrund auf, in denen die Eigenspannungen des Putzes nicht in ausreichendem Umfang an den Untergrund abgegeben werden können und sich Zugspannungen im Putz bilden, die zu Rissen führen können.

Alle zusätzlichen Maßnahmen, um bei Mischbauweisen Risse und Putzschäden zu vermeiden, werden in Kapitel 3 behandelt.

2.5 Bauphysikalische Eigenschaften

Von allen Außenbauteilen unterliegen die *Außenwände* von Gebäuden nach den Dächern den stärksten und umfangreichsten Beanspruchungen durch klimatische Einwirkungen. Die Außenwand schirmt einerseits gegen die Witterung ab und dient andererseits als wärmedämmendes und schallschützendes Bauteil, das zudem noch feuchtigkeitsregulierend für die Innenräume wirken soll. Außenwände müssen zunächst ihrer statischen Anforderung genügen, ferner sind die Anforderungen an den Wärmeschutz und die Bauakustik einzuhalten (siehe Bild 2.8).

Physikalische Einwirkungen auf die *Außenwand* beanspruchen diese bzw. den darauf befindlichen Putz. Diesen Beanspruchungen muß die Gesamtkonstruktion standhalten. Sehr häufig zeigt sich, daß der Putz die Schicht ist, die, abgesehen von der Statik, sehr hohen Anforderungen genügen muß.

Auch an *Innenwände* werden bauphysikalische Anforderungen in zunehmend höherem Maße gestellt. Einerseits ist hier die Forderung nach einer geringen Schallübertragung zwischen Wohnungen zu beachten und andererseits die Forderung nach einer kostengünstigen Bauweise. Die Anforderungen an den Wärmeschutz von Innenwänden sind dagegen von untergeordneter Bedeutung.

Die Anforderungen an *Decken* umfassen hauptsächlich den Schallschutz. Hier ist die Luftschall- und die Trittschalldämmung zu berücksichtigen.

Außer den o.g. Anforderungen an die verschiedenen Bauteile, spielt auch der Brandschutz, je nach Art und Größe des Gebäudes, eine mehr oder weniger große Rolle.

2.5.1 Wärmeschutz

Die *Wärmedämmung* von Außenwänden bestimmt den Heizenergieverbrauch und die Behaglichkeit in den Räumen wesentlich mit. An Außenwänden, bei denen ein Putz als Witterungsschutz erforderlich ist, hat dieser wichtige Aufgaben zur Erhaltung des gesamten Wärmeschutzes der Außenwand. Daher wird der Wärmeschutz von verputzten Bauteilen nachfolgend behandelt.

Obwohl Putze in den meisten Fällen nicht besonders gute Wärmedämmeigenschaften besitzen, haben sie doch einen großen Einfluß auf die Wärmedämmung der Außenwand. Durch den Witterungsschutz, durch den sie eine Durchfeuchtung der Außenwand verhindern, tragen sie nämlich dazu bei, die Wärmedämmung zu erhalten. Diese würde sich bei einer Durchfeuchtung stark vermindern.

2.5.1.1 Begriffe

Die *Wärmedämmung* von Bauteilen, hier der Außenwand, wird allgemein mit dem *Wärmedurchgangskoeffizienten* k, auch *k-Wert* genannt, angegeben. Dieser errechnet sich aus der Wärmeleitfähigkeit λ bzw. nach DIN 4108 aus den Rechenwerten

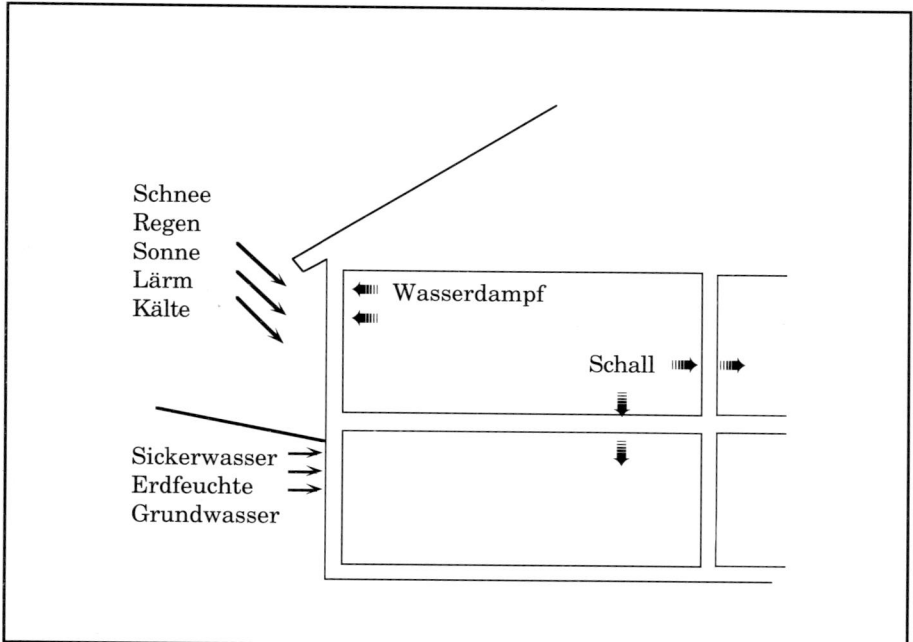

Bild 2.8: Auf Bauwerke einwirkende Einflüsse

der Wärmeleitfähigkeiten λ_R der einzelnen Bauteilschichten, der Dicke s der Bauteilschicht und den Wärmeübergangswiderständen $1/\alpha$ der Wand für innen und außen. Für die Bauteilschichten eines Bauteils errechnet sich der *Wärmedurchlaßwiderstand* $1/\Lambda$ zu

$$\frac{1}{\Lambda} = \frac{s_1}{\lambda_{R1}} + \frac{s_2}{\lambda_{R2}} + \ldots + \frac{s_n}{\lambda_{Rn}}.$$

Der Wärmedurchgangskoeffizient k (k-Wert) ergibt sich dann zu

$$k = \frac{1}{\frac{1}{\alpha_i} + \frac{1}{\Lambda} + \frac{1}{\alpha_a}}.$$

Die Rechenwerte der Wärmeübergangswiderstände für innen $1/\alpha_i$ und außen $1/\alpha_a$ sind in der DIN 4108 festgelegt. Der Wärmeübergangswiderstand auf der Innenseite $1/\alpha_i$ an Wänden und Decken beträgt danach 0,13 m²K/W und zum Fußboden 0,17 m²K/W. Grenzt das Außenbauteil an Erdreich, so ist der Wärmeübergangswiderstand $1/\alpha_a = 0$, grenzt das Bauteil direkt an die Außenluft, wird 0,04 m²K/W verwendet und bei Hinterlüftungen 0,08 m²K/W.

Zur wärmeschutztechnischen Kennzeichnung von Bauteilen ist die Berücksichtigung des Wärmedurchgangskoeffizienten k bei stationären Verhältnissen, also bei gleichbleibenden Temperaturen auf beiden Seiten, ausreichend. Wird die Außenwand dagegen von der Sonne bestrahlt oder ändern sich die Lufttemperaturen schnell, so sind zusätzlich die Wärmespeichereigenschaften eines Bauteils gefragt. Die Wärmespeicherkapazität C einer Außenwand mit der Dicke s ergibt sich dann zu

$$C = c \cdot \rho \cdot s$$

Dabei ist c die spezifische Wärmekapazität des Baustoffs und ρ die Rohdichte.

Eine Temperaturänderung pflanzt sich in einem Stoff gemäß der Temperaturverteilung (oder Diffusivität) a des Stoffes fort. Je größer der Wert a ist, um so schneller pflanzt sich die Temperaturänderung innerhalb eines Bauteils fort.

$$a = \frac{\lambda}{\rho \cdot c}$$

Dieser Wert ist besonders dort von Interesse, wo es um die Beurteilung eines Außenbauteiles hinsichtlich dessen Wärmespeichereigenschaften, z.B. bei zeitlich begrenzter Sonneneinstrahlung, geht.

In bestimmten Fällen, z.B. bei der Beurteilung der Fußwärme von Bauteiloberflächen ist der *Wärmeeindringkoeffizient* b wichtig. Er errechnet sich zu

$$b = \sqrt{\lambda \cdot c \cdot \rho}$$

Beim Berühren von Bauteiloberflächen sind grobe Abschätzungen des Wärmeeindringkoeffizienten b möglich, z.B.

2,06 J/m²Ks$^{1/2}$ (Stahlbeton)
0,44 J/m²Ks$^{1/2}$ (Holz).

Je höher der Wärmeeindringkoeffizient b ist, um so schneller dringt Wärme in den Baustoff ein und um so kälter fühlt er sich an.

Für instationäre wärmeschutztechnische Verhältnisse von Bauteilen werden das Temperatur-Amplitudenverhältnis und die Phasenverschiebung verwendet. Das Temperatur-Amplitudenverhältnis v ist das Verhältnis der maximalen Oberflächentemperaturen eines Bauteils innen und außen während einer Periode von 24 Stunden. Es kann durch folgende Gleichung dargestellt werden:

$$v = \frac{\hat{\vartheta}_{oi}}{\hat{\vartheta}_{oa}}$$

Im Zusammenhang mit der Verringerung der Temperatur-Amplituden durch das Bauteil ist regelmäßig eine zeitliche Verzögerung der Amplitude auf der Innenseite gegenüber der Amplitude auf der Außenseite verbunden. Diese Verzögerung nennt man die Phasenverschiebung φ. Das Amplitudenverhältnis v und die Phasenverschiebung φ sind voneinander abhängig: je kleiner das Temperatur-Amplitudenverhältnis v wird, um so größer wird die Phasenverschiebung φ.

2.5.1.2 Winterlicher Wärmeschutz

Die Anforderungen an den *winterlichen Wärmeschutz* von Bauteilen, welche Aufenthaltsräume begrenzen, sind durch hygienische und wirtschaftliche Gesichtspunkte begründet. Zur Vermeidung von Tauwasser auf der Innenoberfläche der Bauteile ist ein Mindestwärmeschutz einzuhalten, dessen Basis eine bestimmte Oberflächentemperatur der Wand ist, die so hoch sein muß, daß Oberflächentauwasser nicht anfällt. Aus dieser Forderung leitet sich der winterliche Mindestwärmeschutz ab. Eine

Abwägung zwischen der Einsparung von Heizenergie und der Einsparung von Kosten für die Wärmedämmung hat eine wirtschaftliche Auslegung des Wärmeschutzes zur Folge. Der Gesichtspunkt Energieeinsparung gewinnt jedoch mehr und mehr an Bedeutung, so daß immer häufiger mehr gedämmt wird als wirtschaftlich ausreichend wäre. Das treibende Element für höhere Wärmedämmungen und somit geringeren Heizenergieverbrauch sind energetische und ökologische Überlegungen.

Während hygienische Gesichtspunkte für die Festlegung von Mindestwerten des Wärmeschutzes bestimmend sind (DIN 4108), führen wirtschaftliche Gesichtspunkte entweder zu ganz bestimmten Werten des Wärmeschutzes (Wärmeschutzverordnung) oder aber zu einem möglichst hohen Wärmeschutz, um den Energieverbauch gering zu halten. Über einen möglichst hohen Wärmeschutz gehen jedoch die Meinungen in der Literatur weit auseinander.

Zur Berechnung des Wärmeschutzes sind die Werte der DIN 4108 maßgeblich (Rechenwerte der Wärmeleitfähigkeit λ_R). In Tabelle 2.9 sind einige der baustoffspezifischen Werte der DIN 4108 zusammengefaßt dargestellt.

Für den Mindestwärmeschutz sind in der DIN 4108 Werte festgelegt, die zur Vermeidung von Oberflächentauwasser einzuhalten sind. Es ist dazu jedoch anzumerken, daß diese Werte nur für ebene Bauteilflächen Gültig-

Tabelle 2.9: Wärme- und feuchteschutztechnische Kennwerte in Anlehnung an DIN 4108

Stoff	Rohdichte (Rohdichteklassen) ρ in kg/m³	Wärmeleitfähigkeit (Rechenwert) λ_R in W/mK	Wasserdampf-Diffusionswiderstandszahl (Richtwert) μ
Kalkmörtel, Kalkzementmörtel, Mörtel aus hydraulischem Kalk	≈1800	0,87	15/35
Zementmörtel	≈2000	1,4	15/35
Kalkgipsmörtel, Gipsmörtel, Anhydritmörtel, Kalkanhydritmörtel	≈1400	0,70	10
Gipsputz ohne Zuschlag	≈1200	0,35	10
Anhydritestrich	≈2100	1,2	
Zementestrich	≈2000	1,4	15/35
Gußasphaltestrich, Dicke ≥ 15 mm	2300	0,90	∞
Gipskartonplatten nach DIN 18 189	≈900	0,21	8
Vollziegel, Lochziegel, hochfeste Ziegel nach DIN 105	1200-2000	0,50-0,90	5/10
Leichthochlochziegel nach DIN 105 Teil 2, Typ A und B	700 - 1600	0,30 - 0,39	5/10
Mauerwerk aus Kalksandsteinen nach DIN 106 Teil 1 und 2	1000 - 1400 1600 - 2200	0,50 - 0,70 0,79 - 1,3	5/10 15/25
Mauerwerk aus Gasbeton-Blocksteinen nach DIN 4165	500 - 800	0,22 - 0,29	5/10
Lochsteine aus Leichtbeton nach DIN 18 149	600 - 1400	0,35 - 0,91	5/10
Vollblöcke S-W aus Bims	500 - 800	0,20 - 0,28	5/10
Holzwolle-Leichtbauplatten nach DIN 1101 Plattendicke ≥25 mm 15 mm	360 bis 480 570	0,093 0,15	2/5
Korkdämmstoffe	80 bis 500	0,045 - 0,055	5/10
Polystyrol-Partikelschaum	15 bis 30	0,025 - 0,04	20/50 - 40/100
Polystyrol-Extruderschaum	≥ 25		80/300
Polyurethan(PUR)-Hartschaum	≥ 30	0,020 - 0,035	30/100
Mineralische Faserdämmstoffe nach DIN 18 165 Teil 1	800 bis 500	0,035 - 0,050	1
Schaumglas nach DIN 18 174	100 bis 150	0,045 - 0,080	∞
Fichte, Kiefer, Tanne	600	0,13	40
Buche, Eiche,	800	0,20	40
Sperrholz nach DIN 68 705	800	0,15	50/400
Holz-Spanplatten	700	0,13 - 0,17	50/100 - 20
Poröse Holzfaserplatten und Bitumen-Holzfaserplatten	≥ 200 ≥300	0,045 0,056	5
Bitumendachbahnen DIN 52 128	≈1200	0,17	10.000/80.000
Nackte Bitumendachbahnen	≈1200	0,17	2.000/20.000
PVC-Dachbahnen			10.000/25.000
PIB-Dachbahnen			400.000/1.750.000
Polyethylen(PE)-Folien, d ≥ 0,1 mm			100.000
Aluminium-Folien, d ≥ 0,05 mm			∞
Wärmedämmender Putz	≈600	0,20	5/20
Kunstharzputz	≈1100	0,70	50/200

keit haben. Im Bereich geometrischer Wärmebrücken, wie z.B. Außenwandecken, gelten höhere Werte für den Wärmedurchlaßwiderstand 1/Λ bzw. niedrigere Werte für den Wärmedurchgangskoeffizienten k. Sinnvollerweise ist hier eine Berechnung der erforderlichen Mindestwerte nach Kapitel 2.5.2.1 durchzuführen. Eine Multiplikation des so gefundenen Wärmedurchlaßwiderstandes 1/Λ mit dem Faktor 1,25 (empirischer Wert; wegen geometrischer Wärmebrücken) ergibt in der Praxis einen ausreichenden Wärmeschutz.

Beispiel: Für einen normalen Wohnraum mit 20 °C Raumtemperatur und 60 % rel. Luftfeuchte ergibt sich bei einer Außentemperatur von minus 15 °C ein erforderlicher Mindestwert für den Wärmedurchlaßwiderstand 1/Λ von 0,55 m²K/W. Dieser Wert kann aus der Tabelle 2.10 entnommen werden. Für Außenwandecken ist dann ein um den Faktor 1,25 größerer Mindestwert erforderlich, nämlich 0,72 m²K/W.

Die Putze haben, je nach Art des Bindemittels und der Zuschlagstoffe eine unterschiedliche Wärmeleitfähigkeit. Diese reicht vom schlecht dämmenden Zementputz bis hin zum gut dämmenden *Wärmedämmputz* und zum hoch wärmedämmenden *Wärmedämmverbundsystem*. Der Tabelle 2.9 können u.a. auch die Wärmeleitfähigkeiten von Putzen entnommen werden. *Wärmedämmverbundsysteme*, die eine Kombination aus Wärmedämmschicht und Putz darstel-

Tabelle 2.10: Mindestwerte der Wärmedurchlaßwiderstände und Maximalwerte der Wärmedurchgangskoeffizienten von Bauteilen nach DIN 4108 Teil 2 (vereinfachte Tabelle)

Bauteil	Wärmedurchlaßwiderstand 1/Λ in m²K/W	Wärmedurchgangskoeffizient (k-Wert) k in W/m²K
Außenwände	0,55	1,39
Treppenraumwände	0,25	1,96
Fußböden gegen Erdreich	0,90	0,93
Decken unter nicht ausgebauten Dachräumen	0,90	0,90
Kellerdecken	0,90	0,81
Dächer	1,10	0,79
Decken gegen die Außenluft nach unten	1,75	0,51

len, erreichen die höchsten Dämmwerte von Putzsystemen.

Die erforderliche Wärmedämmung von Außenwänden ist bei einer wirtschaftlichen Auslegung grundsätzlich abhängig von der Wärmedämmung aller anderen Außenbauteile eines Gebäudes. Für die Berechnung der erforderlichen Wärmedämmung einer Außenwand wird in der Bundesrepublik Deutschland das Verfahren nach der Wärmeschutzverordnung in Verbindung mit der DIN 4108 angewandt.

In Tabelle 2.11 wird anhand eines Berechnungsbeispieles die Veränderung der Wärmedämmung einer Außenwand bei Verwendung unterschiedlicher Putzsysteme gezeigt, teilweise verbunden mit zusätzlichen Wärmedämm-Maßnahmen.

2.5.1.3 Sommerlicher Wärmeschutz

Haben die Gebäudebauteile für den Raum eine zu geringe wirksame Masse, welche zur Wärmespeicherung genutzt werden kann, so besteht die Gefahr einer zu starken Aufheizung der Räume im Sommer. Die Sonneneinstrahlung heizt vorwiegend durch die Fenster den Raum auf und in weit geringerer Weise über andere Außenbauteile wie Außenwände und Dach. Auch hierzu gibt die DIN 4108 Empfehlungen, in denen einerseits für leichte Außenbauteile über die vorgenannte Tabelle hinaus Mindestwerte der Wärmedurchlaßwiderstände bzw. Maximalwerte der Wärmedurchgangskoeffizienten vorgeschrieben werden. Maßgeblich für die erforderlichen wärmeschutztechnischen Werte ist nach DIN 4108, Teil 2, Nr. 5.1 hierbei die flächenbezogene Gesamtmasse der Bauteilschichten. Andererseits werden für den Sonnenschutz Empfehlungen gemacht, welche ein zu starkes Aufheizen der Räume verhindern sollen. In die zugehörigen Berechnungen geht die Art der Belüftung, die Art der Verglasung, die Ausrichtung der Fenster, deren Verschattung und die Sonnenschutzvorrichtung ein.

- *Normen*

DIN 4108 Teil 1 Wärmeschutz im Hochbau; Größen und Einheiten.

DIN 4108 Teil 2 Wärmeschutz im Hochbau; Wärmedämmung und Wärmespeicherung; Anforderungen und Hinweise für Planung und Ausführung.

DIN 4108 Teil 4 Wärmeschutz im Hochbau; Wärme- und feuchteschutztechnische Kennwerte.

DIN 4108 Teil 5 Wärmeschutz im Hochbau; Berechnungsverfahren.

2.5.2 Dampfdiffusion

Auf beiden Seiten einer Wand liegen i.d.R. verschiedene absolute Feuchtigkeitsgehalte der Luft vor. Aus diesen absoluten Feuchtigkeitsgehalten können im Zusammenhang mit der Lufttemperatur und den relativen Feuchtigkeitsgehalten die Teildrücke des Wasserdampfes (Wasserdampfpartialdruck oder Partialdruck) errechnet werden.

Außen- und Innenputze haben auf

Tabelle 2.11: Wärmedurchgangskoeffizienten von Außenwänden mit unterschiedlichem Wandaufbau

Zeile	Außenwandtyp	Art	Rohwand Wärmeleitfähigkeit λ in W/mK	Dicke d in mm	k-Wert k in W/m²K
1	Verputzte Wand ohne zusätzliche Wärme-	Mauerwerk	0,70	300	1,59 [1]
2	dämmung		0,50		1,25 [2]
3			0,39		0,97
4			0,21		0,61
5			0,15		0,45
6		Stahlbeton	2,1	200	3,58 [1]
7	Wand mit 60 mm Wärmedämmputz der	Mauerwerk	0,70	300	0,67
8	Wärmeleitfähigkeit λ = 0,07 W/mK		0,50		0,60
9			0,39		0,55 [3]
10			0,21		0,40 [3]
11			0,15		0,33 [3]
12		Stahlbeton	2,1	200	0,87
13	Wand mit Wärmedämmverbundsystem	Mauerwerk	0,70	300	0,47 [3]
14	(60 mm Dämmstoffdicke)		0,50		0,44 [3]
15			0,39		0,41 [3]
16			0,21		0,32 [3]
17			0,15		0,27 [3]
18		Stahlbeton	2,1	200	0,56
19	Wand mit innenseitig angebrachter Verbund-	Mauerwerk	0,70	300	0,46
20	platte (60 mm Dämmstoffdicke) und Dampf-		0,50		0,43
21	bremse innenseitig der Wärmedämmung		0,39		0,40
22			0,21		0,32
23			0,15		0,27
24		Stahlbeton	2,1	200	0,55

[1] nicht ausreichend nach DIN 4108
[2] nicht empfehlenswert, da Gefahr geometrischer Wärmebrücken
[3] Dampfdiffusionsberechnung im Einzelfall erforderlich zum Nachweis der Zulässigkeit der Konstruktion hinsichtlich des Tauwasserausfalls im Innern des Bauteils

unterschiedliche Weise dem Dampfdiffusionsstrom von der Innen- zur Außenseite standzuhalten. Bei Innenputzen betrifft dies vor allem das Oberflächentauwasser und bei Außenputzen das Tauwasser zwischen Mauerwerk und Außenputz bzw. zwischen Wärmedämmschicht und Außenputz.

2.5.2.1 Oberflächentauwasser

Wenn die Temperatur der Bauteiloberfläche unter die Taupunkttemperatur der Luft absinkt, so entsteht auf der Bauteiloberfläche Tauwasser. Die Taupunkttemperatur ϑ_s ergibt sich aus der Lufttemperatur und der relativen Feuchte der Luft. Sie bezeichnet die Temperatur, die die Luft unter Beibehaltung ihrer absoluten Feuchte erreicht, wenn die relative Feuchte auf 100 % ansteigt. Die Taupunkttemperatur von Luft errechnet sich nach dem nachfolgend beschriebenen Berechnungsvorgang:

Zunächst wird der Wasserdampfsättigungsdruck p_s aus der Lufttemperatur ϑ berechnet:

$$p_s = a \left[b + \frac{\vartheta}{100°C} \right]^n$$

Dabei sind a, b und n Konstanten mit folgenden Zahlenwerten:

$0 \leq \vartheta \leq 30\ °C$: $\quad a = 288,68\ Pa$
$\quad\quad\quad\quad\quad\quad\quad b = 1,098$
$\quad\quad\quad\quad\quad\quad\quad n = 8,02$
$-20 \leq \vartheta < 0\ °C$: $\quad a = 4,689\ Pa$
$\quad\quad\quad\quad\quad\quad\quad b = 1,486$
$\quad\quad\quad\quad\quad\quad\quad n = 12,30$

Aus dem so erhaltenen Sättigungsdruck p_s erhält man mittels der relativen Luftfeuchte φ den Wasserdampfpartialdruck p

$$p = \varphi \cdot p_s$$

Dieser Partialdruck p stellt nun den Sättigungsdruck bei der Taupunkttemperatur dar. Durch Umstellen der ersten Gleichung nach ϑ und Einsetzen des hier errechneten Partialdruckes p anstelle des dort genannten Sättigungsdruckes p_s erhält man die Taupunkttemperatur ϑ_s.

Es ist also darauf zu achten, daß die Oberflächentemperatur ϑ_{Oi} eines Bauteils unter stationären Verhältnissen die Taupunkttemperatur ϑ_s der Luft nicht unterschreitet. Aus dieser Forderung läßt sich der maximal zulässige k-Wert wie folgt berechnen:

$$k_{max} = \alpha_i \frac{\vartheta_{Li} - \vartheta_s}{\vartheta_{Li} - \vartheta_{La}}$$

und der daraus resultierende minimale Wärmedurchlaßwiderstand:

$$1/\Lambda_{min} = \frac{1}{k_{max}} - \frac{1}{\alpha_i} - \frac{1}{\alpha_a}$$

Für $1/\alpha_i$ innen wird für diese Berechnung in der Regel der Wert 0,17 m²K/W eingesetzt, damit auch ungünstige Wärmeübergangsverhältnisse berücksichtigt werden. Für Sonderfälle müssen ggf. auch noch höhere Werte für $1/\alpha_i$ eingesetzt werden. Die Außentemperatur ϑ_{La} ist nach Berechnungen gemäß DIN 4108 auf −15 °C festgesetzt. Auch hier muß in Sonderfällen eine angepaßte tiefere Außentemperatur berücksichtigt werden.

2.5.2.2 Tauwasserbildung im Innern von Bauteilen

Der Wasserdampfpartialdruck p ist das wesentliche Maß für die Dampfdiffusion durch Bauteile und somit auch für die Tauwasserbildung im Innern von Bauteilen. Eine Tauwasserbildung im Innern des Bauteils findet dann statt, wenn der Wasserdampfpartialdruck an einer Stelle gleich dem Sättigungsdruck wird. Eine bestimmte Menge von Tauwasser können Bauteile je nach ihrer Beschaffenheit kapillar oder durch Adhäsion aufnehmen, ohne Schaden zu erleiden. Dieses Tauwasser muß dann während der wärmeren Jahreszeit wieder vollständig austrocknen können, um eine zunehmende Durchfeuchtung im Laufe der Jahre zu verhindern. Nach einem Berechnungsverfahren nach *Glaser*, welches in der DIN 4108 beschrieben ist, kann die Tauwasserbildung und deren Austrocknung in Bauteilen ermittelt und beurteilt werden.

Die kennzeichnende Größe der *Wasserdampfdurchlässigkeit* von Baustoffen ist die *Wasserdampfdiffusionswiderstandszahl* µ. Diese Zahl gibt an, um das Wievielfache der Diffusionswiderstand einer Baustoffschicht größer ist gegenüber der einer gleich dicken Luftschicht. Aus der Tabelle 2.9 sind die Wasserdampfdiffusionswiderstandszahlen µ einer Reihe von Baustoffen ersichtlich. Man erkennt daraus, daß Putze (Zeilen 1-4) einen kleinen µ-Wert haben und somit gut wasserdampfdurchlässig sind. Bitumen- und Kunststoffdachbahnen haben dagegen einen sehr hohen µ-Wert und sind für Wasserdampf praktisch undurchlässig.

Der Diffusionswiderstand $1/\Delta$ einer Stoffschicht der Dicke s errechnet sich aus:

$$1/\Delta = 1{,}5 \cdot 10^{6} \cdot \mu \cdot s$$

Das Produkt $\mu \cdot s$ wird als Diffusionsäquivalente Luftschichtdicke s_d (s_d-Wert) bezeichnet. Es bezeichnet die Dicke einer Luftschicht, welche den gleichen Diffusionswiderstand aufweist wie die Stoffschicht der Dicke s mit der Diffusionswiderstandszahl µ.

Innenliegende Wärmedämmschichten führen in der Regel zu Tauwasser innerhalb des Bauteils. Wird z.B. im Zusammenhang mit einer Innendämmung eine Gipskartonverbundplatte auf eine Stahlbetonaußenwand innenseitig aufgebracht, so entsteht zwischen dem Dämmstoff und der Stahlbetonwand eine beträchtliche Menge Tauwasser. Um dies zu unterbinden muß innerhalb

Tabelle 2.12: Beispiele von Wandkonstruktionen mit Angabe des Tauwasserausfalls, Berechnung und Beurteilung nach DIN 4108 Teil 5

Wandaufbau (von innen nach außen)	Tauwasserebene TE Tauwassermenge W_T Verdunstungswassermenge W_V	Beurteilung und Bemerkungen
Außenwand aus Bimsmauerwerk 1 Innenputz 15 mm 2 Bimsmauerwerk 240 mm, ρ = 500 kg/m³, λ = 0,20 W/mK 3 Außenputz 20 mm	TE: Ebene 2/3 W_T = 0,488 kg/m² W_V = 1,460 kg/m²	Die anfallende Tauwassermenge ist zulässig und kann wieder vollständig austrocknen.
Außenwand mit Wärmedämmverbundsystem 1 Innenputz 15 mm 2 Stahlbeton-Massivwand 200 mm 3 Polystyrol(PS)-Hartschaum 60 mm 4 Kunstharzputz 6 mm	TE: keine W_T = 0 kg/m² W_V = entfällt	Tauwasser im Bauteilquerschnitt fällt nicht an.
Außenwand mit Wärmedämmverbundsystem 1 Innenputz 15 mm 2 Kalksandsteinmauerwerk 240 mm, ρ = 1.400 kg/m³, λ = 0,70 W/mK 3 Polystyrol(PS)-Hartschaum 60 mm 4 Kunstharzputz 6 mm	TE: Ebene 3/4 W_T = 0,217 kg/m² W_V = 0,698 kg/m²	Die anfallende Tauwassermenge ist zulässig und kann wieder vollständig austrocknen.
Außenwand mit innenseitiger Verbundplatte 1 Gipskartonplatte 9,5 mm 2 Mineralfaser(MF)-Platten 40 mm 3 Kalksandsteinmauerwerk 240 mm, ρ = 1.400 kg/m³, λ = 0,70 W/mK 4 Außenputz 20 mm	TE: Ebenen 2/3 und 3/4 W_T = 5,363 kg/m² W_V = 0,798 kg/m²	Die anfallende Tauwassermenge ist nicht zulässig. Es ist eine Dampfbremse zwischen den Bauteilschichten 1 und 2 erforderlich.
Außenwand mit innenseitiger Verbundplatte 1 Gipskartonplatte 9,5 mm 2 Dampfsperre oder Dampfbremse 3 Mineralfaser(MF)-Platten 40 mm 4 Kalksandsteinmauerwerk 240 mm, ρ = 1.400 kg/m³, λ = 0,70 W/mK 5 Außenputz 20 mm	TE: keine W_T = 0 kg/m² W_V = entfällt	Tauwasser im Bauteilquerschnitt fällt nicht an. Gegenüber dem vorigen Beispiel wurde hier eine Dampfsperre bzw. Dampfbremse vorgesehen.

der Wärmedämmschicht eine Dampfbremse oder eine Dampfsperre eingebaut werden. Die Vorgehensweise zur Berechnung des Tauwasserausfalls ist in DIN 4108 Teil 5 beschrieben. In der Tabelle 2.12 sind einige ausgewählte Wandkonstruktionen, unter Angabe des Tauwasserausfalls im Bauteil zusammengestellt.

Als grobe Regel gilt: Ist der s_d-Wert der Bauteilschichten innerhalb der Wärmedämmschicht kleiner als der s_d-Wert der Bauteilschichten außerhalb der Wärmedämmschicht, so muß innenseitig der Wärmedämmschicht eine Dampfbremse oder Dampfsperre vorgesehen werden.

• *Normen*
DIN 4108 Teil 1 Wärmeschutz im Hochbau; Größen und Einheiten.

DIN 4108 Teil 3 Wärmeschutz im Hochbau; Klimabedingter Feuchteschutz; Anforderungen und Hinweise für Planung und Ausführung.

DIN 4108 Teil 4 Wärmeschutz im Hochbau; Wärme- und feuchteschutztechnische Kennwerte.

DIN 4108 Teil 5 Wärmeschutz im Hochbau; Berechnungsverfahren.

2.5.3 Regenschutz

Der *Regenschutz* ist die wichtigste Schutzfunktion, die ein Putz erfüllen muß. Wie am Anfang des Kapitels 2.5 erwähnt, wird erst durch einen ausreichenden Regenschutz der Wand deren Wärmedämmung gesichert und nur bei ausreichendem Regenschutz sind eine Reihe von Wandbaustoffen überhaupt erst dauerhaft und verhindern Durchfeuchtungen in den Innenräumen (z.B. Bimsbeton, Porenbeton, nicht vollfugig hergestelltes Mauerwerk).

In Kapitel 2.3 wurde bereits auf die Beanspruchungen durch Witterungseinflüsse eingegangen und die Bedeutung der Schlagregenbeanspruchung herausgestellt. In diesem Kapitel werden nun die bauphysikalischen Kenngrößen behandelt, die für den Regenschutz von Putzen maßgeblich sind, und es wird auf die Anforderungen eines ausreichenden Regenschutzes eingegangen.

2.5.3.1 Begriffe

Bei einer Beanspruchung des Putzes durch Regen und insbesondere durch Schlagregen spielen die Transportvorgänge von Wasser in flüssigem und dampfförmigem Zustand eine Rolle. Der Transportvorgang von flüssigem Wasser wird dabei durch den *Wasseraufnahmekoeffizienten w* beschrieben, während die *Wasserdampfdiffusionswiderstandszahl μ* bzw. der *μ-Wert* eine Kennzahl für den Transport von Wasserdampf ist.

• *Wasseraufnahmekoeffizient w*
Flüssiges Wasser in Putzen wird im wesentlichen in Poren und Kapillaren, das sind durchgehende Hohlräume mit sehr kleinem Durchmesser im Innern von Putzen, transportiert. Aufgrund der Oberflächenspannung von Wasser kann dieses innerhalb der Kapillaren und Poren auch entgegen der Schwerkraft in den Putz eindringen und wird »aufgesaugt«. Die Wasseraufnahme einer Fassade bei Schlagregen stellt eine Kombination von kapillarer Wasseraufnahme und Sickerströmung dar, wobei die kapillare Wasseraufnahme deutlich überwiegt, wenn es sich nicht gerade um sehr stark durchlässige Putze handelt, die durch starken Winddruck beansprucht werden.

Das auf die Fassade auftreffende Wasser wird von den Kapillaren des Putzes teilweise aufgesaugt, teilweise durch Windkräfte in das Kapillarsystem gepreßt, und zum Teil läuft es an der Fassade herunter. Bei Putzen, die nur wenig Wasser aufnehmen sollen, muß daher die Kapillarität im Innern des Putzes und vor allem an der Oberfläche vermindert werden, was durch eine entsprechende Kornzusammensetzung und Bindemittel oder durch Zusatzmittel (Hydrophobierungsmittel) möglich ist.

Ein mineralischer Putz, der in nahezu allen Fällen Kapillaren aufweist, saugt ablaufendes Regenwasser in die Kapillaren auf. Es hat sich dabei gezeigt, daß zuerst viel Wasser aufgenommen wird und später immer weniger. Die zeitliche Abhängigkeit der Wasseraufnahme folgt näherungsweise einem Wurzel-Zeit-Gesetz mit folgender Gleichung:

$$W = w \cdot \sqrt{t}$$

Dabei ist W die Wasseraufnahme pro m² Oberfläche des Putzes, w der Wasseraufnahmekoeffizient und t die Saugzeit in Stunden. Wegen des Wurzel-Zeit-Gesetzes ist die Einheit des Wasseraufnahmekoeffizienten $kg/m^2 h^{0,5}$. Der w-Wert beschreibt also die vom Baustoff pro Flächeneinheit aufgenommene Wassermenge in Abhängigkeit von der Zeit. Dieser Wert muß für jeden Baustoff experimentell bestimmt werden entsprechend DIN 52 617. Dabei wird in einem Tauchversuch die aufgenommene Wassermenge durch Wägung bestimmt und auf die Fläche bezogen. Die Meßergebnisse nach den einzelnen Zeitintervallen überträgt man in ein Diagramm, in dem auf der Ordinate die Wasseraufnahme in kg/m^2 und auf der Abszisse die Wasseraufnahmezeit in Stunden im *Wurzelmaßstab* aufgetragen wird.

Bei vielen kapillaren Baustoffen und auch bei Putzen entsteht so näherungsweise eine Gerade, wobei die Steigung der Geraden dem Wasseraufnahmekoeffizienten entspricht. Die Verhältnisse für einen wasserabweisenden Oberputz (mit Zusatzmitteln) sind in Bild 2.9 dargestellt. Aus diesen Versuchsergebnissen wird ein Wasseraufnahmekoeffizient w = 0,35 $kg/m^2 h^{0,5}$ errechnet. Der zum Vergleich dargestellte Zementputz und der Kunstharzputz weisen einen w-Wert von 1,6 bzw. von 0,1 $kg/m^2 h^{0,5}$ auf.

Bei der Prüfung der Wasseraufnahme muß u.a. beachtet werden, daß die Probe beim Versuch nicht durchfeuchtet werden darf (Wasseraustritt auf der Probenrückseite). Außerdem muß beachtet werden, daß der Wasseraufnahmekoeffizient entsprechend den obigen Ausführungen nur dann errechnet werden kann, wenn sich im Wasseraufnahme-Wurzel-Zeit-Diagramm eine *Gerade* ergibt (dies ist bei mineralischen Putzen meist der Fall). Bei manchen Putzen mit organischen Bindemitteln kann durch Quelleffekte des Bindemittels oder durch andere Tranportmechanismen die gewonnene Meßkurve von einer Geraden abweichen. In einem solchen Fall wird der Wasseraufnahme-

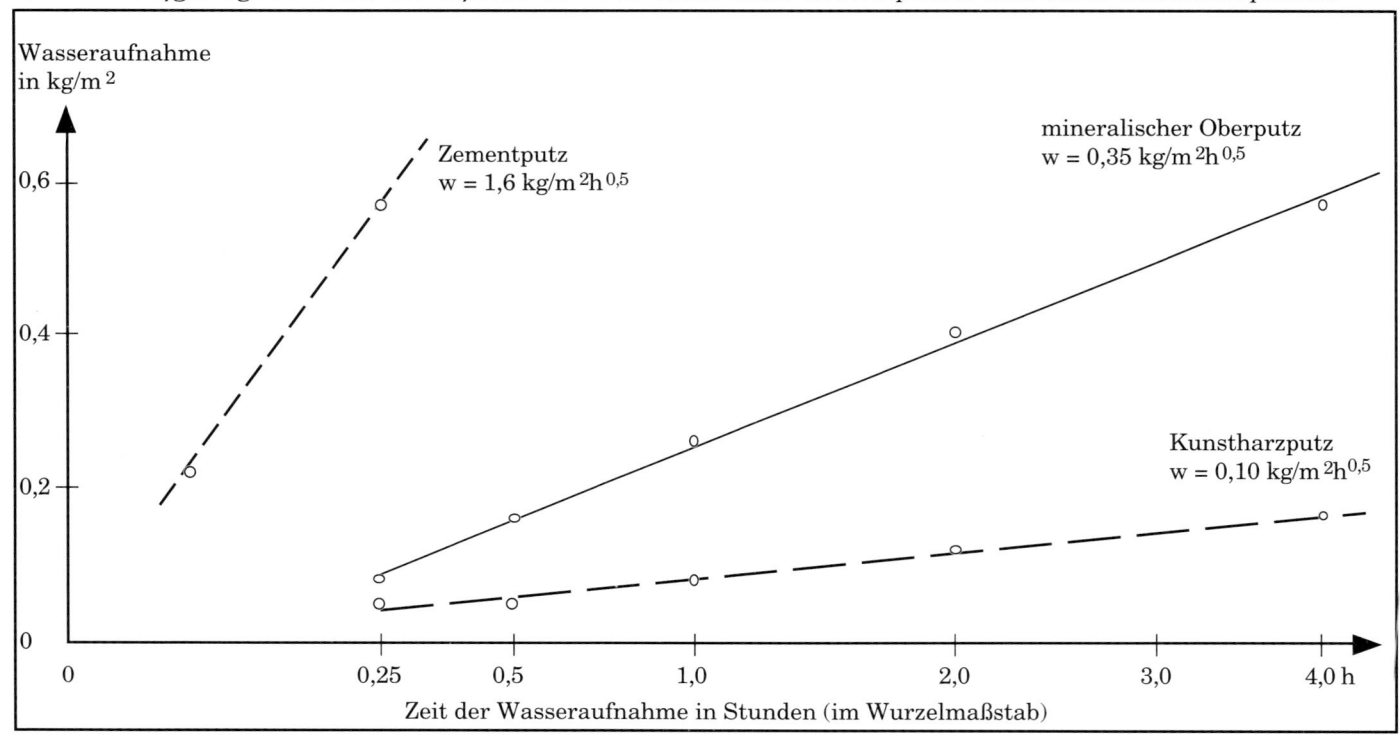

Bild 2.9: *Wasseraufnahme je Flächeneinheit eines mineralischen Oberputzes mit Zusatzmitteln, aufgetragen im Wurzelmaßstab der Zeit sowie eines Zementputzes und eines Kunstharzputzes.*

koeffizient w nicht aus der Steigung der Geraden im Meßbereich ermittelt (siehe Bild 2.9 für Oberputz und Kunstharzputz), sondern aus der Steigung einer gedachten Geraden zwischen dem Nullpunkt und dem Meßwert der Wasseraufnahme nach 24 Stunden.

Außer dem beschriebenen, genormten Verfahren zur Ermittlung des Wasseraufnahmekoeffizienten, das für Laborprüfungen vorgesehen ist, gibt es auch noch ein anderes Verfahren, nämlich mit Hilfe des *Karsten'schen Prüfröhrchens*. Dieses Verfahren ist zur zerstörungsfreien Messung der Wasseraufnahme an Ort und Stelle an ausgeführten Putzen vorgesehen und kann aufwendige und teure Prüfungen im Labor an entnommenen Bohrkernen ersetzen. Es ist aber nur eine halbquantitative Meßmethode und kann in Grenzfällen eine Labormessung nicht ersetzen.

Zur Messung der Wasseraufnahme wird das Karsten'sche Prüfröhrchen, das aus einem unteren Wasservorratsgefäß und einer oberen Meßskala besteht, an seinem unteren Ende mit Hilfe eines Dichtungskittes auf den zu prüfenden Putz aufgebracht und mit Wasser gefüllt. Nun wird in gewissen Zeitabständen die Abnahme der Wasserhöhe bzw. die kapillar aufgenommene Wassermenge festgehalten. Daraus können unter Einbeziehung der mit Wasser beanspruchten Fläche die Wasseraufnahme je Flächeneinheit und ggf. auch ein Wasseraufnahmekoeffizient berechnet werden.

- *Wasserdampfdiffusionswiderstandszahl μ*

Auf die Wasserdampfdiffusionswiderstandszahl μ bzw. auf den μ-Wert wurde bereits in Kapitel 2.5.2.2 kurz eingegangen. Der μ-Wert ist die kennzeichnende, stoffspezifische Zahl für die Wasserdampfdurchlässigkeit eines Stoffes. Während der Wasseraufnahmekoeffizient w also das Verhalten bei *flüssigem* Wasser angibt, kennzeichnet der μ-Wert das Verhalten gegenüber *dampfförmigem* Wasser.

Der μ-Wert ist dimensionslos und gibt an, um das Wievielfache der Diffusionswiderstand einer Baustoffschicht größer ist als eine gleich dicke Luftschicht. Da alle, auch die porösesten Baustoffe einen größeren Diffusionswiderstand haben als Luft, ist der μ-Wert immer größer als 1 und reicht entsprechend Tabelle 2.9 in Kapitel 2.5.1.2 von einem Wert von 5 bis 10 für viele mineralische Putze über einen Wert von ca. 100 für Kunstharzputze bis zu Werten von mehr als 10.000 bei dichten Stoffen wie Bitumendachbahnen, Polyethylenfolien oder Gußasphalt.

Der μ-Wert eines Baustoffes kann nur im Labor bestimmt werden. Das am häufigsten verwendete Verfahren ist in DIN 52 615 beschrieben. Dabei wird der Diffusionsstrom, der durch eine Probe hindurchgeht, die auf den beiden Seiten verschiedenen Wasserdampfteildrücken ausgesetzt ist im stationären Zustand bestimmt. Die verschiedenen Dampfteildrücke werden durch die unterschiedlichen relativen Luftfeuchtigkeiten auf den beiden Seiten der Probe erzeugt.

- *Diffusionsäquivalente Luftschichtdicke s_d*

Der μ-Wert eines Stoffes gibt zwar als Stoffkennwert an, um das Wievielfache dieser Stoff gegenüber Wasserdampf dichter ist als Luft, er ist aber noch kein Maß für die tatsächliche Wasserdampfdurchlässigkeit eines Baustoffes. Dieses Maß liegt in der diffusionsäquivalenten Luftschichtdicke s_d vor, die errechnet wird aus

$$s_d = \mu \cdot s,$$

wobei s die Schichtdicke des Baustoffes in m ist. Der s_d-Wert (Einheit Meter) gibt an, wie dick eine ruhende Luftschicht sein muß, die das gleiche Diffusionsverhalten wie der betrachtete Baustoff in der vorliegenden Dicke hat. Je kleiner die diffusionsäquivalente Luftschichtdicke s_d ist, desto höher ist die Wasserdampfdurchlässigkeit und desto mehr Wasserdampf kann durch den Baustoff diffundieren.

Als Beispiel ist in Tabelle 2.13 der s_d-Wert für einen Kalkzementputz und für einen Dispersionsanstrich errechnet. Trotz der stark unterschiedlichen μ-Werte von 30 bzw. 4000 haben beide Baustoffe wegen ihrer stark unterschiedlichen Dicke einen gleich großen s_d-Wert von 0,6 m.

- *Normen*

DIN 52 617 Bestimmung des Wasseraufnahmekoeffizienten von Baustoffen.

2.5.3.2 Fassadenschutztheorie nach Künzel

Wie im vorangegangenen Kapitel geschildert, nehmen mineralische Putze bei Beregnung Wasser in flüssiger Form kapillar auf. Der Kennwert dafür ist der Wasseraufnahmekoeffizient w. Damit eine Wand oder ein Bauteil eine lange Lebensdauer besitzt und keine Durchfeuchtungen in den Wohnräumen auftreten, muß gewährleistet sein, daß auch bei längeren Regenfällen das verputzte Mauerwerk trocken bleibt. Dies bedeutet, daß die Wassermenge, die bei Beregnung aufgenommen wird, einerseits gewisse Grenzen nicht überschreiten darf und andererseits in der Trockenzeit wieder abgegeben werden muß. Mathematisch ausgedrückt heißt das, daß die bei Regen aufgenommene Wassermenge W_r kleiner oder gleich der in der Trockenzeit abgegebenen Feuchtigkeitsmenge W_t sein muß.

Dabei muß beachtet werden, daß die Wasserabgabe in der Trockenzeit nur durch Abgabe von *Wasserdampf*, also durch *Verdunstung* möglich ist. Das Maß für die Verdunstungsmöglichkeit eines Baustoffes ist die in Kapitel 2.5.3.1 behandelte diffusionsäquivalente Luftschichtdicke s_d. Bei der Wasseraufnahme (kapillar) handelt es sich also um einen anderen Transportmechanismus als bei der Wasserabgabe (Diffusion). Man erkennt dies auch daran, daß die Durchfeuchtung eines ins Wasser gelegten Putzstückes weitaus schneller geht als die Austrocknung nach der Entnahme aus dem Wasser. Daher muß sichergestellt sein, daß die bei Beregnung aufgenommene Wassermenge begrenzt wird und mit ausreichender Sicherheit durch Verdunstung (Diffusion) wieder abgegeben werden kann.

Ausgehend von diesen Überlegungen, die Künzel zunächst nur für Gasbeton (Porenbeton) angestellt hat, ermittelte er aus der Wasseraufnahme durch Kapillarität und aus den Diffusionsgesetzen die Anforderung, daß das Produkt aus s_d-Wert und w-Wert kleiner oder gleich 0,2 kg/mh^{0,5} sein muß, also

$$s_d \cdot w \leq 0{,}2 \text{ kg/mh}^{0,5}.$$

Damit ein Wandaufbau auch bei starker Regenbelastung im Sinne eines Feuchtigkeitsschutzes bauphysikalisch funktionsfähig ist, müssen außerdem noch folgende Randbedingungen erfüllt sein:

$$w \leq 0{,}5 \text{ kg/m}^2\text{h}^{0,5}$$

(Begrenzung der möglichen Wasseraufnahme während der Beregnung), und

$$s_d \leq 2{,}0 \text{ m}$$

(Begrenzung des Diffusionswiderstandes, damit eine ausreichend schnelle Austrocknung möglich ist).

Diese Überlegungen von Künzel gelten nicht nur für Porenbeton, sondern wurden später auch auf andere Wandbaustoffe übertragen und fanden Eingang in die DIN 4108 (Wärmeschutz im Hochbau) und in die DIN 18 550 (Putz). Wenn ein Putz oder Putzsystem die o.g. Anforderungen erfüllt, gilt es als »wasserabweisend« im Sinne der DIN 18 550.

Außer dieser Eigenschaft wurde auch die weniger wasserschützende Eigenschaft »wasserhemmend« eingeführt, die bei geringerer Schlagregenbeanspruchung ebenfalls eine ausreichende Schutzwirkung bietet (siehe Kapitel 2.31 und Tabelle 2.5).

Die zu stellenden Anforderungen des Regenschutzes für die Eigenschaften wasserhemmend und wasserabweisend sind in Tabelle 2.14 zusammengestellt.

2.5.3.3 Wasserhemmende und Wasserabweisende Putze

Ob ein Putz keine besonderen Eigenschaften hinsichtlich des Regenschutzes aufweist oder ob er als *wasserhemmend* bzw. *wasserabweisend* einzustufen ist, muß vom Putzhersteller angegeben werden. Die für die beiden letztgenannten Eigenschaften geforderte Begrenzung des s_d-Wertes auf einen Wert von 2 m oder weniger, wird von allen mineralischen Putzen (auch von

Tabelle 2.13: Diffusionsäquivalente Luftschichtdicke s_d für einen Kalkzementputz und einen Dispersionsanstrich

Stoffkennwert	Kalkzementputz	Dispersionsanstrich
μ-Wert	30	4000
Schichtdicke s in m	0,02	0,00015 (150μm)
s_d-Wert in m	0,6	0,6

Sperrputzen oder Dichtungsschlämmen; siehe Kapitel 1.5.6 und 1.5.7) sicher erfüllt. Die s_d-Werte für 20 mm dicke, mineralische Putze liegen bei ca. 0,2 bis 0,7 m. Ein prüftechnischer Nachweis ist daher nicht erforderlich.

Anders verhält es sich dagegen bei Kunstharzputzen und bei Fassadenanstrichen. Da Kunststoffbindemittel einen relativ hohen μ-Wert haben, kann bei hohem Bindemittelanteil oder bei hoher Schichtdicke der s_d-Wert von 0,2 m überschritten werden. Daher ist bei Kunstharzputzen und Fassadenfarben eine Prüfung des μ-Wertes erforderlich, aus der der s_d-Wert für übliche Anwendungsschichtdicken errechnet werden kann (siehe Kapitel 2.5.2).

Hinsichtlich des Wasseraufnahmekoeffizienten w liegen die Verhältnisse anders. Übliche Putzsysteme der Mörtelgruppen P I, P II oder P III erfüllen ohne Zusatzmittel nicht die zu stellenden Anforderungen für die Eigenschaft wasserabweisend. Putze, die diese Eigenschaft aufweisen, müssen daher vom Putzhersteller in genau abgestimmtem Aufbau hergestellt werden oder mit Zusatzmitteln versehen werden, und der Putzhersteller muß angeben, ob der Putz hinsichtlich des Regenschutzes als wasserhemmend oder wasserabweisend gilt.

Als wasserhemmend gelten Putzsysteme dann, wenn sie gemäß DIN 18 550 aufgebaut sind, wobei ggf. geeignete Zusatzmittel zu verwenden sind. Hierzu gehören z.B. die Putze bzw. Putzsysteme der Tabelle 1.29, Zeilen 9-16.

Als wasserabweisend gelten solche Putzsysteme, die gemäß DIN 18 550 als wasserabweisend eingestuft und in Tabelle 1.29, Zeilen 17-24, genannt sind. Bei mineralischen Putzen sind dann in der Regel hydrophobierende Zusatzmittel erforderlich.

Putzsysteme, die in Tabelle 1.29, Zeilen 9-24 nicht genannt sind, können auch dann als wasserhemmend bzw. wasserabweisend eingestuft werden, wenn die wasserabweisenden Eigenschaften nachgewiesen werden. Hierzu müssen die den Regenschutz hauptsächlich bewirkenden Putzlagen bzw. das Putzsystem bei der Prüfung nach DIN 52 617 die in der Tabelle 2.14 angegebenen Anforderungen erfüllen.

Wie bereits gesagt, ist bei mineralischen Putzen die Prüfung der Wasserdampfdurchlässigkeit nach DIN 52 615 Teil 1 jedoch nicht erforderlich. In der Putznorm wird empfohlen, die Prüfung des Wasseraufnahmekoeffizienten nach DIN 52 615 nur von erfahrenen Prüfinstituten durchführen zu lassen, weil dazu spezifische Kenntnisse erforderlich sind.

Zum Wasseraufnahmekoeffizienten ist anzumerken, daß dieser für einen bestimmten Putz oder für einen bestimmten Fassadenanstrich keine feste Größe ist, sondern daß sich der w-Wert wandeln kann, und zwar in relativ großem Umfang. So können z.B. Zusatzmittel des Putzes, die die wasserabweisenden Eigenschaften verbessern sollen (insbesondere Hydrophobierungsmittel), im Laufe der Zeit an Wirksamkeit verlieren. Die Erfahrung hat jedoch gezeigt, daß mineralische Putze im Laufe der Zeit durch die Alterung des Putzes und das Anlagern von wasserabweisenden Schmutzteilchen auf der Putzoberfläche (z.B. Ruß, Fett, Öl) nach mehreren Jahren deutlich weniger Wasser kapillar aufnehmen als im ursprünglichen Zustand. Die mögliche nachlassende Wirkung der Zusatzmittel wird also durch die Alterung und Verschmutzung des Putzes mehr als ausgeglichen. Eine nennenswerte Verschlechterung der Wasseraufnahme von Putzen tritt erst dann ein, wenn der Putz durch langjährige Witterungseinflüße oder durch Salzkristallisation seine Festigkeit verliert und stark absandet. Bei solchen alten Putzen erfolgt eine schnelle und große Wasserauf-

Tabelle 2.14: Bewertung des Regenschutzes von Putzen bzw. Fassadenanstrichen

	Wasseraufnahmekoeffizient w in kg/m²h^{0,5}	Diffusionsäquivalente Luftschichtdicke s_d in m	Produkt w·s_d in kg/mh^{0,5}
wasserhemmend	≤ 2,0	≤ 2	–
wasserabweisend	≤ 0,5	≤ 2	≤ 0,2

nahme wie Benetzungsversuche oder Prüfungen mit dem *Karsten'schen Prüfröhrchen* zeigen.

Laborversuche des Wasseraufnahmekoeffizienten w an kunststoffgebundenen Putzen und Anstrichen, die in neuem Zustand und nach mehrjähriger Freibewitterung durchgeführt wurden (Kunstharzputze, Fassadenfarben, Gasbetonbeschichtungen), haben gezeigt, daß auch hier im Laufe der Zeit eine Verbesserung des Wasseraufnahmekoeffizienten w eintritt.

- *Normen*
DIN 52 615 Teil 1 Bestimmung der Wasserdampfdurchlässigkeit von Bau- und Dämmstoffen; Versuchsdurchführung und Versuchsauswertung.

2.5.4 Schallschutz

Die schall- oder lärmschützenden Eigenschaften einer Außenwand sind hauptsächlich abhängig von deren flächenbezogener Masse. Putzschichten haben auf den Schallschutz dabei nur dann einen wesentlichen Einfluß, wenn sehr leichte Mauersteine verwendet werden, bei Mauerwerk ohne vermörtelte Stoßfugen, bei Mauerwerk aus Schalungssteinen oder bei der Anwendung von Wärmedämmverbundsystemen.

Im Bereich des Trockenbaus wird der Schallschutz bei Ständerwänden durch die schalltechnischen Besonderheiten der Trockenbauplatten bestimmt. Die Gesamtmasse des Wandaufbaues ist dort weniger von Bedeutung.

Der Schallschutz von Außenwänden wird mit dem bewerteten Schalldämm-Maß R'_w erfaßt. An Außenwände wie auch an Innenwände werden Anforderungen an den Schallschutz gestellt. Diese Anforderungen sind in der DIN 4109 festgelegt. Bei massiven Wänden ist die Schalldämmung im wesentlichen abhängig von der flächenbezogenen Masse der Wand. Der Einfluß von Putzen auf den Schallschutz einer Wand geht aus Tabelle 2.15 hervor.

2.5.4.1 Der Schallpegel

Zunächst ist der Frequenzbereich interessant, welcher unser Hörempfinden beeinflußt. Der gesamte Hörbereich des Menschen liegt zwischen ca. 15 Hz und 15.000 Hz. Im Bereich der Bauakustik interessiert lediglich der Frequenzbereich zwischen 100 und 3.150 Hz. Nur in Sonderfällen werden die darunter- oder darüberliegenden Frequenzen betrachtet.

Die Stärke eines Schalls, z.B. Musik in einem Zimmer, wird durch den Schallpegel L zahlenmäßig beschrieben:

$$L = 20 \lg \frac{p}{p_0} \quad \text{in dB.}$$

Dabei stellt p den Schalldruck des Geräusches dar, p_0 ist ein Bezugswert. Die Einheit dB bedeutet Dezibel (= Zehntel der Einheit Bel).

Der menschliche Höreindruck hängt nicht nur vom Schallpegel ab, sondern auch von der Frequenz des Geräusches. Unterhalb 1000 Hz nimmt der Lautstärkeeindruck des menschlichen Oh-

Tabelle 2.15: Beeinflussung der Schalldämmung von unterschiedlichem Mauerwerk mit und ohne Putz

Wandbauart der Rohwand	Dicke der Rohwand [1] d in mm	Bewertetes Schalldämm-Maß R'_w nach DIN 4109 ohne Putz	mit Putz [2]
Gasbeton 500 kg/m³	150 [3]	32 dB	38 dB
	240	39 dB	43 dB
	300	41 dB	44 dB
Leichthochlochziegel 800 kg/m³	115 [3]	36 dB	38 dB
	240	44 dB	45 dB
	300	46 dB	48 dB
Bimsmauerwerk 600 kg/m³	80 [3]	30 dB	32 dB
	175 [3]	38 dB	40 dB
	240	40 dB	43 dB
	300	43 dB	45 dB
Gipsdielen 900 kg/m³	80 [3]	32 dB [4]	--
	100 [3]	35 dB [4]	--

[1] Innenwände mit Normalmörtel und Außenwände mit Leichtmörtel vermauert
[2] Bei Innenwänden: beidseitig 10 mm Innenputz; bei Außenwänden: 10 mm Innenputz und 15 mm Außenputz
[3] Innenwände
[4] Bei Abtrennung gegen die anschließenden Bauteile darf das bewertete Schalldämm-Maß R'_w um 2 dB höher angesetzt werden.

res mit der Frequenz immer weiter ab. Um dies zu erfassen, wird der Schallpegel bewertet. Diese Bewertung entspricht in etwa der Empfindlichkeit des menschlichen Ohres und die daraus resultierenden Werte sind in einer Bewertungskurve A beschrieben. Der sich daraus ergebende Schallpegel wird als A-Schallpegel bezeichnet und die zugehörigen Zahlenwerte mit dB(A). In der Tabelle 2.16 sind einige Beispiele für den Schallpegel verschiedener Geräusche dargestellt.

Der subjektive Geräuscheindruck des Menschen kann ebenso mit dem Schallpegel beschrieben werden. Dabei wird die Anhebung des Schallpegels um 10 dB(A) als etwa doppelt so laut, d.h. als Verdoppelung der Lautstärke empfunden. Eine Ausnahme bilden hier sehr leise Geräusche bei denen eine wesentlich geringere Pegelzunahme genügt, um den doppelt so lauten Geräuscheindruck zu erzeugen.

2.5.4.2 Luftschalldämmung

Zur Ermittlung der Schalldämmung eines Massivbauteils wird die Flächenmasse m' benötigt, diese errechnet sich wie folgt:

$$m' = \rho \cdot d.$$

Dabei ist ρ die Rohdichte der Wand und d ihre Dicke. Bei mehreren Bauteilschichten addieren sich die Flächenmassen m' der einzelnen Schichten zu einer Gesamtmasse. Mittels der Flächenmasse m' des Bauteils kann aus Tabelle 2.17 das bewertete Schalldämm-Maß abgelesen werden.

Die Dämmung des Schalls, der durch ein Bauteil zwischen zwei Räumen übertragen wird und auf der einen Seite durch Anregung der Luft entsteht, nennt man *Luftschalldämmung*. Im Gegensatz hierzu wird bei der *Trittschalldämmung* das Geräusch durch Körperschallanregung erzeugt, d.h. das Bauteil selbst wird durch mechanische Einwirkung in Schwingungen versetzt, während bei der Luftschallanregung dies über die Luft geschieht.

Die Luftschalldämmung wird durch das Schalldämm-Maß R gekennzeichnet. Dieses ist folgendermaßen definiert

$$R = 10 \lg \frac{P_1}{P_2} \text{ in dB}.$$

Dabei ist P_1 die auf das trennende Bauteil auftreffende Schall-Leistung und P_2 die von dem trennenden Bauteil auf der anderen Seite abgestrahlte Schall-Leistung. Das Schalldämm-Maß hat die Einheit dB (Dezibel). Diese Definition ist für die praktische Anwendung nicht direkt geeignet, deshalb wird die Schallübertragung zwischen 2 Räumen wie folgt beschrieben:

$$R = L_1 - L_2 + 10 \lg \frac{S}{A_2} \text{ in dB}.$$

Tabelle 2.17: Bewertetes Schalldämm-Maß $R'_{w,R}$ von einschaligen, biegesteifen Wänden nach DIN 4109 (Rechenwerte)

Flächenbezogene Masse m' in kg/m²	Bewertetes Schalldämm-Maß [1] $R'_{w,R}$ in dB
85	34
90	35
95	36
105	37
115	38
125	39
135	40
150	41
160	42
175	43
190	44
210	45
230	46
250	47
270	48
295	49
320	50
350	51
380	52
410	53
450	54
490	55
530	56
580	57

[1] Gültig für flankierende Bauteile mit einer mittleren flächenbezogenen Masse $m'_{L,Mittel}$ von ca. 300 kg/m².

Tabelle 2.16: Schallpegel verschiedener Geräusche

Geräuscherzeuger	Schallpegel in dB(A)
neben startendem Düsenflugzeug	130
Fabriksaal einer Spinnerei	90 - 100
Fabriksaal einer Weberei	85 - 95
Verkehrslärm in Hauptverkehrsstraße	75 - 80
Laute Sprache	70 - 75
Normale Sprache	60 - 65
Sprache die gerade noch verständlich ist	30 - 35
In einem ruhigen Zimmer, nachts	10 - 20

Dabei ist L_1 der Schallpegel im Senderaum und L_2 der Schallpegel im Empfangsraum. Die Fläche der Trennwand wird mit S bezeichnet und die äquivalente Schallabsorbtionsfläche des Empfangsraumes mit A_2 (bestimmt durch die Messung der Nachhallzeit). Wird das Schalldämm-Maß so ermittelt, daß an der Schallübertragung nicht nur das trennende Bauteil sondern auch die flankierenden Bauteile beteiligt sind, so wird das Schalldämm-Maß R mit einem Strich versehen R'. Ausgenommen bei Fenstern und Türen wird in Deutschland üblicherweise das sogenannte Bauschalldämm-Maß R' gemessen und angegeben. Da das Schalldämm-Maß R' frequenzabhängig ist, wird es in Form einer Kurve dargestellt (siehe Bild 2.10).

Die Bewertung des Schalldämm-Maßes erfolgt anhand einer Bewertungskurve (Bezugskurve) nach DIN 52 210. Sie wird solange über der gemessenen Kurve verschoben, bis die Unterschreitung zwischen Meßkurve und Bezugskurve im Mittel nicht größer als 2 dB ist. Der Wert der verschobenen Bewertungskurve bei 500 Hz stellt dann den Zahlenwert des bewerteten Schalldämm-Maßes R'_w dar. Früher wurde für die Beschreibung des bewerteten Schalldämm-Maßes R'_w auch das *Luftschallschutzmaß* LSM verwendet. Es errechnet sich aus

$$LSM = R'_w - 52 \text{ dB}.$$

Beispielhaft sind in Tabelle 2.15 einige Wände mit dem zugehörigen bewerteten Schalldämm-Maß R'_w dargestellt.

2.5.4.3 Trittschallschutz

Da die Trittschallanregung eine Körperschallanregung ist, wurde ein genormtes Anregungsverfahren eingeführt. Dabei wird ein sogenanntes Hammerwerk auf die zu prüfende Decke aufgestellt und betrieben. Gemessen wird dann der im Raum unter der Decke oder in einem angrenzenden Raum auftretende Schallpegel. Dieser Schallpegel L wird auf eine genormte Schallabsorptionsfläche $A_0 = 10 \text{ m}^2$ bezogen und lautet dann:

$$L'_n = L + 10 \lg \frac{A}{A_0} \text{ in dB}.$$

Dabei ist A die bei der Messung vorhandene Schallabsorptionsfläche im Meßraum. Der so berechnete Schallpegel L'_n wird als Normtrittschallpegel bezeichnet und in ähnlicher Weise wie das bewertete Schalldämm-Maß in Abhängigkeit von der Frequenz dargestellt (siehe Bild 2.11).

Auch hier wird zur Ermittlung eines einzelnen Wertes die Bewertungskurve über der gemessenen Kurve solange verschoben bis die Überschreitung im Mittel maximal 2 dB beträgt. Der Ordinatenwert der verschobenen Kurve bei 500 Hz stellt dann den bewerteten Norm-Trittschallpegel $L'_{n,w}$ dar. Daraus kann das früher übliche Trittschallschutzmaß wie folgt berechnet werden

$$TSM = 63 \text{ dB} - L'_{n,w}.$$

2.5.4.4 Trittschall-Verbesserungsmaß

Um schwimmende Estriche und Gehbeläge in ihrem Trittschallverhalten auf der Rohdecke beschreiben zu können, wurde das Trittschall-Verbesserungsmaß ΔL_w (früher VM) eingeführt.

Bild 2.10: Schalldämm-Maß eines Bauteils über der Frequenz

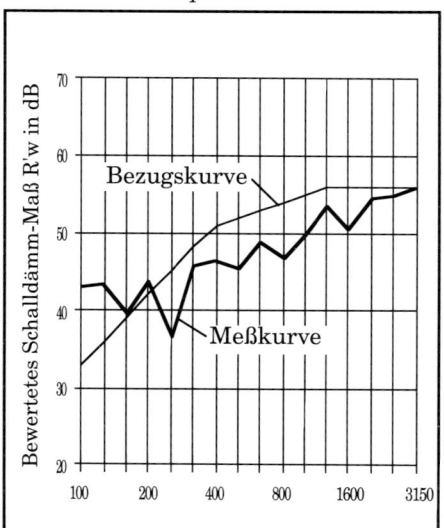

Bild 2.11: Norm-Trittschallpegel eines Bauteils über der Frequenz

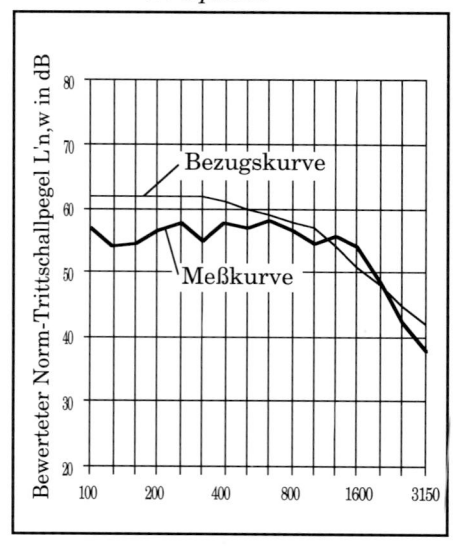

2.5 Bauphysikalische Eigenschaften

Das Verbesserungsmaß ΔL_w stellt die Verminderung des bewerteten Norm-Trittschallpegels $L'_{n,w}$ einer Rohdecke ohne Belag dar, wenn dieser auf die Decke aufgebracht wird. Der bewertete Norm-Trittschallpegel $L'_{n,w}$ berechnet sich dann wie folgt:

$$L'_{n,w} = L'_{n,w,eq} - \Delta L_w ,$$

dabei ist $L'_{n,w,eq}$ der äquivalente bewertete Norm-Trittschallpegel der Decke ohne Deckenauflage.

2.5.4.5 Anforderungen an den Schallschutz

Die Anforderungen an den Schallschutz (siehe Tabelle 2.18) resultieren aus der Anregung durch Luft- oder Trittschall auf der einen Seite (Senderaum) und

Tabelle 2.18: Anforderungen und Empfehlungen für den Luft- und Trittschallschutz von Geschoßhäusern mit Wohnungen und Arbeitsräumen nach DIN 4109 (11.89) mit Beiblatt 2 (gekürzt)

	Bauteile	**Anforderungen**		**Empfehlungen**	
		erf. R'_w in dB	erf. $L'_{n,w}$ in dB	R'_w in dB	$L'_{n,w}$ in dB
Decken	Decken unter allgemein nutzbaren Dachräumen, z.B. Trockenböden, Abstellräumen und ihren Zugängen	53 [1]	53 [1]	≥ 55	≤ 46
	Wohnungstrenndecken (auch -treppen) und Decken zwischen fremden Arbeitsräumen bzw. vergleichbaren Nutzungseinheiten	54 [2]	53 [2,3]	≥ 55	≤ 46
	Decken über Kellern, Hausfluren, Treppenräumen unter Aufenthaltsräumen	52	53 [3]	≥ 55	≤ 46
	Decken über Durchfahrten, Einfahrten von Sammelgaragen und ähnliches unter Aufenthaltsräumen	55	53 [3]	–	≤ 46
	Decken unter/über Spiel- oder ähnlichen Gemeinschaftsräumen	55	46	–	–
	Decken unter Terrassen und Loggien über Aufenthaltsräumen		53	–	≤ 46
	Decken unter Laubengängen		53	–	≤ 46
	Decken und Treppen innerhalb von Wohnungen, die sich über zwei Geschosse erstrecken		53 [1,3]	–	46
	Decken unter Bad und WC ohne/mit Bodenentwässerung	54	53 [1,3]	≥ 55	≤ 46
	Decken unter Hausfluren		53 [3]	–	≤ 46
Treppen	Treppenläufe und -podeste		58 [4]		≤ 46
Wände	Wohnungstrennwände und Wände zwischen fremden Arbeitsräumen	53		≥ 55	–
	Treppenraumwände und Wände neben Hausfluren	52 [5]		≥ 55	–
	Wände neben Durchfahrten, Einfahrten von Sammelgaragen u.ä.	55			
	Wände von Spiel- oder ähnlichen Gemeinschaftsräumen	55			
Türen	Türen, die von Hausfluren oder Treppenräumen in Flure und Dielen von Wohnungen und Wohnheimen oder von Arbeitsräumen führen	27 [6]	–	≥ 37	–
	Türen, die von Hausfluren oder Treppenräumen unmittelbar in Aufenthaltsräume – außer Flure und Dielen – von Wohnungen führen	37	–	–	–

1. Bei Gebäuden mit nicht mehr als 2 Wohnungen betragen die Anforderungen erf. R'_w = 52 dB und erf. $L'_{n,w}$ = 63 dB.
2. Bei Gebäuden mit nicht mehr als 2 Wohnungen beträgt die Anforderung erf. R'_w = 52 dB.
3. Weichfedernde Bodenbeläge dürfen dem Nachweis der Anforderungen an den Trittschallschutz nicht angerechnet werden; in Gebäuden mit nicht mehr als 2 Wohnungen dürfen weichfedernde Bodenbeläge berücksichtigt werden.
4. Keine Anforderung an Treppenläufe in Gebäuden mit Aufzug.
5. Für Wände mit Türen gilt die Anforderung erf. R'_w (Wand) = erf. R_w (Tür) + 15 dB. Darin bedeutet erf. R_w (Tür) die erforderliche Schalldämmung der Tür nach dieser Tabelle. Wandbreiten ≤ 30 cm bleiben dabei unberücksichtigt.
6. Bei Türen gilt R_w, anstelle von R'_w.

dem empfundenen Schallpegel (Empfangsraum) auf der anderen Seite. Der empfundene Schalpegel im Empfangsraum bzw. dessen Informationsgehalt hängt von dem sogenannten Grundgeräuschpegel ab. Der Grundgeräuschpegel ist in ruhigen Wohngegenden relativ niedrig (10 bis 30 dB(A)) und in Gegenden mit Straßenverkehrslärm hoch (25 bis 45 dB(A)). Ist die Schalldämmung von Bauteilen schlecht, so wird dieser Mangel in Wohnungen mit hohem Grundgeräuschpegel kaum oder nicht bemerkt, während dies in ruhigen Wohnungen eine erhebliche Beeinträchtigung bedeuten kann. Um hier für alle Gebäude gleichermaßen Anhaltswerte für die Planung zu haben, wurden solche in DIN 4109 festgelegt. In der Tabelle 2.18 sind Anforderungen und Empfehlungen für das bewertete Schalldämm-Maß R'_w und den bewerteten Norm-Trittschallpegel $L'_{n,w}$ nach DIN 4109 zusammengestellt.

• *Normen*
DIN 4109 Schallschutz im Hochbau; Anforderungen und Nachweise.

DIN 4109 Beiblatt 1 Schallschutz im Hochbau; Ausführungsbeispiele und Rechenverfahren.

DIN 4109 Beiblatt 2 Schallschutz im Hochbau; Hinweise für Planung und Ausführung; Vorschläge für einen erhöhten Schallschutz; Empfehlungen für den Schallschutz im eigenen Wohn- oder Arbeitsbereich.

DIN 52 210 Bauakustische Prüfungen; Luft- und Trittschalldämmung.

2.5.4.6 Schalldämmung von zweischaligen Bauteilen

Unter zweischaligen Bauteilen versteht man z.B. zweischalige Haustrennwände, Montagewände, massive Decken mit schwimmendem Estrich, Vorsatzschalen, Trockenputz mit Dämmschicht auf massiver Wand, verputzte Mehrschicht-Leichtbauplatten auf massivem Bauteil und Wärmedämmverbundsysteme auf massiver Wand.

Die grundsätzliche Konstruktion von zweischaligen Bauteilen im bauakustischen Sinne sind zwei nebeneinanderliegende Bauteile und einer dazwischenliegenden Luft- und/oder Dämmschicht mit oder ohne kraftschlüssigem Kontakt zu den Bauteilschichten. Die bauakustische Besonderheit von zweischaligen Bauteilen besteht darin, daß sich durch die Zweischaligkeit eine Resonanzfrequenz zwischen den Schalen bildet, die die Schalldämmung wesentlich beeinflußt. Als grobe Regel gilt dabei, daß die *Resonanzfrequenz* f_R der beiden Schalen *nicht* innerhalb des bauakustisch maßgeblichen Frequenzbereiches von 100 bis 3150 Hz liegen

Tabelle 2.19: Resonanzfrequenz von zweischaligen Bauteilen

Prinzipieller Aufbau der zweischaligen Bauteile			
Art der Schicht zwischen den beiden Schalen	Art der beiden Schalen		
	zwei gleiche Schalen, beide biegeweich	zwei gleiche Schalen, beide biegesteif	biegeweiche vor biegesteifer Schale
	Resonanzfrequenz f_R in Hz		
Luftschicht mit schallabsorbierendem Baustoff, z.B. Mineralfaserplatten	$= \dfrac{80}{\sqrt{m' \cdot d}}$	$\approx \dfrac{300}{\sqrt{m' \cdot d}}$	$= \dfrac{60}{\sqrt{m' \cdot d}}$
Dämmschicht mit beiden Schalen vollflächig verbunden	$= 225 \sqrt{\dfrac{s'}{m'}}$	$\approx 750 \sqrt{\dfrac{s'}{m'}}$	$= 160 \sqrt{\dfrac{s'}{m'}}$
f_R Resonanzfrequenz in Hz			
m' flächenbezogene Masse der Vorsatzschale bzw. der Einzelschale in kg/m²			
d Schalenabstand in m			
s' dynamische Steifigkeit der Dämmschicht in MN/m³			

darf. Um dies abschätzen zu können, gibt Gösele entsprechende Gleichungen an. Diese Gleichungen sind in Tabelle 2.19 mit den dazugehörigen Randbedingungen beschrieben.

Sehr häufig bereiten ganz bestimmte Putzsysteme, nämlich Wärmedämmverbundsysteme und verputzte Mehrschicht-Leichtbauplatten auf Massivbauteilen, immer wieder Probleme bei der Schallübertragung von Bauteilen. Es ist bekannt, daß sich die Schalldämmung von Massivbauteilen durch die Aufbringung solcher Putzsysteme, um über 10 dB verschlechtern kann, wenn die Resonanzfrequenz zwischen 100 und 3150 Hz liegt. Eine bauakustische Planung ist im Vorfeld solcher Maßnahmen deshalb unbedingt notwendig.

3
Ausführung von Putzarbeiten

In diesem Kapitel geht es nun um die praktische Ausführung von Putzarbeiten, und es werden u.a. die *vorbereitenden* Arbeiten aufgezeigt (z.B. Prüfung des Untergrundes), die *Vorarbeiten* (z.B. Anbringen von Putzträgern und Putzprofilen), die eigentlichen *Putzarbeiten* und die *Nacharbeiten* (z.B. feucht halten). Dieses Kapitel enthält außer den Angaben zu den verschiedenen Putztechniken sowie für die verschiedenen Putzarten Ausführungshinweise, die dazu dienen, Mängel von vornherein zu vermeiden. Abschließend werden in diesem Kapitel Anstriche auf Putzen behandelt, und es wird auf die Ausführung von Trockenbauarbeiten eingegangen an Wand, Decke und Boden.

3.1 Vorbereitende Arbeiten und Vorarbeiten

Vielfach wird den vorbereitenden Arbeiten und den Vorarbeiten beim Putzen nicht genügend Beachtung geschenkt. Ein großer Anteil der auftretenden Putzmängel hat seine Ursache in einer nicht sorgfältigen und fachgerechten Ausführung dieser Arbeiten. Es werden deshalb alle vorbereitenden Arbeiten und Vorarbeiten ausführlich erläutert. Außerdem werden Hinweise gegeben, wie man sich z.B. bei Mängeln des Untergrundes verhält.

Unter den *vorbereitenden Arbeiten* wird hier die Prüfung des Untergrundes verstanden, aber auch eine Prüfung der baulichen Situation und der zu erwartenden Beanspruchungen des Putzes. Außerdem gehört zu den vorbereitenden Arbeiten das Erkennen und Einschätzen von möglichen Schwachstellen des Putzes und die Planung der Maßnahmen zur Beseitigung der Schwachstellen.

Zu den *Vorarbeiten* gehören die Maßnahmen zur Untergrundvorbehandlung sowie die Maßnahmen zur Vermeidung von Schäden an Schwachstellen wie z.B. Ausbildung von Fugen, Anbringen von Putzträgern oder Einlegen einer Putzbewehrung.

Obwohl in der Praxis Termin und Kostensituation oft dazu verleiten, Kompromisse einzugehen, soll davor gewarnt werden, die vorbereitenden Arbeiten oder die Vorarbeiten zu vernachlässigen. Es ist unumgänglich, daß dafür ein gewisses Maß an Zeit aufgewandt wird und daß diese Arbeiten von erfahrenen Stukkateuren ausgeführt werden. Mängel an den Vorarbeiten haben meist Putzschäden zur Folge, die nicht in einfacher Weise nachgebessert werden können, sondern vielfach Neumaßnahmen erfordern.

3.1.1 Beanspruchung

In Kapitel 2.3 (Beanspruchungen durch Witterungseinflüsse) und in Kapitel 2.5.3 (Regenschutz) wurden ausführlich die auf Putze einwirkenden Beanspruchungen behandelt, und es wurde aufgezeigt, welche wichtige Funktion der Putz hinsichtlich des Regenschutzes erfüllen muß. Die beiden genannten Kapitel dienen dazu, die Putzbeanspruchungen richtig einschätzen zu können. Es soll in der Praxis verhindert werden, daß ein für die Beanspruchung nicht geeigneter Putz bzw. ein für den vorliegenden Untergrund nicht geeigneter Putz aufgebracht wird.

Die wichtigste Beanspruchung, auf die man achten muß, ist die Beanspruchung durch Wasser, weil diese Beanspruchung zu den meisten Putzschäden führt. Man kann den Beanspruchungsgrad von Putzen gut durch die Intensität der Wassereinwirkung abgrenzen. Je stärker die Wassereinwirkung ist, desto stärker ist im allgemeinen die Beanspruchung für den Putz. Die höchsten Beanspruchungen liegen vor an den Sockeln, aufgehenden Wänden von freien Balkonen sowie in Ablaufbereichen von Balkonen, Vordächern, Wasserspeiern und anderen Details. Verstärkt wird die Wassereinwirkung an Hochhäusern, in Gebieten mit starkem Niederschlag und Wind sowie in Feuchtgebieten. Kritisch sind vor allem solche Details, wo konstruktiv bedingt ein erhöhter Wasseranfall vorliegt (z.B. Ablaufbereiche von Balkonen). Hier kann schnell die Grenze der Leistungsfähigkeit von Putzen überschritten werden.

Es muß außerdem beachtet werden, daß mit zunehmender Gebäudehöhe die Wasserbelastung des Putzes an der Fassade überproportional zunimmt. Die Ursache dafür ist die bei hohen Gebäuden häufig vorkommende gleichzeitige Einwirkung von Wind und Regen. Das Wasser läuft also nicht nur an der Fassade ab, sondern wird durch den Wind in den Putz hineingedrückt. Eine solche Wasserbeanspruchung wird als Schlagregenbeanspruchung bezeichnet. Es gibt Fälle, wo an Hochhäusern Putze bis zum 3. Obergeschoß auch nach mehreren Jahren in einwandfreiem Zustand waren und der darüberliegende Putz schollenartige Ablösungen (Frostschäden) aufwies und bereits stark zerstört war.

Sockelputze, die aufgrund ihres Aufbaus und hohen Zementgehaltes der erhöhten Wasserbelastung standhalten können, sind schon lange üblich und Stand der Technik. Wenn ein Putz bis zum Sockel aufgebracht wird (ohne Sockelputz) und am Sockel frühzeitig Schäden erleidet, wird man zu Recht den Vorwurf erheben, hier keinen ausreichend beständigen Sockelputz aufgebracht zu haben. Bei freien Balkonen und deren aufgehenden Wänden, die verputzt werden sollen, ist die Situation die gleiche, da auch hier der Regen frei auf den Balkon auftrifft und eine hohe Wasserbelastung durch Spritzwasser entsteht. Trotzdem ist hier in Schadensfällen oft zu hören, daß man mit einer solchen Wasserbelastung nicht gerechnet habe und daß es doch nicht üblich sei, hier besondere Maßnahmen zu ergreifen. Ob üblich oder nicht, ein ausreichend beständiger Putz in solchen und ähnlichen Bereichen (z.B. Ablaufbereich von Balkonen) ist erforderlich, damit der Putz hier nicht überfordert wird. Oftmals treten die Schäden auch erst nach mehreren Jahren auf.

Es gehört einerseits zu den Aufgaben des planenden Architekten, Bereiche mit erhöhten Wasserbeanspruchungen zu vermeiden und, falls dies nicht möglich ist, entsprechende Putze einzuplanen. Andererseits gehört es zu den Aufgaben des Stukkateurs, zu überprüfen und abzuschätzen, ob der vorgesehene Putz an solchen Schwachstellen überhaupt beständig und dauerhaft sein kann. Ein rechtzeitiges Gespräch und ein rechtzeitiger Brief sind hier besser als spätere Schuldzuweisungen. Außerdem schaden solche Schadensfälle dem Berufsbild und Ansehen des Stukkateurs.

3.1.2 Untergründe

Genauso wie der aufgebrachte Putz für die später zu erwartende Beanspruchung beständig sein muß, muß das Putzsystem für den vorliegenden Untergrund geeignet sein, bzw. muß der gewählte Putz so aufgebracht werden, daß er den Gegebenheiten des Untergrundes Rechnung trägt (z.B. Anfeuchten oder Spritzbewurf).

Es muß also zuerst einmal ein geeigneter Putz für den jeweiligen Untergrund ausgewählt werden und dieser geeignete Putz muß in richtiger Weise auf den Untergrund aufgebracht werden.

3.1.2.1 Auswahl des Putzsystems

Die richtige Auswahl des Putzsystems gehört zur Aufgabe des planenden Architekten, und dieser ist primär dafür verantwortlich. Der Architekt weiß auch, welches Mauerwerk eingesetzt wird und welche Details vorliegen, um so den richtigen Putz einzuplanen. Teilweise kommt es jedoch vor, daß im Leistungsverzeichnis so ungenaue Angaben gemacht werden, daß von einer Auswahl eines Putzsystemes nicht gesprochen werden kann, und der Stukkateurbetrieb gibt mit seinem Angebot einen bestimmten Putz bzw. eine bestimmte Putzmörtelgruppe an.

Dabei muß beachtet werden, daß der Stukkateur dadurch zunehmend in die Rolle des Planers gerät und zunehmend das Planungsrisiko trägt. Dies ist für ihn jedoch nur dann überschaubar, wenn er sich mit allen Kriterien befaßt, die die Auswahl eines Putzsystemes beeinflussen, also u.a.

- Beanspruchungsbedingungen (Witterung),
- Mauerwerksart (Wärmedämmung, Steinfestigkeit, Vermörtelung),
- besondere Anforderungen (späterer Anstrich, erhöhte Abriebfestigkeit) und
- Detailausbildungen (Rolladenkästen, Dämmschichten, Mehrschicht-Leichtbauplatten).

So zweckmäßig es also ist, wenn ein erfahrener Stukkateur bei der Auswahl des geeigneten Außenputzsystems mitwirkt, muß doch beachtet werden, daß dies nur aufgrund von fundierten Untersuchungen und Überlegungen vorgenommen werden kann.

In Tabelle 3.1 ist in einer groben Übersicht angegeben, für welchen Anwendungszweck die einzelnen Mörtelgruppen hauptsächlich geeignet sind.

Dabei muß beachtet werden, daß zwar oft innerhalb der überwiegenden Putzflächen nur eine geringe Beanspruchung vorliegt, an einzelnen Details (z.B. aufgehende Wände an freien Balkonen) jedoch eine deutlich höhere Beanspruchung des Putzes erfolgt. Wenn in diesen Bereichen keine Sondermaßnahmen oder beständigere Putze eingesetzt werden, muß der gesamte Putz in

Tabelle 3.1: Hauptsächliche Eignung der verschiedenen Putzmörtelgruppen der DIN 18 550 Teile 1 und 2

Putzmörtelgruppe	Art der Bindemittel	Mindestdruckfestigkeit	Hauptsächlich geeignet für:
P Ia, b	Luftkalke (ggf. mit Zementzusatz), Wasserkalke, hydraulische Kalke	keine Anforderungen	Innen- und Außenputz bei geringer Beanspruchung (geschützte Lagen, niedrige Gebäudehöhen). Als Werktrockenmörtel mit entsprechenden Zusätzen auch als wasserhemmender oder wasserabweisender Außenputz herstellbar, dann höhere Beanspruchung möglich.
P Ic	Luftkalke (ggf. mit Zementzusatz)	1,0 N/mm^2	Innenputz bei üblicher Beanspruchung einschließlich Feuchträume[1]. Außenputz bei mittlerer Beanspruchung. Als Werktrockenmörtel mit entsprechenden Zusätzen auch als wasserhemmender oder wasserabweisender Außenputz herstellbar, dann höhere Beanspruchung möglich.
P II	Hochhydraulische Kalke, Putz- und Mauerbinder, Kalk-Zement-Gemische	2,5 N/mm^2	Innenputz mit erhöhter Abriebfestigkeit einschließlich Feuchträume[1]. Außenputz mit erhöhter Festigkeit. Außenputz mit hoher Beanspruchung (ungeschützte Lage, hohe Niederschlagsmengen). Wasserhemmender Außenputz ohne Zusatzmittel herstellbar. Wasserabweisender Außenputz nur mit Zusatzmitteln herstellbar.
P III	Zemente	10 N/mm^2	Kellerwandaußenputz Außensockelputz
P IVa, b, c	Baugipse ohne und mit Anteilen an Baukalk	2,0 N/mm^2	Innenputz mit erhöhter Abriebfestigkeit einschließlich üblicher Beanspruchung.
P IVd	Baugipse ohne und mit Anteilen an Baukalk	keine Anforderungen	Innenputze für geringe Beanspruchung.
P V	Anhydrit-Binder ohne und mit Anteilen an Baukalk	2,0 N/mm^2	Innenputz mit erhöhter Abriebfestigkeit einschließlich üblicher Beanspruchung.

1 häusliche Küchen und Bäder zählen nicht zu den Feuchträumen

der beständigeren Ausführung hergestellt werden. Entsprechend Tabelle 3.1 ist für Außenputze in den meisten Fällen ein Putz der Putzmörtelgruppe P II erforderlich und wird auch überwiegend ausgeführt. Nur für historische Bauten wird oftmals auch ein Mörtel der Putzmörtelgruppe P I verwendet.

Viele Schadensfälle in den letzten Jahren haben gezeigt, daß die früher üblichen, normgerechten Putze der Putzmörtelgruppe P II nach DIN 18 550 (siehe Tabelle 1.20) auf porosierten Ziegeln oder anderem *Leichtmauerwerk* wie Bimsbeton- und Porenbeton häufig zur Rissebildung neigten. Die Ursache hierfür waren die stark wärmedämmenden Eigenschaften solcher Untergründe, der relativ niedrige E-Modul und die geringe Druckfestigkeit solcher Wände in Verbindung mit einem hohen E-Modul des Putzes und hohen thermischen Beanspruchungen. Dies ist in den Kapiteln 2.2 und 2.3 beschrieben.

Zur Lösung dieses Problems wurden *Leichtputze* entwickelt. Leichtputze als Außenputze sind in ihrem Festigkeitsprofil auf ein Mauerwerk mit hoher Wärmedämmung und geringer Festigkeit abgestimmt und haben ein relativ großes Verformungsvermögen. In der Putznorm DIN 18 550 (Teile 1 und 2 vom Januar 1985 bzw. Teil 3 vom März 1991) sind die Leichtputze wegen der damals noch zu geringen Erfahrungen damit noch nicht erwähnt. Zwischenzeitlich hat sich der Normenausschuß Bauwesen mit Leichtputzen beschäftigt und es liegt eine Richtlinie vor, die

»Richtlinie für Putze mit porigen Zuschlägen – Leichtputze« sowie der *Normentwurf* für Leichtputze, die DIN 18 550, Teil 4, vom März 1991. Entsprechend dieser Richtlinie und dem Normentwurf sind Leichtputze mineralisch gebundene Putze mit begrenzter Rohdichte und Anteilen an mineralischen und/oder organischen Zuschlägen mit porigem Gefüge. Leichtputze sind jedoch keine Dämmputze, die speziell für eine gute Wärmedämmung entwickelt worden sind und die eine noch geringere Rohdichte aufweisen als Leichtputze.

Gemäß der Richtlinie und dem Normentwurf müssen Leichtputze, die üblicherweise aus einem ca. 15 bis 18 mm dicken Leichtunterputz und dem dazugehörigen, ca. 3 bis 5 mm dicken Leichtoberputz bestehen, aus *Werktrockenmörtel* hergestellt werden. Die Druckfestigkeit von Leichtunterputzen, die der Mörtelgruppe P II entsprechen, muß zwischen 2,5 und 5,0 N/mm² liegen, und das Putzsystem muß wasserabweisend sein. Die Rohdichte des Festmörtels des Leichtunterputzes darf 600 kg/m³ nicht unterschreiten und 1300 kg/m³ nicht überschreiten.

Bei Leichtputzen müssen die mechanischen und physikalischen Eigenschaften des Unterputzes und des Oberputzes aufeinander abgestimmt sein. Leichtputze mit organischen, porigen Zuschlägen dürfen außen nur als Unterputz verwendet werden. Auf allen Leichtputzen darf im Außenbereich kein organischer Oberputz (Kunstharzputz) aufgetragen werden.

Tabelle 3.2: *Verschiedene Eigenschaften eines Leichtunterputzes und eines herkömmlichen Kalkzementunterputzes im Vergleich (Mittelwerte), jeweils Mörtelgruppe P II nach DIN 18 550, wasserabweisend*

Eigenschaft	Leichtunterputz	Kalkzement-unterputz
Frischmörtelrohdichte in kg/m³	1 300	1 800
Druckfestigkeit in N/mm²	2,5	4,0
Biegezugfestigkeit in N/mm²	0,8	0,8
Verhältnis Biegezugfestigkeit : Druckfestigkeit	1 : 3	1 : 5
Zugfestigkeit in N/mm²	0,3	0,3
Wasseraufnahmekoeffizient w in kg/m²h^{0,5}	0,45	0,45
Wärmeleitfähigkeit λ_R in W/mK	0,3	0,9
Elastizitätsmodul E in N/mm²	1 800	6 000
Wasserdampfdiffusions-widerstandszahl μ	15	20
Wärmeausdehnungskoeffizient α in 1/K $\cdot 10^{-6}$	3	10

Leichtputze, die sich inzwischen seit mehreren Jahren bewährt haben, sind geeignet, auch hochdämmendes Mauerwerk mit relativ geringer Festigkeit, z.B. aus porosierten Leichtziegeln, Bimsbeton oder Porenbeton weitgehend rißfrei und dauerhaft zu schützen. In Tabelle 3.2 sind einige kennzeichnende Eigenschaften eines Leichtunterputzes und eines herkömmlichen Kalkzementunterputzes gegenübergestellt.

Entscheidend für die günstigen Eigenschaften bei hochdämmendem Mauerwerk sind dabei vor allem der kleine E-Modul und der kleine Wärmeausdehnungskoeffizient α in Verbindung mit der begrenzten Druckfestigkeit.

Die Druckfestigkeit von Leichtputzen entspricht meist genau der Mindestdruckfestigkeit nach DIN 18 550 (siehe Tabelle 3.1). Dies hat seinen Grund darin, daß solche Putze auf hoch dämmendem Mauerwerk gerade einen kleinen E-Modul benötigen und damit auch die Druckfestigkeit absinkt.

In der DIN 18 550 sind, wie Tabelle 3.1 zeigt, für die Putzmörtelgruppen P Ic, P II, P III, P IVa, b, c und P V Anforderungen hinsichtlich der Mindestdruckfestigkeit aufgeführt. Hierbei wird für Außenputze mit erhöhten Festigkeitsanforderungen (Mörtelgruppe P II) eine Mindestdruckfestigkeit von 2,5 N/mm² gefordert. Dies ist im Prinzip auch richtig. Gerade für Mauerwerk mit relativ geringer Festigkeit wäre aber auch eine Begrenzung der Festigkeit nach oben erforderlich, damit der E-Modul nicht zu hoch wird. Sonst kann es sein, daß der Putz eine höhere Druckfestigkeit aufweist als der Untergrund, was zu Rißbildungen oder Abplatzungen des Putzes führen kann.

Ein ähnlicher Fall kann bei Außensockelputzen auftreten. Diese sollen laut Tabelle 3.1 mit Zement als Bindemittel hergestellt werden, und es ist eine Mindestdruckfestigkeit von 10 N/mm² erforderlich. Bei solchen Putzen ist Vorsicht geboten, wenn für die Erstellung des Mauerwerkes Steine mit einer Nennfestigkeit von 6 N/mm² oder weniger zum Einsatz kommen. Es dürfen dabei keine Putze eingesetzt werden, die eine höhere Druckfestigkeit als die Steine haben. Für Außensockelputz auf Mauerwerk der Steinfestigketsklassen ≤ 6 darf daher der Mörtel der Mörtelgruppe P III ausnahmsweise eine Mindestdruckfestigkeit von 5 N/mm² haben. Die Anforderungen an wasserabweisende Putzsysteme solcher Mörtel müssen aber erfüllt werden.

• *Normen*
DIN 18 550 Teil 1 Putz; Begriffe und Anforderungen.

DIN 18 550 Teil 2 Putz; Putze aus Mörteln mit mineralischen Bindemitteln; Ausführung.

DIN 18 550 Teil 4 (z. Zt. Entwurf) Putz; Putze mit Zuschlägen mit porigem Gefüge (Leichtputze); Ausführung.

3.1.2.2 Prüfen des Untergrundes

Nachdem die generelle Eignung des verwendeten Putzsystemes für den vorliegenden Untergrund geklärt ist, gilt es, den Untergrund daraufhin zu überprüfen, ob die Bedingungen für ein fachgerechtes Aufbringen des Putzes vorliegen.

Das Ziel der Prüfungen des Untergrundes ist es, die erforderlichen Maßnahmen zur Herstellung eines einwandfreien Untergrundes zu erkennen und einzuplanen. Es geht im wesentlichen darum, eine ausreichende Haftung und Ebenheit des aufzubringenden Putzes sicherzustellen. Ein guter Putzgrund, auf dem direkt der Putz aufgetragen werden kann, muß unter anderem folgende Eigenschaften aufweisen:

Er sollte
• eben
• sauber
• rauh
• trocken
• frei von schädigenden Substanzen
• einheitlich sein.

In diesem Kapitel geht es zunächst um die ersten fünf Punkte. Bei nicht einheitlichem Putzgrund (6. Punkt) sind vielfach Putzträger oder Putzbewehrungen erforderlich, die in den Kapiteln 3.1.3 und 3.1.4 behandelt werden.

Vorausgesetzt wird außerdem, daß die für Putze erforderlichen *bautechnischen Voraussetzungen* erfüllt sind. Dazu gehört u.a., daß die Putze vor aufsteigender und rückseitig einwirkender Feuchtigkeit geschützt sein müssen. Für eine ausreichende Abführung von Niederschlagswasser, z.B. durch Ablaufschrägen oder Tropfnasen, muß gesorgt sein. Horizontal ausgebildete Flächen sollen entweder ein ausreichendes Gefälle zur raschen Ableitung von Wasser aufweisen oder einen zusätzlichen Feuchtigkeitsschutz, z.B. Abdeckungen, bekommen. Putzuntergründe, bei denen aufsteigende oder rückseitig einwirkende Feuchtigkeit nicht verhindert werden kann, müssen mit speziellen Putzsystemen (z.B. Sanierputzen) verputzt werden.

Innenputze, die im Vergleich zu Außenputzen deutlich geringer beansprucht werden, erfordern im wesentlichen nur eine vollflächige, ausreichende Haftung, und die Prüfung des Untergrundes für Innenputze kann sich im wesentlichen hierauf sowie auf Schwachstellen des Untergrundes (z.B. Mauerschlitze) konzentrieren. Tabelle 3.3 enthält eine Zusammenstellung von üblichen Prüfungen für den Untergrund von Innenputzen. Die Tabelle gibt außerdem das Prüfverfahren, das Erkennungsmerkmal eines Mangels und die erforderlichen Maßnahmen zur Behebung von Unregelmäßigkeiten an.

Innenputze bestehen meist aus einem Kalkputz, Gipsputz oder Kalkgipsputz (Putzmörtelgruppen P I bzw. P IV) und werden überwiegend mit der Maschine aufgebracht. Bei stark saugendem Putzgrund (z.B. Porenbeton, Kalksandsteine) ist meist ein ganzflächiger Spritzbewurf erforderlich. Der Spritzbewurf entsteht durch Anwurf eines Mörtels mit möglichst grobkörnigem Zuschlag in einer Menge, die den Putzgrund völlig deckt, wobei die Oberfläche des Spritzbewurfes nicht bearbeitet wird, sondern spritzrauh belassen wird. Üblicherweise nimmt man für einen Spritzbewurf im Innenbereich einen Zuschlag mit einem Größtkorn von 4 mm, bei einem Spritzbewurf im Außenbereich von bis zu 8 mm. Es muß beachtet werden, daß auch ein volldeckender Spritzbewurf *nicht* als Putzlage gilt und nicht auf die Putzdicke angerechnet wird.

Ein Zementspritzbewurf darf nicht zu feinsandig und nicht zu wasserreich sein, damit er auf seiner Oberfläche nicht durch Sedimentation einen bindemittelreichen Film bildet. Ein solcher Film saugt nicht und kann dem

Tabelle 3.3: Überprüfung des Untergrundes bei Innenputzen

Prüfung auf	Prüfverfahren	Erkennungsmerkmale	Erforderliche Maßnahmen
anhaftende Fremdstoffe	Augenschein	erkennbare Erhebungen, Verfärbungen u.a.	abfegen, abwischen oder abwaschen
zu hohe Feuchtigkeit	Wischprobe, Benetzungsprobe, ggf. Bestimmung des Wassergehaltes im Labor	Nässe der Fläche, kein oder später Farbumschlag beim Befeuchten	weitere Trocknung abwarten, ggf. Heizen und Lüften
lockere und mürbe Teile an der Oberfläche	Augenschein Kratzprobe	erkennbare Erhebungen, Abblättern, Abplatzen von Teilen des Untergrundes	mit Stahlbesen kräftig abbürsten oder mit Stoßscharre abstoßen, dann stets Haftung erneut prüfen.
Reste von Schalungstrennmitteln (z.B. bei Beton)	Benetzungsprobe mit Wasser	kein Farbumschlag, Wasser perlt ab	Schalungsmittel durch geeignetes Reinigen entfernen, nachwaschen, erneut prüfen.
Tauwasser auf der Oberfläche	Augenschein, Wischprobe	Nässe der Fläche	weitere Trocknung abwarten, ggf. Heizen und Lüften
stark saugender Untergrund (Porenbeton)	Benetzungsprobe	Wasser wird sofort aufgesaugt	geeignete Grundierung oder geeignetes Putzsystem
unterschiedlich saugendes Mauerwerk	Benetzungsprobe	Wasser wird teilweise aufgesaugt oder perlt ab	geeignete Grundierung oder Spritzbewurf
Risse	Augenschein	Rißverlauf, Rißerscheinungsbild	Je nach Rißart unterschiedlich (Putzträger, Putzbewehrung, Fuge)

Putzmörtel keine Haftung vermitteln. Diese glasartigen Filme können sich auf dem Spritzbewurf auch bilden, wenn der Untergrund wegen geringer Saugfähigkeit (z.B. Schalöl oder dichte, nicht wassersaugende Flächen) das Überschußwasser aus dem Spritzbewurf nicht aufnimmt.

Ein volldeckender Spritzbewurf schwindet netzrißartig und muß daher vollständig abgebunden sein, bevor der Unterputz aufgebracht wird, sonst können sich die Schwindrisse des Spritzbewurfes auch auf den Unter- bzw. auf den Deckputz übertragen.

Bei schwach saugendem Putzgrund kann erforderlichenfalls die Haftung des Putzes durch einen nicht volldeckenden (warzenförmigen) Spritzbewurf verbessert werden. Er entsteht durch Anwurf eines Mörtels mit möglichst grobkörnigem Zuschlag in einer Menge, die den Putzgrund noch durchscheinen läßt. Die Oberfläche des Spritzbewurfes wird auch hier spritzrauh belassen und nicht bearbeitet.

Bei Beton als Putzgrund im Innen- und Außenbereich ist zur Putzgrundvorbereitung im allgemeinen ein Spritzbewurf aufzubringen. Dasselbe gilt für zu überputzende Holzwolle-Leichtbauplatten und Mehrschicht-Leichtbauplatten nach DIN 1101 bzw. nach DIN 1104, sofern sie sich im *Außenbereich* befinden. Bei innenliegenden Holzwolle-Leichtbauplatten und Mehrschicht-Leichtbauplatten ist ein Spritzbewurf nicht erforderlich, es sei denn, die Platten sind nicht unmittelbar auf einem massiven Untergrund befestigt. Dies ist z.B. bei der Holzständerbauweise, bei Dachschrägen und Lattenunterkonstruktionen der Fall. Hier ist zur Stabilisierung ebenfalls ein volldeckender Spritzbewurf erforderlich.

Auf den Spritzbewurf darf erst geputzt werden, wenn er ausreichend erhärtet ist, was im allgemeinen nach einem Tag der Fall ist.

Bei anderem, gleichmäßig und normal saugendem Putzgrund ist kein Spritzbewurf erforderlich.

Auch in den beschriebenen Fällen, wo ein Spritzbewurf aufgebracht werden sollte, kann dieser entfallen, wenn andere Maßnahmen getroffen werden, die das Haftvermögen des Putzes verbessern und ein unterschiedliches Saugverhalten des Putzgrundes ausgleichen. Dies kann z.B. durch eine besondere Vorbehandlung des Putzgrundes (Grundierung, Haftbrücke) oder die Verwendung eines speziellen Putzmörtels mit besonderer Zusammensetzung bewirkt werden. So gibt es z.B. Putze, die direkt auf Porenbeton (stark saugend) aufgebracht werden können, ohne daß der Porenbeton vorgenäßt oder grundiert werden muß.

Bei hochdämmendem, wenig festem Untergrund, wie z.B. aus porosierten Ziegeln, Porenbeton und Bimsbeton, bei dem ein Leichtputz vorgesehen ist, ist die übliche Untergrundvorbehandlung mit einem Spritzbewurf nicht sinnvoll, weil der Spritzbewurf bei einem wenig festen Mauerwerk zu Rißbildungen neigt. In solchen Fällen hat es sich erwiesen, daß ein *zweilagig* aufgebrachter Leichtunterputz den Untergrund in ausreichendem Maße egalisiert und Spannungen abbaut. Die erste Lage muß dabei ausreichend erhärtet sein (ca. 1 Tag), bevor die zweite Lage des Leichtunterputzes aufgebracht wird.

Bei *Außenputzen*, die deutlich höher beansprucht werden als Innenputze, sind einerseits weitere Prüfungen des Untergrundes erforderlich, andererseits sind diese auch in größerem Umfang durchzuführen, so daß die zu verputzende Fläche repräsentativ erfaßt wird. Die bei Außenputzen *zusätzlich* üblichen Prüfungen (über die Prüfungen der Tabelle 3.3 hinaus) sind in Tabelle 3.4 zusammengestellt.

Zusätzlich zu diesen Prüfungen ist es sinnvoll, das *Alter* des Putzgrundes zu erkunden, um sicher zu sein, daß Setzungen oder ein Schwinden der Baustoffe weitgehend abgeklungen sind. Der Rohbau sollte daher mindestens einige Monate alt sein, bevor mit dem Verputzen begonnen wird.

3.1.2.3 Mängel am Putzgrund

Ein Stukkateur ist im Rahmen seiner Leistung zwar verpflichtet, den Untergrund auf seine Eignung zu überprüfen, er ist aber nicht verpflichtet, vorliegende Mängel auch unentgeltlich zu beseitigen. Nach DIN 18 350, Abschnitt 3.1.4 (Putz- und Stuckarbeiten), in Verbindung mit VOB Teil B § 4 Nr. 3 hat der Auftrag-

Tabelle 3.4: Überprüfung des Untergrundes bei Außenputzen; Prüfungen, die zusätzlich zu den Prüfungen der Tabelle 3.3 erforderlich sind

Prüfung auf	Prüfverfahren	Erkennungsmerkmale	Erforderliche Maßnahmen
nicht geschlossene Stoß- und Lagerfugen	Augenschein	offene Fugen	Fehlstellen mit artgleichem Werkstoff ergänzen
sichtbare Baustähle und Stahlteile	Augenschein	Rostläufer, Absprengungen	Entfernen, Korrosionsschutz
Beschädigungen	Augenschein	Fehlstellen	Beschädigungen artgerecht ausbessern
Ausblühungen	Augenschein	weiße oder andersfarbige Ausblühungen, weiße Kalkläufer	Ursache ist häufig Durchfeuchtung oder rückseitige Feuchtigkeit, die abgestellt werden muß. Ausblühungen nach Trocknung entfernen.
Moos, Algen und Pilzbildungen	Augenschein	dunkelgrüne oder schwarze Flächen, Bewuchs	Ursache ist häufig Durchfeuchtung oder rückseitige Feuchtigkeit, die abgestellt werden muß. Bewuchs nach Trocknung entfernen.
Unebenheiten im Untergrund	Augenschein, Anlage von Meßlatten	Vertiefungen oder Überhöhungen	Ausgleich der Unebenheiten durch eine zusätzliche Putzlage
Temperatur	Messung der Luft- und Oberflächentemperatur	–	Höhere Temperaturen als ca. + 5 °C abwarten

nehmer den Untergrund daraufhin zu prüfen, ob er für die Durchführung der vertraglichen Leistungen geeignet ist. Etwaige Bedenken hat er dem Auftraggeber *unverzüglich* schriftlich anzuzeigen.

Die Beseitigung von Mängeln des Putzuntergrundes (außer dem Säubern des Putzuntergrundes von Staub und losen Teilen) ist *keine* Nebenleistung. Nach VOB Teil B § 2 Nr. 6 muß jedoch der Anspruch auf eine besondere Vergütung solcher Arbeiten angekündigt werden, bevor der Auftragnehmer mit der Ausführung beginnt. Aus Beweisgründen ist hierbei die Schriftform zu empfehlen.

Lehnt der Auftraggeber die Vergütung der für die Beseitigung von Untergrundmängeln notwendigen Leistungen ab, ist der Auftragnehmer zur Beseitigung der Mängel nicht verpflichtet, er muß jedoch nach VOB Teil B § 4 Nr. 3 unverzüglich schriftlich unter Hinweis auf die Mängel Bedenken gegen die Ausführung geltend machen.

Wenn horizontale, zu verputzende Flächen vorliegen, die zur Vermeidung von Putzschäden bauseitig gegen Feuchtigkeitseinwirkungen geschützt werden müssen (z.B. durch Mauerwerksabdeckungen), ist der Auftragnehmer verpflichtet, den Auftraggeber auf diese Notwendigkeit hinzuweisen. Auch hierbei ist die Schriftform zu empfehlen.

Feuchtigkeit im Sockelbereich deutet auf eine fehlende oder unwirksame Abdichtung hin. Wenn hier oder anderswo *Ausblühungen* am Putzuntergrund vorliegen, ist in jedem Falle Vorsicht geboten, solange die Ursache und die Art der Ausblühungen nicht geklärt ist. Es ist empfehlenswert, in solchen Fällen Bedenken anzumelden und vorsorglich Fotos von der Art und Lage der Ausblühungen zu machen, damit im Schadensfalle die Lage der bereits vorher vorliegenden Ausblühungen festgestellt werden kann.

Die Beseitigung von Unebenheiten am Untergrund ist ebenfalls eine vergütungspflichtige Leistung. Wenn dazu größere Mehrputzdicken notwendig sind, können sich in solchen Bereichen wegen erhöhter Schwindspannungen Risse bilden, auch bei mehrlagigem Putzaufbau. Es ist daher sinnvoll, auch für solche Bereiche schriftlich Bedenken anzumelden.

Da es immer wieder vorkommt, daß Zusatzleistungen zur Untergrundvorbehandlung erforderlich werden oder daß wegen verschiedener Mängel am Untergrund – auch nach Ausführung von Zusatzarbeiten zur Beseitigung der Mängel – Bedenken bleiben, ist in Bild 3.1 ein Musterbrief enthalten, der auf verschiedene, häufig vorkommende Situationen eingeht.

- *Normen*
DIN 1961 VOB Teil B: Allgemeine Vertragsbedingungen für die Ausführung von Bauleistungen.

DIN 18 350 VOB Teil C: Allgemeine Technische Vertragsbedingungen für Bauleistungen (ATV); Putz und Stuckarbeiten.

3.1.3 Putzträger

Putzträger sind keine Einlagen im Putz, wie etwa die Putzbewehrung, sondern sie dienen zur Verbesserung des Putzgrundes und gehören somit zum Putzgrund. Sie sollen, wie der Name es sagt, den Putz tragen und seine Haftung sicherstellen.

Das Anbringen von Putzträgern in allen erforderlichen Bereichen gehört zu den Aufgaben des Stukkateurs. Er muß entscheiden, wo Putzträger erforderlich sind und welche am zweckmäßigsten sind. Nicht oder falsch angebrachte Putzträger führen im Normalfall zu Rissen im Putz, in schweren Fällen kann es aber auch zu Durchfeuchtungen der Wand oder zu Abplatzungen des Putzes kommen.

Bild 3.1: Muster eines Schreibens für die Mitteilung von Bedenken bei Mängeln des Untergrundes an den Auftraggeber

---

Je nach Sachlage ist der folgende Text zu ergänzen oder können einzelne Abschnitte weggelassen werden

Anschrift des Architekten   Datum

Betrifft: Ausführung von Putzarbeiten am Bauvorhaben .... in ....

Anrede,
die Prüfung des Untergrundes auf seine Eignung für die vorgesehenen Putzarbeiten gehört zu unseren vertraglichen Arbeiten. Dabei haben wir folgendes festgestellt:
genaue Beschreibung der Untergrundmängel nach Art, Umfang und Lage am Gebäude
Der Untergrund entspricht demnach nicht der Putznorm DIN 18 550 bzw. DIN 18 350, den Regeln der Technik oder den zu beachtenden Herstellervorschriften.
Falls die Mängel des Untergrundes nicht fachgerecht beseitigt werden, muß insbesondere mit folgenden Schäden gerechnet werden:
Beschreibung der zu erwartenden Schäden, z.B. Risse, Hohlstellen, Durchfeuchtung, verminderte Dauerhaftigkeit
In der obigen Beschreibung sind nur die nach allgemeiner fachlicher Erfahrung vorauszusehenden Schäden genannt; weitere Schäden sind nicht auszuschließen, z.B. ...
Wir sind verpflichtet, Sie auf diese Bedenken aufmerksam zu machen. Damit soll Ihnen die Möglichkeit gegeben werden, rechtzeitig Abhilfe zu schaffen und sich die volle Gewährleistung für unsere Arbeiten zu sichern.
Für die Beseitigung der Untergrundmängel schlagen wir folgende Maßnahmen vor:
Beschreibung der erforderlichen Maßnahmen
Da unser Betrieb für die Arbeiten zur Beseitigung der festgestellten Untergrundmängel fachlich nicht eingerichtet ist, bitten wir um entsprechende Veranlassung sowie um frühestmögliche Benachrichtigung, wann mit den Putzarbeiten begonnen werden kann.
oder alternativ zum vorigen Absatz:
Die notwendigen Arbeiten zur Beseitigung der festgestellten Untergrundmängel können von unserer Firma ausgeführt werden. Da es sich nicht um Nebenleistungen handelt, bedarf es dazu eines besonderen schriftlichen Auftrages. Wir schätzen die Kosten für die Beseitigung der o.g. Mängel am Untergrund auf ca. DM .... Die Beseitigung der Untergrundmängel durch unsere Firma wird voraussichtlich .... Arbeitstage erfordern.
Bitte geben Sie uns Nachricht, wenn wir Ihnen ein genaueres Angebot über die erforderlichen Arbeiten unterbreiten sollen.
Vorsorglich dürfen wir darauf hinweisen, daß wir für etwaige Verzögerungen der Putzarbeiten, die durch die festgestellten Untergrundmängel bedingt sind, nicht verantwortlich sind.
nur im zutreffenden Fall:
Ebenso müssen wir Sie darüber unterrichten, daß im Hinblick auf die Art der festgestellten Untergrundmängel trotz Vornahme von Ausbesserungsarbeiten nicht alle fachlichen Bedenken beseitigt werden können. Unsere Gewährleistung erstreckt sich daher nicht auf Mängel, die im fachlichen Zusammenhang mit Untergrundmängeln stehen. Dies gilt insbesondere für ... (z.B. Ausblühungen, Rißbildungen bei Putzmehrschichtdicken von mehr als 10 mm).
Um unnötige Verzögerungen zu vermeiden, schlagen wir vor, daß Sie sich mit uns in Verbindung setzen, damit wir das zweckmäßigste Vorgehen gemeinsam festlegen können.

Grußformel, Unterschrift

Das Anbringen von geeigneten Putzträgern ist keine Nebenleistung, sondern eine zusätzliche Leistung, und muß insofern gesondert vergütet werden, wenn es in der Leistungsbeschreibung nicht als zu erbringende, vertragliche Leistung ausgewiesen worden ist.

3.1.3.1 Zweck und Anforderungen

Die Gründe für das Anbringen von Putzträgern sind sehr verschieden. Sehr häufig sind Maßnahmen zur Wärmedämmung der Anlaß zur Verwendung von Putzträgern, z.B. an Deckenstirnseiten, Deckenuntersichten, Rolladenkästen, Tür- und Fensterstürzen. Auf den dort erforderlichen Dämmstoffplatten aus Kunststoff haften übliche Putze nicht in ausreichendem Maße, und es sind Putzträger erforderlich.

Für Deckenstirnseiten und Rolladenkästen werden schon seit vielen Jahren Holzwolle-Leichtbauplatten und Mehrschicht-Leichtbauplatten nach DIN 1102 bzw. DIN 1104 eingesetzt. Üblich sind solche Mehrschicht-Leichtbauplatten z.B. an Deckenstirnseiten, wo die innen- oder dazwischenliegende Dämmstoffschicht mit der oder den außenliegenden Holzwolleschichten fest verbunden ist und die Holzwolleschicht als Putzträger dient, auf dem Putze gut haften.

Auch dort, wo aus anderen Gründen kein fester und tragfähiger Untergrund vorhanden ist, werden Putzträger eingesetzt. Dabei dienen sie dazu, dem Putz die notwendige Festigkeit und Steifigkeit zu geben, so daß der Putz im Bereich der örtlichen Schwachstelle als selbsttragende Schale wirkt. Weiterhin dienen Putzträger auch als Brücke, wenn Teile des Untergrundes, z.B. aus Stahl oder aus Holz, von einer Putzschicht überdeckt werden, wobei der Putz mit diesen Baustoffen nicht in Berührung kommen soll.

Putzträger müssen so beschaffen sein, daß der Putz gut und auf Dauer an ihnen haftet, und sie müssen selbst beständig sein. Putzträger dürfen nicht zu stark schwinden oder quellen. Wesentlich ist bei allen Putzträgern, daß sie fest und dauerhaft an der Unterkonstruktion befestigt sind. Wo ein Putzträger zur Überbrückung von Bauteilen verwendet wird, die als Putzgrund ungeeignet sind, muß er auf allen Seiten genügend weit (im allgemeinen 10 cm) auf den tragfähigen Putzgrund übergreifen und nur an diesem, nicht am überspannten Bauteil, befestigt sein. Bei großflächiger Anwendung von Putzträgern, z.B. bei Deckenuntersichten, müssen die Unterkonstruktion und die Befestigung der Putzträger gewährleisten, daß sich der Putz nicht durchbiegt.

3.1.3.2 Arten von Putzträgern

In diesem Kapitel werden verschiedene Arten von Putzträgern genannt und ihre überwiegenden Einsatzgebiete beschrieben.

- *Holzwolle-Leichtbauplatten und Mehrschicht-Leichtbauplatten*
Sowohl Holzwolle-Leichtbauplatten (HWL-Platten) als auch Mehrschicht-Leichtbauplatten (ML-Platten) sind seit Jahrzehnten bekannt und bestehen aus langfaseriger, längsgehobelter Holzwolle, die mit mineralischen Bindemitteln (Zement oder Magnesit) gebunden ist. Mehrschicht-Leichtbauplatten haben einen Kern aus Polystyrol-Hartschaum oder Mineralfasern und auf einer oder beiden Seiten eine 5 oder 10 mm dicke Schicht zementgebundener Holzwolle. Solche Platten besitzen eine gute Wärmedämmung und werden für zu dämmende Stahlbeton-Stützen eingesetzt sowie zur Vermeidung von Wärmebrücken bei Stürzen von Fenstern und Türen, Deckenstirnseiten, auskragenden Balkonplatten, offenen Durchfahrten, Kniestöcken, Rolladenkästen und anderen Bauteilen, die später verputzt werden sollen. Dabei dient die Schicht aus Holzwolle als Putzträger. Auch großflächige Außenwandbereiche können mit Mehrschicht-Leichtbauplatten gedämmt und anschließend verputzt werden.

Holzwolle-Leichtbauplatten und Mehrschicht-Leichtbauplatten können mit Mörtel am Untergrund angesetzt, mechanisch an ihm befestigt werden oder anbetoniert sein, wobei sie schon vor dem Betonieren in der Schalung angebracht werden und als verlorene Schalung anzusehen sind. Nicht immer sind Holzwolle-Leichtbauplatten oder Mehrschicht-Leichtbauplatten so stabil befestigt, wie es für die Erfordernisse eines Putzträger notwendig ist. In solchen Fällen kann man die Befestigung durch zusätzliche Maßnahmen vervollständigen, z.B. mit speziellen Dämmstoffhaltescheiben, die mit Schrauben und Dübeln im Beton verankert werden. Ein Verschrauben ohne Haltescheiben ist nicht ausreichend.

Das Verputzen von Holzwolle-Leichtbauplatten und Mehrschicht-Leichtbauplatten wird in einem eigenen Kapitel (3.4.5) beschrieben.

Holzwolle-Leichtbauplatten und Mehrschicht-Leichtbauplatten haben auch deshalb eine so weite Verbreitung gefunden, weil sie hinsichtlich Brandschutz, Schallschutz und Wärmeschutz gute Eigenschaften aufweisen und mit relativ einfachen Mitteln gesägt, geschnitten und befestigt werden können.

• *Streckmetall-Tafeln*
Streckmetall wird aus Bandstahl durch Einschneiden, Auseinanderziehen und Herausdrücken der Rippen gewonnen. Streckmetall-Tafeln werden üblicherweise in 0,6 m Breite und 2,5 m Länge geliefert. Die Ausführungsarten sind blank, galvanisch verzinkt, lackiert, galvanisch verzinkt mit zusätzlicher Lackierung und Edelstahl. Je nach der vorliegenden Korrosionsbeanspruchung ist die Ausführungsart des Streckmetalls zu wählen. Für Außenputze und für Feuchträume oder bei korrosionsfördernder Umgebung sind im allgemeinen galvanisch verzinkte und zusätzlich lackierte Streckmetalltafeln erforderlich oder solche aus Edelstahl.

Als Putzträger an Außen- oder Innenwänden wird Streckmetall meist mit flachen, nur 4 mm hohen Rippen eingesetzt, z.B. für das Überspannen von Fachwerk oder Überspannen von Schlitzen. Gerade beim Überspannen von Schlitzen muß jedoch beachtet werden, daß Rippenstreckmetall nicht in Längsrichtung, sondern *quer* zum Schlitz eingebaut und befestigt werden muß. Das Anbringen in Querrichtung erfordert zwar einen höheren Zeiteinsatz, es ist aber notwendig, weil Rippenstreckmetall in Querrichtung eine deutlich höhere Zugfestigkeit und Stabilität aufweist und nur so seine Aufgabe als Putzträger zur Vermeidung von Rissen an Schlitzen erfüllt.

Die sonstigen Anwendungsgebiete für Rippenstreckmetalle sind Rabitz-Decken, Rabitz-Gewölbe (Vielecke- oder Bogenkonstruktionen), Rabitz-Wände, Bekleidungen von Holzfachwerken und Ummantelungen von Stahl- und Holzkonstruktionen.

• *Drahtgitter, Drahtgeflecht*
Diese Putzträger sind ohne Korrosionsschutz oder verzinkt lieferbar mit quadratischen, dreieckigen oder sechseckigen Maschen von 15 mm bis 25 mm Maschenweite. Als Drahtgitter ist das Gewebe punktverschweißt, wie Baustahlmatten, und wird meist zum Überbrücken von Holz- oder Stahlteilen eingesetzt. Als Drahtgeflecht dient dieser Putzträger überwiegend für Rabitzarbeiten.

• *Drahtziegelgewebe*
Drahtziegelgewebe bestehen aus einem quadratischen Drahtgeflecht mit ca. 2 cm Maschenweite, wobei auf die Kreuzungsstellen gebrannte Tonteilchen aufgepreßt werden. Es ist in Rollen mit 1 m Breite lieferbar sowie in schmaleren Streifen.

Drahtziegelgewebe wird im Neubaubereich in der Regel nicht mehr eingesetzt. Es eignet sich jedoch besonders bei Sanierungsarbeiten und Putzarbeiten an Altbauten. Dort sind oft Wand- und Deckenflächen zu verputzen, die *Holzbalken* als Stützen oder Träger enthalten. Hauptsächlich bei Verwendung von hydraulisch abbindenden Mörteln (Kalkmörtel, Kalkzementmörtel) im Außen- und Innenbereich hat Drahtziegelgewebe als Putzträger gegenüber den metallischen, gitterartigen Putzträgern Vorteile. Die Ziegelummantelung des Drahtgitters nimmt nämlich überschüssige Feuchtigkeit des Mörtels auf und gibt sie langsam wieder ab. Auf diese Weise wird ein gleichmäßigeres Abbinden des Mörtels ermöglicht, so daß Risse vermieden werden.

• *Rohrmatten*
An Altbauten mit schadhaftem Putz sieht man häufig noch die im Putz liegenden Rohrmatten, die aus Schilfrohren bestehen und durch Draht miteinander verbunden sind. Es gibt dabei einlagige Rohrmatten mit einer Lage Schilfrohr und zweilagige Schilfrohrmatten.

Schilfrohrmatten werden heutzutage im Neubau nicht mehr verwendet. Sie wurden aber vor allem im süddeutschen Raum häufig eingesetzt, wenn Fachwerkhäuser verputzt wurden (Rohrputz), und haben dabei trotz der einfachen Bauweise ihre Aufgabe gut erfüllt. Von Bedeutung sind diese Putzträger daher noch bei Arbeiten in der Denkmalpflege, wo sie bei Restaurierungsarbeiten an historisch bedeutsamen Baudenkmälern noch eingesetzt werden.

• *Gipskartonplatten*
Gipskartonplatten werden in Kapitel 1.6 beschrieben. Sie werden für Innenputze (Gipsputze der Putzmörtelgruppe IV) als Putzträger relativ häufig verwendet. Gipskartonplatten werden dabei auf eine Holzkonstruktion geschraubt oder an Metallprofilen montiert, wobei die Platten im Verband angebracht werden müssen. Die Stirnkanten der Platten mit der dahinterliegenden Tragkonstruktion sind dicht zu stoßen. Die Längskanten müssen, wenn sie nicht mit der Tragkonstruktion hinterlegt sind, mit ca. 5 bis 8 mm Abstand verlegt werden. Die offenen Längsfugen müssen vor dem Anbringen des Gipsputzes mit dem gleichen Material so ausgedrückt werden, daß auf der Rückseite der Platten ein Wulst entsteht, der diese stabilisiert.

• *Sonstige Putzträger*
Es gibt noch eine Reihe von weiteren, historischen Putzträgern, z.B. Holzstabgewebe. Hier soll jedoch auf andere moderne Baustoffe eingegangen werden, die zum Teil an Neubauten zu finden sind und die überputzt werden sollen.

Häufig handelt es sich dabei um Dämmplatten aus Mineralfasern, Schaumglas, Kunststoffhartschaum oder Kunststoff. In solchen Fällen ist immer genau zu untersuchen, ob die Platten fest genug am Untergrund befestigt sind und ob ihre Oberfläche rauh und saugfähig genug ist, damit der Mörtel ausreichend haftet. Besteht hier Anlaß zu Bedenken, so sie sind sie dem Auftraggeber mitzuteilen, damit entschieden werden kann, ob und welche zusätzlichen Maßnahmen getroffen werden müssen. Besonders bei Außenflächen ist eine gute Haftung des Putzes an solchen Platten unabdingbar, wenn man Risse vermeiden will. Im Kapitel 3.3.8 wird daher ausführlich darauf eingegangen, wie die am häufigsten anzutreffenden Dämmplatten, nämlich solche aus Polystyrol-Extruderschaum, verputzt werden können.

3.1.4 Putzbewehrung

Während die Putzträger, die im vorhergehenden Kapitel behandelt wurden, eine gewisse *Eigensteifigkeit* besitzen und den Putz auf ihrer Außenseite tragen, haben *Putzbewehrungen* keine nennenswerte Eigensteifigkeit. Sie müssen jedoch eine hohe Zugfestigkeit aufweisen.

Putzbewehrungen sollen die Zugfestigkeit des Putzes in der zugbelasteten Zone erhöhen. Dazu werden meist Gewebe in den Mörtel eingelegt oder eingearbeitet, die die Zugspannungen aufnehmen sollen. Die Wirkungsweise ist ähnlich wie bei Stahleinlagen im Stahlbeton. Man spricht deswegen auch in Anlehnung an die Stahlarmierung bzw. Stahlbewehrung in Stahlbeton von *Putzarmierung*.

Ziel der Putzbewehrung ist es, eine geschlossene, rissefreie Putzfläche zu erhalten.

Bei einem homogenen, einheitlichen Mauerwerk oder großflächigen Betonkonstruktionen ist eine Putzbewehrung im allgemeinen nicht erforderlich, weil der Putz die auftretenden Schwindspannungen über Verbund abbauen kann. Dadurch bleiben die Zugkräfte begrenzt, so daß keine Risse im Putz entstehen. Anders ist es bei *Mischmauerwerk* oder in den Fällen, wo im Putzgrund verschiedenartige Baustoffe aneinander stoßen und durch ihr unterschiedliches Verhalten hinsichtlich Schwinden, Quellen und Wärmeausdehnung Risse in der Putzfläche verursachen können. Dasselbe gilt auch, wenn *Wandschlitze* zu überputzen sind oder Bauteile stumpf aneinander stoßen (Fertigbauteile, leichte Trennwände). In solchen Fällen können Putzbewehrungen Risse im Putz verhindern, weil die erhöhten Zugspannungen in diesen Bereichen durch die erhöhte Zugfestigkeit des bewehrten Putzes aufgefangen werden.

Aber auch eine Putzbewehrung hat ihre Grenzen und kann nicht in allen Fällen Risse verhindern, selbst wenn eine geeignete Putzbewehrung verwendet und diese in der richtigen Zone, der Zugzone, eingearbeitet worden ist. So kann man natürlich Bewegungsfugen oder ähnliche, sich bewegende Bauteilgrenzen (z.B. Übergang der Deckenstirnseite zum unteren Mauerwerk bei hohen Deckenbelastungen) nicht mit Putzbewehrungen überbrücken, sondern muß hier die Putzflächen durch entsprechende Profile voneinander trennen. Dies wird in Kapitel 3.1.5 behandelt.

Für die Putzbewehrung verwendet man gitterartige Geflechte aus korrosionsgeschütztem Draht oder aus imprägnierten Glasfasern. Sie werden als Matten (Drahtgewebe) oder in Rollen (Glasfasergewebe) geliefert.

Die Maschenweite der Putzbewehrung muß so groß sein, daß der aufgetragene Mörtel gut durch die Armierung durchdringen kann und infolge der Putzbewehrung keine Trennschicht entsteht. Bei einem üblichen Größtkorn von Putzen von ca. 4 bis 5 mm sollte die Maschenweite ca. 10 bis 15 mm betragen. Bei *zu enger* Maschenweite besteht die Gefahr einer Trennung innerhalb des Putzes durch die Putzbewehrung, bei *zu weiter* Maschenweite läßt die Wirkung der Putzbewehrung stark nach, weil die Verformungen im Putz durch die auftretenden Zugspannungen nicht in ausreichendem Maße verteilt werden und dann doch Risse auftreten können. Die Maschenweite soll also prinzipiell so eng wie möglich sein, aber auf keinen Fall so eng, daß es zur Ausbildung einer Trennschicht kommt.

Bei Putzen mit kleinem Größtkorn kann die Maschenweite kleiner sein als bei Putzen mit großem Größtkorn, sie sollte jedoch auch bei Putzen mit kleinem Größtkorn ca. 8 mm nicht unterschreiten.

In Tabelle 3.5 sind verschiedene Beispiele genannt, wo eine Bewehrung im Putz sinnvoll ist, und es ist die Art der üblichen Putzbewehrung angegeben.

Das Anbringen bzw. Einarbeiten von Putzbewehrungen ist oft recht umfangreich, kompliziert und kostenträchtig. Es ist daher eine besondere Leistung, und muß im Leistungsverzeichnis gesondert aufgeführt sein. Ist das nicht der Fall, eine Putzbewehrung jedoch erforderlich, muß der Stukkateur vor der Ausführung der Arbeiten zur Putzbewehrung diese dem Auftraggeber als besondere Leistungen ankündigen.

3.1.4.1 Putzbewehrung aus Drahtgewebe

Putzbewehrungen aus Drahtgewebe werden meist nur im Außenbereich eingesetzt und sie müssen daher korrosionsgeschützt sein. Die Drahtdicke von Drahtgeweben richtet sich nach der zu erwartenden Belastung aus Mörtelgewicht und Einsatzort. Übliche Drahtdicken liegen bei ca. 1,0 mm bis ca. 2 mm. Die Hersteller der Drahtgewebe geben an, welche Dimensionierungen für welche Beanspruchungen vorzusehen sind.

Tabelle 3.5: Anwendungsbereiche von Putzbewehrungen

Beschaffenheit des Putzgrundes	Beispiele	Art der Putzbewehrung
Mischmauerwerk aus unterschiedlichen Steinen	unterschiedliche Steinarten, ev. auch stark unterschiedliche Steingrößen einer Steinart	Drahtgewebe oder Glasfasergewebe ganzflächig im betroffenen Bereich
Rolladenkästen und ähnlich vorgefertigte Bauteile	Rolladenkästen mit Putzträger aus Holzwolle-Leichtbauplatten	Drahtgewebe oder Glasfasergewebe am Rolladenkasten mit einer Überlappung von mindestens 10 cm
Dämmplatten aus Kunststoff im Mauerwerk	Platten aus Polystyrol-Extruderschaum an Deckenstirnseiten, Stahlbetonstützen, Heizkörpernischen	meist Glasfasergewebe mit einer Überlappung von mindestens 10 cm
schlecht oder nicht verzahnte Maueranschlüsse	keine Verzahnung an Mauerecken oder anderen Mauerbereichen	Drahtgewebe oder Glasfasergewebe im mangelhaften Bereich mit einer Überlappung von ca. 15 cm
Breite oder tiefe Schlitze im Mauerwerk (auch innenseitig)	Schlitze für Installationen u.a.	Drahtgewebe oder Glasfasergewebe im mangelhaften Bereich mit einer Überlappung von ca. 15 cm

Wo Bahnen von Drahtgeweben aneinander stoßen, müssen diese sich mindestens ca. 10 cm überlappen. Dort, wo bewehrte Putzflächen an solche Flächen stoßen, wo keine Bewehrung erforderlich ist, soll die Überlappung der Drahtgewebe in den nicht zu bewehrenden Bereich mindestens 10 cm betragen, damit der Übergangsbereich einwandfrei vor Rissen geschützt ist.

Beim Bewehren eines Putzes mit Drahtgewebe ist es meist am sinnvollsten, zunächst einen volldeckenden Spritzbewurf aufzubringen und dann die Drahtbewehrung mit *Abstandshaltern* darauf zu befestigen. Der folgende Putz muß das Drahtgewebe mindestens 10 mm überdecken. Dabei darf das Drahtgewebe, das der Erhöhung der Zugfestigkeit des Putzes dient, nicht wie ein Putzträger fest und starr auf dem Untergrund verankert werden. In einem solchen Fall können Spannungen des Putzgrundes auf die Bewehrung des Putzes übertragen werden, was zu Rißbildungen führen kann. Vielmehr ist die Befestigung des Drahtgewebes auf dem Putzgrund auf das notwendige Anheften zu beschränken. Das Drahtgewebe ist außerdem mit *Abstandshaltern* zu befestigen, so daß es nicht direkt auf dem Spritzbewurf aufliegt. Die Länge der Abstandshalter ist so zu wählen, daß das Drahtgewebe möglichst weit außen, in der zugbelasteten Zone des Putzes liegt, wobei in jedem Fall eine Überdeckung des Drahtgewebes mit Putz von mindestens 10 mm einzuhalten ist.

3.1.4.2 Putzbewehrung aus Glasfasergewebe

Glasfasern für Putzbewehrungen werden in Form von Glasseidensträngen (Roving-Bündel), die aus 100 bis 200 Einzelfäden mit ca. 5 bis 13 µm Dicke bestehen, verwendet. Solche Glasfaserbündel sind i.a. nicht beständig gegen alkalische Einwirkungen wie sie alle frischen und auch erhärteten Putze ausüben. Die Glasfaserbündel werden daher mit *Kunstharzen* überzogen und so geschützt. Von diesen Kunstharzen kommt auch die Farbe der Glasfasergewebe, wobei die Glasfasergewebe für Putze meist blau gefärbt sind. Auf solche Weise mit Kunstharzen geschützte Glasfasern haben in Putzen eine sehr lange Gebrauchsdauer und zersetzen sich praktisch nicht.

Glasfasergewebe gibt es in vielen Arten und Ausführungen, sowohl hinsichtlich der Maschenweite als auch der Zugfestigkeit, die in beiden Richtungen des Glasfasergewebes gleich sein kann oder in einer Richtung stärker sein kann als in der dazu quer verlaufenden Faserrichtung. Solche Glasfasergewebe sind in den Fällen, wo Risse nur in einer bestimmten Richtung auftreten können, sinnvoll, z.B. bei Bauteilgrenzen oder Deckenstirnseiten.

Glasfasergewebe werden sowohl im Innenbereich als auch im Außenbereich eingesetzt und haben im Innenbereich die Drahtgewebe nahezu vollständig verdrängt. Im Außenbereich werden sie zunehmend verwendet.

Für einlagig aufgebrachte Maschinengipsputze im *Innenbereich* haben sich Putzbewehrungen aus Glasfasern gut bewährt. Sie sind leicht zu verarbeiten, korrodieren nicht und erfüllen ihre Aufgabe, einen rissefreien Putz zu bewirken. Wandschlitze für Versorgungsleitungen müssen zuvor jedoch mauerbündig geschlossen werden. Nach einem Spritzauftrag von etwa 5 mm Dicke wird das Glasfasergewebe in den Gipsputz eingedrückt und eingebettet, nachfolgend wird der restliche Putz aufgespritzt.

Da Glasfasergewebe nicht so steif sind wie Drahtgewebe, dürfen sie nicht schon vorher am Untergrund befestigt werden, weil sie dann zu tief liegen. Sie werden vielmehr üblicherweise im oberen Drittel des Unterputzes eingebettet. Dazu wird zunächst eine Schicht Unterputzmörtel (Dicke ca. 2/3 der gesamten Unterputzdicke) aufgebracht und grob abgezogen. Nach dem Eindrücken der Glasfaserbewehrung wird eine weitere Putzschicht des Unterputzmörtels bis zur erforderlichen Gesamtunterputzdicke naß in naß aufgebracht. Die Mörtelkonsistenz beider Schichten muß dabei gleich sein, und das Gewebe darf nach dem Abziehen nicht freiliegen. Glasfasergewebe werden üblicherweise auf ca. 10 cm Breite überlappt und sind glatt und ohne Falten einzubauen. Im Bereich von Fenster- und Türleibungen wird das Gewebe entsprechend herumgeführt. Es ist sinnvoll, Ecken von Fenstern und Türen durch diagonal angeordnete Gewebestreifen, also quer zur erwarteten Rißrichtung, zusätzlich zu bewehren.

Der Oberputz wird nach ausreichender Erhärtung des bewehrten Unterputzes in üblicher Weise aufgebracht.

Die früher z.T. verwendeten Gewebe aus *Kunststoff* besitzen keine so gute Fähigkeit, Risse in mineralischen Putzen zu vermeiden. Der Grund liegt darin, daß die Zugfestigkeit von Kunststoffgeweben oftmals geringer ist als die von Glasfasergeweben, aber vor allem darin, daß der E-Modul von Glasfasergeweben (ca. 20.000 N/mm^2) deutlich höher ist als der von Kunststoffgeweben (ca. 10.000 N/mm^2). Durch den hohen E-Modul können Glasfasergewebe schon bei relativ geringen Verformungen hohe Zugkräfte aufnehmen und so die Verformungen im Putz gering halten, so daß keine Risse entstehen. Kunststoffgewebe benötigen bei den oben angegebenen E-Modul-Verhältnissen doppelt so große Verformungen, bevor sie dieselben Kräfte aufnehmen. Dann ist vielfach der Putz schon gerissen, weil sein Verformungsvermögen überschritten worden ist.

Man kann Glasfasergewebe und Kunststoffgewebe unterscheiden, indem man sie mit einem Feuerzeug anbrennt. Kunststoffgewebe verbrennen dabei vollständig. Bei Glasfasergeweben verbrennt nur das Kunstharzbindemittel, das als Schutz vor chemischen Angriffen um die Glasfaserbündel aufgebracht worden ist, und die Glasfasern bleiben übrig.

3.1.5 Putzprofile

Nach der Ausführung aller bisher beschriebenen vorbereitenden Arbeiten und Vorarbeiten, fehlt noch das Anbringen von Putzprofilen (umgangssprachlich auch als Putzschienen bezeichnet). Danach können die eigentlichen Putzarbeiten beginnen.

Wie der größte Teil der Vorarbeiten, ist auch das Anbringen der verschiedenen Putzprofile eine besondere Leistung, die gesondert berechnet werden muß, wenn es im Leistungstext nicht anders beschrieben ist.

Noch vor ca. 30 bis 40 Jahren wurden Mauerwerkskanten, z.B. an Gebäudeecken, Fensterleibungen und Fensterstürzen mit Putzmörtel ausgearbeitet. Dazu war es erforderlich, vor dem Verputzen an den Mauerwerkskanten Richtlatten zu befestigen. Erst danach konnte eine Wandseite verputzt werden und entsprechend den Richtlatten abgezogen werden. Für die Eckausbildung wurden dann die Richtlatten abgenommen und nochmals auf der verputzten Wandseite angebracht. Durch Verputzen der anstoßenden Wandseite entstand dann an der Richtlatte eine saubere Putzkante. Diese Arbeitsweise war sehr aufwendig, und außerdem waren die Putzkanten anfällig gegen Beschädigungen. Schon bei leichten Stößen gegen die Putzkante kam es vor, daß diese ausbrach.

Diese aufwendige Verarbeitung und nicht befriedigende Stoßbeständigkeit wurde erst beseitigt, nachdem von der Bauindustrie geeignete Metallprofile aus verzinktem Stahlblech als Putzprofile hergestellt wurden. Nachdem man anfänglich nur stoßgefährdete Kanten mit Putzprofilen schützte, wurden schon bald Putzarbeiten aus Rationalisierungsgründen nur noch mit Putzprofilen ausgeführt. Es gehört daher zu den Aufgaben des Stukkateurs, die angebotenen Putzprofile fachgerecht auszusuchen und zu verarbeiten, damit Schäden, die durch eine falsche Anwendung der Profile entstehen können, vermieden werden.

• *Arten und Werkstoffe*
Man unterscheidet Putzprofile für den Putzabschluß (Sockelprofile), für den Kantenschutz (Eckprofile) und für Dehnungsfugen, die mit Putz ausgebildet werden (Fugenprofile). Putzprofile bestehen üblicherweise aus verzinktem Stahl, ohne und mit zusätzlichem Kunststoff-Kantenschutz, oder seltener ganz aus Kunststoff (z.B. aus PVC). Üblicherweise werden die Putzprofile aus verzinktem Stahlblech im Außenbereich mit Kunststoff-Kantenschutz verarbeitet. Solche Profile sind auf Dauer vor Korrosion geschützt.

Es muß unbedingt beachtet werden, daß durch die Putzprofile die spätere *Putzdicke* vorgegeben wird. Die Putzprofile müssen also auf die spätere Putzdicke abgestimmt sein, so daß der Putz entlang der Putzprofile abgezogen werden kann.

• *Zuschneiden*
Vor dem Ansetzen der Putzprofile müssen diese auf die benötigten Längen zugeschnitten werden.

Am besten geeignet für das Zuschneiden der Profile ist eine Metallsäge mit einer Vorrichtung für genaue Gehrungsschnitte (Schrägschnitte). Oftmals sind solche Metallsägen auf den Baustellen nicht vorhanden, weshalb die Putzprofile dort mit Blechscheren zugeschnitten werden. Das geht zwar auch, ist jedoch deutlich zeitaufwendiger und kann nur von geübten Stukkateuren sauber ausgeführt werden. Es lohnt sich daher, Metallsägen für Gehrungsschnitte vorzuhalten.

Vor dem Zuschneiden von Putzprofilen mit Kunststoff-Kantenüberzug muß dieser zurückgeschoben werden, so daß nach dem abschneiden des Metalls der Kantenüberzug sauber ausgeschnitten werden kann. Beim Zuschneiden ist zu unterscheiden zwischen geraden Schnitten zum *Ablängen* von Putzprofilen und *Gehrungsschnitten* an den Putzprofilen, die an Ecken erforderlich werden.

Besonders Gehrungsschnitte erfordern viel Übung, damit die Profile später an den Ecken passen. Wenn zwei gleichartige Profile aneinander gesetzt werden sollen (z.B. Sockelprofile oder Kantenschutzprofile entlang von Hausecken), sollte man diese, wenn sie einen Kantenschutz besitzen, nicht stumpf stoßen, weil dann an der Stoßstelle der beiden Profile Wasser in den Putz eindringen kann. Besser ist es, an dem einen Profil den Kunststoff-Kantenschutz um ca. 5 cm zurückzuschieben und das überstehende Metall-Putzprofil abzuschneiden. Am anzusetzenden Putzprofil sollte man den Kunststoff-Kantenschutz ebenfalls ca. 5 cm zurückschieben und hier den Kantenschutz abschneiden. Man kann dann die anzusetzende Putzschiene in den überstehenden Kunststoff-Kantenschutz einfädeln. Die Stoßstelle ist dann kaum sichtbar, und es kann kein Wasser eindringen.

- *Ansetzen von Sockel- und Kantenprofilen*

Das Putzabschlußprofil bildet die untere Putzkante als Trennung der geputzten Wandfläche zur Sockelfläche. Die Putzkante soll dabei in einer Linie verlaufen. Zum Ansetzen der Putzschienen wird zunächst zwischen den Hausecken in der vorgesehenen Höhe des Sockelprofiles eine Schnur gespannt. Dort werden im Abstand von etwa 0,5 m Mörtelpunkte auf das Mauerwerk über der Schnur aufgetragen. In diese Mörtelpunkte wird, an einer Ecke beginnend, das erste Profil angesetzt und mit Nägeln gegen Verrutschen gesichert. Die Nägel werden dabei nicht ganz eingeschlagen, damit man sie nach dem Erhärten des Mörtels wieder entfernen kann. Der durch die Lochung des Profilschenkels dringende Ansetzmörtel wird verstrichen. Nachdem die Sockelprofile um das ganze Gebäude angesetzt sind, erfolgt das Ansetzen der Kantenschutzprofile (Eckprofile).

Es muß unbedingt beachtet werden, daß im Außenbereich keine *gipshaltigen* Ansetzmörtel verwendet werden, sondern nur solche, die für Außenputze geeignet sind. Gipshaltige Ansetzmörtel weisen wasserlösliche Substanzen auf, die am späteren Putz zu Schäden führen können, durch Ausblühungen oder gar Abplatzungen.

Die Kantenschutzprofile bzw. Eckprofile werden an den Gebäudeecken, den Mauerwerkskanten und an den Fensterleibungen angesetzt. Beim Ansetzen der Eckprofile an den Gebäudeecken wird unten an den Ecken der Sockelprofile begonnen. Auch hierbei werden die Putzprofile entlang einer Richtschnur angesetzt, damit sie später genau in einer Flucht verlaufen.

Auch die Kantenschutzprofile der Fensterleibungen sind sorgfältig abzulängen, auf Gehrung zu schneiden und anzusetzen, denn die Kanten bleiben später sichtbar.

- *Fugenprofile*

Dehnungsfugen an Gebäuden dürfen auf keinen Fall überputzt werden und müssen im Putz ebenfalls ausgebildet werden! Sehr hilfreich sind dabei Fugenprofile, die den Putz an beiden Seiten der Fuge begrenzen. Solche Fugenprofile gibt es für fassadenbündige Fugen und für Inneneckfugen. Die Verfugung kann zwischen den Fugenprofilen durch eine elastische Fugendichtungsmasse auf eingelegtem Hinterfüllprofil ausgeführt werden entsprechend DIN 18 540, Fugen im Hochbau, oder durch Ankleben von vorgefertigten Fugendichtungsbändern zwischen die Fugenprofile.

Fugenprofile haben sich nicht nur bei Bewegungsfugen bewährt, sondern auch in Bereichen, wo trotz Putzbewehrung mit Rissen zu rechnen ist. Häufig handelt es sich dabei um die Unterkanten von Deckenstirnseiten, die infolge der Durchbiegung der Decke abheben und Risse verursachen können. Dies kann besonders dann auftreten, wenn die Auflast an den Deckenkanten gering ist, und es sich um weit gespannte oder hochbelastete Decken handelt. Auch Stirnseiten von Flachdächern zeigen häufig Risse bei fehlenden Fugenprofilen. Unerläßlich sind Fugenprofile über Gleitlagern. Andere Bereiche mit zu erwartenden Rissen sind z.B. Anbauten, wie Terrassen oder Garagen. Infolge unterschiedlicher Setzungen des Hauptgebäudes und der Anbauten können hier Risse im Putz entstehen. Wenn man hier von vornherein Putzprofile anbringt und den Spalt verfugt, bleiben die Problemzonen dauerhaft rißfrei und der Putz wird nicht durch eindringendes Wasser beansprucht.

- *Normen*
DIN 18 540 Abdichten von Außenwandfugen im Hochbau mit Fugendichtstoffen.

3.2 Putztechniken

Die traditionelle Putzarbeit ist körperlich sehr anstrengend. Erst in diesem Jahrhundert, in den 50er Jahren wurden Misch- und Pumpmaschinen entwickelt, damals noch getrennt in Mischer, Mörtelpumpe und Kompressor. Heute bilden diese Komponenten als *Putzmaschine* eine Einheit. Trotz des Einsatzes von Maschinen ist die Arbeit des Stukkateurs immer noch sehr kraftaufwendig.

Für die unterschiedlichen Einsatz- und Verwendungszwecke gibt es sehr verschiedene Putzmaschinen. Aber nicht alles kann mit Putzmaschinen erledigt werden. Bestimmte Techniken (z.B. Sgraffito) verlangen auch heute noch Handarbeit.

3.2.1 Verarbeitung von Hand

Abgesehen von bestimmten Putztechniken wird eine Putzverarbeitung von Hand nur noch bei kleinen Flächen und bestimmten einzuhaltenden Mischungsverhältnissen durchgeführt. Dabei wird in einem Taktverfahren immer wieder neuer Mörtel angemacht, zur Verarbeitungsstelle transportiert und dort von Hand an das betreffende Bauteil angeworfen und bearbeitet.

Trotz des starken Einsatzes von Maschinen ist das Glätten des Putzes und die Oberflächenbearbeitung immer noch Handarbeit. Die Ausübung des Stukkateurhandwerks ist deshalb nach wie vor mit handwerklichem Geschick und Können verbunden.

3.2.2 Maschinenputz

Bei den Mörtelmisch- und Pumpmaschinen unterscheidet man grundsätzlich zwei Maschinenarten, nämlich die *Schneckenpumpe* und die *Kolbenpumpe*. Die Schneckenpumpe wirkt stetig pumpend, während bei der Kolbenpumpe die Kolben Druckstöße verursachen. Diese Druckstöße werden in einem Windkessel, der ein Druckluftpolster bildet, weitgehend ausgeglichen.

Der Mörtel wird in einem dicken flexiblen Schlauch zur Auftragsstelle gefördert. Parallel dazu verläuft ein dünner Druckluftschlauch. Am Ende des Schlauches befindet sich das sogenannte *Griffstück*, wo die Druckluft in den plastischen Mörtel eingepreßt wird, so daß kleine, tropfenartige Teile abgerissen und gegen die Auftragsfläche gespritzt werden. Über den Druckluftschlauch werden zudem der Mischer und die Pumpe gesteuert: Wird mehr Druckluft an der Arbeitsstelle verbraucht, so wird auch mehr Mörtel angemischt und nachgeschoben und umgekehrt.

Putzmaschinen sind je nach Größe und Härte der Zuschlagstoffe hoch beansprucht und unterliegen zum Teil einem erheblichen *Verschleiß*. Die Oberflächen hoch beanspruchter Teile werden deshalb teilweise hartverchromt oder ganze Teile werden aus harten Metallen bzw. Metall-Legierungen hergestellt.

Die Verarbeitung von Putzen mit Putzmaschinen hat mehrere *Vorteile*: Zum einen dringt der

Feinmörtel durch die hohe Anwurfgeschwindigkeit tiefer in die Poren des Putzgrundes ein. Der Mörtel haftet somit besser. Zum anderen dringen die groben Zuschläge tiefer in die Mörtelschicht ein, so daß in der tieferen Zone die Festigkeit des Mörtels gesteigert und das Schwinden verringert wird.

Es gibt Mischmaschinen, die für *Baustellenmörtel* konstruiert sind, und solche, bei denen Fertigmörtel, also *Werktrockenmörtel* das geeignetere Material sind. Die Zuführung der Mischkomponenten erfolgt je nach Maschine sackweise oder aus einem Silo. Hier werden erst die großen Vorteile von Werktrockenmörteln deutlich, da diese direkt vom Silo in die Putzmaschine geleitet, dort verarbeitet und unmittelbar ohne weitere Zwischenschritte aufgetragen werden können. Gegenüber der früheren Handarbeit sind auf diese Weise um ein vielfaches höhere Arbeitsleistungen bei geringerem Arbeitskräfteeinsatz möglich. Zudem bleiben die Putzmischungen gleichmäßig.

• *Einkolbenpumpe*
Einkolbenpumpen wurden in den 60er Jahren auf den Markt gebracht. Vom Grundprinzip her werden sie heute noch gebaut und haben in Sonderfällen ihr Einsatzgebiet. Sie werden jedoch zunehmend durch neuere Konstruktionen ersetzt.

Einkolbenpumpen finden ihren Einsatz bei auf der Baustelle gemischten Putzen. Häufig werden dabei Kalkzement- und Kalkputze gemischt, auch mit groben und scharfkantigen Sanden als Zuschlägen. Die Förderdrücke liegen bei max. 30 bar und erlauben Förderhöhen bis zu 10 Geschossen. Die Fördermengen liegen bei 10 bis 60 l pro Minute.

• *Schneckenpumpe*
Schneckenpumpen sind heute sehr gängige und weit verbreitete Pumpen für Putzmaschinen. Sie fördern den Mörtel gleichmäßig, jedoch ist die Reibung im Schneckenteil deutlich höher als bei Kolbenpumpen. Aus diesem Grund eignen sich Schneckenpumpen zwar für die meisten Werktrockenmörtel, nicht aber für Mischungen mit hartem oder grobem Korn. Sie sind einfach zu bedienen und zu reinigen. Die Förderdrücke und die Fördermengen liegen etwa so wie bei der Einkolbenpumpe.

• *Doppel-Kolbenpumpe*
Die Doppel-Kolbenpumpen oder auch Doppel-Ausgleichskolbenpumpen fördern den Mörtel im Gegensatz zur Einkolbenpumpe auch ohne Windkessel stoßfrei und sind dabei wesentlich verschleißärmer als Förderschnecken. Man erreicht mit solchen Pumpen sehr hohe Leistungen, auch mit schlecht pumpbaren Mischungen. Sie sind für nahezu alle Putz- und Mörtelarten außer Gipsmörtel zu verwenden. Der Förderdruck liegt bei 10 bis 60 bar, die Förderleistung zwischen 10 und 80 l pro Minute.

Durch den bei Kolbenpumpen verwendeten Zwangsmischer entsteht im Mörtel ein Luftporenanteil, welcher höher ist als der bei Schneckenpumpen. Wird zu lange gemischt, so wird der Luftporengehalt zu groß, was bei den meisten Putzen zu einem Festigkeitsverlust führt. Andererseits wird durch Luftporen der Mörtel ergiebiger und geschmeidiger und läßt sich dadurch besser mit der Maschine verarbeiten.

Bei Sanierputzen ist ein hoher Luftporenanteil erwünscht, der durch Zusatzmittel erreicht wird. Es muß dabei im Mörtel ein *stabiler* Schaum in ausreichender Menge entstehen, der den späteren Luftporengehalt im Sanierputz sicherstellt. Zu langes Mischen kann hier zu instabilem Schaum im Mörtel führen. Es eignen sich daher nur ganz bestimmte Putzmaschinen für Sanierputze, die zudem bei den verschiedenen Sanierputzen unterschiedlich sein können.

• *Gipsputzmaschinen*
Gipsputzmaschinen werden schon seit den 60er Jahren gebaut. Da Gipsputzmaschinen die ersten Putzmaschinen waren, wurde dadurch der Gipsputz als Innenputz stark verbreitet. Vom Grundprinzip her sind Gipsputzmaschinen Schneckenpumpen.

Der Mischprozeß verläuft kontinuierlich und vollautomatisch gesteuert ab. Diese Maschinen können außer für Gipsputz auch für andere Werkmörtel bis 4 mm Körnung eingesetzt werden, teils bis 7 mm. Die Beschickung der Gipsputzmaschinen erfolgt heute weitestgehend über Silos. Dabei wird das trockene Mischgut vor dem Zumischen von Wasser entlüftet, so daß durch die Mischung eine gleichmäßige Konsistenz des Mörtels erreicht wird. Die Dosierung des Trockenguts erfolgt automatisch entsprechend dem Gesamtdurchlauf.

Gipsputzmaschinen dieser Art sind vor allem im süddeutschen Raum unentbehrlich geworden. Der Förderdruck und die Fördermenge liegt bei etwa den gleichen Werten wie bei der Einkolbenpumpe.

- *Feinputzmaschine*
Maschinen dieser Art werden für sehr feine Putze, wie z.B. Spachtelmassen, Spritz-, Haft- und Schallschluckputze mit feiner Körnung verwendet. Sie arbeiten mit Schneckenpumpen. Ihre Förderleistung liegt bei 0,8 bis 12 l pro Minute.

3.2.2 Rabitzputz

Der Berliner Baumeister Karl Rabitz hat diese Technik gegen Ende des 19. Jahrhunderts in Deutschland eingeführt und verbessert. Bekannt ist das Herstellen von dünnschaligen Trennwänden oder Decken mit einer möglichst leichten Unterkonstruktion, die dann verputzt wird, etwa seit 1840.

Der Grundgedanke dabei ist, daß ein Putzträger einseitig (bei Dekken) oder zweiseitig (bei Wänden) verputzt wird. Rabitzwände dieser Art werden dann ungefähr 40 bis 50 mm dick. Sie sind heute durch Gipsdielenwände verdrängt worden.

Solche Putzarbeiten können nicht nur in ebenen Flächen hergestellt werden, sondern auch mit Wölbungen. Bei den früher verwendeten Putzträgern (Rohrgeflecht, Drahtgewebe) mußten noch zusätzliche Rundeisen eingebaut werden um den statischen Halt zu erreichen.

Anfang des 20. Jahrhunderts wurde das Ziegelrabitzgewebe immer mehr verwendet, insbesondere für Gewölbe, da sich dort das Ziegelrabitzgewebe in jeder Richtung der Biegung gut anpassen läßt. Das seit den 30er Jahren eingeführte Rippenstreckmetall löste nach und nach die früheren Putzträger ab, da es ein wesentlich stabilerer Putzträger war.

Seit der Einführung von Gipskartonplatten sind die ebenen Rabitzkonstruktionen nach und nach verdrängt worden und werden heute so gut wie nicht mehr verwendet. Anders bei Gewölben, dort sind Rabitzkonstruktionen nach wie vor aktuell. Spätestens bei umfangreicheren Rabitzarbeiten muß die Tragfähigkeit der Unterkonstruktion bzw. der gesamten Rabitzkonstuktion von einem Statiker berechnet bzw. überprüft werden.

Für die Ummantelung von Säulen, Rohren, Unterzügen usw. werden Rabitzkonstruktionen kaum noch verwendet. Auch hier wurden sie durch Gipskartonplatten verdrängt. Soll hingegen auf einer solchen Ummantelung eine Stuckarbeit ausgeführt werden, so ist die Rabitzunterkonstruktion nach wie vor geeignet und nicht ersetzbar.

3.2.3 Putzweisen

Die Putzweise bezeichnet die Art der Oberflächenbehandlung des aufgebrachten Putzmörtels und die dadurch entstehende Oberflächenstruktur. In diesem Kapitel sind neben verschiedenen Putzweisen auch Putztechniken, wie z.B. Spritzputz oder Stukkolustro, beschrieben, die eine Putzweise beinhalten. Dazu gehört auch die in Kapitel 3.2.4 beschriebene Sgraffitotechnik.

- *Filzen*
Der aufgebrachte Putz wird dabei während der Erhärtungsphase mit einer Filzscheibe, einem Filzbrett oder einem Schwammbrett fein gerieben. Bei dieser Bearbeitung besteht die Gefahr, daß beim Verreiben eine Bindemittelanreicherung an der Oberfläche entsteht, wodurch Schwindrisse hervorgerufen werden können. Bei zu spätem Filzen wird das Erhärten der Oberfläche gestört, und es kommt zu einem Absanden des Putzes beim Darüberfahren mit der Hand im erhärteten Zustand.

- *Glätten*
Durch den Einsatz einer Glättkelle, eines Gitterrabbot oder einer Traufel wird eine glatte Putzoberfläche erzielt. Das Glätten mittels Glättkelle oder Traufel kann eine Bindemittelanreicherung an der Oberfläche bewirken und somit die Entstehung von Schwindrissen fördern. Auch kann durch ein zu starkes Glätten eine Verdichtung im Oberflächenbereich bewirkt werden.

- *Reibeputz*
Bei diesem Putz wird nach dem Auftragen mit einer Glättkelle

oder einem Holzbrett die Oberfläche verrieben bzw. verscheibt. Durch die im Putz enthaltenen verschiedenartigen und verschieden großen Körnungen entstehen unterschiedliche Putzstrukturen, die zusätzlich auch von den Bewegungen des Arbeitsgerätes abhängen (siehe Bild 3.2). Weitere Bezeichnungen für diese Putze sind: Rillenputz, Münchner Rauhputz, Wurmputz, Madenputz und Rindenputz.

- *Kellenwurfputz*

Wird der Putz mit der Kelle angeworfen und die Struktur, die durch das Anwerfen entsteht, beibehalten, so spricht man von einem Kellenwurfputz (siehe Bild 3.3). Zur Verwendung gelangen dabei Putzmörtel mit einem hohen Grobkornanteil, z.B. Korndurchmesser 6 bis 10 mm, in besonderen Fällen bis 32 mm.

- *Spritzputz*

Spritzputze entstehen durch ein- oder mehrmaliges Aufspritzen eines feinkörnigen und dünnflüssigen Mörtels mit einem speziellen Spritzputzgerät. Bei Akustikputzen gelangt hierbei ein mineralischer Mörtel mit Korndurchmessern von bis zu 1 mm zur Anwendung. Größere Körnungen finden bei Außenputzen Anwendung (siehe Bild 3.3; heute selten).

Früher wurden für den Putzmörtel-Auftrag statt Spritzputzgeräten Reisigbesen verwendet (Besenwurfputz).

- *Kellenstrichputz*

Nach dem Putzauftrag wird die Oberfläche mit der Kelle oder Glättkelle schuppen- oder fächer-

Bild 3.2: Reibeputz, horizontal gerieben mit Größtkorn 4 mm

Bild 3.3: Kellenwurfputz, links unten mit Größtkorn 8 mm, rechts unten mit Größtkorn 32 mm; Spritzputz, rechts oben mit Größtkorn 3 mm

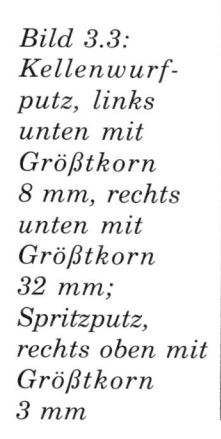

Bild 3.4: Kellenstrichputz, hier in einer Fachwerk-Ausfachung

förmig verstrichen (siehe Bild 3.4). Die entstehenden Muster und Strukturen in der Putzoberfläche sind relativ groß und weisen ein mehr oder weniger deutliches Relief auf.

- *Steinputz bzw. Stockputz*

Als Steinputze werden solche Putze bezeichnet, die nach dem Erhärten steinmetzmäßig bearbeitet werden. Sie werden dabei üblicherweise gestockt oder scariert. Der damit verbundene Dikkenverlust muß vorher durch eine entsprechend höhere Schichtdicke des Putzes ausgeglichen werden.

Steinputze bzw. Stockputze werden aus Putzmörteln mit hohem Zementanteil hergestellt. Die Putze müssen wegen der Nachbearbeitung eine hohe Festigkeit erreichen und erfordern deshalb auch einen sehr festen Putzgrund. Nach der Erhärtung werden sie mit einem speziellen Hammer oder anderen Werkzeugen (Schariereisen) steinmetzmäßig bearbeitet (gestockt oder schariert). Durch diese Bearbeitung entsteht eine besondere Oberflächenstruktur, die vom Bearbeitungswerkzeug abhängt.

Bei der Bearbeitung ganzer Fassaden mit dieser Technik werden auch häufig andere Elemente zur Gestaltung miteingesetzt, z.B. werden durch einen Putzauftrag mit entsprechend ausgebildeten Nuten Natursteine nachgebildet, und durch das Stocken bzw. Scharieren erhalten diese »Natursteine« eine steinmetzmäßig behauene Oberfläche (siehe Bild 3.5).

Bild 3.5: Steinputz oder Stockputz, hier wurde eine ganze Fassade damit gestaltet

Bild 3.6: Naturputz, hier mit Sanierputz in einem instandgesetztem Gewölbekeller

- *Naturputz*

Ein Naturputz kann aus unterschiedlichen Putzmörteln hergestellt sein. Der Putzmörtel wird frei aufgetragen, wobei man darauf verzichtet, ein fluchtgerechtes und ebenes Aussehen mit Hilfe von Latte, Putzleisten und Senkel herzustellen. Häufig werden Naturputze dort ausgeführt, wo großformatige Natursteine aus dem Untergrund im Putz abgezeichnet werden sollen oder wo eine solche Struktur auf ebenem Putzgrund erzielt werden soll. Für die Herstellung von Naturputzen im Innenbereich wird im allgemeinen Weißkalkmörtel verwendet. Ein dem Naturputz entsprechendes Aussehen läßt sich aber auch mit anderen Putzmörteln erreichen, z.B. mit Sanierputzen (siehe Bild 3.6) oder mit Kalkzementputzen (siehe Bild 3.7).

• *Waschputz*
Dem Putzmörtel von Waschputzen werden Zuschläge zugegeben, welche nachher an der Oberfläche erscheinen sollen. Dabei spielt neben der Kornform und der Korngröße insbesondere die Kornfarbe eine Rolle. Nach dem Auftragen wird der Putz zunächst geglättet und vor dem Erhärten seine an der Oberfläche befindliche Bindemittelschicht abgewaschen. Nach dem Abwaschen mit Wasser wird der Waschputz mit verdünnter Salzsäure (Mischungsverhältnis 1 : 1) 2 bis 3 Tage nach dem Auftrag abgewaschen. Anschließend muß wieder mit Wasser nachgewaschen werden. Durch diese Vorgehensweise werden die farbigen Sande und Körner in der Mörtelgrundmasse sichtbar (siehe Bild 3.8).

Eine weitere Bezeichnung für Waschputz ist Steinwaschputz.

• *Kratzputz*
Hierfür muß ein Putzmörtel verwendet werden, der einen geeigneten Kornaufbau besitzt. Er wird zunächst in einer dickeren Schicht als nachher erforderlich angeworfen und glatt abgezogen. Während der Erhärtungsphase, deren Beginn und Intensität von Witterung und Temperatur abhängig ist, wird die obere, bindemittelreiche Schicht mit einem Nagelbrett, einer Ziehklinge oder einem Sägeblatt abgekratzt. Durch das dadurch herausfallende Korn entsteht die charakteristische Kratzputzstruktur.

Wichtig ist hierbei, den richtigen Zeitpunkt für das Kratzen herauszufinden, welcher stark vom Erhärtungsverlauf des Putzes abhängig ist. Dieser Zeitpunkt ist in der Regel dann erreicht, wenn das Korn beim Kratzen aus dem Putz herausfällt und nicht mehr im Nagelbrett hängenbleibt. Durch diese Art der Verarbeitungsweise können sich später zwar einzelne Körner beim Abreiben mit der Hand lösen, dies ist aber nicht zu bemängeln.

• *Bestich*
Mit Bestich wird ein einfaches, dünnschichtiges Überziehen von Mauerwerk mit Putzmörteln bezeichnet. Ein Bestich bleibt ohne besondere Oberflächenbearbei-

Bild 3.7: Naturputz, hier mit Kalkzementputz auf Mauerziegeln (Bildmitte)

Bild 3.8: Waschputz mit Größtkorn 8 mm

tung und wird meist in untergeordneten Räumen angewendet. Ein solcher putzartiger Überzug gilt nicht als Putz gemäß DIN 18 550.

• *Stukkolustro*
Damit wird eine sehr glatte, dem Stuckmarmor ähnliche Oberflächenbearbeitung bezeichnet. Stukkolustro (oder Stucco lustro) enthält jedoch keinen Gips, sondern ist auf einer Bindemittelbasis aus Kalk aufgebaut.

Der Unterputz besteht dabei aus einem Kalkmörtel mit Kalkteig und 2 bis 3 Teilen Sand. Darauf wird eine weitere Putzschicht aufgebracht, die zu gleichen Teilen aus gelöschtem Kalk (Sumpfkalk) und Quarzsand besteht. Eine dritte Schicht besteht aus derselben Grundmischung wie die zweite mit zusätzlichen Anteilen von Kaolin (Porzellanerde) oder Marmorpulver und Farbpigmenten. Die vierte Schicht besteht aus pigmentiertem Kalkbrei, mit dem die Marmorstruktur hergestellt wird.

Der spiegelnde Glanz der Putzoberfläche wird nach dem Erhärten mit Hilfe eines Bügeleisens hergestellt, mit dem der Putz geglättet wird. Nachfolgend wird die Putzoberfläche eingewachst und gebürstet. In Bild 3.9 ist eine so bearbeitete, spiegelnde Fassade zu sehen.

• *Spritzbewurf*
Ein Spritzbewurf enthält meist Zement als Bindemittel und muß der Mörtelgruppe P III entsprechen. Er ist dazu vorgesehen, der nachfolgenden Putzlage eine bessere Haftung zu geben. Durch eine entsprechend gemischte Körnung erhält dieser Putz eine warzenförmige, also sehr griffige Oberfläche. Der Spritzbewurf wird volldeckend oder teildeckend ausgeführt, je nach Anwendungszweck.

Einem Spritzbewurf können Zusatzmittel, wie plastifizierende oder haftungsverbessernde Stoffe zugesetzt werden, ohne dabei den Zementanteil zu verringern.

Bei Untergründen mit geringer Saugfähigkeit wird meist ein teildeckender Spritzbewurf angebracht. Auch bei Sanierputzen ist nur eine Teildeckung des Untergrundes von ca. 50% erforderlich. Bei Mischmauerwerk, bei Mau-

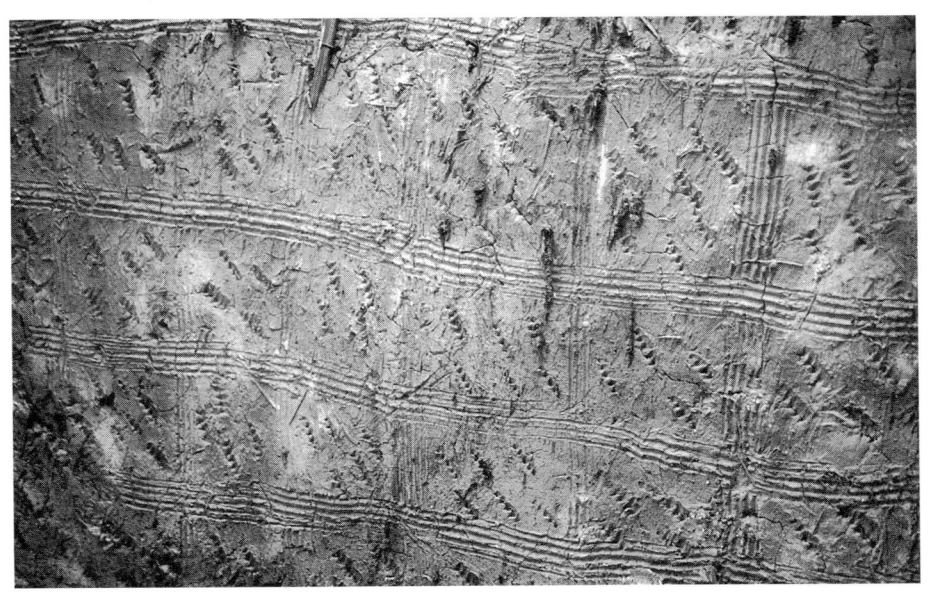

Bild 3.9: Stukkolustro, hier an einem Gebäude in Desenzano del Garda / Italien

Bild 3.10: Lehmputz mit interessant strukturierter Oberfläche (Kornhaus Gernsbach / Schwarzwald)

erwerk mit stark unterschiedlichem Saugverhalten und auf Holzwolle-Leichtbauplatten gelangt dagegen meist ein volldeckender Spritzbewurf zur Anwendung. Die Mindeststandzeit eines Spritzbewurfes beträgt 24 Stunden.

Auf gleichmäßig saugenden und genügend rauhen Wandoberflächen kann auf einen Spritzbewurf verzichtet werden. Auf Betonoberflächen kann der Spritzbewurf durch einen entsprechenden Haftanstrich ersetzt werden.

• *Sonstige Putzweisen*
Es sind noch mehr Putzweisen als die oben genannten bekannt. Diese haben jedoch im Laufe der Jahrzehnte und Jahrhunderte an Bedeutung verloren oder erst gar keine Bedeutung erlangt.

Früher wurden beispielsweise Lehmputzweisen verwendet, die interessante Oberflächen zeigen. Man hat sich selbst bei einem durch eine Wandbekleidung verdeckten Putz nicht von der Verwendung interessanter Oberflächenstrukturen abbringen lassen (siehe Bild 3.10).

3.2.4 Sgraffitotechnik

Die Sgraffitotechnik ist schon sehr alt und taucht als Ritzzeichnung auf Holz, Schiefer, Kalkstein und Knochen sowie in Form von Einkerbungen auf keramischen Gefäßen auf. Ritz- und Kratzarbeiten finden sich in allen Zeitaltern wieder. Während der Renaissance wurden vor allem in Oberitalien Sgraffitoarbeiten zum Schmücken von geputzten Fassaden verwendet. Die Sgraffitotechnik erlebte damals einen ersten Höhepunkt. Auch heute wird diese Technik noch gerne angewandt, nicht zuletzt weil neuere Materialien zu weiteren Verbesserungen und Erleichterungen bei der Verarbeitung und Bearbeitung geführt haben.

Die Sgraffitotechnik ist für künstlerische Oberflächengestaltung mit Bildern und ähnlichem geeignet. Dabei werden zunächst verschiedenfarbige Mörtelschichten übereinander aufgebracht. Anschließend legt man durch örtliches Abkratzen der oberen Schichten die darunterliegenden, tieferen Schichten frei. Da jeweils eine ganze Mörtelschicht eingefärbt wurde, ist das entstandene Muster oder Ornament dauerhafter und widerstandsfähiger als eine Bemalung. Zusätzlich ergibt sich durch das entstehende Relief ein künstlerischer Reiz (siehe Bild 3.11).

Die höhere Widerstandsfähigkeit der Färbung des Sgraffito gegenüber einer Bemalung wird häufig nach einer Überarbeitung der Fassade ausgeschaltet, indem die Sgraffito-Konturen mit einem entsprechenden Anstrich vom Maler versehen werden. Eine fachgerechte Auffrischung des Sgraffito wäre hier angebrachter.

Die Sgraffitotechnik stellt an die handwerkliche Ausführung ganz besondere Ansprüche, vor allem ist hierbei jedoch die künstlerische Leistung zu nennen.

Der erforderliche *Unterputz* muß ebenflächig aufgetragen sein,

Bild 3.11: Sgraffitotechnik, hier an der Grund- und Hauptschule in Calw/Schwarzwald

damit die nachfolgenden Schichten in gleichmäßiger Stärke aufgetragen werden können. Darauf wird der *Kratzgrund*, also die eingefärbte Putzmörtelschicht, aufgetragen. Die *Deckschicht* (Kratzschicht) wird zuletzt aufgebracht und erhält meist einen hellen Farbton, der dem Ton der Fassade entspricht. Wenn noch mehr Farben im Sgraffito erscheinen sollen, müssen zwischen Unterputz und Deckschicht zusätzliche Putzschichten mit der entsprechenden Färbung aufgetragen werden.

Nach dem Auftragen aller Sgraffito-Putzschichten wird das Ornament oder Bild mit Hilfe einer perforierten Zeichnung und einem Staubbeutel auf die Wand übertragen. Sofort nach diesem

Durchzeichnen werden sämtliche Umrisse mit einem speziellen Messer bis auf den jeweiligen Kratzgrund durchgeritzt. Hierbei muß darauf geachtet werden, daß die Kratzschicht nicht schon zu hart ist, da sie sich dann schlechter schneiden läßt und unsaubere, ausgefranste Konturen entstehen. Die Schnitte sind in einem Winkel von 30° bis 45° zu führen, so daß Regenwasser leicht abläuft und die oberste Putzschicht nicht zerstört wird. Nach dem Schneiden wird der farbige Kratzputz mit speziellen *Sgraffitoschlingen* und *Kratzeisen* freigelegt und so gesäubert, daß sein Farbton klar in Erscheinung tritt. Ist die Kratzarbeit fertig, wird die Deckschicht mit einer Ziehklinge leicht geschabt und die gesamte Bildfläche von allen losen Teilen gesäubert.

3.3 Ausführungshinweise zur Mängelvermeidung verschiedener Putze

In diesem Kapitel werden Ausführungshinweise für verschiedene Putzarten gegeben, deren Mißachtung in vielen Fällen zu Mängeln geführt hat. Auf einige spezielle Eigenschaften der Putzarten wird eingegangen, um deutlich zu zeigen, wie von Anfang an Mängel vermieden werden können. Ein ausführliches Kapitel ist den Sanierputzen gewidmet, weil diese zunehmend eingesetzt, aber oftmals falsch verarbeitet werden und spezielle Eigenschaften haben, die zu beachten sind.

3.3.1 Gipsputze

Die meisten Schäden an Gipsputzen treten deshalb auf, weil diese in Bereichen verarbeitet worden sind, wo sie nicht beständig sind. Gipsputze darf man nur auf *trockenen* und *trockenbleibenden* Untergründen verarbeiten.

Alle Untergründe für Gipsputze müssen *trocken sein*, sonst kann an der Grenzfläche des Untergrundes zum Gipsputz die Feuchtigkeit den Gipsputz anlösen und den Verbund stören, so daß es zu Ablösungen kommen kann. Entsprechend Tabelle 1.2 ist die Löslichkeit des im Gipsputz enthaltenen Calciumsulfat-Dihydrates ($CaSO_4 \cdot 2H_2O$) mit 2 g/l zwar relativ gering, das einmal gelöste Dihydrat kristallisiert aber beim Trocknen unter Kristallwasseraufnahme aus und bildet Zonen mit geringer Festigkeit.

Besonders viel Feuchtigkeit kann durchfeuchtetes Mauerwerk aus Ziegeln, Porenbeton und Bimsbeton an den Gipsputz abgeben. Wenn also der Verdacht besteht, daß solches Mauerwerk durch eingedrungenes Wasser oder Undichtigkeiten durchfeuchtet sein kann, ist eine besonders sorgfältige Prüfung auf Untergrundfeuchtigkeit erforderlich. Gegebenenfalls müssen Proben aus dem Mauerwerk entnommen werden, und diese sind im Labor hinsichtlich des Wassergehaltes zu untersuchen.

Alle Untergründe für Gipsputze müssen *trocken bleiben*, sonst treten über kurz oder lang Sulfatausblühungen an der Oberfläche des Gipsputzes auf und die Oberfläche wird mit zunehmender Dauer der Feuchtigkeitseinwirkung immer weicher, bis der Gipsputz schließlich seine Festigkeit verliert, mürbe wird und abbröselt. Der klassische Fall eines Untergrundes, der nicht trocken bleibt, ist Mauerwerk mit aufsteigender Feuchtigkeit, also ohne wirksame Horizontalsperre und mit kapillar leitenden Baustoffen und Mörteln hergestellt. Da nahezu alle Wandbaustoffe und Mörtel Wasser kapillar weiterleiten können, ist der wirksamen Horizontalsperre bei der Beurteilung besonderes Gewicht beizumessen. Fehlende Horizontalsperren, die besonders im Altbau vorkommen, können häufig an feuchten Bereichen im unteren Teil des Mauerwerkes erkannt werden. Solche feuchten Bereiche sehen oftmals wegen angesiedelter winziger Schimmelflecken bzw. Mikroorganismen dunkler aus als die Umgebung oder weisen weißliche Ausblühungen auf. Gipsputz ist auf solchem Mauerwerk nicht beständig, und es müssen im Fall von möglicher aufsteigender Feuchtigkeit unbedingt Bedenken gegen das Aufbringen des Gipsputzes geltend gemacht werden.

Schäden am Gipsputz können auch auftreten, wenn das Mauerwerk zwar eine Horizontalsperre besitzt, aber infolge eines noch nicht aufgebrachten Außenputzes oder infolge eines nicht ausreichenden Schutzes des Außenmauerwerks von Schlagregen durchfeuchtet wird. Der erste Fall kommt insbesondere bei Neubauten vor, der zweite Fall in den oberen, stärker beanspruchten Bereichen von Altbauten.

Beim Aufbringen von Gipsputz auf Beton oder andere zementhaltige Baustoffe (z.B. Zementputz, Faserzementplatten) muß beachtet werden, daß die im Gipsmörtel enthaltene Calciumsulfatlösung ($CaSO_4$-Lösung) den erhärteten Zement angreifen kann.

Beim Einwirken von $CaSO_4$-Lösung und ausreichender Feuchtigkeitszufuhr kommt es zum *Sulfattreiben* im Zement. Dabei bilden sich nadelförmige Ettringitkristalle

$$3CaO \cdot Al_2O_3 \cdot 3CaSO_4 \cdot 32H_2O$$

im Zement, die unter starker Volumenvergrößerung und entsprechendem Kristallisationsdruck das Bindemittel zerstören können. Diese Erscheinung kommt bei rückseitig durchfeuchteten Bauteilen aus Zement vor sowie bei *frischen*, noch feuchten Betonbauteilen. Gipsputz darf daher nur auf ausreichend erhärtetem und ausgetrocknetem Beton aufgebracht werden, wobei man bei normaler Witterung von ca. 3 Wochen ausgeht. Bei kalter, nasser Witterung kann jedoch eine deutlich längere Wartezeit erforderlich sein, bis der Gipsputz auf den Beton aufgebracht werden kann. Die einmalige Zufuhr von $CaSO_4$-Lösung beim Aufbringen des frischen Gipsputzes auf den Beton bleibt ohne Schäden.

Gipsputz oder gipshaltige Mörtel (z.B. Ansetzmörtel) dürfen an der Außenfassade nicht und nirgends eingesetzt werden, auch nicht in kleinen Bereichen (Ansetzen von Putzschienen oder Fixieren von Leitungen u.a.), weil solche gipshaltigen Werkstoffe zu Ausblühungen oder anderen Schäden führen.

3.3.2 Anhydritputze

Anhydritputze werden aus Anhydritbinder hergestellt. Sie sind von ihrer chemischen Grundstruktur her wie Gipsputze aufgebaut und verhalten sich weitgehend auch wie solche. Sie weisen jedoch gegenüber Gipsputzen eine höhere Festigkeit und längere Erhärtungszeiten auf. Anhydritputze gelangen dort zum Einsatz, wo Putze mit hoher Oberflächenfestigkeit gefordert sind.

Anhydritputze mit Anhydrit als hauptsächlichem Bindemittel werden selten verwendet. Die Untergrundvorbereitung, die Ausführung und Mängelvermeidung entsprechen denen des Gipsputzes (siehe Kapitel 3.3.1).

3.3.3 Kalkputze

Nachdem reine Kalkmörtel in den 50er bis 70er Jahren immer weniger zur Anwendung gelangten, nimmt deren Verwendung in neuerer Zeit im Zuge eines ökologischen und biologischen Trends am Bau wieder zu. Die Verarbeitung von *reinen* Luftkalkmörteln ist äußerst selten, da diese sehr lange Erhärtungszeiten aufweisen. Heute werden zwar Putze mit Luftkalk oder Wasserkalk als Bindemittel angeboten, diese sind jedoch durch geringe Zement- und Kunstharzzusätze so modifiziert, daß sie einerseits relativ schnell erhärten und andererseits eine mindestens wasserhemmende Ausrüstung aufweisen.

Kalkputze können sowohl im Innen- als auch im Außenbereich verwendet werden. Sie sind nach Erhärten *wetterbeständig*, weisen aber ohne Kunstharzzusätze in der Regel nicht die nötigen Eigenschaften auf, damit sie als wasserhemmend oder gar als wasserabweisend bezeichnet werden können. Interessant ist, daß dennoch Kalkputze über Jahrhunderte hinweg ihre Fähigkeiten als gute und dauerhafte Außenputze bewiesen haben.

Da gelöschter Kalk und hydraulischer Kalk für den Erhärtungsprozeß kein weiteres Wasser mehr benötigen, ist es auch bei stark saugenden Untergründen nicht notwendig, diese vorzunässen. Leicht feuchte Untergründe haben keinen negativen Einfluß auf das Erhärtungsverhalten des Putzes. Enthalten jedoch Kalkputze Zementzusätze (Zemente benötigen Wasser zur Erhärtung), so müssen stark saugende Untergründe vorgenässt werden oder mit einer entsprechenden Grundierung, einer sogenannten »Aufbrennsperre«, versehen werden.

Kalkputze erhärten relativ langsam und müssen erst in jeder Lage ausreichend karbonatisiert sein, bevor die nächste Lage aufgebracht wird. Sonst entsteht nur an der Oberfläche ein ausreichend fester Kalkputz, der dann infolge der nicht ausreichend erhärteten unteren Putzlagen Risse bekommt.

Kalkputze ohne Zement- und Kunstharzzusätze sind sehr gut dampfdiffusionsfähig, weshalb man bei leichter Feuchtigkeit im Untergrund nicht gleich mit Schäden des Putzes rechnen muß. Es ist trotzdem immer ein gewagtes Spiel, auf feuchtes Mauerwerk oder auf feuchtbleibendem Mauerwerk, z.B. bei aufsteigender Feuchtigkeit, einen Kalkputz aufzubringen, da die Feuchtigkeit im Untergrund i.d.R. nicht begrenzt und kontrolliert werden kann.

Auch wenn Kalkputze auf *rückseitige Feuchtigkeit* wesentlich günstiger reagieren als Gipsputze und teilweise auch günstiger als Zement- und Kalkzementputze, so sind sie doch nicht als sanierputzähnliche Putze zu betrachten.

Obwohl der Rißsicherheitskennwert von Kalkputzen wesentlich ungünstiger ist, als beispielsweise von Zementputzen (siehe Tabelle 2.1), sind auftretende Risse in Kalkputzen unschädlicher, da eindringender Schlagregen aus dem Putz wegen dessen guten Dampfdiffusionseigenschaften leicht ausdiffundieren kann. Risse in Kalkputzen ohne Zement- und Kunstharzzusätze können deshalb wesentlich *günstiger* beurteilt werden als beispielsweise in Kalkzement-, Zement- oder Kunstharzputzen.

Kalkputze mit Zusätzen von Zement und/oder Kunstharzen sind hinsichtlich der Mängelvermeidung wie Kalkzement- oder Zementputze zu beurteilen (siehe Kapitel 3.3.4).

Das Erhärten bzw. das Karbonatisieren von Kalkputzen kann in Innenräumen beschleunigt werden durch gesonderte Zufuhr von Kohlendioxid CO_2. Früher hat man dazu brennende Kokskörbe aufgestellt oder solche Wohnungen zum »Trockenwohnen« günstig vermietet. Beim Karbonatisieren nimmt der Kalkputz nicht nur Kohlendioxid auf, sondern er gibt auch Wasser ab. Dadurch bleiben die so verputzten Wände bis zum endgültigen Erhärten feucht, und in den Räumen entsteht eine hohe Luftfeuchtigkeit.

3.3.4 Zementputze

Die Verwendung von Zementputzen ist in den letzten Jahren immer mehr zurückgegangen zugunsten von Mörteln der Putzmörtelgruppe P II, die häufig auch im Sockelbereich eingesetzt werden. Dabei zeichnen sich richtig aufgebrachte Zementputze im Sockelbereich durch eine gute Schutzwirkung und eine lange Dauerhaftigkeit aus.

Bei der Verarbeitung von Zementputzen muß besonders beachtet werden, daß diese *starr* sind, also einen hohen E-Modul haben, der mit ca. 15 000 N/mm^2 höher liegt als der von vielen Untergründen, insbesondere von Leichtziegeln. Auch die Druckfestigkeit von Zementmörteln (Mindestwert 10 N/mm^2 entsprechend DIN 18 550; siehe Tabelle 3.1) kann höher sein als die des Untergrundes. Beide Faktoren führen zu einer erhöhten Gefahr von Rißbildungen, die noch dadurch verstärkt wird, daß auch der Wärmeausdehnungskoeffizient von Zementputz deutlich größer ist als der der meisten Untergründe. Entsprechend Kapitel 3.1.3.1 dürfen Zementputze auf Mauerwerk mit einer Festigkeitsklasse ≥ 6 daher ausnahmsweise eine Mindestdruckfestigkeit von nur 5 N/mm^2 aufweisen.

Zementputze müssen wegen der erhöhten Gefahr von Rißbildungen besonders sorgfältig verarbeitet werden, insbesondere was die Vorbehandlung des Untergrundes, den erforderlichen Spritzbewurf und die Nachbehandlung (feucht halten) betrifft.

Die häufigsten Schäden an Zementputzen treten dann auf, wenn diese in Bereichen mit aufsteigender Feuchtigkeit aufgebracht werden und in dieser aufsteigenden Feuchtigkeit *Sulfatsalze* enthalten sind. Meistens treten dabei Magnesiumsulfat ($MgSO_4 \cdot 7H_2O$), Calciumsulfat ($CaSO_4 \cdot 2H_2O$) oder Natriumsulfat ($Na_2SO_4 \cdot 10H_2O$) auf. In diesem Fall setzt im Zement die Ettringitbildung ein, die im Abschnitt 3.3.2 beschrieben ist. Zementputze sind daher bei aufsteigender Feuchtigkeit mit darin gelösten Sulfatsalzen nicht geeignet, weder im Innenbereich noch im Außenbereich.

Gerade im Innenbereich an Kellerwänden und Gewölbekellern wurde schon in manchen Fällen wegen der vermeintlich großen Beständigkeit ein Zementputz aufgebracht. Bei aufsteigender Feuchtigkeit mit Sulfatsalzen hatte sich dann der Zementputz schon in wenigen Jahren stark zersetzt, seine Festigkeit verloren und sandete ab.

3.3.5 Kunstharzputze

Die Kunstharzputze werden ausführlich in Kapitel 1.5.1 beschrieben und weisen in ihren Hauptanwendungsgebieten (Oberputz auf mineralischem Unterputz der Putzmörtelgruppe P II und Oberputz von Wärmedämmverbundsystemen) bei richtiger Verarbeitung nur wenig Schäden auf.

Ein immer wieder auftretender Mangel in Verbindung mit Kunstharzputzen tritt dort auf, wo man versucht, einen nicht wetterbeständigen Untergrund durch den Auftrag eines Kunstharzputzes wetterfest zu machen. Man verzichtet also z.B. auf den notwendigen Unterputz der Putzmörtelgruppe P II in ausreichender Dicke. Insolchen Fällen sind Kunstharzputze, insbesondere solche mit Rillenputzstrukturen (Reibeputz), oft nicht in der Lage (und auch gar nicht dafür gedacht), den Untergrund vor Schlagregen ausreichend zu schützen, und es kann in Verbindung mit Frosteinwirkungen zu einer Verminderung der Festigkeit des Untergrundes kommen und nachfolgend zu Abplatzungen des Kunstharzputzes.

Es ist daher wichtig, daß Kunstharzputze nur auf einen ausreichend beständigen Untergrund aufgebracht werden. Es ist auch nicht möglich, einen sandenden und wenig festen Altputz durch den Auftrag eines Kunstharzputzes zu »sanieren«. Dies geht nur, wenn alle sandenden und schadhaften Bereiche des Altputzes entfernt, bzw. ausgebessert werden.

Kunstharzputze besitzen organische Bindemittel und haben daher kein alkalisches Milieu wie die mineralischen Putze. Sie sind daher in erhöhtem Maße gefährdet für die Ansiedlung von Algen und Pilzsporen an schlecht austrocknenden Bereichen. An verdeckten Nordseiten von Gebäuden oder hinter nahen Büschen und Bäumen sowie in Waldnähe ist daher häufig zu beobachten, daß Kunstharzputze von Mikroorganismen besiedelt werden und sich die Oberfläche grün oder dunkel färbt. Die Kunstharzputze werden dabei zwar nicht zerstört, aber es sieht sehr unschön aus. Daher sollte darauf geachtet werden, daß keine häufig feuchten und schlecht austrocknenden Bereiche mit Kunstharzputz versehen werden. Gegebenenfalls sind hier spezielle Kunstharzputze mit fungiziden (pilztötenden) Zusatzmitteln zu verwenden.

3.3.6 Silikatputze

Silikatputze, deren Zusammensetzung, Eigenschaften und Verwendung im Kapitel 1.5.2 beschrieben wurde, zeigen bei ihrem Haupteinsatzbereich (Oberputz auf mineralischem Unterputz der Putzmörtelgruppe P II und als Oberputz bei Wärmedämmverbundsystemen) nur relativ wenig Schäden. Mängel an Silikatputzen treten dann auf, wenn die *Verkieselung* des Bindemittels (Erstarrung und Verbindung mit dem Untergrund) nicht stattfinden kann. Zur Verkieselung sind *silikatische* Untergründe erforderlich, also *sandhaltige* Putze oder silikatisch gebundene Steine. Wenn z.B. ein für Silikatputze geeigneter, sandhaltiger Putz mit einem Kunststoffanstrich versehen ist, der vor dem Aufbringen des Silikatputzes nicht entfernt wurde, kann wegen des Anstriches keine Verkieselung stattfinden und damit kein wetterfester Silikatputz entstehen.

Silikatputze sind daher nicht einsetzbar bei Untergründen aus Holz, Holzspanplatten oder Kunststoffen.

3.3.7 Wärmedämmputze

Mit Wärmedämmputzen bietet sich den Stukkateuren eine handwerksgerechte Möglichkeit, um in Neu- und Altbauten Putze aufzubringen, die die Wärmedämmung eines Gebäudes wesentlich verbessern. Es muß beachtet werden, daß bei Wärmedämmputzen die übliche Putzregel des abnehmenden Festigkeitsaufbaus vom Untergrund nach außen hin bewußt verletzt wird. Um so sorgfältiger müssen einige spezielle Eigenschaften von Wärmedämmputzen beachtet werden, insbesondere beim Anmischen, bei der Putzdicke und der Nachbehandlung.

Entsprechend den Ausführungen im Kapitel 1.5.3 werden Wärmedämmputze ausschließlich als Werkmörtel hergestellt und bestehen aus einem Wärmedämmunterputz mit einer Dicke von ca. 30 bis 80 mm und einem darauf abgestimmten Oberputz mit einer Dicke von ca. 3 bis 8 mm. Während der Oberputz im Prinzip üblichen Oberputzen der Putzmörtelgruppe P I oder P II nach DIN 18 550 entspricht, bestehen Wärmedämmunterputze meist aus Polystyrolhartschaumkügelchen (PS-Hartschaumkügelchen) und einem Bindemittel auf Zementbasis. Es ist dabei einleuchtend, daß diese Putzmörtel aufgrund ihrer stark unterschiedlichen Rohdichten (PS-Hartschaumkügelchen haben eine Rohdichte von ca. 40 kg/m^3 und Zement von ca. 2.000 kg/m^3) dazu neigen, daß die leichteren PS-Hartschaumkügelchen aufschwimmen und sich schlecht vermischen lassen. Die Mischanweisungen des Herstellers des Wärmedämmputzes sind daher sorgfältig zu beachten, so daß alle PS-Hartschaumkügelchen mit Bindemittel umhüllt werden und sich so zum vorgesehenen Wärmedämmunterputz verbinden können, ohne daß Nester aus nichtgebundenen Polystyrolhartschaumkügelchen auftreten.

Als weitere Besonderheit ist zu beachten, daß die Oberputze von Wärmedämmputzen in besonderem Maße beim Erhärten und bei Temperaturbeanspruchungen *Zugspannungen* ausgesetzt sind. Diese können sie nur dann rißfrei aufnehmen, wenn sie ausreichend dick und vor allem in gleichmäßiger *Schichtdicke* aufgebracht werden.

Wie im Kapitel 2.2.2 und 2.2.3 gezeigt wird, treten an Dünnstellen des Putzes deutlich höhere Zugspannungen auf (Spannungsspitzen), die zu Rißbildungen führen können. Das Auftragen eines gleichmäßig dicken Oberputzes fängt daher nicht erst mit dem eigentlichen Auftrag des Oberputzes an, sondern ganz wesentlich bereits mit dem *gleichmäßigen* Abziehen des *Wärmedämmunterputzes*. Nur auf einen gleichmäßig abgezogenen Wärmedämmunterputz kann ein gleichmäßig dicker Oberputz aufgebracht werden.

Die ohnehin auftretenden Zugspannungen im Oberputz von Wärmedämmputzen dürfen nicht durch einen zu schnellen Wasserentzug verstärkt werden. Es ist daher besonders sorgfältig auf eine ausreichende Nachbehandlung durch *Feuchthalten* zu achten, und zwar sowohl bei der Anwendung im Innen- als auch im Außenbereich.

3.3.8 Wärmedämmverbundsysteme

Der Aufbau und die Wirkungsweise von Wärmedämmverbundsystemen ist im Kapitel 1.5.4 beschrieben. In diesem Kapitel werden nun Ausführungshinweise zur Mängelvermeidung gegeben, die sich im wesentlichen alle auf 3 Punkte beziehen:

- Das Wärmedämmverbundsystem darf nicht durch eindringendes Wasser hinterfeuchtet werden,
- die Wärmedämmplatten müssen richtig verklebt und verlegt sein, und
- die Armierungsschicht muß richtig aufgebaut und bewehrt werden.

Wenn diese Punkte mißachtet werden, treten oft Schäden an Wärmedämmverbundsystemen auf, wobei in der Regel ein einziger Mangel noch nicht schadensauslösend wirkt. Wenn diese Punkte sowie die üblichen Putzregeln beachtet werden, sind Wärmedämmverbundsysteme problemlos zu verarbeiten, sind dauerhaft und haben sich seit vielen Jahren bewährt.

Anfangs erhielten Wärmedämmverbundsysteme überwiegend Kunstharzputze als Deckschicht und wurden i.d.R. von Malern verarbeitet. In den letzten Jahren hat man zunehmend *mineralische Deckputze* eingesetzt, die vermehrt von Stukkateuren verarbeitet worden sind. Solche Systeme haben voraussichtlich noch auf lange Sicht einen nennenswerten Marktanteil.

- *Arbeitsbeginn*

Die Verlegung der Dämmplatten darf erst erfolgen, wenn sämtliche Horizontalflächen (z.B. Fensterbänke, Flachdachkanten, Attiken) abgedeckt sind und so eine

Hinterfeuchtung der Wand und der Dämmplatten ausgeschlossen ist. Bei Neubauten müssen die Innenputz und Estricharbeiten abgeschlossen sein und das Mauerwerk sowie der Innenputz müssen soweit getrocknet sein, daß eine übermäßige Feuchtigkeitsanreicherung im Wandkern nicht mehr auftreten kann. Auftretende Feuchtigkeit vom Erdreich muß wirksam durch eine horizontale Sperre ausgeschlossen sein.

• *Untergrundvorbereitung*
Rohbauflächen sind grundsätzlich mechanisch zu reinigen, wobei Verunreinigungen und trennend wirkende Substanzen entfernt werden müssen. Bei Fassadenrenovierungen ist eine sorgfältige Untergrundbeurteilung vorzunehmen, um die vorhandenen Schäden in ihrer Ursache zu ergründen und gegebenenfalls zu beseitigen.

Oberflächenschwindrisse bei Putz oder Beton können mit Wärmedämmverbundsystemen überarbeitet werden. Gebäudesetzrisse und statisch bedingte Risse können nur dann dauerhaft von Wärmedämmverbundsystemen überbrückt werden, wenn keine größeren Bewegungen mehr auftreten. Die Beurteilung breiter vorliegender Risse ist daher gegebenenfalls mit dem Architekten durchzuführen, und es können z.B. Gipsmarken über die Risse angebracht und überprüft werden, wenn dafür genügend Zeit zur Verfügung steht.

Je nach Verlauf der Risse sind gegebenenfalls Fugen vorzusehen.

Thermisch bedingte Risse infolge dauernder unterschiedlicher Ausdehnung verschiedener Wandbaustoffe (z.B. an Deckenkanten, Rolladenkästen, Stützen) können im Normalfall mit Wärmedämmverbundsystemen überarbeitet werden, weil mit der Wärmedämmung die thermischen Einwirkungen auf das Gebäude deutlich reduziert werden.

Schadhafte, abblätternde Altanstriche und alte Kunstharzputze sind vor dem Aufkleben der Dämmplatten zu entfernen. Putzhohlstellen sowie angrenzende Bereiche müssen abgeschlagen und flächenbündig beigeputzt werden. Stark saugende, sandende oder mehlende Putze sind gründlich mechanisch zu reinigen und nachfolgend zu grundieren, damit die Saugfähigkeit vermindert wird.

Bauwerksbedingte Toleranzen des Untergrundes bis 1 cm sind bei der Dämmplattenverklebung im Kleberbett auszugleichen. Größere Toleranzen müssen vorher durch einen Putzauftrag an den Tiefstellen ausgeglichen werden.

• *Sockelschienen*
Bei Wärmedämmverbundsystemen sind in der Regel systemzugehörige Sockelschienen erforderlich. Es ist dabei auf die fluchtgerechte Verlegung zu achten. An Gebäudeecken sind die Schienen mit Gehrungsschnitt zu verlegen.

• *Dämmplattenverklebung*
Es dürfen nur systemzugehörige Fassadendämmplatten (je nach System aus Polystyrol-Hartschaum oder Mineralfasern) verwendet werden. Keinesfalls dürfen andere Dämmplatten eingesetzt werden, die hinsichtlich Rohdichte, Nachschwinden oder Ablagerung nicht den Anforderungen entsprechen und zum Schwinden der Dämmplatten führen können. Die Verwendung von anderen Dämmplatten ist ein gravierender Verarbeitungsfehler. Die systemzugehörigen Dämmplatten sind in der Regel einzeln an einer Seite durch einen Aufdruck gekennzeichnet.

Der Kleberauftrag wird bei nahezu allen Wärmedämmverbundsystemen mit der »Wulst-Punkt-Methode« durchgeführt. Es wird also lückenlos umlaufend am Rand der Dämmplatte ein ca. 5 cm breiter Kleberstreifen aufgebracht sowie im mittleren Bereich der Dämmplatte 3 zusätzliche, handtellergroße Batzen des Klebers. Bei Plattenzuschnitten ist entsprechend zu verfahren.

Die Klebermenge ist nach der Untergrundbeschaffenheit zu wählen, wobei stets ein guter Kontakt zur Wand hergestellt sein muß. Mit Hilfe des Klebers können Unebenheiten des Untergrundes in gewissem Maße ausgeglichen werden.

Bei der ersten Plattenreihe oberhalb der Sockelschiene ist darauf zu achten, daß die Dämmplatten fest an der vorderen Aufkantung der Schiene aufliegen, keinesfalls darf hier durch zuwenig Kleberauftrag ein Versatz entstehen, also die Schiene vorstehen.

Es ist unbedingt darauf zu achten, daß keine Fugen der Dämmplatten an durchlaufenden Fassadenrissen angeordnet werden. Hier sind die Platten jeweils mindestens 10 cm überlappend zu verkleben, weil nur so die Rißüberbrückung durch das Wärmedämmverbundsystem möglich ist.

Es ist auch sehr wichtig, daß keine Fugen der Dämmplatten im Bereich der Ecken von Fassadenöffnungen (z.B. Fenster) verlegt werden. Hier sind oft Schwachstellen im Untergrund vorhanden, wo Diagonalrisse auftreten können. Die Stellen mit möglichen Rissen des Untergrundes müssen daher ohne Stoß der Dämmplatten und übergreifend mit einer Überlappung von mehr als 10 cm abgedeckt werden.

Bei der Verklebung der Dämmplatten oberhalb von Fensterstürzen sollten diese während der Aushärtungszeit des Klebers vorübergehend befestigt werden, um ein Abrutschen der Dämmplatten bei noch feuchtem Kleber zu verhindern. Hierzu kann z.B. ein Stück Sockelschiene dienen, das seitlich in die bereits verklebte Platte eingedrückt wird und dann als untere Auflagefläche dient und die Erstellung einer sauberen Kante ermöglicht. Nach der Trocknung des Klebers wird das Stück der Sockelschiene entfernt und kann an anderer Stelle erneut verwendet werden.

Die Verklebung der Wärmedämmplatten muß stets im Verband, also mit versetzten Fugen erfolgen. Bei Plattenzuschnitten ist entsprechend zu variieren. Sehr wichtig ist es, daß kein Kleber in die Fugen zwischen den Dämmplatten gelangt. Eventuell entstehende Ritzen zwischen den Dämmplatten dürfen nicht mit Kleber, Mörtel oder anderem geschlossen werden, sondern müssen sauber mit Dämmstoffkeilen geschlossen werden.

Es ist unbedingt auf eine saubere, planebene Verklebung der Dämmplatten zu achten, so daß zwischen den Dämmplatten kein Versatz entsteht. Lediglich bei Polystyrol-Hartschaumplatten ist es möglich, die Oberfläche nachträglich zu überschleifen, um eventuelle Versätze an den Stößen zu begradigen. Der anfallende Schleifstaub muß dann restlos entfernt werden.

Bei der Verklebung der Dämmplatten im Leibungsbereich von Fenstern haben sich zwei Varianten bewährt:

Variante 1
Fassadendämmplatte grob überstehen lassen, nach Klebertrocknung Fugendichtband am Fensterrahmen fixieren und unmittelbar darauf die Leibungsplatte passgenau zwischen Fensterrahmen und überstehender Dämmplatte einkleben. Nach Trocknung des Klebers wird die überstehende Fassadendämmplatte sauber abgeschnitten.

Variante 2
Fassadendämmplatte leibungsbündig kleben bzw. abschneiden. Nach Klebertrocknung ein Fugendichtband am Fensterrahmen fixieren und die Dämmplatte an der Leibung mit vorderem Überstand ankleben. Zur Fixierung und Verhinderung, daß das expandierende Fugenband die Platte wegdrückt, einige Nägel in die Fassadendämmplatte eindrücken. Nach Trocknung den überstehenden Streifen der Leibungsdämmplatte sauber abschneiden und die Nägel entfernen.

• *Verdübelung*
Die Verdübelung von Wärmedämmverbundsystemen mit Polystyrol-Hartschaumdämmplatten ist nicht amtlich geregelt und stets in Abhängigkeit von der Untergrundbeschaffenheit vorzunehmen. Solche Wärmedämmverbundsysteme dürfen nur bis zu einer Gebäudehöhe von 20 m eingesetzt werden.

An Rohbauten mit einem festen und tragfähigen Untergrund sowie an ungestrichenen mineralischen Putzen braucht üblicherweise nicht gedübelt zu werden. Auf Anstrichen, Kunstharzputzen sowie mürben und in ihrer Tragfähigkeit beeinträchtigten Altputzen ist die zusätzliche mechanische Befestigung jedoch erforderlich. Die Ausführung der Verdübelung kann frühestens einen Tag nach der Verklebung vorgenommen werden, um ein Verziehen der Dämmplatten bei noch weichem Kleber zu verhindern. Wenn unterschiedliche Wandbaustoffe (z.B. Hohlkammersteine, Leichtbauplatten) vorhanden sind, muß die einzusetzende Dübellänge nach den örtlichen Gegebenheiten gewählt werden. Der ordnungsgemäße feste Sitz jedes einzelnen Dübels ist zu überprüfen. Die Anordnung der Dübel muß gemäß den Vorschriften des Herstellers erfolgen, wobei üblicherweise 8 Dübel je m² erforderlich sind. Diese Dübel werden in den Ecken der Dämmstoffplatten angebracht, 2 davon in Plattenmitte.

Bei *nichtbrennbaren* Wärmedämmverbundsystemen mit Mineralfaserdämmplatten ist die Verdübelung amtlich geregelt. Solche Wärmedämmverbundsyteme dürfen auch bei einer Gebäudehöhe von mehr als 20 m eingesetzt werden. Es müssen Dübel mit einem statischen Nachweis bzw. einer bauaufsichtlichen Genehmigung verwendet werden. Diese Nachweise werden im allgemeinen vom Systemhersteller des Wärmedämmverbundsystems geliefert. Die einzusetzende Dübellänge ist in Abhängigkeit von der Dämmstoffdicke und der Untergrundbeschaffenheit nach den amtlichen Vorgaben zu wählen.

• *Eckschutz*
Zur Eckenverstärkung werden im allgemeinen systemzugehörige Eckschutzschienen eingesetzt, die je nach Tiefe der Fensterleibungen zu wählen sind.

• *Armierungsschicht*
Für die Armierungsschicht muß die systemzugehörige Armierungsmasse und das systemzugehörige Armierungsgewebe verwendet werden. Der Arbeitsgang ist so auszuführen, daß die Armierungsmasse jeweils in Bahnenbreite vorgespachtelt wird und das Gewebe mit 10 cm Überlappung eingedrückt wird. Unmittelbar danach muß die Armierungsmasse nochmals überspachtelt werden, so daß eine vollflächige Abdeckung des Gewebes sichergestellt ist. Ein Aufbringen der Armierungsschicht in mehreren Arbeitsgängen (z.B. nach Trocknung der ersten Schicht) ist nicht zulässig, weil sonst der Verbund zwischen den einzelnen Lagen gestört werden kann.

Bei notwendigen Einschnitten in die Gewebebahnen, z.B. an Gerüstankern oder anderen Durchdringungen, ist dieser Bereich mit einem zusätzlichen Gewebeabschnitt zu versehen, um die erforderliche durchgehende Armierung sicherzustellen. Im Bereich von Fassadenöffnungen (Fenster) ist es sinnvoll, an allen vier Ecken einen zusätzlichen Gewebestreifen mit Abmessungen von ca. 30 cm x 20 cm einzuarbeiten, und zwar in einem Winkel von 45°, so daß der hier zu erwartende Riß im Untergrund vom Gewebe in Richtung der stärksten Zugkraft des Gewebes aufgefangen werden kann.

Alle Gewebebahnen sind so zu verarbeiten, daß das Gewebe an den Stößen nicht aufschüsselt. Die Krümmung des Gewebes, hervorgerufen durch die Aufrollung (Lieferung in Rollen), muß beachtet werden, damit sie nicht aufschüsselnd wirkt.

An allen Anschlüssen der Armierungsmasse zu angrenzenden Bauteilen (z.B. Fensterrahmen, Systemdurchdringungen) sollte ein Kellenschnitt ausgeführt werden, um einem Abriß in diesem Bereich vorzubeugen.

• *Fensterbänke*
Je nach örtlichen Gegebenheiten ist zu entscheiden, ob die vorhandenen Fensterbänke auch nach dem Auftrag des Wärmedämmverbundsystems verbleiben können oder durch neue ersetzt werden müssen. Die Tiefe der Fensterbänke muß so groß sein, daß ein Tropfkantenüberstand von mindestens 3 cm vor der neuen Putzoberfläche gegeben ist.

• *Putzauftrag*
Die Armierungsschicht muß durchgehärtet und getrocknet sein, bevor der Putz aufgebracht werden kann. Je nach Art des Putzes und der verwendeten Armierungsschicht muß diese vorher gegebenenfalls entsprechend den Angaben des Herstellers grundiert werden. Es dürfen nur die systemzugehörigen Putze eingesetzt werden.

Die Putze, ob Kunstharzputz, Silikatputz oder mineralischer Putz, sind vollflächig mit einer nichtrostenden Stahlkelle aufzuziehen, wobei der Putzauftrag von oben nach unten erfolgen soll. Unmittelbar nach dem Putzauftrag ist der Putz abzuziehen und, je nach gewünschter Struktur, mit einer Stahlkelle, einer Kunststoffscheibe oder einem Brett abzuscheiben bzw. zu strukturieren. Bei freimodellierten Putzstrukturen sind zu krasse Übergänge in der Schichtdicke des Putzes zu vermeiden, um Trocknungsschwindrisse in diesen Bereichen zu verhindern.

Zur Vermeidung von Ansätzen sind ausreichend viele Mitarbeiter auf jeder Gerüstlage einzusetzen, und es ist naß in naß zügig durchzuputzen. Unter direkter Sonneneinstrahlung, bei starkem Wind oder bei Regen darf nicht geputzt werden, ebenso nicht bei Temperaturen von unter 5 °C bzw. unter 8 °C (je nach Putzsystem) oder bei Nachtfrostgefahr.

Die Oberputze trocknen überwiegend physikalisch, das heißt durch Verdunsten des Wasseranteils. Besonders in der kühlen Jahreszeit und bei hoher Luftfeuchtigkeit trocknet der Putz deshalb nur sehr langsam. Während der Trocknungszeit muß verhindert werden, daß der Putz beregnet wird. Gegebenenfalls ist das Gerüst mit Planen abzuhängen.

• *Anschlußfugen*
Sämtliche Übergänge zwischen dem Wärmedämmverbundsystem und den angrenzenden Bauteilen, wie Geländer, Wände, Brüstungen und sonstige Systemdurchdringungen, sind schlagregendicht auszubilden. Es hat sich bewährt, hier vorkomprimierte Fugendichtbänder oberflächenbündig mit den Dämmplatten einzulegen. Die Fugendichtbänder expandieren nach dem Einbau und dichten die Anschlußfuge ab. Die Armierungsschicht und der Putz werden über das Fugenband gezogen und mit einem Kellenschnitt vom angrenzenden Bauteil getrennt, so daß keine Risse auftreten.

Es ist darauf zu achten, daß die Fugen nicht zu breit ausgebildet werden, sondern nur ca. 4 bis 8 mm breit, damit die erforderliche Schlagregensicherheit gegeben ist.

• *Bewegungsfugen*
Alle vom Bauwerk vorgegebenen Bewegungsfugen sind im Wärmedämmverbundsystem ebenfalls auszubilden. Zusätzliche Bewegungsfugen sind nicht erforderlich.

3.3.9 Sanierputze

Wie im Kapitel 1.5.5 beschrieben wurde, sind Sanierputze spezielle Putze mit besonderen technologischen Eigenschaften und auch besonderen Verarbeitungseigenschaften. So weisen Sanierputze mit ca. 40 Vol.-% Porenraum im erhärteten Putz einen sehr hohen Porenanteil auf. Sanierputze dienen dazu, Mauerwerk mit aufsteigender Feuchtigkeit und darin gelösten Salzen trockenzuhalten und die Salze in den Porenräumen des Sanierputzes unschädlich auskristallisieren zu lassen. Wie aus dieser kurzen Beschreibung hervorgeht, ist es daher von größter Wichtigkeit, daß der beabsichtigte große Porenanteil auch erreicht wird. Aber auch andere Aspekte sind bei Sanierputzen zu berücksichtigen, nämlich die ausreichende Haftung des Sanierputzes am Untergrund, eine ausreichende Mindestschichtdicke sowie eine ausreichende Festigkeit des Sanierputzes insgesamt sowie auch an der Oberfläche.

Bevor in einzelnen Unterkapiteln auf Ausführungshinweise zur Mängelvermeidung bei Sanierputzen eingegangen wird, muß ausdrücklich betont werden, daß das Sanieren eines durchfeuchteten Mauerwerkes mit Sanierputz keine Standardarbeit ist, wie z.B. der Auftrag eines Putzes bei einem Neubau. Bevor Sanierputze auf Mauerwerk mit aufsteigender Feuchtigkeit eingesetzt werden, sollte der *Zustand des Mauerwerkes* in ausreichendem Maße bekannt sein. Dazu gehören u.a die

Tabelle 3.6: Zusammenstellung der wichtigsten Daten des zu sanierenden Mauerwerkes mit aufsteigender Feuchtigkeit

Eigenschaft	Kennwerte
Aufbau des Mauerwerkes	Wanddicke, Steinart, Art des Mauermörtels im Innern des Mauerwerkes und an der Oberfläche
Oberflächenzustand des Mauerwerkes	Tragfähigkeit, Ebenheit, Verunreinigungen
Wassergehalt	Drückendes Wasser, aufsteigende Feuchtigkeit, Wassergehalt der Steine, Wassergehalt des Fugenmörtels, Wassergehalt des Mörtels im Innern des Mauerwerkes
Salzgehalt	Ungefährer Gehalt an bauschädlichen Salzen im Mauerwerk, Altputz, Fugenmörtel sowie des Mörtels im Innern des Mauerwerkes. Hauptsächlich von Interesse ist u.a. der Gehalt von Nitrat- und Sulfationen als Angabe in mg/kg Baustoff
Vorgesehene Nutzung	Temperatur- und Feuchtigkeitsverhältnisse, Klimaanlage, Emission von Wasserdampf.

in Tabelle 3.6 genannten Daten.

Diese Daten werden von entsprechenden Fachleuten durch Untersuchungen vor Ort und im Labor ermittelt und ausgewertet. Die Ergebnisse fließen dann in das Leistungsverzeichnis ein, hinsichtlich der Untergrundvorbehandlung, eventuell erforderlicher zusätzlicher Abdichtungsmaßnahmen, des Sanierputzsystems sowie der erforderlichen Schichtdicke.

Eine große Zahl von Schäden an Sanierputzen hat ihre Ursache nicht in der Verarbeitung oder den Eigenschaften des Sanierputzes, sondern in einer nicht ausreichenden Planung der Mauerwerkssanierung. Trotzdem bleiben noch eine Reihe von häufigen Verarbeitungsfehlern, die zu Schäden führen. Da Sanierputze hohen Anforderungen genügen müssen, damit sie ihre Wirkung entfalten können, sind auch hohe Anforderungen an die Verarbeitung erforderlich, damit die angestrebten Eigenschaften erreicht werden. Hier sind die Stukkateure in besonderem Maße gefordert.

3.3.9.1 Luftporen

Ein Werktrockenmörtel für einen Sanierputz, der nach dem Anmischen, dem Auftragen und der Erhärtung nicht in ausreichend großem Maße Luftporen aufweist, ist hinsichtlich des vorgesehenen Verwendungszweckes ganz oder zum größten Teil wirkungslos! Bei nur geringem Luftporengehalt kann es in mehrfacher Hinsicht zu Schäden kommen. Im besten Fall ist die Gebrauchsdauer des Sanierputzes vermindert, weil sich die (wenigen) Poren in kürzerer Zeit mit auskristallisierenden Salzen zusetzen und der Putz dann durch weiteres Auskristallisieren von Salzen zerstört wird. In schlimmeren Fällen kann der »Sanierputz« mit zu wenig Luftporen seine Aufgabe nicht erfüllen, er läßt Feuchtigkeit durch, und es kommt zu Ausblühungen an der Oberfläche oder zur Zerstörung infolge Auskristallisation von Salzen. Das Wort Sanierputz steht oben deshalb in Anführungszeichen, weil ein Sanierputz mit zuwenig Luftporen kein Sanierputz im Sinne der Definition von Sanierput entsprechend den Richtlinien einen Mindestluftporengehalt aufweisen). In noch schlimmeren Fällen wird der »Sanierputz« mit zuwenig Luftporen durch die auskristallisierenden Salze und den auftretenden Kristallisationsdruck in kurzer Zeit zerstört oder er platzt ab. So traten schon Fälle auf, wo ein Sanierputz bereits nach wenigen Monaten abplatzte, weil sich zwischen dem Mauerwerk und dem Sanierputz örtlich mehr als 10 mm dicke Schichten von auskristallisierenden Salzen gebildet hatten, die den Sanierputz ablösten.

Luftporenbildner in Sanierputzen bestehen meist aus Naturharzseifen, Alcylarylsulfonaten oder Polyglykolether und erzeugen während des Mischens einen feinblasigen Schaum im Frischmörtel des Sanierputzes. Dieser muß möglichst stabil sein, damit sich die kleinen Luftbläschen nicht zu großen Blasen vereinigen und entweichen, sondern bis zur Erhärtung des Sanierputzes bestehen bleiben. Die Luftporenbildung erfolgt so durch die grenzflächenaktiven, schaumbildenden Luftporenbildner auf *physikalisch-mechanische* Weise, also beim *Mischvorgang* (die Luftporen werden nicht auf chemische Weise erzeugt, wie z.B. bei Porenbeton).

Nur bei richtigem Mischen und Verarbeiten können die Luftporenbildner im Sanierputz ihre Wirkung entfalten. Dazu gehört u.a., daß entsprechend den Herstellervorschriften die Mindestmischzeit eingehalten wird, und es müssen Mischgeräte verwendet werden, die die Luftbläschen auch erzeugen, also z.B. elektrische Rührquirle für das Anmischen von Hand bzw. Zwangsmischer für das Anmischen mit der Maschine. Freifallmischer sind ungeeignet.

Durch längere Mischzeiten als in den Herstellervorschriften angegeben wird der Luftporengehalt jedoch nicht erhöht, sondern meist vermindert, weil die Luftporen durch zu langes Mischen instabil werden. Es ist auch zu beachten, daß ein erneutes Aufrühren des längere Zeit noch nicht verarbeiteten Sanierputzes den Luftporengehalt wieder vermindern kann, ebenso wie eine wegen des Erhärtungsverlaufs nicht zulässige, nachträgliche Wasserzugabe oder die Zugabe anderer Zusatzstoffe.

Bei der Verarbeitung mit modernen *Putzmaschinen* hat sich gezeigt, daß solche Geräte mit Mischkammer und Nachmischer, jedoch mit kurzer Mischzeit, oftmals nicht in der Lage sind, eine ausreichende Menge Luftporen im Frischmörtel des Sanierputzes zu erzeugen. Die inzwischen veralteten Putzmaschinen mit einem Zwangsmischer (Mischzeit frei wählbar) und einem *getrennten* Vorratsbehälter, aus dem der gemischte Sanierputz maschinell herausgepumpt wird, bringen deutlich bessere Ergebnisse hinsichtlich des Luftporengehaltes als moderne Putzmaschinen.

Messungen des Luftporengehaltes vor Ort haben außerdem gezeigt, daß per Hand, mit Bohrmaschine und Rührquirl nicht beliebig große Mengen Sanierputz angemischt werden können, ohne daß der Luftporengehalt abnimmt. Dies tritt insbesondere bei *hohen* Mischbehältern auf, wo in der unteren Zone des Mischbehälters gar keine Luft eingerührt werden kann, die für die Bildung der Luftporen erforderlich ist. Günstig beim Anmischen per Hand sind relativ kleine Mengen von maximal ca. 80 bis 100 kg Sanierputz sowie *flache* Mischgefäße.

Aus den vorangegangenen Ausführungen geht hervor, daß zum Anmischen von Sanierputzen im Vergleich zu anderen Werktrockenmörteln ein deutlich höherer Aufwand erforderlich ist, der bei der Angebotsabgabe berücksichtigt werden muß. Der Vorteil des richtigen Mischens ist natürlich der, daß die erwünschten Luftporen auch erzeugt werden und der Sanierputz dauerhaft seine Aufgabe erfüllen kann. Ein weiterer Vorteil ist aber auch, daß die *Ergiebigkeit* des Werkstoffes deutlich größer wird. Es wurde von unerfahrenen Stukkateuren schon ein »Sanierputz« angemischt mit einer Rohdichte von 1.850 kg/m^3 anstatt nur 1.350 kg/m^3. Je m^3 des »Sanierputzes« haben also 500 l Luft gefehlt! Man sieht daraus, wie die Ergiebigkeit des Werkstoffes beim richtigen Mischen deutlich ansteigt und daß ähnlich wie bei Schlagsahne erhebliche Luftmengen beim Mischen eingerührt werden müssen. Bei diesem falschen Anmischen von Sanierputz war also der Materialverbrauch (Werktrockenmörtel) um 37 Massen-%! höher als bei richtigem Anmischen mit ausreichendem Luftporengehalt.

Der oben beschriebene »Sanierputz« an einem süddeutschen Gewölbekeller mit einer Rohdichte von 1.850 kg/m^3 und dem entsprechend sehr geringem Luftporengehalt mußte vollständig abgeschlagen und entfernt werden. Nach der sorgfältigen Reinigung des Untergrundes hat man dann einen neuen Sanierputz aufgebracht, wobei die Arbeiten überwacht und u.a. dabei der Luftporengehalt des Sanierputzes vor dem Auftrag überprüft wurde.

Zur Messung des Luftporengehaltes des Frischmörtels dienen spezielle Luftgehaltsprüfer, die es für 1 Liter Prüfgut gibt (für Sanierputze zu empfehlen) sowie für 8 Liter Prüfgut (für Betonfrischmörtel). Wegen der hohen Kosten dieser Geräte und der aufwendigen Reinigung sind solche Luftporengehalt-Prüfgeräte für die verarbeitenden Stukkateure zur Eigenüberwachung wenig geeignet. Viel einfacher ist es für den Stukkateur, im Rahmen der Eigenüberwachung die *Rohdichte* des Frischmörtel zu bestimmen und mit der Sollrohdichte des Frischmörtels des Sanierputzes zu vergleichen. Der Stukkateur hat auf diese Weise eine relativ einfache Kontrolle über die ausreichende Mischung des Sanierputzes und kann auch selbst durch Zwischenmessungen der Rohdichte das Anmischen optimieren. Die Rohdichte des Frischmörtels wird mit folgender Formel errechnet:

$$\rho = \frac{m}{V}$$

Dabei ist ρ die Rohdichte, m die Masse und V das Volumen des Frischmörtels. Man benötigt dazu ein Gefäß mit *bekanntem Volumen* (günstig ist ein ca. 0,5 bis 0,8 l großes Gefäß) und eine Waage mit einem Wägebereich bis mindestens 2 kg, wobei eine Genauigkeit von ca. ±5 g für eine Eigenüberwachung vor Ort ausreicht. Man wiegt das leere Gefäß und danach das mit Frischmörtel gefüllte, bündig abgezogene volle Gefäß. Daraus errechnet man die Masse des eingefüllten Frischmörtels. Die Masse wird durch das bekannte Volumen des Gefäßes geteilt, und man erhält die Rohdichte des Frischmörtels. Diese sollte um nicht mehr als ca. 5 % vom Sollwert des verwendeten Sanierputzes abweichen. Dieser Sollwert wird in den technischen Merkblättern der Sanierputze angegeben.

3.3.9.2 Sanierputzsystem

Bei Sanierputzen sind alle Komponenten aufeinander abgestimmt, sowohl hinsichtlich der bauphysikalischen als auch der technologischen Eigenschaften. Es darf also keinesfalls z.B. ein artfremder Spritzbewurf aufgebracht werden oder ein anderer Oberputz, sondern das vollständige *System* des Sanierputzes mit allen seinen Komponenten ist einzusetzen. Das gilt auch für die Werkstoffe, die bei unebenem Untergrund zur Egalisierung erforderlich sind.

Der Stukkateur muß bei der Verarbeitung von Sanierputzen also unbedingt darauf achten, daß er nur die Produkte *eines Herstellers* und *eines Sanierputzsystems* einsetzt. Falls im Leistungsverzeichnis Produkte verschiedener Hersteller vorgeschrieben sind, empfiehlt es sich, hier rein vorsorglich darauf hinzuweisen und Bedenken anzumelden.

Bei Wärmedämmverbundsystemen ist das Wort »System« schon im Namen enthalten und auch hier ist es sehr wichtig, nur die Werkstoffe eines Systems einzusetzen. Dies hat sich bei Wärmedämmverbundsystemen auch in den Vorschriften niedergeschlagen, und es entspricht dem Stand der Technik, nur Werkstoffe eines Systems und eines Herstellers einzusetzen. Ähnliches gilt auch für Sanierputzsysteme.

Im *Entwurf* der neuen WTA-Richtlinie 2-2-91 mit dem Titel »Sanierputzsysteme« ist der Systembegriff bereits im Titel enthalten, und Sanierputze, die nach diesem Merkblatt geprüft wurden und alle Anforderungen erfüllen, können als Sanierputz-WTA bezeichnet werden. Zum Sanierputzsystem gehören dabei Spitzbewurf (Haftbrücke), Unterputz (Grundputz oder Ausgleichsputz bei Unebenheiten des Untergrundes) und Oberputz (Sanierputz), wobei einzelne Schichten entfallen können, wenn dies der Hersteller für einen bestimmten Anwendungsfall empfiehlt. Wenn Anstriche auf dem Sanierputzsystem vorgesehen sind, müssen sie ebenfalls darauf abgestimmt sein.

3.3.9.3 Schichtdicke

Es ist unbedingt zu beachten, daß nur ausreichend dicke Schichten des Sanierputzes ihre Aufgabe erfüllen können, die Oberfläche trocken zu halten und auskristallisierende Salze in den Poren zu binden. Für Sanierputzsysteme ist daher sowohl in den technischen Merkblättern der Hersteller als auch in den Regelwerken (WTA-Merkblatt) eine Mindestschichtdicke von 20 mm vorgeschrieben. Für den Stukkateur bedeutet das nun *nicht*, daß er anstreben soll, den Sanierputz in 20 mm Dicke aufzubringen. Diese Zielsetzung hätte nämlich zur Folge, daß zwar der Mittelwert der Schichtdicke ca. 20 mm beträgt, an Einzelbereichen aber auch geringere Schichtdicken auftreten. Um eine *Mindestschichtdicke* von 20 mm einzuhalten, ist es vielmehr erforderlich, eine Schichtdicke von ca. 25 mm anzustreben, damit wirklich der Mindestwert von 20 mm erreicht wird. Diese anzustrebende Schichtdicke ist, falls Sockel- oder Kantenprofile eingesetzt werden, bereits bei der Auswahl der Profile zu berücksichtigen.

Die Forderung der Mindestschichtdicke von 20 mm erscheint zwar streng, es gibt aber eine Reihe von Schadensfällen, wo sich nach Öffnung von aufgetretenen, hohlklingenden Bereichen oder von durchfeuchteten Bereichen mit Ausblühungen gezeigt hat, daß hier die Schichtdicke des Sanierputzes nur 10 bis 15 mm betrug. Unabhängig davon, was hier die wirkliche Schadensursache war, trägt der Stukkateur dann auf jeden Fall ein Mitverschulden. Von der Forderung der Mindestschichtdicke von 20 mm darf nur in begründeten Fällen und in Abstimmung mit dem planenden Ingenieur, der auch die Untersuchung des Mauerwerkes durchgeführt hat, abgewichen werden.

Bereiche mit drückendem Wasser oder sehr starkem Feuchtigkeitsanfall kann auch ein Sanierputz nicht dauerhaft trockenhalten, auch nicht bei ausreichender Schichtdicke. Hier müssen bereits bei der Planung zusätzliche Maßnahmen vorgesehen werden, z.B. eine Abdichtung des Mauerwerks gegen drückendes Wasser von außen oder gegen aufsteigende Feuchtigkeit von unten.

In manchen Fällen kann es auch sinnvoll sein, in besonders durch Feuchtigkeit beanspruchten Bereichen die Schichtdicke des Sanierputzes durch zusätzliche Lagen zu erhöhen, so daß Gesamtschichtdicken von 40 bis 60 mm entstehen, die auch einen erhöhten Feuchtigkeits- und Salztransport aus dem Untergrund ausgleichen können. Es ist daher notwendig, daß der Stukkateur auf besonders feuchte Stellen im Untergrund oder nicht tragfähige Bereiche hinweist und hier Bedenken geltend macht.

3.3.9.4 Weitere Hinweise

Sanierputze mit ihrem hohen Luftporengehalt und einer Druckfestigkeit von oftmals nur ca. 1,5 bis 2,5 N/mm^2 sind gegen Verarbeitungsfehler empfindlich, und die üblichen Putzregeln für mineralische Putze hinsichtlich Wartezeit zwischen den einzelnen Schichten und Nachbehandlung sind unbedingt einzuhalten. Im Entwurf des neuen WTA-Merkblattes für Sanierputzsysteme heißt es, daß bei der Verarbeitung von Sanierputzsystemen in erster Linie die Angaben und Hinweise der Hersteller zu beachten sind. Darüber hinaus gelten die üblichen handwerklichen Regeln, die Putznormen und Festlegungen in Ausschreibungstexten.

Obwohl verschiedene Verarbeitungsdetails, z.B. das Mischen, in den technischen Merkblättern der Sanierputzhersteller genau beschrieben sind, und anderes in den Merkblättern nicht erwähnt wird, z.B. für Wartezeiten oder Nachbehandlung, gelten die üblichen handwerklichen Putzregeln für mineralische Putze. Als Wartezeit bis zum Aufbringen der nächsten Lage hat sich 1 Tag je mm Putzdicke bewährt. Diese Wartezeit sollte vor allem bei Gesamtputzdicken von 20 mm und mehr eingehalten werden.

Die Oberflächen der einzelnen Putzlagen müssen unmittelbar nach dem Ansteifen horizontal mit einer Zahnspachtel oder einem scharfen Besen aufgerauht werden, damit die nachfolgende Lage gut darauf haften kann und nicht abrutscht.

Besonders häufig waren beanstandete Sanierputze insofern mangelhaft, als ihre Oberfläche sehr stark sandete, was auf eine fehlende oder zu späte Nachbehandlung und ein fehlendes Feuchthalten während der Erhärtungszeit zurückzuführen ist. Wegen ihrem hohen Porenanteil und dem damit verbundenen geringen Bindemittelanteil äußern sich schlecht gebundene Putzbereiche von Sanierputzen in relativ starkem Absanden. Ein sorgfältiges Feuchthalten der Oberfläche des Sanierputzes während mehrerer Tage durch den Stukkateur ist daher unumgänglich, um eine feste und nichtsandende Oberfläche zu erzielen. Die Maßnahmen können sein: Abdecken mit einer Folie oder Besprühen bzw. Befeuchten mit Wasser.

3.3.10 Sperrputze

Bei Sperrputzen ist immer im Auge zu behalten wozu diese vorgesehen sind, nämlich zum Abdichten gegen drückendes und nichtdrückendes Wasser an der Innenseite oder Außenseite von Wänden. Besonders wichtig ist daher eine gute Haftung auf dem Untergrund, die durch einen Spritzbewurf sichergestellt wird. Auch die Mindestschichtdicke ist unbedingt einzuhalten, die je nach Produkt und zu erwartendem Wasserdruck ca. 10 bis 20 mm beträgt. Bei Sperrputzen sind örtlich zu geringe Schichtdicken ein Mangel, und die abdichtende Wirkung wird hier stark beeinträchtigt.

Weil Sperrputze einen besonders hohen Anteil an Fein- und Feinstkörnung haben, können sich schon bei geringen Schichtdicken Schwindrisse an der Oberfläche bilden. Um dem entgegenzuwirken, dürfen Sperrputze nur in relativ dünnen Schichten aufgetragen werden, was eine mehrlagige Ausführung bedingt. Die Wartezeiten zwischen den einzelnen Schichten sind dabei unbedingt einzuhalten, und während der Erhärtungsphase muß der Sperrputz mit Polyethylen-Folien (PE-Folien) oder durch Befeuchten vor zu schneller Austrocknung geschützt werden.

Es muß selbstverständlich sein, die ganze abzudichtende Wand lückenlos mit Sperrputz zu versehen und nicht um irgendwelche Einbauten oder auf dem Putz verlegte Leitungen an der Innenseite von abzudichtenden Wänden herumzuputzen. Es ist auch notwendig, einbindende Wände ebenfalls auf ca. 0,5 m bis 1,0 m Länge mit Sperrputz zu versehen, damit nicht entlang der einbindenden Wände Wasser eindringen kann. Bei einbindenden Wänden aus kapillar gut leitfähigen Baustoffen ist eine Abdichtung auf diese Weise i.d.R. nicht möglich, und es sind dort Sonderkonstruktionen erforderlich, die sich nicht nur auf das reine Verputzen erstrecken.

3.4 Mängelvermeidung in Sonderfällen

Im vorigen Kapitel 3.3 wurden Ausführungshinweise zur Mängelvermeidung verschiedener Putze gegeben und auf die speziellen Eigenschaften der Putze hingewiesen. Hier wird nun auf die Mängelvermeidung in *Sonderfällen* eingegangen. Diese Sonderfälle sind verschiedene Details oder Bauteile, die unabhängig von der Putzart zu Mängeln führen können. Das Kapitel zeigt wie auch in solchen Sonderfällen ein mängelfreier Putz zu erstellen ist.

3.4.1 Sockelbereiche

Sockelbereiche sind hohen Belastungen durch aufspritzendes Niederschlagswasser ausgesetzt und müssen daher besonders sorgfältig ausgeführt werden. Darüber hinaus ist es wichtig, daß nicht nur der Sockelputz richtig ausgeführt wird, sondern daß auch die konstruktiven Gegebenheiten mithelfen, die Belastung gering zu halten. Der Sockelputz darf zum Erdreich keinen Kontakt haben, sondern muß von diesem z.B. durch Drainplatten oder eine Kiesschicht getrennt werden. Es muß außerdem eine wirksame Abdichtung des Sockelbereiches vorhanden sein, sowohl in horizontaler als auch in vertikaler Richtung, da nur so aufsteigende Feuchtigkeit verhindert werden kann.

Bei *Neubauten* sind die Verhältnisse meist überschaubar. Ein Außensockelputz sollte in der Regel 0,3 m hoch über der fertiggestalteten Geländelinie liegen.

Die für Außensockelputz vorgesehenen Zementputze der Putzmörtelgruppe P III ergeben sehr feste und kaum saugende, aber auch recht starre und wenig elastische Putze. Sie sind am besten auf Beton geeignet. Gerade die Sockelbereiche sind sehr häufig stärker verschmutzt als andere Bereiche und müssen sorgfältig von Erde und Lehm gereinigt werden, aber auch von zu hoch aufgetragenen Bitumenanstrichen oder anderen Verunreinigungen.

Im Sockelbereich wird meist ein volldeckender Spritzbewurf aus reinem Zementmörtel aufgebracht, der aus 1 Raumteil (RT) Zement und 3 RT scharfem, gemischtkörnigem Sand besteht. Der Spritzbewurf ist gut deckend anzuwerfen und rauh zu belassen. Nach ausreichender Standzeit, daß heißt, wenn man mit der Hand vom Spritzbewurf nichts mehr abreiben kann, wird der *Unterputz* ca. 15 mm dick angeworfen. Der Unterputzmörtel ist besser zu verarbeiten, wenn man 0,5 RT Kalkhydrat beimischt. Der Zementgehalt darf dabei aber nicht vermindert werden. Das Mischungsverhältnis für einen Unterputz beträgt dann z.B. 3 RT Normenzement, 1 RT Kalkhydrat und 12 RT scharfer Sand. Der Unterputz wird nach dem Anziehen mit dem Kamm oder Rabot aufgerauht.

Als *Oberputz* wird entweder ein Baustellenmörtel der Putzmörtelgruppe P III verwendet und beliebig strukturiert oder ein geeigneter Werktrockenmörtel, der entsprechend den technischen Informationen des Herstellers zu verarbeiten ist.

Wenn im Sockelbereich Mauersteine mit geringer Festigkeitsklasse vorliegen, ist dort ein üblicher Zementputz oft zu starr und zu rißanfällig, da die Eigenspannungen vom Untergrund (geringer E-Modul) nicht abgebaut werden können. Putze der Putzmörtelgruppe P III müssen üblicherweise eine Mindestdruckfestigkeit von 10 N/mm^2 aufweisen. Diese Festigkeit und der dabei erreichte E-Modul sind für Mauerwerk mit geringer Druckfestigkeit jedoch zu hoch. Für Außensockelputz auf Mauerwerk der Steinfestigkeitsklasse ≤ 6 darf daher der Mörtel der Putzmörtelgruppe P III ausnahmsweise eine Mindestdruckfestigkeit von nur 5 N/mm^2 haben. Ein solcher Zementmörtel mit verminderter Druckfestigkeit sollte hier auch eingesetzt werden. Die Anforderungen hinsichtlich der wasserabweisenden Eigenschaften müssen aber auch von einem Putzmörtel mit verminderter Druckfestigkeit erfüllt werden.

Bei *Altbauten* soll häufig im Rahmen von Instandsetzungsarbeiten auch der Sockelputz erneuert werden. Hier ist besonders kritisch der Untergrund zu untersuchen und insbesondere auf *Ausblühungen* von auskristallisierten Salzen zu achten oder auf konstruktive Gegebenheiten, die zu einer Überlastung des Putzes führen können. Häufig werden diese Arbeiten ohne Hinzuziehung eines Architekten vergeben und der ausführende Stukkateur nimmt dann die Rolle des Planers ein und ist in besonderer Weise zur Prüfung des Untergrundes und zur Beratung des Bauherrn verpflichtet. Schon häufig sind neue Sockelputze – wie auch der alte Sockelputz – schadhaft geworden, weil aufsteigende Feuchtigkeit oder Überbeanspruchung durch Wasser nicht beseitigt worden sind. Wenn in solchen Fällen vom Stukkateur keine Bedenken geltend gemacht worden sind, hat er seine Prüfpflicht des Untergrundes nicht in ausreichendem Maße erfüllt.

3.4.2 Rolladenkästen

An Rolladenkästen treten relativ häufig Putzrisse auf, die Anlaß zu Beanstandungen geben. Diese Risse liegen meist im Übergangsbereich zwischen Rolladenkasten und Mauerwerk. Bei langen Rolladenkästen können Risse zum Teil auch im Bereich des Rolladenkastens selbst auftreten, wenn die Rolladenkästen zu labil oder nicht ausreichend befestigt sind. Es ist daher darauf zu achten, daß alle Rolladenkästen, insbesondere lange Rolladenkästen, ausreichend stabil und gut befestigt sind. Wenn dies nicht der Fall ist oder gar bereits vor dem Aufbringen des Putzes Risse an den Rolladenkästen sichtbar sind, müssen unbedingt Bedenken geltend gemacht werden, weil auch durch eine richtige Bewehrung des Putzes oder das Anbringen von Putzträgern in solchen Fällen Risse im Putz nicht sicher verhindert werden können.

Andererseits können Risse im Putz auch bei ausreichend stabilen Rolladenkästen nur dann verhindert werden, wenn der Putz in richtiger Weise ausgeführt und bewehrt wird. Wenn ein Putz auf einen Rolladenkasten mit Holzwolle-Leichtbauplatten aufgebracht werden soll, sind diese Platten grundsätzlich möglichst frühzeitig mit einem Spritzbewurf zu versehen. Weiterhin ist immer eine Putzbewehrung erforderlich, die in ausreichendem Maße das Mauerwerk überlappen muß (ca. 15 cm) und in der *Zugzone*, also im oberen Drittel des Unterputzes, eingebettet werden muß. Eine Bewehrung, die nahe oder auf dem Putzgrund liegt, ist nutzlos und oft sogar schädigend, da sie die Haftung des Putzes am Untergrund beeinträchtigt und hier keine Zugspannungen aufnehmen kann.

Vielfach besitzen Rolladenkästen an den Unterkanten bereits werkmäßig angebrachte, horizontale Putzschienen. Diese müssen für die vorgesehene Putzschichtdicke passend sein und festsitzen. Die Putzschienen dürfen an den Enden der Rolladenkästen, wo diese auf dem Mauerwerk auflagern, *nicht belassen werden*, sondern müssen dort, wo die vertikalen Putzschienen der Leibungen auf die horizontale Putzschiene des Rolladenkastens trifft, abgeschnitten werden, so daß sie nicht in den Putz des Mauerwerkes hineinragen. Die in den Putz hineinragenden Putzschienen würden sonst infolge der thermischen Bewegungen zwischen Putz und Putzschiene zu Rissen im Putz führen.

3.4.3 Ausblühungen

Ausblühungen sind Stoffe (i.d.R. Salze), die sich sichtbar auf der Oberfläche von Mauerwerk oder Putz ablagern. Sie treten auf, wenn das Mauerwerk oder der Mauermörtel wasserlösliche Salze enthält, diese durch einddringendes Wasser gelöst werden, und die Lösung durch die Poren im Putz zur Oberfläche transportiert wird. Ausblühungen können auch auftreten, wenn aufsteigende Feuchtigkeit vorliegt mit darin gelösten Salzen. Beim Verdunsten des Wassers lagern sich dann die Ausblühungen an der Oberfläche ab. Sichtbare Ausblühungen sind besonders dann zu beobachten, wenn das Mauerwerk durch häufigen Regen oder mangelhafte bzw. fehlende Wasserableitung vom Dach länger durchfeuchtet wird, lösliche Salze darin vorhanden sind und die Verdunstungsgeschwindigkeit relativ gering ist. Bei einer schnellen Verdunstung erfolgt diese und damit das Auskristallisieren der gelösten Salze schon im Innern des Bauteils, also unterhalb der Oberfläche, und damit unsichtbar. Bei einer langsamen Verdunstungsgeschwindigkeit verdunstet das Wasser dagegen erst an der Oberfläche und die auskristallisierten Salze werden sichtbar. Solche Ausblühungen sind vorwiegend weiß oder hellgrau, seltener grünlich oder gelblich. Gefärbte Ausblühungen weisen nicht auf bestimmte Salze hin, sondern darauf, daß mit den Salzen noch andere gelöste Stoffe an die Oberfläche getreten sind.

Bei nur schwachen oder mittelmäßig starken Ausblühungen auf dem zu verputzenden Mauerwerk, wirken sich diese nach dem Verputzen auf der Putzfläche meist nicht schädlich aus. Es ist jedoch erforderlich, daß die Ausblühungen vor dem Verputzen gründlich *trocken* abgebürstet werden. Bei einer Naßbehandlung würden sich die Ausblühungen wieder lösen, wiederum vom Mauerwerk aufgesaugt werden und erneut ausblühen.

Nach dem Verputzen ist das Mauerwerk vor den Einwirkungen von Feuchtigkeit geschützt, es können sich keine wasserlöslichen Salze mehr lösen und es treten keine Ausblühungen auf. An solchen Stellen jedoch, wo Wasser an Schwachstellen durch den Putz ins Mauerwerk eindringen kann, können beim Vorhandensein von wasserlöslichen Stoffen im Mauerwerk oder im Mauermörtel doch Mängel durch Ausblühungen im Putz entstehen. Solche Schwachstellen sind z.B. nicht ausreichend lange Abdeckbleche an Attiken, kleine Abrisse zwischen Putz und Rolladenschienen an Fenstern und Türen sowie andere Putzrisse. Wenn hier bei Schlagregen Wasser eindringen und bis zum Mauerwerk gelangen kann, sind Mängel durch Ausblühungen zu erwarten. Ohne wasserlösliche Substanzen im Untergrund würden hier keine Mängel sichtbar werden, weil das in geringen Mengen eingedrungene Wasser durch den Putz schnell wieder verdunsten kann. Wenn jedoch wasserlösliche Substanzen im Untergrund vorhanden sind, lösen sich diese und bleiben nach dem Verdunsten des eingedrungenen Wassers an der Putzoberfläche zurück. Auf diese Weise können sich unschöne, weiße Ränder bilden, die bei einem hellen Putz meist nur wenig, bei einem dunkler durchgefärbten Putz jedoch deutlich auffallen und sehr störend sind. Besonders an Fensterbankenden können solche Ausblühungen auftreten, wenn zwischen Leibungsputz und Fensterrahmen oder Rolladenschiene ein Riß vorhanden ist, in den bei entsprechender Schlagregenbeanspruchung Wasser eindringt.

Es empfiehlt sich also unbedingt, bei bereits vorher sichtbaren Ausblühungen Bedenken anzumelden und besonders sorgfältig alle möglichen Schwachstellen auszuschalten, so daß ein rißfreier Putz entsteht. An Stellen mit oft unvermeidlichen (aber sonst unschädlichen) Rissen, wie zwischen Leibungsputz und Fensterrahmen ist es dann notwendig, eine Abdichtung vorzusehen, damit hier kein Wasser eindringen kann.

Besonders unangenehm sind Ausblühungen dann, wenn der Putz nachfolgend mit einem Anstrich versehen wird. Dann bleibt es meist nicht bei den Ausblühungen an der Putzoberfläche, sondern der Anstrich kann sich durch die in der Grenzfläche Anstrich/Putz auskristallisierenden Salze ablösen und zerstört werden.

Bei relativ starken, sichtbaren Ausblühungen vor dem Verputzen sind oft auch die zusätzlichen Abdichtungsmaßnahmen nicht ausreichend und es muß unbedingt geklärt werden, um welche Art von Ausblühungen es sich handelt, wo diese herkommen und wie weiter verfahren werden muß. In solchen Fällen müssen vom Stukkateur unverzüglich Bedenken geltend gemacht werden.

3.4.4 Wärmedämmplatten aus Hartschaum

Seit einigen Jahren werden zur außenseitigen Wärmedämmung von Stahlbetonbauteilen, wie Deckenstirnseiten, Kniestöcken, Pfeilern, Über- und Unterzügen und sogar Wandscheiben zunehmend Wärmedämmplatten aus Polystyrol-Extruderschaum (PSE-Platten) verwendet. Die PSE-Platten fallen deutlich ins Auge, da sie sich, hellgrün oder hellblau eingefärbt (je nach Hersteller), durch ihre Farbe vom Mauerwerk abheben.

Schmale Bereiche, wie Deckenstirnseiten, an denen PSE-Platten vorliegen (siehe Bild 3.12), werden mit dem für die restliche Wand üblichen Außenputz verputzt. Dabei wird lediglich ein Putzträger vor dem Verputzen über der Dämmplatte aufgebracht. Ohne weitere Maßnahmen beim Verputzen von Wärmedämmplatten aus Polystyrol-Extruderschaum mit mineralischen Putzen sind Putzschäden für die Zukunft vorprogrammiert. Schäden, vor allem in Form von Putzablösungen und Rißbildungen.

Aus der Anwendung und Verarbeitung von Wärmedämmverbundsystemen ist inzwischen bekannt, daß mineralische Putze auf Untergründen von Wärmedämmplatten aus Polystyrol-Partikelschaum (PS) oder Polystyrol-Extruderschaum (PSE) *keine* dauerhafte Haftung erzielen. Nach DIN 18 550 sind Platten aus den vorgenannten Materialien daher keine geeigneten Putzuntergründe.

• *Bisherige Praxis*
Die Wärmedämmung von Deckenstirnseiten und anderen Stahlbeton-Außenbauteilen ist notwendig zur Vermeidung von Wärmebrücken, falls die sonst entstehenden Wärmebrücken nicht durch andere Maßnahmen beseitigt werden können. Außendämmungen auf Stahlbetonbauteilen sind schon allein wegen des Wärmeschutzes erforderlich.

Die schon seit Jahrzehnten übliche Verfahrensweise, Deckenstirnseiten und andere Stahlbetonaußenbauteile mit Holzwolle-Leichtbauplatten oder Mehrschicht-Leichtbauplatten zu versehen, erhält durch PSE-Platten zunehmend Konkurrenz. Für das Verputzen dieser zement- oder magnesitgebundenen Platten aus Holzspänen gibt es inzwischen genügend Erfahrung (siehe Kapitel 3.4.5).

• *Verputzen von PSE-Platten*
Das Verputzen von Hartschaum-Platten ist am bekanntesten bei Wärmedämmverbundsystemen (siehe Kapitel 3.3.8). Dort gelangen Platten aus Polystyrol-Hartschaum zur Anwendung. Wärmedämmverbundsysteme mit PSE-Platten als Wärmedämmstoff sind zwar bekannt, jedoch werden sie bisher nicht angeboten.

Es kann auch nicht einfach ein Putz- bzw. Schichtaufbau eines Wärmedämmverbundsystems für das Verputzen von Wärmedämmplatten aus Polystyrol-Extruderschaum auf Deckenstirnseiten oder anderen Stahlbeton-Außenbauteilen im Übergang zu Mauerwerk verwendet werden. Dies ist aus folgenden Gründen nicht praktikabel:

• mangelhafte Anbindung an das Putzsystem des Mauerwerks,
• unterschiedliche Dicke der Putzsysteme auf PSE-Platten und Mauerwerk und
• unterschiedlicher Oberputz und damit verbunden ein uneinheitliches Aussehen der Fassade des Bauwerks.

Hieraus ergeben sich nun Forderungen an ein Putzsystem, das eine Verbindung zwischen Wärmedämmplatten aus Polystyrol-Extruderschaum und Mauerwerk herstellen soll, die möglichst rißfrei bleibt und eine einheitliche Putzdicke und Oberfläche aufweist.

Da PSE-Platten gemäß DIN 18 550 keinen tragfähigen Untergrund für Putz darstellen, müssen besondere Maßnahmen ergriffen werden, um diesen Platten Tragfähigkeit für einen Putz, wie er auf Mauerwerk zum Einsatz kommt, zu verleihen.

• *Übergang zwischen PSE-Platten und Mauerwerk im Putz*
Für das Verputzen von Mauerwerk im Übergang bzw. Anschluß an Wärmedämmplatten

Bild 3.12: Außenwand mit Polystyrol-Extruderschaum-Platten an der Deckenstirnseite

aus Polystyrol-Extruderschaum (PSE-Platten) bestehen bisher keine »allgemein anerkannten Regeln der Technik«, da für diesen speziellen Bereich der Putztechnik noch keine 10- oder gar 20jährigen Erfahrungen vorliegen.

Vom Stand der Technik her gesehen wird Mauerwerk mit einem mineralischen Putz versehen (siehe Kapitel 3.1 und 3.3), PSE-Platten und ähnliche Platten dagegen mit einem Kunstharzputz oder mit einem kunstharzvergüteten mineralischen Putz und abschließendem Kunstharzputz (siehe Kapitel 3.3.5 und 3.3.8).

Da bisher keine Richtlinien oder Empfehlungen zum Verputzen von Mauerwerk im Übergang zu PSE-Platten existieren, werden von Putzherstellern eigene Vorschläge angegeben, die teilweise erheblich voneinander abweichen. Um hier eine gemeinsame Basis zu finden, wurde aufgrund von Herstellerangaben, technisch-wissenschaftlicher Überlegungen und Erfahrungswerten eine Lösungsmöglichkeit erarbeitet.

An das Verputzen von PSE-Platten im Übergang zu Mauerwerk, z.B.

- PSE-Platten im Bereich von Deckenstirnseiten bzw. Stützen (kleinflächige PSE-Plattenbereiche) oder
- PSE-Platten auf Flächen wie Wandscheiben aus Stahlbeton, breite Stützen, Kniestöcke, Überzüge etc. (großflächige PSE-Plattenbereiche),

werden folgende Anforderungen gestellt:

- Gute Haftung des gesamten Putzsystems auf den PSE-Platten;
- Gute Haftung der Putzschichten untereinander;
- Vermeidung von Rissen im Putz über den PSE-Platten;
- Herstellen eines einheitlich saugfähigen Putzgrundes für den Oberputz über Mauerwerk und PSE-Platten.

Um diese Anforderungen zu erfüllen erweist sich die folgende Vorgehensweise als sinnvoll:

- Vorbehandlung der PSE-Platten: aufrauhen von glatten Platten, entstauben.
- Aufbringen einer Haftbrücke auf die PSE-Platten, bestehend aus einem Kalkzementputz der Putzmörtelgruppe P II mit hoher Kunstharz-Vergütung; Dicke ca. 5 mm, je nach Putzsystem; mit der Kammspachtel horizontal aufziehen; Standzeit: ≥ 7 Tage.
- Verputzen der gesamten Außenwandfläche (Mauerwerk und PSE-Platten) mit einem mineralischen Putz als Unterputz der Putzmörtelgruppe P II (z.B. Kalkzementputz); Dicke über den PSE-Platten ca. 10 mm und über dem Mauerwerk ca. 15 mm, je nach Putzsystem; Standzeit: ≥ 1 Tag je mm Putzdicke auf dem Mauerwerk.
- Aufbringen einer Armierungsschicht auf den Bereichen mit PSE-Platten, bestehend aus einem Kalkzementputz der Putzmörtelgruppe P II mit hoher Kunstharz-Vergütung; Dicke ca. 3 bis 5 mm, je nach Putzsystem; Einbettung eines alkalibeständigen Glasseidengittergewebes mit der Maschenweite 8 x 8 mm; die Gewebespachtelung muß ca. 40 bis 50 cm in die Mauerwerksbereiche übergreifen Standzeit: ≥ 14 Tage.
- Aufbringen eines Voranstriches auf dem noch freiliegenden mineralischen Grundputz über dem Mauerwerk.
- Verputzen der gesamten Außenwand mit einem mineralischen Oberputz der Putzmörtelgruppe P I oder P II.

Manche Putzhersteller empfehlen, die Armierungsschicht über die gesamte Außenwand zu führen. Dies kann aber zu erhöhtem, wenn nicht gar unzulässig hohem Tauwasserausfall im Mauerwerk führen, da dadurch die Putzschicht auf der Außenseite einen deutlich höheren Dampfdiffusionswiderstand aufweist.

Die hier genannte Vorgehensweise ist bisher noch keine »allgemein anerkannte Regel der Technik«, die als bewährt angesehen werden könnte. Sie stellt lediglich den derzeitigen »Stand der Technik« dar, der jedoch bisher noch in keinem Regelwerk oder einer Empfehlung Niederschlag gefunden hat.

Das hier beschriebene Putzsystem benötigt eine lange Ausführungszeit aufgrund der langen Standzeiten für die einzelnen Schichten.

Auch im Innenbereich sind ähnliche Putzbeschichtungen auf PSE-Platten immer häufiger vertreten. Hier gelangen gipshaltige Putze (Putzmörtelgruppe P IV und P V) zur Anwendung. Die innenseitige Wärmedämmung von Wärmebrücken durch PSE-Platten wird immer häufiger, vor allem an auskragenden Balkonplatten angewendet.

3.4.5 Holzwolle-Leichtbauplatten

In diesem Kapitel wird das Verputzen von Holzwolle-Leichtbauplatten nach DIN 1101 und Mehrschicht-Leichtbauplatten nach DIN 1104 behandelt. Der Aufbau solcher Dämmplatten und Putzträger ist in den Kapiteln 2.4.5 und 3.1.3.2 beschrieben. Holzwolle-Leichtbauplatten und insbesondere Mehrschicht-Leichtbauplatten, die wegen der noch höheren Wärmedämmung durch den Kern aus Polystyrol-Hartschaum oder Mineralfasern zu starken Temperaturschwankungen an der Putzoberfläche führen, dürfen nicht ohne *zusätzliche Maßnahmen* verputzt werden. Sonst treten Risse im Putz auf, und zwar sowohl am Übergang der Leichtbauplatten zum Mauerwerk als auch zwischen den Stößen der Leichtbauplatten. Bei Beachtung der zusätzlichen Maßnahmen bleiben Putze auf Leichtbauplatten aber weitgehend rißfrei und die Wärmebrücken des Untergrundes werden durch die Leichtbauplatten und den Putz gedämmt.

3.4.5.1 Prüfung des Untergrundes

Für die Herstellung eines schadensfreien Putzes müssen schon im Vorfeld einige Punkte beachtet werden: Holzwolle-Leichtbauplatten und Mehrschicht-Leichtbauplatten sollen trocken sein, wenn sie verarbeitet und verputzt werden. Deshalb müssen sie trocken angeliefert und auf der Baustelle unbedingt trocken gehalten werden (z.B. Abdeckung mit Folie oder Lagerung unter einem Dach). Leichtbauplatten müssen dicht gestoßen im Verband verlegt werden. An Fenstern oder sonstigen Aussparungen sollen in den Ecken keine Fugen der Leichtbauplatten angeordnet werden, sondern diese sind übergreifend anzuordnen.

Die Leichtbauplatten sind ausreichend fest und mit Haltescheiben für Dämmstoffplatten zu befestigen.

Bei der Prüfung der Leichtbauplatten vor dem Verputzen sind diese daraufhin zu untersuchen, ob sie folgende Eigenschaften aufweisen.

- trocken
- dicht gestoßen und im Verband verlegt
- versatzfrei verlegt
- bewegungsfrei befestigt
- staub- und trennmittelfrei
- unbeschädigt

3.4.5.2 Innenputze auf Leichtbauplatten

Das Innenputzsystem kann aus einem einlagigen Putz oder aus Unterputz und Oberputz, also aus einem zweilagigen Putzsystem bestehen. Entsprechend DIN 18 550 kommen für den Innenbereich überwiegend Putze der Putzmörtelgruppen P I (Kalkputze), P II (Kalkzementmörtel) und P IV (Gipsputze) in Frage. Im Innenbereich ist es dabei, abgesehen von Ausnahmefällen, nicht erforderlich, die Leichtbauplatten vor dem Verputzen mit einem Spritzbewurf zu versehen, weil bei den innenliegenden Leichtbauplatten keine Beanspruchung mit Wasser erfolgt. In Sonderfällen, z.B. bei Leichtbauplatten, die nicht unmittelbar auf einem massiven Untergrund befestigt sind (z.B. Holzständerbauweise, Dachschrägen, Lattenunterkonstruktionen), ist zur Stabilisierung des Untergrundes jedoch ein volldeckender Spritzbewurf erforderlich.

Die Putzdicke soll bei einlagigen Putzen im Mittel ca. 15 mm betragen. Bei zweilagigen Putzen soll die mittlere Putzdicke je nach Art des Oberputzes ca. 20 mm betragen (1. Putzlage ca. 15 mm).

Bei allen Putzarten ist zur Vermeidung von Putzrissen eine ganzflächige Putzbewehrung im Bereich der Leichtbauplatten erforderlich. Diese ist bei einlagigen Putzen in diesen einzubetten und bei zweilagigen Putzen in den Unterputz. Bewährt haben sich Glasfaserarmierungsgewebe, die folgende Eigenschaften besitzen sollten:

- Reißfestigkeit von Kette und Schuß des Gewebes ≥ 1200 N je 5 cm
- ca. 5 mm Maschenweite bei Gips- und Kalkgipsputzen (Putzmörtelgruppe P IVa, b, c, d)

- ca. 8 mm Maschenweite bei Kalk- und Kalkzementputzen (Putzmörtelgruppe P I und P II)
- alkalibeständige Ausrüstung des Glasfasergewebes

Beim Einbetten der ganzflächigen Putzbewehrung in den Unterputz bzw. in den Einlagenputz wird zunächst eine Schicht Mörtel in ca. ²/₃ der gesamten Unterputz- bzw. Einlagenputzdicke aufgebracht und grob abgezogen. Nach dem Eindrücken des Glasfasergewebes in diese Putzschicht wird eine weitere Putzschicht bis zur erforderlichen Gesamtdicke des Unterputzes, bzw. bis zur erforderlichen Gesamtdicke des Einlagenputzes frisch in frisch aufgebracht. Die Mörtelkonsistenz der beiden Schichten muß dabei gleich sein.

Das Armierungsgewebe ist glatt und ohne Falten in den Putz einzuarbeiten. Überlappungen an den Stößen müssen mindestens 10 cm breit, zu anderen Bauteilen ca. 20 cm breit sein. Im Bereich von Fenster- und Türleibungen soll das Armierungsgewebe herumgeführt werden. Ecken von Fenstern und Türen sollten durch diagonal angeordnete Gewebestreifen, also quer zur erwartenden Rißrichtung, zusätzlich bewehrt werden.

Innendeckenputze mit darunterliegenden Leichtbauplatten erfordern bei der Putzbewehrung besonderes handwerkliches Geschick. Dem Abbindeverhalten des Putzmörtels ist besondere Beachtung zu schenken, damit wirklich frisch in frisch geputzt werden kann. Bei solchen Innendeckenputzen hat sich alternativ zur ganzflächigen Putzbewehrung auch eine teilflächige Putzbewehrung an den Stößen der Leichtbauplatten bewährt. Dazu werden ca. 15 cm breite Streifen der Putzbewehrung über den Fugen der Leichtbauplatten eingebettet. Man geht dabei so vor, daß im Fugenbereich Mörtel ca. 10 mm dick und 20 cm breit aufgebracht wird, hier die Gewebestreifen eingedrückt werden, und diese Flächen zusammen mit der restlichen Decke dann frisch in frisch weiter verputzt werden.

Gipsputze und Kalkgipsputze werden überwiegend *einlagig* in ca. 15 mm Dicke ausgeführt und das Gewebe wird hier im oberen Drittel angeordnet. Keinesfalls darf es herausragen, auch nicht an Stoßstellen des Gewebes.

Kalkputze erfordern in der Regel eine zweilagige Ausführung. Dabei muß vor dem Aufbringen der zweiten Putzlage die darunterliegende Putzlage ausreichend erhärtet sein. Während der Erhärtungsphase muß der Putz feucht gehalten werden.

Kalkzementputze werden normalerweise zweilagig ausgeführt. Vor dem Aufbringen des Oberputzes muß sichergestellt sein, daß die Schwindspannungen der ersten Putzlage abgebaut sind. Deshalb sollte erst nach einer Standzeit des Unterputzes von ca. 4 Wochen der Oberputz aufgebracht werden. Nach dieser Standzeit treten nahezu keine Schwindspannungen mehr auf und eventuelle Risse in der ersten Putzlage werden durch den Oberputz geschlossen.

3.4.5.3 Außenputz auf Leichtbauplatten mit Bewehrung aus Drahtnetzen

Eine ganzflächige Bewehrung des Außenputzes auf Leichtbauplatten mit Drahtnetzen ist dort angebracht, wo größere Fassadenbereiche oder gar ganze Fassaden mit Leichtbauplatten versehen sind. Dabei werden die Leichtbauplatten ganzflächig bewehrt unter Verwendung eines geschweißten und verzinkten Drahtnetzes mit einer Drahtdicke von 1 mm und einer Maschenweite von ca. 20 x 20 mm. Die Leichtbauplatten sind mit diesem Drahtnetz so zu überspannen, daß sich Stoßüberlappungen von mindestens 5 cm ergeben und die Bewehrung mindestens 10 cm auf benachbarte Bauteile übergreift.

Die Bewehrung wird mit verzinkten Hakenstiften oder Breitkopfstiften auf den Platten befestigt. In Fällen, wo große Flächen mit Leichtbauplatten versehen werden, verwendet man Spezialbefestigungsdübel, die oberseitig Laschen aufweisen, in die man das Drahtgewebe einhängen kann.

Der Abstand zu den Leichtbauplatten muß so groß sein, daß eine vollständige Umhüllung der Drähte mit dem später aufzubringenden Spritzbewurf möglich ist. Im Bereich von Fenster- und Türleibungen muß das Drahtnetz abgewinkelt werden. Ecken von Türen und Fenstern sind durch diagonal angeordnete Drahtnetzstreifen zusätzlich zu bewehren.

Möglichst frühzeitig nach dem Aufbringen der Leichtbauplatten auf der Fassade, sollten diese mit dem Drahtnetz bewehrt und dann mit Spritzbewurf versehen werden, damit erst gar kein Niederschlagswasser in die Leichtbauplatten eindringt. Als Spritzbewurf soll ein gemischtkörniger, volldeckender Spritzbewurf aus Zementmörtel der Putzmörtelgruppe P III (Sand der Körnung 0/4) aufgebracht werden. Der Spritzbewurf muß die Drähte der Bewehrung vollständig umhüllen.

Ein solcher Spritzbewurf zählt nicht als Putzlage. Er hat außer der Erhöhung der Zugfestigkeit des Putzes auch die Aufgabe, die Leichtbauplatten vor Regen zu schützen sowie vor dem Anmachwasser des Unterputzes. Vor dem Auftragen des Unterputzes ist darauf zu achten, daß der Spritzbewurf erhärtet und trocken ist und sich die zu erwartenden Schwindrisse ausgebildet haben. Dies ist erfahrungsgemäß nach ca. 4 Wochen der Fall, bei kühler Witterung später. Die relativ lange Standzeit ist einerseits erforderlich, damit eventuell feucht gewordene Leichtbauplatten austrocknen können, und andererseits zur völligen Erhärtung des Spritzbewurfes. Die relativ lange Standzeit verursacht dann keine Zeitprobleme, wenn die Putzbewehrung und der Spritzbewurf sofort nach dem Anbringen bzw. nach dem Ausschalen der Leichtbauplatten angebracht werden.

Wenn Putzprofile (Eckschutzschienen, Putzabschlußprofile) angebracht werden müssen, ist dies am zweckmäßigsten vor dem Auftragen des Unterputzes möglich, wobei die Putzprofile auf dem Spritzbewurf angebracht werden. Der weitere Putzaufbau, bestehend aus Unterputz und Oberputz, ist entsprechend DIN 18 550 vorzunehmen oder es sind geeignete Werktrockenmörtel einzusetzen. Eine Bewehrung des Unterputzes ist beim Einsatz von Drahtgeweben im Spritzbewurf nicht erforderlich. Die übliche, mittlere Putzdicke von Unterputz und Oberputz (20 mm) muß eingehalten werden.

Damit sich der aufgebrachte Putz unter Sonneneinstrahlung auf dem wärmegedämmten Untergrund nicht zu stark erwärmt und nicht zu hohe thermische Spannungen auftreten, sollte man möglichst helle Farben für den Putz oder einen eventuellen Anstrich des Putzes wählen.

3.4.5.4 Außenputz auf Leichtbauplatten mit Bewehrung aus Glasfasergewebe

Eine solche Bewehrung mit Glasfasergewebe eignet sich dort am besten, wo nur *teilflächig* Holzwolle-Leichtbauplatten oder Mehrschicht-Leichtbauplatten vorliegen. Das ist bei den meisten Bauwerken der Fall, wo mit Leichtbauplatten gedämmte Stützen, Stürze, Deckenränder, auskragende Balkonplatten, offene Durchfahrten, Kniestöcke, Rolladenkästen und sonstige Teilflächen vorliegen. Auch bei solchen Teilflächen ist es wichtig, daß eine sorgfältige Prüfung des Untergrundes vorgenommen wird und daß möglichst frühzeitig ein Spritzbewurf der Putzmörtelgruppe P III ganzflächig auf die Leichtbauplatten sowie überlappend auf das umgebende Mauerwerk aufgebracht wird. Die im Kapitel 3.4.5.3 beschriebene Standzeit von ca. 4 Wochen bis zum Auftrag des Unterputzes muß hier ebenfalls abgewartet werden.

Nach dem Anbringen von erforderlichen Putzprofilen auf dem Spritzbewurf kann der Unterputz aufgebracht werden. In diesen ist die Putzbewehrung aus Glasfasergewebe ganzflächig im Bereich der Leichtbauplatten sowie ca. 20 cm in die angrenzenden Bauteile überlappend einzubetten.

Da Glasfasergewebe nicht so steif sind wie Drahtgewebe, dürfen sie nicht schon vorher am Untergrund befestigt werden, weil sie dann immer zu tief zu liegen kommen. Sie werden vielmehr im oberen Drittel des Unterputzes eingebettet. Dazu wird zunächst eine Schicht Unterputzmörtel (Dicke ca. $2/3$ der gesamten Unterputzdicke) aufgebracht und grob abgezogen. Nach dem Eindrücken der Glasfaserbewehrung wird eine weitere Putzschicht des Unterputzmörtels bis zur erforderlichen Gesamtdicke des Unterputzes naß in naß aufgebracht. Die Mörtelkonsistenz beider Schichten muß dabei gleich sein, und das Gewebe darf nach dem Abziehen nicht freiliegen.

Glasfasergewebe müssen ca. 10 cm weit überlappt werden und sind glatt und ohne Falten einzubauen. Im Bereich von Fenster- und Türleibungen wird das Gewebe entsprechend herumgeführt. Es ist sinnvoll, Ecken von Fenstern und Türen durch diagonal angeordnete Gewebestreifen, also quer zur erwarteten Rißrichtung, zusätzlich zu bewehren.

Der Oberputz wird nach ausreichender Erhärtung des bewehrten Unterputzes in üblicher Weise aufgebracht.

3.4.6 Aufsteigende Feuchtigkeit

Unter aufsteigender Feuchtigkeit versteht man eine solche Wassereinwirkung, die nicht nur unmittelbar dort auftritt, wo Wasser in den Baustoff gelangt, sondern auch an anderen Stellen. Der Grund für die aufsteigende Feuchtigkeit ist eine kapillare Wasserleitung im Innern von porösen Baustoffen, wie z.B. Mauerwerk, Beton, Mörtel und Putz. Das Wasser kann also z.B. in die Kellerwände eindringen und von dort, entgegen der Schwerkraft, in höher liegende Bereiche, also z.B. in die Wand des Erdgeschosses, aufsteigen. Je nach Art des Baustoffes bzw. dessen kapillarer Leitfähigkeit kann das Wasser dabei mehrere Meter hoch steigen.

Aufsteigende Feuchtigkeit kann dann auftreten, wenn keine wirksame Abdichtung vorliegt. Eine wirksame Abdichtung muß dabei aus einer Horizontalsperre bestehen, die z.B. in Form einer horizontal verlegten Bitumenbahn in das Mauerwerk eingebracht wird, sowie aus einer Vertikalabdichtung, die z.B. Kellerwände gegen eindringende Feuchtigkeit schützt.

Untergründe mit aufsteigender Feuchtigkeit bleiben nicht trocken und sind daher für übliche Putze der DIN 18 550 nicht geeignet. Wenn also aufsteigende Feuchtigkeit am Putzgrund sichtbar ist oder aufgrund von Ausblühungen oder dunklen Verfärbungen zu vermuten ist, müssen Bedenken gegen das Aufbringen von herkömmlichen Putzen geltend gemacht werden.

Die schädigende Wirkung von aufsteigender Feuchtigkeit geht nicht nur vom aufsteigenden Wasser aus, das viele Putze (z.B. Kalkputze, Kalkzementputze oder Zementputze) bei nur mäßiger aufsteigender Feuchtigkeit nicht schädigen würde, sondern überwiegend von den im Wasser gelösten und mit dem Wasser aufsteigenden *gelösten Salzen.* Diese Salze können während des Aufsteigens des Wassers im Mauerwerk aus den Mauerziegeln oder dem Mauermörtel gelöst werden, bereits in der eindringenden Bodenfeuchtigkeit enthalten sein oder aus Oberflächenwasser stammen. Typisch für den ersten Fall (wasserlösliche Salze der Baustoffe) sind *Karbonate.* Typisch für den zweiten Fall (wasserlösliche Salze aus dem Erdreich) sind *Sulfate,* die stets bei gipshaltigen Böden auftreten, und im dritten Fall (wasserlösliche Salze aus Oberflächenwasser) sind *Chloride* und *Nitrate* am häufigsten.

Die im Wasser gelösten Salze steigen mit dem Wasser auf und kristallisieren nach dem Verdunsten des Wassers aus. Dabei bilden sich in den Poren des Mauerwerks, des Mauermörtels oder des Putzes Salzkristalle, die durch ihre Kristallbildung einen starken Druck (Kristallisationsdruck) auf die Porenwandungen ausüben. Bei einer erneuten Durchfeuchtung lösen sich die Salze erneut und kristallisieren bei Trocknung wieder aus, wodurch nach und nach das Festigkeitsgefüge des Baustoffes zerstört wird und es zu Ausblühungen und Absandungen kommt.

Häufig werden Ausblühungen ganz allgemein als »Salpeter« oder »Mauersalpeter« bezeichnet. Diese Bezeichnung trifft jedoch nur auf *Nitratausblühungen* zu und nicht auf die anderen Ausblühungen wie Karbonate, Sulfate oder Chloride. Bei echtem Mauersalpeter, dem mit am stärksten die Bausubstanz zerstörenden Salz, handelt es sich um Calciumnitrat $Ca(NO_3)_2$, das bei Einwirkung von Stoffen wie Jauche, Urin und Kunstdünger im Oberflächenwasser entsteht.

Die einzigen Putze, die bei aufsteigender Feuchtigkeit eine akzeptable Gebrauchsdauer aufweisen und auch an der Oberfläche trocken bleiben, sind *Sanierputze,* die in den Abschnitten 1.5.5 und 3.3.7 behandelt werden.

3.4.7 Putze auf Porenbeton

Porenbeton hat sich im modernen Bauwesen einen festen Platz gesichert und wird überwiegend als Planblockmauerwerk oder in Form von Porenbetonelementen eingesetzt. Früher kam es bei konventionell verputztem Porenbeton oft zu Schäden am Putz, weil dieser zu fest war und weil die relativ großen Verformungen des Porenbetons bei Wasseraufnahme und Wasserabgabe nicht berücksichtigt worden sind. Dies führte dann zur Entwicklung von sogenannten Porenbetonbeschichtungen (früher: Gasbetonbeschichtungen) aus organischen Bindemitteln und mineralischen Zuschlägen. Eine solche Porenbetonbeschichtung ist also ähnlich wie ein Kunstharzputz aufgebaut, besitzt jedoch einen größeren Bindemittelanteil. Sie kann die bei Porenbeton auftretenden Verformungen rißfrei überbrücken. Porenbetonbeschichtungen müssen aufgrund von Verschmutzungen jedoch regelmäßig (alle 10 bis 12 Jahre) überarbeitet werden und können bei relativ großem Feuchtigkeitsanfall im Innern des Porenbetonbauwerks (z.B. Papierfabrik) infolge nicht ausreichender Diffusionsfähigkeit schadhaft werden.

Aus diesem Grund sind richtig aufgebrachte mineralische Putze auf Porenbeton aufgrund ihrer hohen Dauerhaftigkeit und guten Diffusionsfähigkeit durchaus konkurrenzfähig gegenüber Porenbetonbeschichtungen.

Beim Verputzen von Porenbeton muß dieser trocken sein und darf vor dem Verputzen nicht angefeuchtet oder gar gewässert werden. Auf diese Weise wird sonst viel Wasser aufgenommen und lange gespeichert, was im Innern zu Feuchtigkeitserscheinungen führen kann und relativ große Verformungen im Porenbeton nach sich zieht. Seit vielen Jahren haben sich Maschinenputze der Putzmörtelgruppe P II (Kalkzementputze) bewährt, die als einlagige, wasserabweisende Putze aus Werktrockenmörtel in einer mittleren Schichtdicke von 15 mm aufgespritzt werden.

Dabei wird der Putz ohne Vorbehandlung des Porenbetons auf den trockenen und sauberen Untergrund in zwei Arbeitsgängen aufgespritzt. Zunächst wird der Kalkzement-Maschinenputz in normaler Verarbeitungskonsistenz in einer Schichtdicke von ca. 8 bis 10 mm aufgespritzt und grob verzogen. Direkt anschließend wird frisch in frisch der restliche Putz bis zur erforderlichen Dicke aufgetragen und in der üblichen Weise verzogen und an der Oberfläche bearbeitet.

Diese Vorgehensweise hat den Vorteil, daß der Putzmörtel beim zweiten Spritzgang wesentlich langsamer anzieht und so auch leichter zu verziehen ist. Der ersten Schicht des Putzmörtels wird dagegen das Wasser und mit diesem auch Bindemittel relativ stark und schnell entzogen. Dieser Effekt ist für den Putz auf Porenbeton vorteilhaft, weil durch den Entzug von Wasser und Feinteilen im Putz an der Grenzfläche zum Porenbeton vermehrt Hohlräume entstehen. Dieses vermehrte Porenvolumen im Putz bedingt, daß die Festigkeit des Putzes zum Porenbeton hin abfällt. Gleichzeitig wird die oberste Schicht des Porenbetons durch die Bindemittelanreicherung aus dem Putzmörtel verfestigt und der E-Modul steigt hier an. Dadurch gleichen sich Putz und Untergrund im E-Modul an und die auftretenden Schwindspannungen können ohne Rißbildung des Putzes vom Untergrund abgebaut werden.

Durch die geschilderte Arbeitsweise und den Effekt der Bindemittelanreicherung des Porenbetons kann dieser auch mit den ansonsten zu starren Kalkzement-Maschinenputzen verputzt werden. Voraussetzung für das Gelingen von Putzarbeiten auf Porenbeton ist natürlich, daß das Mauerwerk entsprechend den Werksrichtlinien ausgeführt wurde und der Porenbeton kraftschlüssig und dicht gemauert ist. Er muß außerdem trocken sein und darf nicht durch eine Grundierung in seiner Saugfähigkeit vermindert werden.

3.4.8 Putze auf Mauerwerk mit geringer Festigkeitsklasse

Wie im Abschnitt 3.1.2.1 bereits beschrieben, eignen sich auf Mauerwerk mit geringer Festigkeitsklasse gut die sogenannten *Leichtputze*. Diese sind für alle hochwärmedämmenden Wandbaustoffe entwickelt worden, wie porosierte Ziegel, Bimsbeton und Porenbeton. Leichtputze weisen vom Aufbau und der Zusammensetzung her einen geringen, auf die vorgenannten Wandbaustoffe abgestimmten E-Modul auf und besitzen eine Druckfestigkeit im Bereich der Mindestdruckfestigkeit für Putze der Putzmörtelgruppe P II (2,5 N/mm^2). Es dürfen nur komplette Leichtputz-Systeme mit Leichtunterputz und zugehörigem Leichtoberputz verarbeitet werden.

Beim Putzauftrag ist zu beachten, daß bei Leichtputzen ein Spritzbewurf der Putzmörtelgruppe P III (wenig verformungsfähig, hoher E-Modul), wie er bei anderen Putzen zur Egalisierung des Untergrundes, bei Stürzen, Rolladenkästen und Deckenstirnseiten sinnvoll ist, *nicht* aufgebracht werden soll. Dies kann sonst wegen der starken Unterschiede in der Festigkeit und im E-Modul zwischen Untergrund und Leichtputz einerseits und dem Spritzbewurf andererseits zu Rissen im Putz führen. Statt dessen sollte der Leichtputz in solchen Fällen in *zwei Arbeitsgängen* aufgebracht werden, um die Spannungen aus unregelmäßiger Untergrundbeschaffenheit abzubauen, wobei je nach System die Überarbeitungszeit der ersten Schicht des Leichtunterputzes unterschiedlich ist. Selbstverständlich ist auch bei Leichtputzen eine Putzbewehrung im Unterputz an rißgefährdeten Stellen erforderlich.

Bei Vorliegen eines gleichmäßigen Untergrundes aus hochdämmendem Mauerwerk ist das oben beschriebene, zweilagige Auftragen des Leichtunterputzes nicht erforderlich, sondern dieser kann in einem Arbeitsgang aufgebracht werden.

Sehr wichtig ist es auch, daß der zugehörige Oberputz in *gleichmäßiger Schichtdicke* auf den ebenen Leichtunterputz aufgebracht wird. Andernfalls kann es an Dünnstellen des Oberputzes zu Spannungsspitzen und damit zu Rißbildungen kommen.

3.5 Anstriche auf Putzen

Je nach Beanspruchung des Bauwerkes sind heutige Putze der Putzmörtelgruppen P I und P II sowie Kunstharzputze (Putzmörtelgruppe P Org 1) in der Lage, die Wand ausreichend sicher und dauerhaft vor den Einwirkungen der Witterung zu schützen. Bei höherer Beanspruchung ist es dabei erforderlich, daß die Außenputze die Anforderungen an die Eigenschaft »wasserhemmend« bzw. »wasserabweisend« erfüllen (siehe Kapitel 2.5.3). Trotzdem ist es schon eine lange Tradition, daß Außenputze und Innenputze mit einem *Anstrich* versehen werden, um einerseits die Dauerhaftigkeit des Putzes zu erhöhen und – vor allem – die Fassade farblich zu gestalten. Häufig werden Anstriche auch erst nach mehreren Jahren auf einen Putz aufgebracht, wenn dieser Verschmutzungen aufweist, die Schutzwirkung des Putzes erhöht werden soll oder erst nach einiger Zeit eine Farbgebung gewünscht wird.

Beide Funktionen, also die farbliche Gestaltung und der Fassadenschutz, hängen dabei eng zusammen, denn die farbliche Gestaltung der Fassade kann auf Dauer nur dann befriedigend sein, wenn Putz und Anstrich eine entsprechende Schutzfunktion für die Fassade aufweisen und ausreichend witterungsbeständig sind. Andererseits muß deutlich gemacht werden, daß trotz dieser wichtigen Aufgaben Putze und Anstriche früher und auch heute noch *Verschleißschichten* der Fassade darstellen. Das heißt, es ist zu berücksichtigen, daß Putz und Anstrich nach entsprechenden Zeiträumen überarbeitet bzw. erneuert werden müssen, um den eigentlichen Wandbildner bzw. die Rohwand schützen und erhalten zu können.

Wenn nur eine Erhöhung der Schutzwirkung des Putzes vor Schlagregen im Vordergrund steht, werden Putze auch oftmals nachträglich *hydrophobiert*, um das Eindringen von Wasser zu vermindern. Die Hydrophobierung des Putzes, also die Ausrüstung des Putzes mit wasserabweisenden Eigenschaften, ist dabei farblos.

3.5.1 Anforderungen an Anstriche

Im Gegensatz zu früher, wo Anstriche für Fassaden sehr einfach zusammengesetzt waren (z.B. Kalkanstriche), sind heutige Anstriche und Anstrichsysteme kompliziert aufgebaute Produkte der Bauchemie. Anstrichsysteme bestehen im Regelfall aus einer Grundierung, einem Zwischenanstrich und einem Deckanstrich. Zur Herstellung von Anstrichen werden eine Vielzahl unterschiedlicher Rohstoffe und Hilfsstoffe so kombiniert, daß der relativ dünne, meist etwa 0,2 mm dicke Anstrich die Schutzfunktion und die Farbgebung der Fassade übernehmen kann. Ein modernes Anstrichsystem besteht oft aus 10 und mehr verschiedenen Rezepturanteilen. Die Hauptbestandteile sind dabei:

• Bindemittel (reines Bindemittel oder Kombination aus verschiedenen Bindemitteln)

- Pigmente und Füllstoffe
- Lösungsmittel

Das *Bindemittel* im Anstrich dient dazu, die verschiedenen Anteile des Anstriches zu binden und die Haftung zum Untergrund sicherzustellen. Die *Pigmente* geben dem Anstrich die gewünschte Farbe. Die *Füllstoffe* (z.B. Quarzmehl) erhöhen die Beständigkeit des Anstriches, schützen das Bindemittel vor UV-Einwirkung und vermindern auch deutlich das Schwinden des Bindemittels beim Erhärten. Je nach Füllstoffanteil und Füllstoffzusammensetzung wird der Anstrich durch die Füllstoffe auch mehr oder weniger durchlässig für Wasserdampf, Kohlendioxid oder Luftschadstoffe. Das *Lösungsmittel* (meist Wasser oder ein organisches Lösungsmittel) dient dazu, das Bindemittel zu lösen und die Verarbeitungskonsistenz sicherzustellen. Nach dem Verdunsten oder Wegsaugen des Lösungsmittels beginnt die Erhärtung des Bindemittels und der Verbund des Anstriches zum Untergrund.

Weitere Bestandteile von Anstrichstoffen sind verschiedene Hilfsmittel, die zur Stabilisierung des flüssigen Anstrichstoffes dienen, zur Regulierung des Erhärtungsverhaltens und der Verarbeitbarkeit sowie zur Hydrophobierung.

Die wichtigsten Anforderungen an Anstrichsysteme lassen sich folgendermaßen zusammenfassen:

- Schutz vor Wasseraufnahme
- Schutz vor Salzaufnahme
- Schutz vor Schadgasaufnahme (z.B. Schwefeldioxid, Stickoxid)
- Schutz gegen den Befall mit Mikroorganismen
- hohe UV- und Lichtbeständigkeit
- hohe Alkalibeständigkeit
- ausreichend hohe Wasserdampfdurchlässigkeit
- ausreichend hohe Kohlendioxiddurchlässigkeit (nur bei reinem Kalkputz erforderlich)
- ausreichend geringe Kohlendioxiddurchlässigkeit (nur bei Anstrichen im Rahmen einer Betonsanierung erforderlich)
- geringe Kreidungs- und Verschmutzungsneigung
- keine chemischen Nebenreaktionen mit dem Baustoff, die z.B. zu Verfärbungen oder Ablösungen führen können
- geringe Schwindspannungen
- Anwendbarkeit auf möglichst allen intakten mineralischen Untergründen (z.B. auf Putzen mit hoher und niedriger Festigkeit sowie auf Altanstrichen)
- gute Haftung
- problemlose Verarbeitbarkeit und Überstreichbarkeit
- Einstellbarkeit der Deckkraft und des Glanzgrades
- ausreichende Reversibilität, d.h. Entfernbarkeit ohne Beeinträchtigung und Beschädigung des Baustoffuntergrundes

Man sieht, daß eine große Anzahl von Anforderungen besteht, wobei im allgemeinen der Schutz vor Wasseraufnahme die wichtigste ist, neben einer hohen Dauerhaftigkeit und einer guten Haftung des Anstriches. Je nach Anwendungsfall tritt die eine oder andere Anforderung in den Hintergrund, da sie aufgrund der Lage und der Bauweise des Objektes nicht erforderlich ist. Die vielfältigen Anforderungen zeigen aber auch, daß es kein einzelnes Anstrichsystem geben kann, mit dem alle Anwendungsfälle abgedeckt werden können.

3.5.2 Bauphysikalische Eigenschaften von Anstrichen

Die wichtigste bauphysikalische Eigenschaft von Anstrichen ist die des *Regenschutzes*, wobei 2 Faktoren maßgeblich sind, nämlich die Aufnahme von Wasser in flüssigem Zustand (bei Beregnung) und die Durchlässigkeit für Wasserdampf (beim Austrocknen durch Diffusion). Diese bauphysikalischen Eigenschaften werden durch den Wasseraufnahmekoeffizienten w und die diffusionsäquivalente Luftschichtdicke s_d charakterisiert. Beide Kennwerte sind ausführlich im Kapitel 2.5.3.1 beschrieben.

Wie Putze werden auch die Anstriche eingeteilt in »wasserhemmend« und in »wasserabweisend«. Die Anforderungen für diese Eigenschaften sind in den Kapiteln 2.5.3.2 und 2.5.3.3 zusammengestellt sowie in Tabelle 3.7. Wie von Putzen wird auch von Anstrichen gefordert, daß möglichst wenig Wasser in flüssigem Zustand eindringen soll und möglichst viel Wasser in gasförmigem Zustand ausdiffundieren kann. In Tabelle 3.8 sind die Mittelwerte der o.g. bauphysikalischen Kennwerte für ver-

Tabelle 3.7: Bewertung des Regenschutzes von Putzen bzw. Fassadenanstrichen

	Wasseraufnahmekoeffizient w in kg/m²h^{0,5}	Diffusionsäquivalente Luftschichtdicke s_d in m	Produkt w·s_d in kg/mh^{0,5}
wasserhemmend	≤ 2,0	≤ 2	–
wasserabweisend	≤ 0,5	≤ 2	≤ 0,2

schiedene Putze und Anstriche zusammengestellt. Man sieht daraus, daß sich Putze und Anstriche in diesen Werten zum Teil deutlich voneinander unterscheiden, insbesondere hinsichtlich des μ-Wertes, der bei Anstrichen viel höher ist als bei Putzen. Aber auch beim Wasseraufnahmekoeffizienten w liegen große Unterschiede vor, wobei beachtet werden muß, daß die Schichtdicke, die den genannten Wasseraufnahmekoeffizienten bewirken muß, bei Putzen und Anstrichen stark unterschiedlich ist (20 mm bzw. 0,15 mm) und sich somit um einen Faktor von mehr als 100 voneinander unterscheidet.

Die geringe Schichtdicke der Anstriche ist der Grund dafür, daß trotz der zum Teil hohen μ-Werte der Anstriche die diffusionsäquivalente Luftschichtdicke s_d unterhalb des Grenzwertes von 2,0 m bleibt. Die Werte zeigen aber auch, daß deutliche Überschichtdicken von Anstrichen, z.B. durch zuviel Einzelschichten oder mehrere Wartungsanstriche, dazu führen können, daß der Grenzwert von 2,0 m überschritten wird und der Anstrich damit nur noch eine geringe Diffusionsfähigkeit für Wasserdampf aufweist. Diese Gefahr ist besonders groß bei relativ dichten Dispersionsfarben, lösemittelhaltigen Fassadenfarben und rißüberbrückenden Anstrichen.

Man erkennt aus den Tabellen 3.7 und 3.8, daß alle Putze mit Ausnahme von Kalkputz sowie

Tabelle 3.8: Bauphysikalische Kennwerte von verschiedenen Putzen und Anstrichen im Vergleich

Putzart bzw. Anstrichart	Bindemittel	w-Wert in kg/m²h^{0,5}	μ-Wert	übliche Schichtdicke in mm	s_d-Wert bei üblicher Schichtdicke in m
Kalkputz	Luftkalk, Wasserkalk	2,5	20	20	0,4
Kalkzementputz, wasserabweisend	Kalk, Zement	0,4	25	20	0,5
Kunstharzputz	Kunststoffdispersion	0,1	100	5	0,5
Silikatputz	Wasserglas	0,1	80	4	0,3
Sanierputz	Zement	0,3	10	25	0,3
Leichtputz	Zement	0,4	15	20	0,3
farblose Hydrophobierung	Silikon (Wirkstoff)	0,01	–	≈ 0	0,1
Kalkfarbe	Luftkalk	2,0	600	0,15	0,1
Silikatfarbe	Wasserglas	0,4	300	0,15	0,1
Dispersionssilikatfarbe	Wasserglas mit 5 % Kunststoffdispersion	0,1	600	0,15	0,1
Dispersionsfarbe	Kunststoffdispersion	0,1	5.000	0,15	0,8
rißüberbrückender Anstrich	Kunststoffdispersion	0,1	4.000	0,3	1,2
Lösemittelhaltige Fassadenfarbe	gelöstes Polymerisatharz	0,05	12.000	0,1	1,2
Silikonharzfarbe	Silikonharz	0,05	600	0,15	0,1

alle Fassadenfarben mit Ausnahme der Kalkfarbe die Anforderungen für die Eigenschaft »wasserabweisend« erfüllen, die heute in der Mehrzahl der Anwendungsfälle gefordert wird. Es gibt natürlich auch Anstriche der genannten Anstricharten, die diese Anforderungen nicht erfüllen, für die Anwendung als Fassadenfarbe sind jedoch alle genannten Anstricharten in der Eigenschaft »wasserabweisend« lieferbar. So ist es z.B. möglich, daß Silikatfarben, die nicht hydrophobierend ausgerüstet sind, einen Wasseraufnahmekoeffizienten w von mehr als 0,5 kg/m^{2}h^{0,5} aufweisen oder besonders füllende Dispersionsfarben einen s_d-Wert von mehr als 2,0 m.

Außer den Eigenschaften gegenüber Wasser bzw. Wasserdampf spielt auch die Durchlässigkeit des Anstriches für Kohlendioxid der Luft eine Rolle. Diese wird wie die Wasserdampfdurchlässigkeit als diffusionsäquivalente Luftschichtdicke s_d in m angegeben. Für Betonanstriche soll der s_d-Wert für CO_2 möglichst hoch sein (mehr als ca. 100 m) und für Kalkputze möglichst niedrig sein (weniger als ca. 5 m). Bei allen anderen Putzarten ist der s_d-Wert für CO_2 für die Dauerhaftigkeit ohne Belang, er zeigt jedoch gleichzeitig auch ungefähr an, wie groß die Schutzwirkung des Anstriches vor Schadgasen der Luft ist, wobei ein hoher s_d-Wert für CO_2 auch eine hohe Schutzwirkung gegen andere Schadgase der Luft anzeigt.

Bei Anstrichen auf Stahlbeton ist der große Diffusionswiderstand für CO_2 erforderlich, damit die Karbonatisierung des Betons gebremst wird und der Korrosionsschutz von zu weit außenliegender Bewehrung erhalten bleibt.

Kalkputze, die eine karbonatische Bindung aufweisen, also Putze der Putzmörtelgruppe P Ia und P Ib, dürfen dagegen nur mit Anstrichsystemen gestrichen werden, die eine hohe Durchlässigkeit für Kohlendioxid aufweisen. Kalkputze sind nämlich nur dann beständig, wenn in ausreichendem Maße kohlendioxidhaltige Außenluft ein- und austreten kann. Kalkputze benötigen das Kohlendioxid der Luft am Anfang zur Nachhärtung. Später wird das Kohlendioxid zur sogenannten Rekristalisation des Kalks benötigt. Bei diesem Vorgang wird vom Calciumkarbonat Kohlendioxid und Feuchtigkeit aufgenommen. Dabei bildet sich Calciumhydrogenkarbonat, das wiederum zu Calciumkarbonat, Kohlendioxid und Wasser zerfällt. Dieser Vorgang findet in reinen Kalkputzen ständig statt und ist erforderlich, damit diese dauerhaft bleiben. Wenn die ständige Kohlendioxidzufuhr aus der Luft zu Kalkputzen nicht mehr möglich ist, versanden diese Putze und sie verlieren an Festigkeit.

Sanierputze, die eine besonders gute Diffusionsfähigkeit aufweisen müssen, dürfen nur mit besonders gut diffusionsfähigen Anstrichen gestrichen werden. Für das Überstreichen werden daher überwiegend Silikonharzfarben eingesetzt. Bei zu diffusionsdichten Anstrichen kann im Sanierputz keine schnelle Verdunstung mehr erfolgen, und die Salze, die innerhalb des Putzes auskristallisieren sollen, kristallisieren an der Oberfläche aus, wo sie zu Feuchtigkeitserscheinungen und zur Zerstörung des Anstriches führen können.

3.5.3 Beurteilung und Vorbereitung des Anstrichuntergrundes

Da Anstriche auf Putzen immer nur sehr dünnschichtig und nicht selbsttragend sind, müssen sie unbedingt vollflächig auf dem Untergrund, also dem Putz haften. Andernfalls nimmt der Anstrich Schaden, bekommt Risse und löst sich ab.

Auch Anstrichstoffe schwinden beim Erhärten, und zwar teilweise recht erheblich. Wie bei Putzen auch, müssen die beim Erhärten entstehenden Schwindspannungen vom Untergrund abgebaut werden können, damit keine Risse im Anstrich auftreten. Dies ist nur möglich, wenn der Anstrich fest und dauerhaft auf dem Putz haftet. Vor den Anstricharbeiten muß daher der Untergrund sorgfältig geprüft werden. Hierzu gibt Tabelle 3.9 Hinweise. Dort sind auch übliche Prüfungen des Untergrundes genannt sowie Prüfverfahren, die Erkennungsmerkmale und die Maßnahmen zur Beseitigung von Unregelmäßigkeiten.

Ein guter Anstrichuntergrund, auf dem der Anstrich einwandfrei und dauerhaft haftet, muß u.a. folgende Eigenschaften aufweisen:

- sauber
- trocken
- gleichmäßig rauh
- frei von schädigenden Substanzen

Vorausgesetzt wird außerdem, daß die für Anstriche erforderlichen *bautechnischen Voraussetzungen* erfüllt sind. Dazu gehört unter anderem, daß der Anstrichuntergrund vor aufsteigender und rückseitig einwirkender Feuchtigkeit geschützt sein muß. Für eine ausreichende Abführung von Niederschlagswasser, z.B. durch Ablaufschrägen oder Tropfnasen muß gesorgt werden. Horizontal ausgebildete Flächen sollen entweder ein ausreichendes Gefälle zur raschen Ableitung von Wasser aufweisen oder einen Feuchtigkeitsschutz bekommen, z.B. durch Abdeckungen. Dort, wo kleinere horizontale Flächen unvermeidlich sind (z.B. Oberseiten von Balkonbrüstungen), muß bei der Auswahl von Anstrichsystemen auf die hier erhöhte Wasserbelastung Rücksicht genommen werden.

Wenn ältere Putzfassaden gestrichen werden sollen, muß beachtet werden, daß es im Lauf der Nutzungsdauer eines Bauwerkes zu einer umweltbedingten Verschmutzung der Fassadenoberfläche kommt. Dabei lagern sich kleine Teilchen verschiedener Stoffe wie z.B. Staub, Fett oder Öl auf der Fassade ab. Die Verschmutzungsneigung der Fassadenbaustoffe hängt u.a. von ihrer Rauhigkeit und Saugfähigkeit ab. Verschmutzungen aller Art müssen unbedingt vor dem Aufbringen eines Anstriches entfernt

Tabelle 3.9: Überprüfung des Untergrundes vor dem Aufbringen von Anstrichen auf den Putz

Prüfung auf	Prüfverfahren	Erkennungsmerkmale	Erforderliche Maßnahmen
anhaftende Fremdstoffe	Augenschein	erkennbare Erhebungen, Verfärbungen u.a.	abfegen, abwischen oder abwaschen
zu hohe Feuchtigkeit	Wischprobe, Benetzungsprobe, ggf. Bestimmung des Wassergehaltes im Labor	Nässe der Fläche, kein oder später Farbumschlag beim Befeuchten	weitere Trocknung abwarten
lockere und mürbe Teile an der Oberfläche	Augenschein, Kratzprobe	erkennbare Erhebungen, Abblättern, Abplatzen von Teilen des Putzes	mit Stahlbesen kräftig abbürsten ggf. Hochdruckreinigung mit Sand, danach Haftung stets erneut prüfen
stark saugenden Putz	Benetzungsprobe	Wasser wird sofort aufgesaugt	geeignete Grundierung
Risse	Augenschein	Rißverlauf, Rißerscheinungsbild	je nach Rißart unterschiedlich (Hydrophobierung, rißüberbrückender Anstrich)
Beschädigungen	Augenschein	Fehlstellen	Beschädigungen artgerecht ausbessern
Ausblühungen	Augenschein	weiße oder andersfarbige Ausblühungen, weiße Kalkläufer	Ursache ist häufig Durchfeuchtung oder rückseitige Feuchtigkeit, die abgestellt werden muß. Ausblühungen nach Trocknung entfernen.
Moos, Algen und Pilzbildungen	Augenschein	dunkelgrüne oder schwarze Flächen, Bewuchs	Ursache ist häufig Durchfeuchtung oder rückseitige Feuchtigkeit, die abgestellt werden muß. Bewuchs nach Trocknung entfernen.
Temperatur	Messung der Luft- und Oberflächentemperatur	–	höhere Temperaturen als ca. +5 °C abwarten, manche Anstriche erfordern auch eine Mindesttemperatur von +8 °C

werden. Die Beseitigung der Verschmutzungen kann durch verschiedene Maßnahmen erfolgen, die einzeln oder kombiniert unter Anwendung entsprechender Reinigungsmittel vorgenommen werden:

- physikalische Auflösung in Wasser oder anderen Lösungsmitteln
- chemische Auflösung oder chemische Umwandlung
- Emulgierung
- mechanische Entfernung

Neben manuellen Reinigungsverfahren mit langborstigen Stielbürsten oder Stahldrahtbürsten, wie sie für kleinere Flächen sinnvoll sind, stehen heute verschiedene Geräte zur Reinigung und Vorbehandlung im Vordergrund, nämlich:

- Dampfstrahlgeräte
- Kaltwasserhochdruck-Reinigungsgeräte
- Heißwasserhochdruck-Reinigungsgeräte
- Hochdruckreinigungsgeräte mit Sandinjektor
- Spezielle Schleifscheiben

Dampfstrahlgeräte unter Zusatz von Reinigungsmitteln haben zwar eine gute Reinigungswirkung, sie können aber nicht lose Teile des Untergrundes abtragen. In solchen Fällen müssen Hochdruckgeräte eingesetzt werden. Bei diesen kann der Druck des ausgestrahlten Wassers auf ca. 40 bis 80 bar, ggf. auf über 100 bar erhöht werden, wodurch sich eine verbesserte Wirksamkeit der Reinigung und auch ein Entfernen von losen Teilen des Putzes ergibt.

Die Reinigung und Vorbehandlung soll zwar einerseits mit dem schonendsten Verfahren vorgenommen werden, welches gerade eine ausreichende Wirksamkeit erzielt, andererseits muß das Verfahren aber mit genügender Sicherheit eine wirksame Vorbehandlung des Untergrundes gewährleisten. In vielen Fällen, insbesondere bei Altanstrichen oder sandenden Putzen, ist ein relativ intensives Reinigungsverfahren unter Zusatz von Sand erforderlich, um alle losen Teile der Oberfläche zu entfernen. In problematischen Fällen müssen Reinigungs- und Vorbehandlungsversuche an Musterflächen vorgenommen und beurteilt werden, wobei die Reinigung und Vorbehandlung auf die vorgesehene Art des Anstriches abgestimmt sein muß.

Bei allen Reinigungsverfahren mit Wasser muß darauf geachtet werden, daß der Untergrund austrocknen kann, bevor der Anstrich aufgebracht wird.

Die Reinigung von Altanstrichen wird in manchen Fällen auch durch Abbeizen des alten Anstriches vorgenommen. Dies ist jedoch mit Umweltschutzauflagen verbunden, da die Gefahr der Abwasserverschmutzung durch die im Abbeizer enthaltenen Chlorkohlenwasserstoffe oder anderen Substanzen groß ist. Oftmals muß daher das Abwasser mit Rinnen unten an der Fassade gesammelt und mit Tankwagen entsorgt werden.

Es gibt inzwischen zwar auch chlorkohlenwasserstofffreie Abbeizer, diese sind aber oft weniger gut und weniger schnell wirksam. Es ist daher immer zu prüfen, ob nicht auch mit den o.g. mechanischen Mitteln eine ausreichende Reinigung und Vorbehandlung des Untergrundes erfolgen kann.

Wenn *neue Putze* aufgebracht werden, die nachfolgend einen Anstrich erhalten sollen, ist es wichtig, daß dies dem Stukkateur mitgeteilt wird und von vornherein durch die Oberflächenbehandlung und die Nachbehandlung des Putzes (Feuchthalten) dafür gesorgt wird, daß eine feste Putzoberfläche entsteht. Wenn ein solcher neuer Putz genügend alt ist (ca. 4 Wochen Standzeit), kann eine Reihe von Anstrichsystemen ohne weitere Untergrundvorbehandlung aufgebracht werden.

3.5.4 Anstrichsysteme

In diesem Kapitel wird auf die Hydrophobierung von Putzen und auf die häufigsten Anstrichsysteme für Putze eingegangen. Einige kennzeichnende Eigenschaften dieser Anstrichsysteme sind in Tabelle 3.8 zusammengestellt.

3.5.4.1 Hydrophobierungen

Unter einer Hydrophobierung wird hier eine nachträgliche Behandlung des Putzes verstanden, die zu einer wasserabweisenden Wirkung führt, ohne daß die sonstigen Eigenschaften des Putzes (z.B. Aussehen, Wasserdampfdurchlässigkeit) deutlich verändert werden.

Hydrophobierungen werden vielfach auch als »Imprägnierungen« bezeichnet. Dieser Ausdruck ist jedoch ungenau, weil Imprägnierung zunächst nur »Durchtränkung« bedeutet (lateinisch: impregnare = durchdringen, tränken). Je nach Wirkstoff des Imprägniermittels können diese wasserabweisend wirken (hydrophobierend), ölabweisend (oleophobierend), verfestigend (durch Zuführung von Bindemittel) oder den Befall von Mikroorganismen verhindern (biozid).

Unter einer Hydrophobierung versteht man definitionsgemäß die wasserabweisende Ausrüstung des Baustoffes. Das Prinzip beruht dabei auf einem physikalisch-chemischen Effekt, der sich aus den Kapillargesetzen ableiten läßt und darin besteht, daß der Benetzungswinkel des Wassers zur Baustoffoberfläche hin stark vergrößert wird. Dadurch wir die kapillare Saugfähigkeit des Putzes herabgesetzt, so daß das Kapillarsystem des Baustoffes deutlich weniger Wasser aufnimmt.

Für Hydrophobierungen werden farblose, niedrigviskose Flüssigkeiten verwendet, bei denen der Wirkstoff in einem Lösungsmittel gelöst ist. Die Hydrobierungsmittel dringen bei hoher Saugfähigkeit des Putzes in die poröse Baustoffoberfläche bis zu einigen Millimetern Tiefe ein, und die Lösungsmittel verdampfen. Dabei werden die Oberfläche und die oberflächennahen Poren mit einem dünnen, nicht immer geschlossenen Film überzogen, wobei aber keine äußerlich erkennbare Schicht gebildet wird.

Da auf diese Weise kein deckender Anstrich erfolgt, ist vor der Hydrophobierung des Putzes aus optischen Gründen eine intensive Reinigung erforderlich, um ein gutes Aussehen zu erreichen.

Als Wirkstoffe für Hydrophobierungsmittel kommen prinzipiell in Frage:

- Silikonharze (gelöst in organischen Lösungsmitteln)
- Siloxane (gelöst in Alkohol)
- Silane (gelöst in Alkohol)
- Silikonate (gelöst in Alkohol)
- Metallseifen (gelöst in organischen Lösungsmitteln)
- Silikate, Wasserglas mit hydrophobierenden Zusätzen (gelöst in Wasser)
- Kieselsäureester mit hydrophobierenden Zusätzen (gelöst in organischen Lösungsmitteln)
- Polymerisatharze, oft Acrylharze (gelöst in organischen Lösungsmitteln)

Im Vordergrund der Anwendung auf Putzen stehen die gelösten siliziumorganischen Verbindungen. Es gibt eine Vielzahl von Hydrophobierungsmitteln. Für die Anwendung auf mineralischen Putzen sind folgende Eigenschaften von Bedeutung:

- Eindringvermögen in den Putz (abhängig von der Molekülgröße des Wirkstoffes und des Lösungsmittels)
- Wirkstoffgehalt
- Alkalibeständigkeit
- Wasserdampfdiffusionswiderstand
- Regenschutzwirkung

Das Hydrophobierungsmittel soll ein gutes Eindringvermögen haben und bei Anwendung auf mineralischen Putzen ausreichend alkalibeständig sein. Die diffusionsäquivalente Luftschichtdicke s_d soll klein sein und einen Wert von ca. 0,1 bis 0,2 m nicht überschreiten. Es ist ein möglichst geringer Wasseraufnahmekoeffizient von

$$w \leq 0{,}05 \text{ kg/m}^2\text{h}^{0,5}$$

anzustreben. Die hydrophobierte Putzoberfläche soll klebfrei sein, um die Fassadenverschmutzung nicht zu verstärken, und sie soll nicht vergilben. Die Putzoberfläche darf durch die Hydrophobierung außerdem im Aussehen nicht verändert werden.

Die Wirksamkeit und Nutzungsdauer von Hydrophobierungen ist stark abhängig von der Art des Wirkstoffes und der Menge der aufgebrachten hydrophobierenden Substanzen. Man rechnet mit einer Nutzungsdauer von ca. 10 Jahren. Dabei darf nicht übersehen werden, daß der anfängliche, wasserabweisende Effekt an der Oberfläche relativ schnell nachläßt. Trotzdem bleibt die hydrophobierende Wirkung noch lange erhalten, weil im Kapillarsystem des Baustoffes, unter der Oberfläche, die hydrophobierende Wirkung noch vorhanden ist. Dies haben entsprechende Laborversuche und Messungen an Putzen ergeben, die vor mehreren Jahren hydrophobiert worden sind.

Um dem saugfähigen Putz eine ausreichende Menge an Hydrophobierungsmittel zuzufügen, wird die Fassade im Überschuß geflutet, üblicherweise in zwei Arbeitsgängen. Dabei nimmt der Putz eine Menge von ca. 400 bis 800 g/m² auf.

Hydrophobierungen haben den Vorteil, daß sie auch in Putzrisse eindringen und hier bei Rißbreiten bis ca. 0,3 mm ebenfalls ihren wasserabweisenden Effekt entfalten, so daß nach der Hydrophobierung im Bereich von Putzrissen weniger Wasser eindringen kann.

Oftmals eignen sich hydrophobierte Putzflächen nicht für nachfolgende Anstriche, die kurz nach der Hydrophobierung aufgebracht werden sollen, weil mit Haftungs- und Benetzungsstörungen gerechnet werden muß. Es gibt jedoch deckende Anstrichsysteme, bei denen eine vorhergehende Hydrophobierung erfolgt und wo die Anstrichstoffe aufeinander abgestimmt sind.

3.5.4.2 Silikatfarben

Unter Silikatfarben werden hier die sogenannten Zweikomponenten-Silikatfarben verstanden, die aus einem organischen Bindemittel, dem Kaliwasserglas, sowie aus Füllstoffen und Pigmenten zusammengesetzt sind. Vor der Verarbeitung wird das Bindemittel mit den Füllstoffen und Pigmenten eingesumpft und kann dann nach dem Durchmischen verarbeitet werden.

Die oben beschriebenen Zweikomponenten-Silikatfarben sind etwa seit 100 Jahren bekannt. Ihr Vorteil liegt u.a. in der Beständigkeit des bei der Reaktion gebildeten Kieselsäuregels, das die Pigmente und Füllstoffe bindet. Silikatfarben besitzen außerdem aufgrund ihrer porösen Struktur eine sehr hohe Wasserdampfdurchlässigkeit, so daß sie oft bei solchen Putzen eingesetzt werden, die selbst eine hohe Wasserdampfdurchlässigkeit besitzen.

Die Nachteile der Silikatfarben liegen in der schwierigen Verarbeitbarkeit (Gefahr von Wolkenbildung, ungleichmäßiges Aussehen) und in ihrer geringen Wirkung als Regenschutz. Der letztgenannte Nachteil wird aber dadurch umgangen, daß Zweikomponenten-Silikatfarben nach dem Auftrocknen und nach entsprechender Erhärtungszeit mit hydrophobierenden Substanzen nachbehandelt werden. Weitere Nachteile bestehen in der geringen Verformungsfähigkeit des Anstrichfilmes und der damit verbundenen Rißanfälligkeit. Silikatfarben sind dafür aber wegen ihrer ausschließlich mineralischen Zusammensetzung sehr dauerhaft und werden oft bei historischen Bauwerken eingesetzt.

3.5.4.3 Dispersions-Silikatfarben

Die Nachteile der reinen Silikatfarben (Kapitel 3.5.4.2) haben dazu geführt, daß in den letzten 30 Jahren die sogenannten Einkomponenten- oder Dispersions-Silikatfarben entwickelt worden sind. Bei diesen Anstrichstoffen wird als Bindemittel neben dem Kaliwasserglas ein stabilisierendes, organisches Bindemittel in Form einer Kunststoffdispersion verwendet. Es dürfen maximal 5 % organische Bestandteile, bezogen auf die Gesamtmenge des Anstrichstoffes zugegeben werden. Dadurch entsteht ein relativ stabiles Anstrichsystem mit leichter Verarbeitbarkeit, geringen Trocknungsspannungen und fleckenfreiem Auftrocknen.

Die verwendeten hydrophobierenden Zusatzmittel (z.B. Silikonharzemulsion) verleihen Dispersions-Silikatfarben für den Fassadenschutz auch ohne Nachbehandlung eine wasserabweisende Wirkung. Die Wasserdampfdurchlässigkeit der Dispersions-Silikatfarben ist sehr groß, und sie können daher auch bei solchen Putzen eingesetzt werden, die selbst eine hohe Wasserdampfdurchlässigkeit besitzen.

3.5.4.4 Dispersionsfarben

Dispersionsfarben werden seit etwa 40 Jahren hergestellt und haben sich weit verbreitet. In den letzten Jahren wurden etwa 70 % aller Fassadenanstriche mit Dispersionsfarben ausgeführt. Ein häufig verwendetes Bindemittel sind Acrylatharze.

Die Entwicklung unterschiedlicher Kunststoffdispersionen hat dazu geführt, daß die Dispersionsfarben immer weiter verbessert wurden und die Nachteile der früheren Dispersionsfarben, wie starke Filmbildung und geringe Wasserdampfdurchlässigkeit, in der Zwischenzeit beseitigt worden sind.

In Kombination mit entsprechenden Grundierungen lassen sich bauphysikalisch einwandfreie

Anstriche für die unterschiedlichsten Einsatzgebiete erstellen. Die einstellbare Wasserdampfdurchlässigkeit und Gasdurchlässigkeit für andere Gase (z.B. SO_2, CO_2) haben dazu geführt, daß Dispersionsfarben im Bautenschutz auch als karbonatisierungsbremsende Anstriche eingesetzt werden können. Ein weiteres, sehr häufiges Einsatzgebiet sind die rißüberbrückenden Anstriche, die im nächsten Kapitel behandelt werden.

Dispersionsfarben ergeben einen guten Regenschutz und zeichnen sich durch eine einfache Verarbeitung aus. Nicht angewendet werden sollten sie bei reinen Kalkputzen der Putzmörtelgruppe P I. Solche Putze mit karbonatisch-kalkiger Bindung, dürfen nur mit Anstrichsystemen gestrichen werden, die eine ausreichende Durchlässigkeit für das Kohlendioxid der Luft besitzen. Putze der Putzmörtelgruppe P Ia und P Ib sind nur dann beständig, wenn sie im permanentem Ausgleich mit der kohlendioxidhaltigen Außenluft stehen können (siehe Kapitel 3.5.2).

Bei den hydraulisch gebundenen oder überwiegend hydraulisch gebundenen Putzen sowie bei kunstharzgebundenen Putzen ist eine Zufuhr von Kohlendioxid der Luft zum Putz nicht erforderlich.

3.5.4.5 Rißüberbrückende Anstriche

Im Bereich von Rissen sind Putze bei einer Bewitterung besonders stark einer schädigenden Veränderung ausgesetzt, die sich hier tief in den Putz hinein erstrecken kann.

An den Rissen kann Wasser in den Putz eindringen, diesen im Laufe der Zeit schädigen und den Anstrich unterwandern. Die Risse können sich außerdem durch Verschmutzungen abzeichnen. Daher haben in den letzten Jahren die rißüberbrückenden Anstriche zunehmend an Bedeutung gewonnen.

Entsprechend konzipierte rißüberbrückende Anstriche lassen erwarten, daß auch über Rissen des Putzes mit weiterhin veränderlicher Breite das Anstrichsystem nicht einreißt. Solche rißüberbrückenden Anstrichsysteme werden daher überwiegend im Fall der Sanierung von gerissenen Putzen oder von gerissenen Betonfassaden eingesetzt.

Durch eine geeignete Zusammensetzung und einen geeigneten Aufbau des Anstrichsystems lassen sich Risse im Putz dauerhaft überdecken, wofür es mehrere Wege gibt:

- dickere Schichten eines verformungsfähigen, zugfesten Anstriches,
- Armierung des Anstriches mit einem Gewebe oder mit ungerichteten Fasern und
- mehrschichtigen Aufbau aus sehr verformungsfähiger Grundschicht und zugfester Deckschicht.

Für Putze hat der erste Weg die größte Verbreitung gefunden, u.a. auch wegen der relativ geringen Kosten solcher Anstriche und der bisherigen guten Erfahrungen. Es handelt sich dabei überwiegend um Dispersionsfarben mit einem zähelastischen, zugfesten Bindemittel (z.B. Ethylen-Mischpolymere als Bindemittel). Bei der Verwendung solcher Anstrichsysteme in der Praxis muß zunächst der Putz im Hinblick auf die zu erwartende Bewegung der Rißufer beurteilt werden und entsprechend die Schichtdicke und das Anstrichsystem festgelegt werden. Überwiegend kommen 3- oder 4lagige Anstrichaufbauten zum Einsatz mit einer Trockenschichtdicke von ca. 0,3 mm bis 0,4 mm. Damit können sich bewegende Risse oder neu entstehende Risse im Putz mit einer Amplitude der Rißbreite von ca. 0,3 mm überbrückt werden (bei der Amplitude der Rißbreite handelt es sich um die Summe der maximalen Rißbewegungen in beide Richtungen senkrecht zum Riß).

Trotz dieser relativ hohen Schichtdicke erfüllen solche rißüberbrückenden Anstriche neben einem guten Regenschutz auch die gestellten Anforderungen an die Wasserdampfdurchlässigkeit, so daß sie als wasserabweisend einzustufen sind.

3.5.4.6 Polymerisatharzfarben

Die früher noch häufig eingesetzten gelösten Polymerisatharzfarben, bei denen das Bindemittel nicht dispergiert wird wie bei Dispersionsfarben, sondern in organischen Lösungsmitteln gelöst ist, werden in zunehmend geringerem Umfang eingesetzt. Der Grund dafür ist hauptsächlich der Gehalt an Lösungsmitteln, der bei der Verarbeitung und beim Erhärten erhebliche Mengen an umweltschädlichen Lösungsmitteldämpfen freisetzt.

Die bauphysikalischen und sonstigen Eigenschaften der Anstriche aus Polymerisatharzfarben sind gut, und diese Produkte zeichnen sich auch durch eine hohe Wasserbeständigkeit aus. Seit einigen Jahren werden diese guten Eigenschaften aber auch von lösungsmittelfreien, wässrigen Dispersionen erreicht, so daß diese zunehmend Verbreitung fanden.

3.5.4.7 Silikonharzfarben

Die Silikonharzfarben werden seit etwa 20 Jahren hergestellt und haben in der Zwischenzeit einen hohen Qualitätsstand erreicht. Sie werden in zunehmendem Umfang eingesetzt.

Qualitativ hochwertige Silikonharzfarben besitzen als hauptsächliches Bindemittel eine Silikonharzemulsion und als zusätzliches Bindemittel, ähnlich wie die Dispersions-Silikatfarben, eine Kunststoffdispersion. Silikonharzfarben haben hinsichtlich der wasserabweisenden Wirkung, der Wasserdampfdurchlässigkeit, der geringen Schwindspannungen und der Überstreichbarkeit viele Vorteile. Sie zeichnen sich auch durch ihre Dauerhaftigkeit aus und werden z.B. als Anstrich auf Sanierputzen häufig eingesetzt. Aber auch auf anderen mineralischen Putzen und Kunstharzputzen finden sie zunehmend Verbreitung.

3.5.5 Auswahl von Anstrichsystemen

Bei der Auswahl von Anstrichsystemen kommt es zunächst auf die Anforderungen an, die der Anstrich erfüllen soll (z.B. Farbgebung, Verbesserung des Regenschutzes, Überbrückung von Rissen und vieles mehr). Außerdem spielen die vorhandenen Eigenschaften des Putzes eine Rolle, also Putzart, Oberflächenfestigkeit, Wasseraufnahme und Wasserdampfdurchlässigkeit. Je nach diesen Kriterien bieten sich bei Putzen oft nahezu gleichwertige Anstrichsysteme an, die sich nicht wesentlich unterscheiden. Hier wird die Auswahl des Anstriches dann oft vom Preis abhängig gemacht oder von der zu erwartenden Dauerhaftigkeit.

In manchen Fällen (z.B. Kalkputz der Putzmörtelgruppe P I) scheiden jedoch eine Reihe von Anstrichsystemen grundsätzlich aus.

Die optimale Auswahl eines Anstrichsystems erfordert eine sorgfältige Untersuchung des zu behandelnden Putzes und eine Abstimmung mit dem Bauherrn. Diese Arbeit kann durch die Zusammenstellung der Tabelle 3.10 nicht ersetzt werden. In dieser Tabelle sind die häufigsten Putzarten genannt sowie die Anstrichsysteme, die auf diesen Putzen bevorzugt einsetzbar sind.

Tabelle 3.10: Mögliche Anstrichsysteme für verschiedene Putzuntergründe

Untergrund	Hydrophobierung, Anstrichsystem
Alter Kalkputz (Putzmörtelgruppe P I), auch mit Kalkanstrich	Hydrophobierung, Dispersions-Silikatanstrich, Silikonharzanstrich
Kalkzementputz (Putzmörtelgruppe P II)	Hydrophobierung, Silikatanstrich, Dispersions-Silikatanstrich, Dispersionsanstrich, Rißüberbrückender Anstrich, Silikonharzanstrich
Zementputz (Putzmörtelgruppe P III)	Dispersions-Silikatanstrich, Dispersionsanstrich, Polymerisatharzanstrich, Silikonharzanstrich
Kunstharzputz	Dispersionsanstrich, Silikonharzanstrich
Silikatputz, Silikonharzputz	Hydrophobierung, Dispersions-Silikatanstrich, Silikonharzanstrich
Sanierputz	Kalkfarbe (nur innen!), Silikonharzanstrich
Leichtputz	Hydrophobierung, Dispersions-Silikatanstrich, Silikonharzanstrich

Diese Tabelle ist als Anregung gedacht, erhebt aber keinen Anspruch auf Vollständigkeit.

Bei der Auswahl von Anstrichsystemen sollte außerdem beachtet werden, daß die Wasseraufnahme des Anstriches möglichst kleiner sein soll (höchstens genauso groß) wie die Wasseraufnahme des darunterliegenden Putzes. Wenn eine Fassade aus mehreren verschiedenen Putzen mit unterschiedlicher Wasseraufnahme besteht, sollte sich der Anstrich an der Wasseraufnahme des Putzes mit der geringsten Wasseraufnahme orientieren. Außerdem sollte die Wasserdampfdurchlässigkeit des Anstriches größer oder gleich sein als die Wasserdampfdurchlässigkeit des darunterliegenden Putzes.

Häufig tritt der Fall auf, daß *Altanstriche* überarbeitet werden sollen. Wenn diese nicht ausreichend fest am Untergrund haften, müssen sie vollständig entfernt werden, und man kann dann entsprechend Tabelle 3.10 ein Anstrichsystem auswählen.

Bei festhaftenden Altanstrichen ist eine Überarbeitung des Altanstriches nicht mit jedem der hier genannten Anstrichsysteme möglich. Zur Frage, welcher Altanstrich mit welchem Neuanstrich überarbeitet werden kann, gibt Tabelle 3.11 Hinweise. Wenn keine anderen Gründe dagegen sprechen, ist es jedoch vorteilhaft, für den Neuanstrich ein gleichartiges Produkt wie beim Altanstrich zu verwenden.

Die Vorbereitung von Altanstrichen wird überwiegend durch Dampfstrahlen durchgeführt, das Verschmutzungen und haftungsmindernde Substanzen vom Altanstrich entfernt.

3.6 Trockenbauarbeiten

Die wichtigsten Anwendungsbereiche von Trockenbauplatten sind

- *Montagewände* (Ständerwände) mit Unterkonstruktionen aus Metall oder Holz,
- *Montagedecken* (abgehängte Decken, Unterdecken, Akustikdecken) mit Unterkonstruktionen aus Metall, seltener Holz,
- *Vorsatzschalen* (biegeweiche Vorsatzschalen) mit Unterkonstruktionen aus Metall und Holz, mit und ohne kraftschlüssige Verbindung zur Wand und
- *Trockenputz*, also direkt aufgeklebte Trockenbauplatten ohne Unterkonstruktion.

Eine korrekte Planung und richtige, überschaubare Konstruktionsprinzipien sichern hier die zu erreichende Rationalisierung und die damit verbundenen wirtschaftlichen Erfolge bei der Verwendung von Trockenbausystemen. Insbesondere bei Trockenbaumaßnahmen ist eine gute Projektplanung Voraussetzung, um die bei dieser Bauart zu erreichende Rationalisierung auch tatsächlich zu verwirklichen. Die Kostenminimierung durch den Einsatz von Trockenbausystemen erfolgt durch die Verkürzung der Bauzeit bei Nutzung aller Möglichkeiten des trockenen Innenausbaus.

In den Tabellen 3.12, 3.13 und 3.14 sind eine ganze Reihe von gängigen Konstruktionen von Montagewänden mit Trockenbauplatten zusammengestellt.

Tabelle 3.11: Überstreichbarkeit von Altanstrichen

Nr.	Anstrichart	Überstreichbar mit
1	Hydrophobierung	nur mit systemzugehörigen Anstrichen, sonst Haftungs- oder Verlaufsstörungen möglich
2	Silikatfarben	1, 2, 3, 4, 5, 6, 7
3	Dispersions-Silikatfarben	1, 3, 4, 5, 6, 7
4	Dispersionsfarben	4, 5, 6, 7
5	Rißüberbrückender Dispersionsanstrich	5, ggf. 6
6	Polymerisatharzanstrich	4, 5, 6
7	Silikonharzanstrich	4, 5, 6, 7

Tabelle 3.12: Konstruktionsdaten und bauphysikalische Daten für Montagewände mit Gipskartonplatten und Metall-Profilen (Metallständerwände)

Konstruktionsdaten					Bauphysikalische und technische Daten									
Ständerabstand: 62,5 cm					**Brandschutz**					**Schallschutz**		**Wärmeschutz**		**Wandhöhen**
Bezeichnung nach DIN 18 183	Abmessungen der Wände (Schalenabstand a, Plattendicke d, Wanddicke D)			Masse der Wand	Mineralfaserplatten		Gipskartonplatten nach DIN 18 180 Feuerwiderstandsklasse			Mineralfaser-Platten		Mineralfaser-Platten		Einbaubereich [1] für CW-Profile mit 0,6 mm Blechdicke
	a mm	d mm	D mm	m' kg/m²	ρ kg/m³	Dicke mm	F30A	F60A	F90A [3]	d mm	R'$_w$ dB	d mm	k W/m²K	Bereich 1 m / Bereich 2 m
CW 50/75	50	12,5	75	25	40	40	GKF [2]			40	44	40	0,66	3,00 / 2,75
CW 75/100	75	12,5	100	25	40	40	GKF [2]			40	48	40	0,65	4,50 / 3,75
										60	49	60	0,49	
CW 100/125	100	12,5	125	25	40	40	GKF [2]			40	48	40	0,65	5,00 / 4,50
										60	49	60	0,49	
										80	51	80	0,39	
CW 50/100	50	2×12,5	100	49	40	40	GKB	GKF		40	51	40	0,61	4,00 / 3,50
					100	40			GKF					
					50	60			GKF					
					30	80			GKF					
		15+12,5	105		40	40			GKF					
CW 75/125	75	2×12,5	125	49	40	40	GKB	GKF		40	51	40	0,60	5,50 / 5,00
					100	40			GKF					
					50	60			GKF					
					30	80			GKF	60	53	60	0,46	
		15+12,5	130		40	40			GKF					
CW 100/150	100	2×12,5	150	49	40	40	GKB	GKF		40	52	40	0,60	6,00 / 6,00
					100	40			GKF					
					50	60			GKF					
					30	80			GKF	80	55	80	0,38	
		15+12,5	155		40	40			GKF					
CW 50+50/155	105	2×12,5	155	50	40	40	GKB	GKF		40	55	40	0,60	4,50 / 4,00
					100	40			GKF					
					50	60			GKF					
					30	80			GKF	80	55	80	0,38	
		15+12,5	160		40	40			GKF					
CW 75+75/205	155	2×12,5	205	50	40	40	GKB	GKF		40	56	40	0,60	6,00 / 5,50
					100	40			GKF					
					50	60			GKF					
					30	80			GKF	80	56	80	0,38	
		15+12,5	210		40	40			GKF					
CW 100+100/255	205	2×12,5	255	50	40	40	GKB	GKF		40	56	40	0,60	6,00 / 6,00
					100	40			GKF					
					50	60			GKF					
					30	80			GKF	80	57	80	0,38	
		15+12,5	260		40	40			GKF					

1 Einbaubereich nach DIN 4103. Bereich 1: Wände in Räumen mit geringer Menschenansammlung (Wohnungen, Hotels, Büros, Krankenhäuser). Bereich 2: Bereiche mit großer Menschenansammlung (Schulräume, Hörsäle, Verkaufsräume).
2 Dieselbe Feuerwiderstandsklasse wird mit 18 mm dicken GKB-Platten erreicht.
3 Die Feuerwiderstandsklassen F120A und F180A sind mit einer entsprechend erweiterten Konstruktion auch erreichbar.

Tabelle 3.13: Konstruktionsdaten und bauphysikalische Daten für Montagewände mit Gipsfaserplatten und Metall-Profilen (Metallständerwände)

Konstruktionsdaten					Bauphysikalische und technische Daten									
Ständerabstand: 62,5 cm					Brandschutz					Schallschutz		Wärmeschutz		Wandhöhen
Bezeich- nung an DIN 18 183 angelehnt	Abmessungen der Wände (Schalen- abstand a, Platten- dicke d, Wanddicke D)			Masse der Wand	Mineralfaser- platten		Gipsfaserplatten Feuerwiderstandsklasse			Mineralfaser- Platten		Mineralfaser- Platten		Einbaubereich [1] für CW-Profile mit 0,6 mm Blechdicke
	a mm	d mm	D mm	m' kg/m²	ρ kg/m³	Dicke mm	F30A	F60A	F90A [2]	d mm	R'_w dB	d mm	k W/m²K	Bereich 1 m	Bereich 2 m
CW 50/75	50	12,5	75	33	40	40	•			40	48	40	0,71	3,00	2,75
CW 75/100	75	12,5	100	33						0	42	0	2,44	5,00	4,25
					40	40	•			40	50	40	0,71		
					50	60		•		60	52	60	0,53		
CW 100/125	100	12,5	125	33						0	42	0	2,44	5,50	5,00
					40	40	•			40	50	40	0,71		
					50	60		•		60	52	60	0,53		
CW 125/150	125	12,5	150	33	40	40	•			80	54	80	0,40	6,00	5,50
CW 50/95	50	12,5+10	95	58	50	50			•	40	53	40	0,65	4,50	4,00
CW 75/120	75	12,5+10	120	58	50	50			•	40	55	40	0,65	6,00	5,50
CW 100/145	100	12,5+10	145	58	50	50			•	40	55	40	0,65	7,00	6,25
CW 75+75/200	155	12,5+10	200	60	40	80			•	40	66	40	0,65	bis 7,00	bis 6,50
					50	50			•						
CW 100+100/250	205	12,5+10	250	60	40	80			•	40	66	40	0,65	bis 7,50	bis 7,00
					50	50			•						

1 Einbaubereich nach DIN 4103. Bereich 1: Wände in Räumen mit geringer Menschenansammlung (Wohnungen, Hotels, Büros, Krankenhäuser). Bereich 2: Bereiche mit großer Menschenansammlung (Schulräume, Hörsäle, Verkaufsräume).
2 Die Feuerwiderstandsklassen F120A und F180A sind mit einer entsprechend erweiterten Konstruktion auch erreichbar.

3.6.1 Montagewände

Montagewände oder Ständerwände mit Beplankungen aus Trockenbauplatten sind nichttragende Wände in Ständerbauart. Sie werden als Einfachständer- und Doppelständerwände oder freistehende Vorsatzschalen mit Hilfe von vorgefertigten Metallprofilen oder Profilhölzern ausgeführt. Der Hohlraum zwischen der Beplankung wird mit Mineralfaserdämmstoff teilweise ausgefüllt (Hohlraumdämpfung). Unter teilweiser Ausfüllung ist hierbei eine vollflächige Füllung zu verstehen, welche jedoch nur einen Teil der Dicke des Hohlraumes einnimmt. Die statischen und bauphysikalischen Eigenschaften von Montagewänden ergeben sich aus dem Zusammenwirken von Unterkonstruktion, Beplankung und der Art und Dikke des in den Hohlraum eingebrachten Mineralfaserdämmstoffes.

Vor der Ausführung von Montagewänden ist darauf zu achten, daß ein eventueller Verbundestrich vor der Wandmontage eingebracht sein muß. Beim Einbau von schwimmenden Estrichen wird in aller Regel darauf geachtet, daß die Montagewände zuvor eingebaut sind. Nur in Sonderfällen, z.B. bei besonders flexibler Raumeinteilung, werden Montagewände auf den schwimmenden Estrich gestellt. Konstruktionen dieser Art müssen durch die Planung in bauphysikalischer Hinsicht eindeutig abgesichert sein.

In den Tabellen 3.12, 3.13 und 3.14 sind gängige Konstruktionen von Montagewänden mit Gipskartonplatten und Gipsfaserplatten sowohl mit Metallständern als auch mit Holzständern zusammengestellt. Auf die darin beschriebenen Profile wurde in Kapitel 1.6 näher eingegangen.

Tabelle 3.14: Konstruktionsdaten und bauphysikalische Daten für Montagewände mit Gipskartonplatten und Holz-Profilen (Holzständerwände)

Konstruktionsdaten				Bauphysikalische und technische Daten										
Ständerabstand: 62,5 cm				Brandschutz					Schallschutz		Wärmeschutz		Wandhöhen Einbaubereich [1] für Holz-Profile	
Bezeichnung an DIN 18 183 angelehnt	Abmessungen der Wände (Schalenabstand a, Plattendicke d, Wanddicke D)		Masse der Wand	Mineralfaserplatten		Gipskartonplatten nach DIN 18 180 Feuerwiderstandsklasse			Mineralfaser-Platten		Mineralfaser-Platten			
	a mm	d mm	D mm	m' kg/m²	ρ kg/m³	Dicke mm	F30B	F60B	F90B	d mm	R'$_w$ dB	d mm	k W/m²K	Bereich 1 m	Bereich 2 m
HW 60/85	60	12,5	85	31	40	40	GKF [2]			40	38	40	0,65	3,10	3,10
HW 80/105	80	12,5	105	32	40	40	GKF [2]			40	38	40	0,65	4,10	4,10
										60	39	60	0,49		
HW 60/110	60	2 x 12,5	110	50	40	40	GKB	GKF		40	46	40	0,60	3,25	2,75
					100	80			GKF	60	48	60	0,46		
HW 80/130	80	2 x 12,5	130	50	40	40	GKB	GKF		40	46	40	0,60	4,50	4,00
					100	80			GKF	60	48	60	0,46		
HW 60+60/175	125	2 x 12,5	175	62	40	40	GKB	GKF		40	50	40	0,60	3,00	2,60
					100	80			GKF	80	52	80	0,38		
HW 80+80/215	165	2 x 12,5	215	62	40	40	GKB	GKF		40	50	40	0,60	3,00	2,60
					100	80			GKF	80	52	80	0,38		

1 Einbaubereich nach DIN 4103. Bereich 1: Wände in Räumen mit geringer Menschenansammlung (Wohnungen, Hotels, Büros, Krankenhäuser). Bereich 2: Bereiche mit großer Menschenansammlung (Schulräume, Hörsäle, Verkaufsräume).
2 Dieselbe Feuerwiderstandsklasse wird mit 18 mm dicken GKB-Platten erreicht.

3.6.1.1 Wandbauarten

Unterschiedliche Wandbauarten bei Montagewänden haben auch unterschiedliche Eigenschaften. Die wichtigsten Wandbauarten sind:

• *Einfachständerwände*
Sie bestehen aus einer Unterkonstruktion, welche beidseitig mit Trockenbauplatten beplankt ist.

• *Doppelständerwände*
Sie bestehen aus 2 voneinander unabhängigen Unterkonstruktionen, welche in einem Abstand von 5 bis 20 mm voneinander aufgestellt sind. Diese Doppelständerwand wird als eine Wand betrachtet, wobei nur jeweils eine Seite der beiden Unterkonstruktionen auf der Außenseite mit Trockenbauplatten beplankt wird.

• *Freistehende Vorsatzschalen*
Dies sind Einfachständerwände, die vor eine andere Wand mit einem Abstand von 5 bis 20 mm vorgestellt werden und, einseitig mit Trockenbauplatten beplankt, zur Verbesserung des Schallschutzes dienen. Die Beplankung wird auf der dem Raum zugekehrten Seite vorgenommen.

3.6.1.2 Unterkonstruktion

Die Unterkonstruktionen von Montagewänden werden aus Metallprofilen (Metallständerwände) oder Holzprofilen (Holzständerwände) ausgeführt. Die Verbindungsarten sind auf das jeweilige System der Unterkonstruktion abgestimmt.

• *Metallprofile*
Metallprofile werden aus dünnem, verzinktem Stahlblech hergestellt. Die einzelnen Teile der Unterkonstruktion haben untereinander keinen nennenswerten statischen Verbund. Die statischen Eigenschaften erhalten solche Wände erst mit der Beplankung, die auf die Profile direkt aufgeschraubt wird. Die Mindestauflagenbreite der Trockenbauplatten auf den Metallprofilen beträgt 48 mm, beim Plattenstoß 24 mm.

• *Holzprofile*
Bei Unterkonstruktionen aus Holz werden in aller Regel die einzelnen Profile mechanisch fest miteinander verbunden, bevor diese mit Trockenbauplatten beplankt werden.

Bei Holzkonstruktionen dieser Art, können durch entsprechende Befestigung untereinander und Dimensionierung der Hölzer auch statische Funktionen in größerem Maße als bei Metallständern erfüllt werden. Die Mindestauflagerbreite der Trockenbauplatten auf den Holzprofilen beträgt wie bei den Metallprofilen 48 mm, beim Plattenstoß 24 mm.

• *Montage der Profile*
Das Einmessen der Wandachsen, Tragständer und der Öffnungen ist auf dem Boden mit Schnurschlag so exakt wie möglich vorzunehmen. Bei größeren Objekten sind die Markierungen dauerhaft vorzunehmen. Die Übertragung der Markierungen vom Fußboden zur Decke erfolgt mit dem Lot oder einer Teleskopwasserwaage. Insgesamt empfiehlt es sich jedoch, mit dem Lasergerät zu arbeiten.

Die UW-Profile sind am Boden und an der Decke im Abstand von 0,8 m mit dem Untergrund zu verbinden, an flankierenden Wänden im Abstand von 1,0 m. Bei der Verlegung der UW-Profile ist auf dichte Anschlüsse an die angrenzenden Bauteile besonders zu achten. Um eventuelle Unebenheiten des Untergrundes auszugleichen, kann es notwendig werden, auf dem Fußboden einen Glattstrichstreifen auszuführen oder Filz- bzw. Mineralfaserstreifen unterzulegen. Dichte Anschlüsse sind insbesondere wegen des Schallschutzes wichtig.

Die Anschlußprofile für Türpfosten und ähnliche Öffnungen werden teleskopartig an der Decke angeschlossen. Durch diese Maßnahme werden Setzungen aufgrund von Deckendurchbiegungen aufgefangen, die sich im Türbereich nachhaltiger auswirken können als in öffnungslosen Wandbereichen. Die Befestigung von Türzargen an den Aussteifungsprofilen muß grundsätzlich durch Schrauben erfolgen. Nietverbindungen an dieser Stelle können sich lockern.

In die UW-Profile werden die CW-Profile eingestellt. Die CW-Profile müssen mindestens 1,5 cm in die Deckenanschlußprofile eingreifen. Diese Profile werden später bei der Beplankung auf den erforderlichen Abstand von 62,5 cm einjustiert. Zum Justieren dienen die Markierungen auf den Rückseiten der Trockenbauplatten. Eine Fixierung der CW-Profile in den UW-Profilen erfolgt in der Regel nicht. Dem gegenüber werden LW-Inneneckprofile in den UW-Profilen befestigt.

Doppelständerwände werden prinzipiell genauso aufgebaut wie Einfachständerwände. Aus Gründen der gesamten Biegesteifigkeit der Wand muß darauf geachtet werden, daß die einzelnen Ständerwerke sich genau gegenüber stehen. Normalerweise werden dann zwischen die CW-Profile der beiden Ständerwerke 5 mm dicke Filzstreifen eingeklebt. Müssen Doppelständerwände aus Gründen der Installationsführung weiter auseinandergestellt werden, so sind die beiden Ständerwerke mit ca. 30 cm hohen Laschen in den Drittelspunkten der Wand zu verbinden. Muß eine solche Doppelständerwand entsprechende Schallschutzaufgaben erfüllen, so sind die Ständerwerke um wenige Millimeter gegeneinander zu versetzen, so daß die Laschen nicht vollflächig auf den CW-Profilen aufliegen. Dadurch wird die vorhandene Schallbrücke reduziert.

Der Einbau von Bewegungsfugen, Tragständern und gleitenden Anschlüssen führt an dieser Stelle zu weit. Hierzu empfiehlt es sich, auf gesonderte Fachliteratur, wie sie in Kapitel 6 aufgeführt ist, zurückzugreifen.

3.6.1.3 Beplankung

Für die Beplankung von Metall- und Holzständerwänden, können grundsätzlich verschiedene Arten von Trockenbaustoffen verwendet werden, z.B. Gipskarton- und Gipsfaserplatten, Holzspanplatten, Holzwolle-Leichtbauplatten. Dabei sind Holzwolle-Leichtbauplatten anschließend zu verputzen. Hier werden die beiden bekanntesten Trockenbauplatten, nämlich die Gipskarton- und die Gipsfaserplatten beschrieben.

Die Beplankung selbst wird ein- bis dreilagig ausgeführt. Im wesentlichen bestimmt die Anzahl der Plattenschichten aufeinander die Eigenschaften für den Schall- und Brandschutz. Für den Wärmeschutz ist die Anzahl der Beplankungen nachrangig. Bestimmte einzuhaltende Befestigungsabstände der Platten auf dem Untergrund sind nicht zu unterschreiten; siehe hierzu die nachfolgenden Ausführungen.

• *Montage der Beplankung*
Vor dem Aufbringen von Trockenbauplatten auf die Unterkonstruktion sollen alle Naßputzarbeiten im gleichen Raum abgeschlossen sein. Vom Transport oder der Lagerung feucht gewordene Trockenbauplatten müssen vor der Weiterverarbeitung getrocknet sein.

Beim Befestigen der Platten auf der Unterkonstruktion sind diese fest anzudrücken und von einer Ecke ausgehend zu befestigen. Die Befestigungsmittel sind senkrecht zur Platte einzutreiben (auch Nägel), da durch schräggesetzte Befestigungsmittel bei Gipskartonplatten der Karton auf der Vorderseite durchgeschlagen werden kann, der sonst wie eine große Unterlagscheibe wirkt. Die Trockenbauplatten sind zuzuschneiden und mit einem Plattenheber an der Decke anzudrükken. Sind aus Gründen der Raumhöhe oder anderer konstruktiver Gegebenheiten Horizontalstöße der Trockenbauplatten nicht zu vermeiden, so sollten diese im oberen Bereich vorgesehen werden, um die Standsicherheit nicht zu beeinträchtigen. Die Platten sind dann im Verband so zu verlegen, daß Kreuzfugen vermieden werden. Bei zwei- oder dreilagiger Verlegung dürfen die Horizontalfugen nicht übereinander liegen, und bei Vertikalfugen empfiehlt es sich ebenso, daß diese nicht übereinander liegen.

Öffnungen von Türen und Innenfenstern müssen so ausgebildet werden, als seien sie nach erfolgter Beplankung aus der fertigen Fläche herausgeschnitten. Es empfiehlt sich, an die Plattenenden entsprechende Abschlußprofile anzubringen.

3.6.1.4 Hohlraumdämpfung

Für die Hohlraumdämpfung werden meistens Mineralfaserdämmstoffe verwendet, deren längenbezogener Strömungswiderstand mit dem griechischen Buchstaben Ksi Ξ bezeichnet wird und den Wert von 5 kNs/m^4 nicht unterschreiten darf. Durch den Einbau einer Hohlraumdämpfung wird die Schalldämmung einer Montagewand erheblich erhöht. In der Regel ist eine Dämmstoffdicke von 40 mm ausreichend. In Sonderfällen, wie z.B. bei erhöhten Schallschutzwerten oder bei höheren Anforderungen an den Brandschutz, sind auch größere Dicken notwendig. Häufig werden aus Gründen des Brandschutzes weitere Anforderungen an die Dämmschicht gestellt. Dabei müssen insbesondere Mineralfaserplatten mit einer Schmelztemperatur $\geq$ 1000 °C und einer Mindestrohdichte zwischen 30 und 50 kg/m^3 verwendet werden.

3.6.1.5 Spachtelung

Für *Gipskartonplatten* werden je nach Fugenart und dem teilweise erforderlichen Bewehrungsstreifen unterschiedliche Spachtelmassen verwendet. Als Spachtelmassen gelangen gipshaltige Fugenfüller, Jointfüller (gipsfrei) und gebrauchsfertige Spachtelmassen zum Einsatz. In Tabelle 3.15 sind diese Spachtelmassen dem jeweiligen Arbeitsgang und der Art der Gipskartonplatte zugeordnet. Als Bewehrungsstreifen werden solche aus Glasfaser, aus Papier und aus Kunstfaser-Gittergewebe verwendet. Glasfasergewebe sind nur für die Handverarbeitung einsatzfähig, während Papierstreifen sowohl für die Handverarbeitung als auch für die Maschinenverarbeitung eingesetzt werden können. Kunstfaser-Gittergewebe zeichnen sich durch eine hohe Reißfestigkeit aus.

Die Spachtelung läuft folgendermaßen ab:

- Ausdrücken der Fugen mit Fugenfüller
- Einbetten der Bewehrungsstreifen und glattstreichen, ggf. dünn überspachteln
- Angleichen der Plattenoberflächen durch die Nachspachtelung
- Wiederholung des vorherigen Arbeitsganges, falls erforderlich
- Leichtes Nachschleifen der verspachtelten Stellen

Bei *Gipsfaserplatten* wird in der Regel nur gipshaltiger Fugenfüller verwendet. Die Fugen der mit einem Abstand von ca. 5 mm montierten Platten werden bis auf den Fugengrund mit der Spachtelmasse ausgefüllt. Gegebenenfalls ist eine Nachspachtelung mit demselben Material erforderlich.

3.6.1.6 Sonderkonstruktionen

Ausgehend von einer Metall- oder Holzständerwand mit einfacher Beplankung und Hohlraumdämpfung, gibt es weitere Konstruktionen, die für ganz bestimmte Zwecke eingesetzt werden. Hierzu gehören insbesondere:

- Konstruktionen mit hohen Schall- und Brandschutzeigenschaften
- Montagewände zum Umsetzen
- Montagewände mit integrierter Installationsführung für den Ausbau von Naßräumen
- Strahlenschutzwände für den Ausbau von Röntgenräumen,
- Montagewände mit hohem Installationsgrad
- Montagewände mit besonderen Eigenschaften hinsichtlich Hygiene im Krankenhausbau (Verschluß des unkontrollierbaren Hohlraumes)

Die meisten Anwendungen und auch Sonderanwendungen von Montagewänden ergeben dünnere Wanddicken, als dies bei der Verwendung von Massivbaustoffen möglich wäre. Dadurch werden größere Wohnflächen bei gleicher Hausgrundfläche erreicht.

• *Normen*
DIN 4102 Teil 4 Brandverhalten von Baustoffen und Bauteilen; Zusammenstellung und Anwendung klassifizierter Baustoffe, Bauteile und Sonderbauteile.

DIN 4103 Teil 1 Nichttragende Trennwände; Anforderungen, Nachweise.

DIN 4109 Schallschutz im Hochbau; Anforderungen und Nachweise.

DIN 18 165 Teil 1 Faserdämmstoffe für das Bauwesen; Dämmstoffe für die Wärmedämmung.

DIN 18 183 Montagewände aus Gipskartonplatten; Ausführung von Metallständerwänden.

3.6.2 Montagedecken

Leichte Deckenbekleidungen und Unterdecken mit ebenen, geformten, glatten oder gegliederten Flächen werden als Montagedecken bezeichnet, seltener als abgehängte Decken oder als Unterdecken. Als raumabschließende oder raumbegrenzende Deckensysteme bestehen Montagedecken aus einer Unterkonstruktion mit darunter aufgebrachter Bekleidung aus Trockenbauplatten.

3.6.2.1 Deckenbauarten

Montagedecken können als einfache Deckenbekleidung ausgeführt werden, wobei die Unterkonstruktion z.B. aus Holzlatten direkt an der Rohdecke befestigt

Tabelle 3.15: *Spachtelung von Gipskartonplatten*

Fugenart	Arbeitsgang	Spachtelmasse			Bewehrungssteifen		
		gipshaltiger Fugenfüller	Joint-Füller (gipsfrei)	Gebrauchsfertige Spachtelmasse	Glasfaser	Papier	Kunstfaser-Gittergewebe (selbstklebend)
abgeflachte, karton-ummantelte Kante	verspachteln	•	•	–	•	•	–
	nachspachteln	• 1	• 2	• 3			• 4
scharfgeschnittene Kante, Karton angefast	verspachteln	•	•	–	–	•	–
	nachspachteln	• 1	• 2	• 3			• 4
runde, abgeflachte, karton-ummantelte Kante	Fugen ausdrücken	•	•	–	–	–	–
	nachspachteln	• 1	• 2	• 3			• 4
halbrunde, abgeflachte, kartonummantelte Kante	verspachteln	–	–	•	–	–	–
	nachspachteln	–	–	• 3			

1 nur auf gipshaltigem Fugenfüller geeignet
2 nicht auf gipshaltigem Fugenfüller geeignet
3 nicht auf Joint-Füller geeignet
4 nur Nachspachtelung erforderlich; nicht geeignet in Verbindung mit Joint-Füller

wird. Diese Art der Bekleidung wird häufig zum Ausbau von Dachgeschossen auch an den Dachschrägen verwendet. Weitere Möglichkeiten zur Anbringung einer Montagedecke sind abgehängte Unterkonstruktionen aus Holz und Metall, wobei heute Metallkonstruktionen bei weitem überwiegen. Dadurch können Deckenabhängungen von 10 bis 200 cm ohne weiteres realisiert werden.

Durch unterschiedliche Deckenbauarten können die Eigenschaften der gesamten Decke hinsichtlich des Brandschutzes und des Schallschutzes beeinflußt werden.

Mit der Oberfläche der abgehängten Deckenbekleidung kann die Schallabsorption beeinflußt werden und somit die raumakustischen Eigenschaften des betreffenden Raumes.

3.6.2.2 Unterkonstruktion

Grundsätzlich sind hier die gleichen Stoffe für die Unterkonstruktionen zu verwenden wie bei Montagewänden. Für akustisch hochwertige Ausführungen besteht die Möglichkeit eines Einsatzes von Federbügeln und Federschienen. Damit werden die Bekleidungen akustisch teilweise vom Untergrund abgekoppelt.

3.6.2.3 Beplankung

Für die Beplankung von Montagedecken gelangen dieselben Trockenbaustoffe wie bei Montagewänden zur Anwendung. Auch hier werden vom Stukkateur i.d.R. Gipskarton- und Gipsfaserplatten verwendet. Weitere Möglichkeiten einer Deckenbekleidung sind Akustikplatten aus porösen Materialien, Holzschalungen, Paneele und geformte Decken.

3.6.2.4 Hohlraumdämpfung

Die Anforderungen an die Hohlraumdämpfung entsprechen denen unter Montagewänden. Zusätzliche Anforderungen werden dort gestellt, wo abgehängte Decken über Montagewänden durchlaufen und ein entsprechender Schallschutz, wegen der auftretenden Schall-Längsleitung über den Decken-Hohlraum, trotzdem gewährleistet sein muß. An diesen Stellen können im Hohlraum Sondermaßnahmen notwendig werden, wie z.B. Schallschutz über den Montagewänden mit ähnlichem Aufbau einer Montagewand oder hohlraumfüllende Mineralfaser-Packungen über der Montagewand.

3.6.2.5 Spachtelung

Die Spachtelung von Montagedecken erfolgt in gleicher Weise wie bei Montagewänden.

3.6.2.6 Akustikdecken

Neben den hier beschriebenen geschlossenen Decken aus Gipskarton- oder Gipsfaserplatten werden häufig sogenannte *Akustikdecken* eingesetzt. Sie haben die Eigenschaft, daß sie mehr oder weniger schallabsorbierend wirken und somit den Raum bedämpfen bzw. den dortigen Schallpegel reduzieren können. Am häufigsten werden Akustikdecken in Büro- und Verwaltungsgebäuden sowie in Schulen eingesetzt.

Ausführungsmöglichkeiten von Akustikdecken sind z.B. gelochte Gipskartonplatten, Mineralfaser-Kassettendecken, Holzfaser-Kassettendecken oder offene Holzschalungen.

• *Normen*

DIN 18 165 Teil 1 Faserdämmstoffe für das Bauwesen; Dämmstoffe für die Wärmedämmung.

DIN 18 168 Teil 1 Leichte Deckenbekleidungen und Unterdecken; Anforderungen für die Ausführung.

3.6.3 Trockenputz

Ohne Unterkonstruktion auf Wände aufgebrachte Bekleidungen aus Gipskarton- oder Gipsfaserplatten werden als *Trockenputz* oder *Wandtrockenputz*, in bestimmten Fällen als *Vorsatzschalen* bezeichnet. Ihr Einsatzzweck erstreckt sich von optischer Verbesserung über einen zeitsparenden Innenausbau bis hin zur Verbesserung des Schall- und Wärmeschutzes (im Schallschutz: biegeweiche Vorsatzschalen). An dieser Stelle ist einschränkend zu bemerken, daß Verbundplatten mit Polystyrol-Hartschaum als Wärmedämmplatten bauakustische Beeinträchtigungen hervorrufen können. Diese Verbundplatten können durch bauakustische Effekte die Schallübertragung zwischen den einzelnen Räumen verstärken, auch über längs verlaufende Bauteile.

Die als Trockenputz geeigneten Platten oder Verbundplatten werden mittels Ansetzgips an der Wand befestigt.

- *Normen*

DIN 18 164 Teil 1 Schaumkunststoffe als Dämmstoffe für das Bauwesen; Dämmstoffe für die Wärmedämmung.

DIN 18 165 Teil 1 Faserdämmstoffe für das Bauwesen; Dämmstoffe für die Wärmedämmung.

DIN 18 184 Gipskarton-Verbundplatten mit Polystyrol- oder Polyurethan-Hartschaum als Dämmstoff.

3.6.4 Trockenestriche

Trockenbauplatten gelangen nicht nur bei Montagewänden, Montagedecken und Trockenputzen zur Anwendung, sondern auch bei Trockenestrichen. Dabei werden spezielle Estrichelemente auf Dämmschichtunterlagen oder Schüttungen verlegt. Trockenestriche werden immer als schwimmende Estriche, d.h. Estriche ohne kraftschlüssige Verbindung zu angrenzenden und darunter befindlichen Bauteilen verlegt. Auch bei Trockenestrichen gelangen Gipskarton-, Gipsfaser- und Holzspanplatten zur Anwendung. An dieser Stelle wird nur auf gipshaltige Baustoffe näher eingegangen.

3.6.4.1 Bauarten

Die Trockenestriche sind als sogenannte Trocken-Unterbodenelemente im Handel und bestehen aus 3 8 mm dicken, miteinander verleimten Gipskartonplatten oder 2 10 oder 12,5 mm dicken Gipsfaserplatten. Diese Estrichelemente werden mit und ohne unterseitig angeklebter Trittschall-Dämmschicht aus Mineralfaser- oder Polystyrol-Hartschaumplatten geliefert. Mineralfaserplatten der hier beschriebenen Art als Trittschalldämmplatten unter Trockenestrichen sind nur in Verbindung mit Verbund-Estrichelementen zu verwenden. Die verschiedenen Bauarten haben auch unterschiedliche bauphysikalische Werte.

3.6.4.2 Verlegung

Am Rand bzw. Anschluß zu aufgehenden Bauteilen sind Randstreifen aus Mineralfaser oder Polystyrol-Hartschaum vorzusehen. Teilweise werden Unterboden-Elemente auch auf Trockenschüttungen verlegt. Als Schüttungen eignet sich z.B. Blähschiefer. Bei der Verlegung ist darauf zu achten, daß die Trockenestrichplatten im Verbund verlegt werden und keine Kreuzfugen entstehen. Beim Verlegen der Platten wird im Nut- und Federbereich bzw. im Stufenfalzbereich ein Montagekleber aufgebracht, der den Platten den nötigen Verbund gibt.

Trockenestriche sind sofort begeh- und belegbar. Dadurch wird auch bei diesem Trockenbauverfahren erhebliche Zeit gegenüber naß eingebrachten Estrichen gespart.

- *Normen*

DIN 4109 Schallschutz im Hochbau; Anforderungen und Nachweise.

DIN 18 164 Teil 1 Schaumkunststoffe als Dämmstoffe für das Bauwesen; Dämmstoffe für die Wärmedämmung.

DIN 18 165 Teil 1 Faserdämmstoffe für das Bauwesen; Dämmstoffe für die Wärmedämmung.

4
Schäden und Sanierung

In diesem Kapitel werden nicht nur solche Schäden und deren Sanierung beschrieben, die auf mangelhafte Untergrundvorbehandlung zurückzuführen sind (häufigste Schäden), sondern auch Schäden, auf die der Stukkateur keinen direkten Einfluß ausüben kann, wie z.B. Verwitterung. Im Hauptteil dieses Kapitels wird auf die häufigsten Schäden eingegangen, ihre Ursachen und ihre Sanierung. Außerdem werden einige Schadensbilder behandelt, um beispielhaft Schadensursachen und Schadenswirkungen aufzuzeigen. Abschließend wird auf die normalerweise übliche und erforderliche Instandhaltung von Putzen eingegangen.

4.1 Schadensverursachende Angriffe

Die Erhaltung alter Bausubstanz gewinnt in neuerer Zeit mehr und mehr an Bedeutung. Man widmet sich diesem Thema zunehmend, und es werden intensive Forschungen betrieben. Die Einflußfaktoren der schadensverursachenden chemischen, physikalischen und biologischen Angriffe auf Baustoffe werden nun zwar zunehmend erforscht, sie sind jedoch in einigen Bereichen noch nicht vollständig geklärt.

Sehr häufig sind nicht einzelne bekannte Einflüsse für die Beurteilung von Schäden an Baustoffen heranzuziehen, sondern eine ganze Reihe weiterer Eigenschaften und Verhaltensweisen. Die hier beschriebenen grundsätzli-

Bild 4.1: Beanspruchungspunkte eines Materialgefüges durch unterschiedliche Verwitterungsarten

Materialgefüge bzw. Kornverband (vereinfacht)	Verwitterung bzw. Schädigung durch
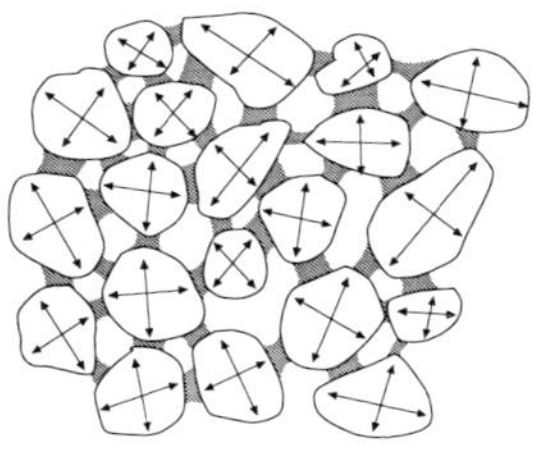	Belastung des *Gefüges* z.B. thermische Beanspruchung (physikalisch)
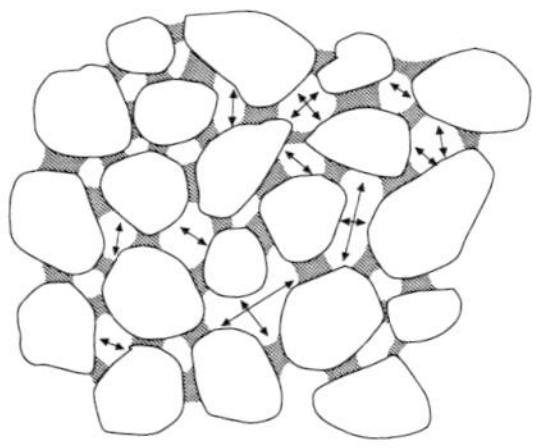	Belastung des *Porenraumes* z.B. Auskristallisation von Salzen in den Poren (chemisch-physikalisch)
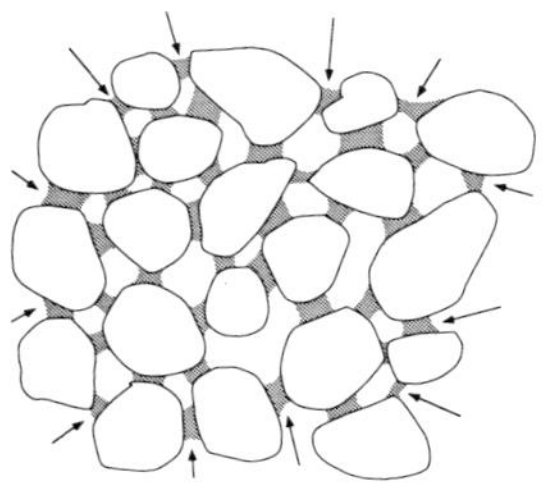	Belastung des *Bindemittels* z.B. chemische Umbildung der Bindemittel (biologisch-chemisch)

chen Angriffsarten (physikalisch, chemisch und biologisch) auf Baustoffe greifen an 3 verschiedenen Punkten an, nämlich am Gefüge, am Porenraum und am Bindemittel. Diese Angriffspunkte sind in Bild 4.1 schematisch anhand von Kornverbänden dargestellt.

In Tabelle 4.1 sind außerdem die typischen Beanspruchungen von Baustoffen zusammengestellt (physikalisch, chemisch, biologisch), und es werden die maßgeblichen Einflüsse genannt.

4.1.1 Verwitterung

Beim physikalischen Angriff auf einen Baustoff durch *Temperaturunterschiede* findet eine ungleichmäßige Gefügeausdehnung durch das anisotrope Dehnungsverhalten der Einzelkristalle statt. Ursächlich hierfür sind u.a. die verschiedenartigen mineralischen Zusammensetzungen von Putzen. Die in unterschiedliche Richtungen verlaufenden temperaturbedingten Ausdehnungen führen zu Spannungen, die durch das Bindemittel übertragen werden müssen. Bei manchen Baustoffen können allein durch hohe Temperaturen (ca. 80 bis 100 °C) Mikrorißbildungen auftreten und zur Materialzerstörung führen. Diese Art der Verwitterung tritt meist jedoch nur in wüstenähnlichen Klimazonen mit hohen Temperaturen und hohen Temperaturdifferenzen auf. Die Beanspruchung richtet sich dabei auf die Bindemittelstruktur, die für die Festigkeit des Bindemittels verantwortlich ist. Daraus folgt, daß die

Tabelle 4.1: Angriffs- bzw. Beanspruchungsarten von Baustoffen durch Verwitterung

Angriffsarten		
physikalisch	**chemisch**	**biologisch**
Verwitterung bzw. Schädigung durch		
Thermische Beanspruchung (Temperaturwechsel) bei ungleichmäßiger Gefügedehnung wegen des anisotropen Ausdehnungsverhaltens der Einzelkristalle und des Vorhandenseins verschiedenartiger Minerale. *Hygrische Beanspruchung* (Feuchtigkeit, Regen, Frost) bei Gefügebelastung durch den Kristallisationsdruck (Sprengdruck).	*Auskristallisation* von Salzen in den Poren → physikalischer Angriff. *Chemische Umbildung* der Bindemittel durch Luft-Schadstoffe (Bindemittelverlust).	*Mikroorganismen* (Bakterien, Pilze, Algen, Flechten, Moose), welche u.a. Säuren bilden → chemischer Angriff.

Festigkeit des Bindemittels maßgebliche Bedeutung bei temperaturbedingter Verwitterung hat.

Ein weiterer Angriff auf den Baustoff erfolgt durch *Feuchtigkeit* im Zusammenhang mit dem Gefrieren: Werden die Poren im Baustoff zuerst mit Wasser gefüllt und kommt es dann zum Gefrieren des Baustoffes, d.h. einer Temperaturabsenkung unter 0 °C, so bilden sich im Porenraum Eiskristalle, die eine 9 %ige Volumenvergrößerung verursachen. Daraus resultieren Sprengwirkungen im Mikrobereich des Baustoffes, die zur Auflösung des Gefüges führen können.

Wasser gefriert in unterschiedlich großen Poren bei unterschiedlich tiefen Temperaturen. Je kleiner die Porendurchmesser sind, um so tiefer müssen die Temperaturen liegen, um das Wasser zum Gefrieren zu bringen und den Kristallisationsdruck auszulösen. Als Anhaltswert gilt, daß das Wasser bei Porendurchmessern im Nanometer-Bereich (Porendurchmesser ca. 0,01 µm) erst unter −30 °C gefriert. Diese physikalische Eigenart ist auf die Oberflächenenergie der Porenwandung zurückzuführen.

4.1.2 Chemische Einwirkungen

Beim chemischen Angriff auf Baustoffe wird in unterschiedliche Angriffsarten unterschieden. Dabei ist zunächst der *lösende Angriff* zu nennen, welcher zur Auflösung bzw. Umbildung des Bindemittels führt. Eine weitere Angriffsart ergibt sich durch die Auskristallisation von schädlichen Salzen im Putz, welche einen Sprengdruck erzeugen können, der gleich oder oft höher ist

Tabelle 4.2: Zerstörung von kalksteinhaltigen Baustoffen durch schwefeldioxidhaltige Luft und Regenwasser

Reaktion von Kalkstein mit schwefeldioxidhaltiger Luft bei Wassereinwirkung
$CaCO_3$ + SO_2 + $2H_2O$ + $2O_2$ $\longrightarrow$ $CaSO_4 \cdot 2H_2O$ + $CO_2\uparrow$ Kalkstein Schwefeldioxid Wasser Sauerstoff   Gips

als beim gefrierenden Wasser, jedoch schon bei normalen Innen- und Außentemperaturen auftreten kann.

Die bekannteste Art des chemischen Angriffs, ist die Zerstörung von kalksteinhaltigen Baustoffen durch schwefeldioxidhaltige Luft. Dabei bildet sich aus Regenwasser und dem Schwefeldioxid der Luft schweflige Säure und Schwefelsäure, welche dann den Kalkstein löst und in Gips umbildet (siehe Tabelle 4.2). Der Gips wird vom Regen nach und nach abgewaschen und das Bindemittel des kalksteinhaltigen Baustoffes löst sich auf und dieser zerfällt nach und nach.

4.1.3 Biogene Angriffe

Der biologische Angriff auf Baustoffe hängt eng mit dem chemischen Angriff zusammen. Es werden zunächst durch Organismen unterschiedlicher Art (z.B. Bakterien) Stoffe gebildet, u.a. Säuren, die zu einem chemischen Angriff auf die Baustoffe führen. Durch Filmbildungen an der Oberfläche des Baustoffes können infolge des veränderten Feuchtetransportes außerdem physikalische Angriffe auftreten.

- *Biogene Salpetersäurekorrossion*

Betone und zementhaltige Putze, können von nitrifizierenden Bakterien indirekt angegriffen werden, wenn für diese Bakterien das richtige Milieu vorliegt.

Diese Bakterien wandeln Ammonium über salpetrige Säure in Salpetersäure um. Durch die Salpetersäure wird calciumhaltiges Bindemittel in Calciumnitrat umgewandelt, was zu einem Bindemittelverlust führt. In Tabelle 4.3 ist die zugehörige chemische Reaktion dargestellt. Nachdem durch das Einwirken der Bakterien zuerst Nitrit und dann Nitrat entsteht, bildet sich Salpetersäure, die das Calciumoxid des Zementsteines in eine lösliche Form überführt: das Calciumnitrat. Dieses Salz wird auch als »Echter Mauersalpeter« bezeichnet.

Häufiger als durch Bakterien erfolgt die Zufuhr von Salpetersäure jedoch durch *nitrathaltige Wässer*, wobei das Nitrat durch Jauche, Kunstdünger, Urin, Humus oder faulende Stoffe in das Wasser gelangt. In diesem Fall liegt ein direkter chemischer Angriff vor gemäß der unteren Formel in Tabelle 4.3.

Bei Beton führt der Verlust von calciumhaltigem Bindemittel zu makroskopisch sichtbaren Schäden. Bei Natursteinen liegt oftmals zusätzlich zur Calciumbindung eine silikatische Bindung vor, so daß ein sichtbarer Schaden erst nach langer Zeit erkennbar wird. Ein Überschuß an Kalk im Baustoff, wie z.B. bei Beton, vergrößert den Widerstand (Opferkalk).

Tabelle 4.3: Entstehung von Salpetersäure durch Bakterien und Zerstörung des Zementsteines durch Salpetersäure (vereinfacht)

Umwandlung von Ammonium in Salpetersäure durch nitrifizierende Bakterien
NH_4^+ + $1\frac{1}{2}O_2$ $\longrightarrow$ NO_2^- + $2H^+$ + H_2O Ammonium Sauerstoff   Nitrit   Wasser NO_2^- + $\frac{1}{2}O_2$ $\longrightarrow$ NO_3^- Nitrit Sauerstoff   Nitrat (Anion der Salpetersäure)
Zerstörung des calciumoxidhaltigen Zementsteines durch Salpetersäure
$2HNO_3$ + CaO $\longrightarrow$ $Ca(NO_3)_2$ + H_2O Salpetersäure Calciumoxid   Calciumnitrat   Wasser

4.2 Häufige Schäden, Schadensursachen und Sanierung

In diesem Kapitel werden eine Reihe von häufig vorkommenden Schäden aufgezeigt, die verschiedene Ursachen haben. Nach der Beschreibung des Schadens und der Ursache, werden mögliche Sanierungen aufgezeigt. Dabei können die hier beschriebenen Sanierungsmöglichkeiten nur den prinzipiellen Weg zur Schadensbeseitigung aufzeigen, weil die Beanspruchungsbedingungen und die Objektbedingungen (Schadensumfang, Untergrund, Putzart) auf den jeweiligen Einzelfall abgestimmt werden müssen.

Schäden am Putz sind unangenehm, sowohl für den Bauherrn, als auch für den Stukkateur, den Architekten und alle anderen Beteiligten. Daher sollte zunächst in allen Bereichen (Planung, Untergrundvorbehandlung, Ausführung) die größtmögliche Sorgfalt auf die Ausführung gelegt werden, damit erst gar keine Schäden entstehen. Anleitungen hierzu sind in den Kapiteln 2 und 3 enthalten. Wenn dennoch Putzschäden aufgetreten sind, müssen diese von Anfang an ernst genommen werden. Richtig unangenehm werden die Putzschäden nämlich erst dann, wenn mehrere schnelle Ausbesserungsversuche fehlgeschlagen sind und Gutachter oder gar Rechtsanwälte und Gerichte eingeschaltet werden.

Tabelle 4.4: Prinzipielle Vorgehensweise zur Sanierung von Putzschäden

A. Schadensdiagnose
1. Angabe der Objektdaten (Untergrund, Putzart, Putzaufbau, Alter)
2. Beschreibung der Schäden nach Art und Umfang (Schadensart, Lage, Schadenshergang, Schadensumfang)
3. Beschreibung weitergehender Untersuchungen in den Schadensbereichen (Putzdicke, Rißbreite, Putzfestigkeit, Eigenschaften der Putzoberfläche usw.)

B. Konzept zur Schadensbeseitigung
1. Einteilung in Schadensklassen und Lage der Schäden (Untergrund, Oberfläche, Aussehen)
2. Ursache der Schäden (angenommener Schadenshergang, maßgeblicher Faktor für die Schadensentstehung)
3. Erarbeitung eines Konzeptes zur Schadensbeseitigung (Beschreibung des Verfahrens und möglicher Alternativen, Auswirkungen auf die Eigenschaften wie Schutzwirkung, Aussehen, Vor- und Nachteile)
4. Auswahl eines Verfahrens zur Schadensbeseitigung

C. Festlegung der Arbeitsschritte zur Schadensbeseitigung
1. Beschreibung der Vorarbeiten (Gerüst, Untergrundvorbehandlung, Putzträger)
2. Beschreibung der auszuführenden Arbeitsschritte (Art und Umfang der Arbeiten, Armierung, Anzahl der Schichten)
3. Werkstoffe (Anforderungsprofil an die Werkstoffe, Auswahl und Angabe der Werkstoffe)
4. Konzept zur Qualitätssicherung der Maßnahmen zur Schadensbeseitigung (Sicherung des ausreichenden Umfanges der Arbeiten und der richtigen Ausführung der Arbeitsschritte)

D. Ausführung der Arbeiten zur Schadensbeseitigung
1. Zeitpunkt der Arbeiten (Witterungsverhältnisse, Wartezeiten zwischen den Arbeitsschritten)
2. Ausstattung mit Maschinen, Geräten und Personal
3. Durchführung der Arbeiten

Bei allen Putzschäden, gleichgültig, ob sie in größerem oder kleinerem Umfang vorliegen, sollte daher prinzipiell entsprechend Tabelle 4.4 vorgegangen werden, und es empfiehlt sich außerdem, die einzelnen Arbeitsschritte der Schadensdiagnose, des Konzeptes zur Schadensbeseitigung und der Festlegung der Arbeitsschritte *schriftlich* abzufassen. Nicht immer sind alle in Tabelle 4.4 angegebenen Schritte der Hauptpunkte A, B, C und D zur Schadensbeseitigung notwendig, und in begründeten Fällen können einzelne Schritte weggelassen werden, aber eben nur in begründeten Fällen. Wenn Schäden in der beschriebenen Weise untersucht und beseitigt werden, ist dies die beste Voraussetzung für eine dauerhafte Sanierung.

Tabelle 4.5: Verschiedene Arten und Ursachen von Putzschäden

Schäden	Mögliche Ursachen der Schäden	
Ablösung des Putzes	• zu nasser Untergrund; • verschmutzter Untergrund; • Unterschiede in der Materialschwindung von Untergrund und Putz;	• nicht tragfähiger Untergrund; • Sinterschicht auf dem Unterputz oder dem Spritzbewurf;
Risse im Putz	• keine Ausbildung von Bewegungsfugen des Untergrundes in die Putzfläche; • Setzungen des Gebäudes; • stark unterschiedliche Schwindung des Untergrundes (Mischmauerwerk, Deckenstirnseiten, Stützen);	• Anschlußfugenbewehrung fehlt; • Putzbewehrung fehlt oder falsch eingebettet; • fehlende Bewehrung über Wärmedämmplatten auf dem Untergrund;
Schwindrisse	• zu hoher Wasseranteil im Putzmörtel; • zu dicker Putzmörtelauftrag in einer Schicht; • zu starkes Verreiben des Putzmörtels;	• zu fette Mörtelmischung (zuviel Bindemittel oder Feinteile im Sand);
Zerstörung des Putzes durch Wasserstauung	• fehlende Wassernase an Vorsprüngen; • fehlendes Gefälle an Vorsprüngen; • Spritzwasserbelastung;	• Frostabsprengungen durch Wassersättigung; • Grundsätzliche baukonstruktive Fehler;
Durchfeuchtung des Putzes	• Tauwasser durch falschen Schichtaufbau (falsche Lage der Wärmedämmung, fehlende Wärmedämmung);	• fehlende horizontale Abdichtung im Untergrund über erdberührten Bauteilen;
Ausblühungen	• im Untergrund vorhandene, durch aufsteigende Feuchtigkeit an die Oberfläche transportierte lösliche Salze; • Salzhaltiges Anmachwasser;	• Verunreinigungen in Zuschlagstoffen (Sulfate, Nitrate und Chloride im Sand); • nichtabgebundene Bindemittelüberschüsse (Calciumkarbonat);
Pilz- und Algenbefall	• Anhaltende Oberflächenfeuchtigkeit der Baustoffe; • Tauwasser auf der Innenseite der Putzschicht (z.B. bei Wärmedämmverbundsystemen);	• Putze mit zu hohem Kunstharzgehalt; • Zu nahe Bepflanzung des Gebäudes in schlecht austrocknenden Bereichen;
Treiberscheinung der Putzoberfläche	• nicht richtig gelöschter Kalk im Mörtel; • Folge von Ausblühungen; • Verunreinigungen im Zuschlagstoff (Kohle, Kreide, Ton) ergeben bei Wasseraufnahme	• Treiberscheinungen, die bei Frosteinwirkung das Volumen vergrößern;
Verschmutzung der Oberfläche	• unterschiedliche Struktur der Fläche durch Arbeitseinsatz oder Regeneinwirkung (Gerüstabzeichnung); • Verschmutzung durch Spritzwasser auf Gerüstdielen;	• horizontale Flächen mit Schmutzansammlungen;
Absanden des Putzes	• zu schnelle künstliche Trocknung (Wind, Sonne oder starke Beheizung); • zu wenig Bindemittel im Putzmörtel; • falscher Aufbau mehrschichtiger Putze;	• aufgebrannter oder nicht ausreichend abgebundener Putzmörtel; • Frosteinwirkung auf den erhärtenden Putz; • falsche Nachbehandlung;
Verfärbungen im Putz	• Rußablagerung im Untergrund nach außen wandernd (Versottung von Kaminen); • Rostflecke von Metallbauteilen oder Abrieb der Stahltraufel (vorwiegend bei Gipsputzen); • keine alkalibeständigen Farbstoffe verwendet;	• Verfärbung und Zermürbung von Gipsmörtel durch wiederholten Feuchtigkeitseinfluß; • Durchschlagen des Untergrundes bei zu geringer Putzdicke;

Zur Einführung in dieses Kapitel sei besonders auf Tabelle 4.5 hingewiesen, in der die wichtigsten Schäden und Schadensarten aufgeführt sind sowie eine Reihe möglicher Schadensursachen. Man erkennt aus dieser Tabelle bereits, daß für die meisten Mängel verschiedene Ursachen in Frage kommen können und daß diese Ursachen allein oder im Zusammenwirken mit anderen Ursachen schadensauslösend sind. Es ist sehr wichtig, daß zunächst eindeutig die Schadensursache und der Schadensumfang geklärt ist, bevor mit der Sanierung begonnen wird. Andernfalls können die Schäden erneut auftreten, oder es werden nicht alle aufgetretenen Schäden beseitigt.

4.2.1 Putzablösungen vom Untergrund

Ablösungen des Putzes vom Untergrund sind schwerwiegende, nicht zu übersehende Mängel des Putzes, die die Schutzwirkung und Gebrauchstauglichkeit an den betroffenen Stellen völlig aufheben. Bei Ablösungen des Putzes vom Untergrund gibt es keine Sanierungsmöglichkeiten, sondern nach Klärung der Ursache ist eine Neumaßnahme erforderlich. Als mögliche Ursache kommen in Frage:

- nasser Untergrund
- verschmutzter oder nicht tragfähiger Untergrund
- Sinterschicht auf dem Untergrund (glatte oder nicht saugfähige Steine), auf dem Spritzbewurf oder dem Unterputz

Bei allen genannten Ursachen liegt die Verantwortung für die Schäden ausschließlich oder zum größten Teil beim Stukkateur, weil die nicht vorliegende Eignung des Untergrundes entweder nicht erkannt oder nicht beseitigt worden ist.

Zur Beseitigung der Putzablösungen wird ein neuer Putz aufgebracht. Die Hauptschwierigkeit der Mängelbeseitigung besteht darin, den Umfang des neu zu verputzenden Bereiches festzustellen. Je nach Schadensursache und ggf. nach Schadensumfang muß die komplette Fläche neu bearbeitet werden oder es reicht aus, nur die betroffenen Flächen auszubessern.

Aufschlüsse zur Haftung des Putzes und damit zur Frage, ob in noch intakten Bereichen der Putz in Ordnung ist, geben *Abreißprüfungen* des Putzes vom Untergrund. Dabei wird mit Hilfe eines Kernbohrers mit Diamantbohrkrone der Putz bis zum Untergrund durchbohrt, üblicherweise mit einem Durchmesser von 50 mm. Auf die Bohrkerne werden runde Prüfstempel aufgeklebt und mit einem Abreißprüfgerät, das die erforderliche Kraft mißt, abgezogen. Außer der eigentlichen Abreißfestigkeit, die in N/mm^2 angegeben wird und i.a. mehr als ca. 1,0 N/mm^2 betragen sollte, ist auch der Ort des Bruches von großem Interesse. Der Bruch sollte nämlich möglichst nicht in den Grenzflächen von Schichten liegen (z.B. zwischen Untergrund und Unterputz) sondern im Untergrund oder innerhalb einer Putzschicht.

Wenn sich aufgrund von Prüfungen zeigt, daß eine teilflächige Ausbesserung möglich ist, stellt sich gleich die Frage nach dem Aussehen der nur teilweise verputzten Fläche. Es ist dann zu prüfen, ob ein Anarbeiten möglich ist oder die Fläche mit einem zusätzlichen Deckputz oder einem Anstrich egalisiert werden muß.

Eine Vorform von möglichen Putzablösungen sind *Hohlstellen* im Putz, die sich beim Abklopfen des Putzes durch einen hohlen, dumpfen Klang abzeichnen. Doch Vorsicht, nicht alle dumpf klingenden Putzbereiche liegen auch hohl, denn es können darunter Wärmedämmplatten, Putzträger, Rolladenkästen, Mauerschlitze oder andere Besonderheiten vorliegen. Solche Bereiche sind trotz hohlem Klang in Ordnung. Wenn sich allerdings hohl klingende Bereiche mit Rissen innerhalb und am Rand der hohl klingenden Bereiche decken, liegen echte Hohlstellen vor, an denen der Putz früher oder später Schäden erleidet, häufig durch Abplatzungen des Putzes. Solche hohl klingenden Bereiche müssen ausgebessert werden.

4.2.2 Mangelhafte Festigkeit des Putzes

Eine mangelhafte Festigkeit des Putzes in seiner Gesamtstruktur (also nicht nur an der Oberfläche, sondern innerhalb der Gesamtdicke des Putzes) äußert sich in nahezu allen Fällen in einer nicht ausreichenden Witterungsbeständigkeit. Die im Abschnitt 4.1 beschriebenen physikalischen und chemischen Angriffsarten

(Temperaturwechsel, Wasser- und Frosteinwirkung, Luftschadstoffe) führen bei einer mangelhaften Festigkeit des Putzes schnell zur Lockerung des Gefüges, und es kann nachfolgend zu einem starken Absanden des Putzes kommen oder bei hoher Wasser- und Frostbeanspruchung auch zu schollenartigen Abplatzungen des Putzes. Eine solche mangelhafte Festigkeit des Putzes kann nicht nur den Oberputz betreffen, sondern auch den Unterputz. So gab es schon Schadensfälle, wo ein intakter Oberputz (Edelputz bzw. Kunstharzputz) deshalb schadhaft wurde und vom Unterputz abplatzte, weil der Unterputz eine nicht ausreichende Festigkeit aufwies und zuerst an den am stärksten beanspruchten Bereichen, später auch an anderen Bereichen so stark sandete, daß der Oberputz abplatzte. Der dort freiliegende Unterputz verlor rasch weiter an Festigkeit und platzte z.T. schollenartig ab. Eine solche Erscheinung wird im Abschnitt 4.3 an einem Beispiel behandelt.

Die Ursache einer mangelhaften Festigkeit des Putzes bzw. einer mangelhaften Beständigkeit gegen Witterungseinflüsse liegt meist in einem zu geringen Bindemittelanteil, einem überalterten, nicht mehr voll reaktionsfähigen Bindemittel oder auch einem Durchfrieren des jungen, erhärtenden Putzes. In sehr ungünstigen Fällen kann auch eine zu rasche Trocknung des Putzmörtels (Wind, Sonne, Beheizung) zu einer mangelhaften Festigkeit im gesamten Putzquerschnitt führen, obwohl solche Erhärtungsbedingungen sonst nur die Oberfläche des Putzes betreffen. Ein Zusammenwirken von einer zu raschen Trocknung des Putzmörtels an der Oberfläche mit einem Feuchtigkeitsentzug vom saugenden Untergrund her kann durch den Wasserentzug und das damit gestörte Erhärtungsverhalten des Bindemittels ebenfalls eine zu geringe Festigkeit des Putzes verursachen.

Die Sanierung solcher Putze hängt ganz wesentlich vom Grad der erreichten Festigkeit ab. Bei nur geringer Festigkeit des Putzes (Abreißfestigkeit $\leq 0,4$ N/mm^2) nützen verfestigende Grundierungen des Putzes nicht viel, und alle auf den geschädigten Putz aufgebrachten Schichten platzen früher oder später ab oder bekommen Schwindrisse. Wenn höhere Festigkeiten vorliegen, ist durch eine verfestigende Grundierung und den Auftrag eines Oberputzes, der nur geringe Schwindspannungen erzeugen darf, eine Sanierung möglich. Es muß dann darauf geachtet werden, daß der Oberputz einen möglichst hohen und gleichmäßigen Schutz vor eindringendem Wasser bietet. Günstig sind also hydrophobierte, feinkörnige Putze mit gleichmäßiger Schichtdicke, ungünstig sind Reibeputze mit örtlich nur verminderter Schutzwirkung und Schichtdicke. Als Grundierung eignen sich lösungsmittelhaltige und lösungsmittelfreie Grundierungen, mit denen gelöste Polymerisatharze oder dispergierte Acrylharze als Bindemittel dem Putz zugefügt werden und diesen verfestigen. In kritischen Fällen ist es lohnend, Musterflächen anzulegen und die verfestigende Wirkung sowie die Tiefenwirkung der verfestigenden Grundierungen zu überprüfen.

4.2.3 Mangelhafte Oberflächenfestigkeit des Putzes

Eine verminderte Oberflächenfestigkeit tritt bei kalk- und zementhaltigen Putzen relativ häufig auf. Dies äußert sich in einer mangelhaften Einbindung des Zuschlages, so daß sich schon bei geringer mechanischer Einwirkung Zuschlagkörner aus der Putzoberfläche lösen und der Putz absandet. Die Ursache solcher Erscheinungen liegt meist darin, daß keine ausreichende Nachbehandlung des Putzes durch Feuchthalten erfolgt ist bzw. keine ausreichenden Schutzmaßnahmen vor Wind und Sonne ergriffen worden sind. Durch den zu schnellen Wasserentzug an der Oberfläche wird dann die Erhärtung des Bindemittels an der Oberfläche gestört, während in tieferen Lagen des Putzes keine rasche Verdunstung erfolgt und hier die volle Festigkeit des Bindemittels erreicht wird.

Eine andere Ursache für eine mangelhafte Oberfächenfestigkeit kann in einer begrenzten Frosteinwirkung auf den erhärtenden Putz liegen oder in einem relativ hohen Feinkornanteil. Vielfach ist die verminderte Oberflächenfestigkeit des Putzes auch durch eine intensive oder zu spät ausgeführte Oberflächenbearbeitung bedingt, so daß Feinstteile mit geringer Festigkeit an die Oberfläche gerieben werden oder ein bereits abgebundener

Putz noch bearbeitet wird, wodurch Erhärtungsstörungen auftreten.

Eine verminderte Oberflächenfestigkeit des Putzes äußert sich nahezu immer in einem mehr oder weniger starken Absanden des Putzes an der Oberfläche. In tieferen Putzschichten (meist 1 bis 2 mm unter der Putzoberfläche) wird wieder die übliche Festigkeit erreicht. Wenn keine besonderen Anforderungen gestellt werden, ist ein leichtes Absanden der Putzoberfläche nicht störend. Nach mehrjähriger Bewitterung tritt bei vielen Putzen ein leichtes Absanden der Putzoberfläche ohnehin auf. Störend ist ein leichtes Absanden aber dann, wenn es sich um mechanisch beanspruchte Innenputze handelt (z.B. in Treppenhäusern, wo der abgestoßene Sand stört) oder wenn es sich um Putze handelt, die einen *Anstrich* erhalten sollen.

Neue Putze, die einen Anstrich erhalten sollen, werden üblicherweise nach einer Standzeit von ca. 4 Wochen ohne weitere Vorbereitungsmaßnahmen mit einem Grundanstrich und einem Deckanstrich versehen, wobei Silikatanstriche, Dispersions-Silikatanstriche, Dispersionsanstriche, Polymerisatharzanstriche oder Silikonharzanstriche aufgebracht werden können. Wenn der neue Putz nun eine mangelhafte Oberflächenfestigkeit aufweist, sind Vorbereitungsmaßnahmen erforderlich, nämlich z.B. ein Abbürsten mit einer Stahldrahtbürste und eine verfestigende Grundierung. Diese Arbeitsgänge verursachen zusätzlich Kosten und wären bei einer ausreichenden Oberflächenfestigkeit des Putzes nicht erforderlich gewesen.

Wenn man die mangelhafte Oberflächenfestigkeit des Putzes vor dem Aufbringen des Anstriches erkennt, bleibt der Schaden begrenzt.

Es gab aber auch Fälle, wo der Maler den Putz, also seinen Anstrichuntergrund, nicht ausreichend überprüft hatte und davon ausgegangen war, daß der neue Putz schon eine ausreichend feste Oberfläche haben würde. Nach einer mehrmonatigen Beanspruchung kam es erst zu Rissen im Anstrich und nachfolgend zu Abplatzungen des Anstriches, wobei auf dem Anstrich noch der (absandende) Zuschlag des Putzes haftete. Hier war der Schaden erheblich größer und hatte seine Ursache letztendlich in der mangelhaften Oberflächenfestigkeit des Putzes, die für den Anstrich nicht fest genug war. Allerdings hatte hier der Maler durch seine nicht sorgfältige Prüfung des Untergrundes ebenfalls einen großen Teil der Verantwortung für den Schaden zu tragen.

Zur Sanierung des abblätternden Anstriches mußte dieser ganzflächig entfernt werden. Hierbei gelangte das Hochdruckwasserstrahlen zur Anwendung. Mit diesem Verfahren konnten auch gleichzeitig die nicht festen Teile der Putzoberfläche entfernt werden, so daß dieser nach dem Wasserstrahlen zwar 1 bis 2 mm dünner war, jedoch fest und tragfähig. Es konnte dann ohne zusätzliche verfestigende Grundierung der Anstrich in zwei Lagen aufgebracht werden, der nun gut auf dem Putz haftet.

Man kann sich vorstellen, daß es nicht einfach war, die aufgetretenen Kosten für die Sanierung zwischen Maler und Stukkateur zu verteilen, wobei in diesem Fall der Maler den größeren Kostenanteil tragen mußte, weil er den Schaden durch die nicht sorgfältig vorgenommene Prüfung des Untergrundes erheblich vergrößert hatte. Der beschriebene Schadensfall zeigt aber auch für den Stukkateur die Wichtigkeit einer Prüfung des Untergrundes an, die er sorgfältig durchführen muß.

Der Stukkateur sollte zwar in jedem Fall dafür sorgen, daß der Putz eine ausreichende Oberflächenfestigkeit hat, besonders wichtig ist dies aber dann, wenn nachfolgend ein Anstrich auf den Putz aufgebracht werden soll.

4.2.4 Risse im Putz

Risse im Putz sind mit Abstand der häufigste Streitpunkt zwischen Stukkateur, Bauherr und Architekt. Dies liegt einerseits daran, daß vielfach davon ausgegangen wird, daß Putze generell rißfrei bleiben müssen, andererseits liegt es daran, daß die Unterscheidung zwischen unvermeidlichen Rissen und solchen Rissen, die durch Ausführungsfehler verursacht worden sind, sehr schwer ist und die Beurteilung oft nur durch zerstörende Untersuchungen möglich ist. Einleitend zu diesem Abschnitt soll aus der Putznorm DIN 18 550 Teil 2 zitiert werden. In den der

Putznorm angefügten Erläuterungen heißt es zum Thema Risse:

»Die Oberfläche des Putzes soll frei von Rissen sein. Haarrisse in begrenztem Umfang sind nicht zu bemängeln, da sie den technischen Wert des Putzes nicht beeinträchtigen. Zu bemängeln sind einzelne unregelmäßige Risse, ein unregelmäßiges Netzrißbild und Risse im Verlauf der Mauerwerksfugen. Letztere können zwar auf Mängeln in der Putzausführung beruhen (z.B. unzureichende Vorbereitung des Putzgrundes bei unterschiedlichem Saugvermögen von Stein und Fugenmörtel oder Putzaufbau mit ›falschem Festigkeitsgefälle‹, können aber auch darauf zurückzuführen sein, daß z.B. zu frisch verarbeitete Leichtbetonsteine im verarbeiteten Zustand noch nachschwinden. Einzelne breite Risse können durch Bewegungen des Putzgrundes entstehen und hängen dann nicht mit der Ausführung des Putzes zusammen. Insbesondere bei wasserabweisenden Putzen ist darauf zu achten, daß keine Risse entstehen, durch die Niederschlagswasser hinter den Putz gelangen kann.«

Für die Bewertung von Rissen ist insbesondere wichtig, ob die Schutzfunktionen des Putzes, insbesondere der Schlagregenschutz, beeinträchtigt sind und ob das Aussehen durch die Rißbildungen in nicht hinnehmbarer Weise gestört wird.

Grundsätzliche Informationen zur Vermeidung von Rissen in Putzen wurden im Kapitel 2 gegeben. Sind jedoch einmal Risse aufgetreten, die nicht mehr als unschädlich bzw. unbedeutend einzustufen sind, müssen Sanierungsmaßnahmen bzw. Instandsetzungsmaßnahmen vorgenommen werden.

Als Übersicht zur Beurteilung von Außenputzen unter besonderer Berücksichtigung von Rißbildungen dient das Flußdiagramm in Bild 4.2. Die dort verwendeten Stichworte der Rißbreite, Rißtiefe sowie des Rißbildes und der Sanierung von Rissen werden in den nachfolgenden Abschnitten noch ausführlich behandelt.

4.2.4.1 Rißbreite

Wichtig für die Beurteilung einer Sanierungsmaßnahme sind die Rißbreiten.

Am genauesten kann die Rißbreite mit einem Mikroskop mit eingebauter Meßskala ausgemessen werden. Eine 20- bis 30fache Vergrößerung reicht dabei aus. Die Abstände der Teilstriche der Meßskala sollten bei 0,10 mm, besser bei 0,05 mm liegen. Auf diese Weise kann die Rißbreite relativ exakt in Abständen vom 0,05 mm angegeben werden. Eine einfachere und bei ausreichender Übung ebenfalls gute Meßmethode ist das Ausmessen der Rißbreite mit Hilfe eines *Rißbreitenmaßstabes*. Auf diesem sind Striche mit einer Dicke von 0,05 mm, 0,10 mm, 0,15 mm usw. aufgezeichnet, und man vergleicht, welche Strichdicke der Rißbreite entspricht. Die Praxis hat gezeigt, daß ohne Meßhilfen die Rißbreiten von allen Beteiligten meist zu groß eingeschätzt werden und relativ schnell von »millimeterbreiten« Rissen die Rede ist, obwohl die tatsächliche Rißbreite nur 0,5 mm beträgt. Der im Handel erhältliche Rißbreitenmaßstab schafft hier schnell klare Verhältnisse.

Auf ein weiteres Phänomen bei der Messung der Rißbreite sei noch kurz eingegangen. Wenn ein Riß im Putz mit einer Breite von 0,2 mm vorliegt und der Putz nachfolgend durch Sandstrahlen oder Hochdruckwasserstrahlen zur Untergrundvorbehandlung bearbeitet wird, verbreitert sich der Riß an der Oberfläche V-förmig. Dies hat seinen Grund darin, daß die mechanischen Vorbehandlungsmaßnahmen an den einzelnen Rißufern, die nicht im Verbund miteinander stehen, in viel höherem Maße angreifen und so zu einem deutlichen Abtrag führen. An der Putzoberfläche tritt so eine V-förmige Erweiterung auf, die ca. 2 bis 3 mm breit ist und ca. 2 bis 3 mm in den Putz reicht. Der von außen sichtbare Riß ist dann aber nicht 2 bis 3 mm breit, sondern im Rißgrund nach wie vor nur 0,2 mm breit.

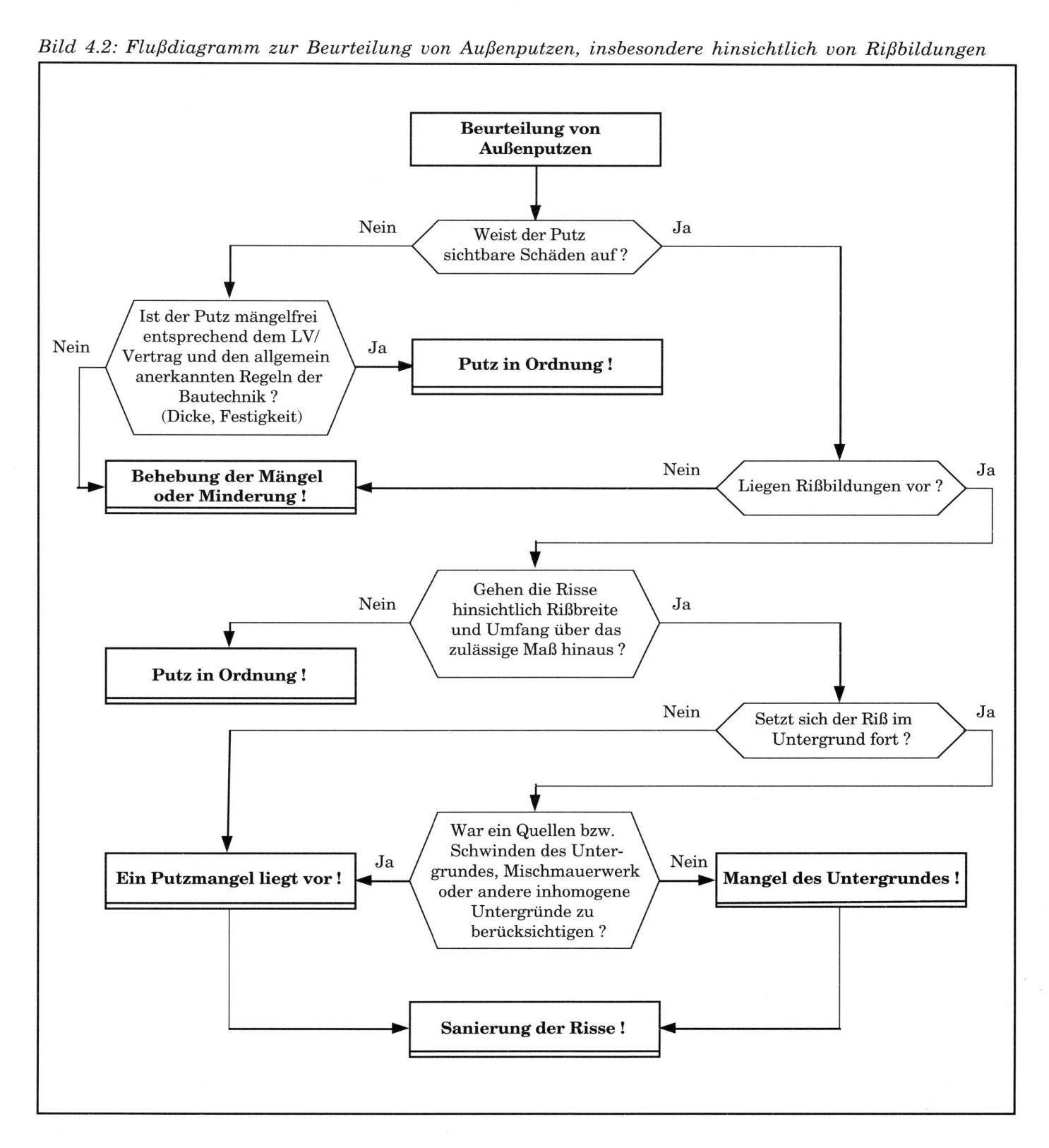

4.2 Häufige Schäden, Schadensursachen und Sanierung

Bild 4.2: Flußdiagramm zur Beurteilung von Außenputzen, insbesondere hinsichtlich von Rißbildungen

```
                    ┌─────────────────────┐
                    │   Beurteilung von   │
                    │     Außenputzen     │
                    └──────────┬──────────┘
                               ▼
              Nein    ┌─────────────────┐    Ja
         ┌────────────┤ Weist der Putz  ├────────────┐
         │            │ sichtbare       │            │
         │            │ Schäden auf?    │            │
         │            └─────────────────┘            │
         ▼                                           │
  ┌──────────────┐                                   │
  │ Ist der Putz │                                   │
  │ mängelfrei   │   Ja    ┌──────────────────┐      │
  │ entsprechend ├────────▶│ Putz in Ordnung! │      │
  │ dem LV/      │         └──────────────────┘      │
  │ Vertrag ...  │                                   │
  │ (Dicke,      │                                   │
  │ Festigkeit)  │                                   │
  └──────┬───────┘                                   │
  Nein   │                                           ▼
         ▼                Nein  ┌───────────────┐   Ja
  ┌──────────────┐     ┌────────┤ Liegen Riß-   ├─────┐
  │ Behebung der │◀────┤        │ bildungen vor?│     │
  │ Mängel oder  │     │        └───────────────┘     │
  │ Minderung!   │     │                              │
  └──────────────┘                                    ▼
                              ┌──────────────────┐
                     Nein     │ Gehen die Risse  │    Ja
              ┌───────────────┤ hinsichtlich     ├────────┐
              │               │ Rißbreite und    │        │
              │               │ Umfang über das  │        │
              │               │ zulässige Maß    │        │
              │               │ hinaus?          │        │
              ▼               └──────────────────┘        │
      ┌──────────────────┐                                ▼
      │ Putz in Ordnung! │            Nein  ┌───────────────┐  Ja
      └──────────────────┘         ┌────────┤ Setzt sich    ├────┐
                                   │        │ der Riß im    │    │
                                   │        │ Untergrund    │    │
                                   │        │ fort?         │    │
                                   │        └───────────────┘    │
                                   ▼                             │
                         ┌──────────────────┐                    │
                         │ War ein Quellen  │                    │
   ┌────────────────┐ Ja │ bzw. Schwinden   │ Nein ┌─────────────┴──┐
   │ Ein Putzmangel │◀───┤ des Untergrundes,├─────▶│ Mangel des     │
   │ liegt vor!     │    │ Mischmauerwerk   │      │ Untergrundes!  │
   └───────┬────────┘    │ oder andere      │      └────────┬───────┘
           │             │ inhomogene Unter-│               │
           │             │ gründe zu be-    │               │
           │             │ rücksichtigen?   │               │
           │             └──────────────────┘               │
           │                      │                         │
           │                      ▼                         │
           │             ┌────────────────────┐             │
           └────────────▶│ Sanierung der      │◀────────────┘
                         │ Risse!             │
                         └────────────────────┘
```

Rißbildungen mit Rißbreiten bis 0,2 mm werden in der Regel als *Haarrisse* bezeichnet. Es ist jedoch nicht sinnvoll, nur mit dem Zahlenwert der gemessenen Rißbreite Risse klassifizieren zu wollen. Vielmehr muß auch berücksichtigt werden, wo der Riß liegt (Beanspruchung durch Schlagregen) und um was für einen Putz es sich handelt. Hinweise zum Einordnen von Rissen unterschiedlicher Breite gibt Tabelle 4.6.

Es können keine allgemeingültigen Grenzwerte für Putze angegeben werden, da gleiche Rißbreiten bei verschiedenen Putzen unterschiedlich bewertet werden müssen. Beispielsweise beeinträchtigen Rißbildungen in kapillar leitfähigen Putzen den Schlagregenschutz weit weniger als bei wasserhemmenden oder wasserabweisenden Putzen, die eine relativ geringe kapillare Leitfähigkeit haben. Dies hängt mit der unterschiedlichen Kapillarität und der Wasserdampfdiffusion zusammen. Während bei kapillar leitfähigen Putzen eindringende Feuchtigkeit in kurzer Zeit weit verteilt wird und dann bei geringem Wasserdampfdiffusionswiderstand leicht austrocknen kann, gelangt bei kapillar weniger gut leitfähigen Putzen mit höherem Wasserdampfdiffusionswiderstand das Wasser durch den Riß auf den Untergrund, verteilt sich dort und kann nur langsam wieder austrocknen. Es kann dabei längerfristig bei starker Schlagregenbeanspruchung zu einer starken Durchfeuchtung des Untergrundes kommen. Aus diesem Grund können beispielsweise Haarrisse

Tabelle 4.6: Hinweise zur Bewertung von Rissen unterschiedlicher Breite

Mittlere Rißbreite in mm	Höchstzulässige Einzelwerte in mm	Bewertung der Risse
≈ 0,15	0,2	Haarrisse in kapillar leitfähigen Putzen zulässig, in wasserhemmend oder wasserabweisend eingestellten Putzen überwiegend zulässig (abhängig vom Untergrund).
≈ 0,25	0,3	In kapillar leitfähigen Putzen zulässig (abhängig vom Untergrund), in wasserhemmend oder wasserabweisend eingestellten Putzen nicht zulässig.
≈ 0,35	0,5	Wegen Beeinträchtigung der Schutzfunktion des Putzes und aus ästhetischen Gründen unzulässig
≈ 0,5	0,7	Grober, deutlich sichtbarer Riß; wegen Beeinträchtigung der Schutzfunktion des Putzes und aus ästhetischen Gründen unzulässig

bei kapillar leitfähigen Putzen viel eher hingenommen werden als bei kapillar wenig leitfähigen Putzen.

Insgesamt sind also für den Einfluß von Rissen auf die Schlagregensicherheit von Putzen folgende Kriterien maßgeblich:

- die Wasserweiterleitung innerhalb des Risses
- die Austrocknungsmöglichkeiten des in den Riß eingedrungenen Wassers
- die kapillare Leitfähigkeit des Putzes und des Untergrundes
- die Wasserspeicherfähigkeit des Putzes und des Untergrundes
- das Wasserdampfdiffusionsverhalten des Putzes
- die Art und Tiefe des Risses

Der ästhetische Einfluß von Rissen im Putz ist nicht nur von der Rißbreite, sondern auch sehr stark von der Putzoberfläche sowie dem Abstand des Betrachters abhängig. Die zu tolerierende Rißbreite ist also im wesentlichen abhängig vom üblichen Abstand des Betrachters von der Putzoberfläche und von der Oberflächenstruktur des Putzes. Aus diesem Grund sind glatte Putze hinsichtlich optischer Beeinträchtigungen viel anfälliger als rauhe Putze. Als besonders günstig sind Reibeputze anzusehen, bei denen selbst Risse mit Rißbreiten von ca. 0,25 mm kaum zu sehen sind, weil sie sich durch die rauhe Oberfläche kaum abzeichnen.

4.2.4.2 Rißtiefe

Wie schon erwähnt, ist auch die Tiefe des Risses ein wichtiges Kriterium zur Beurteilung der möglichen Schädigung eines Putzes. Die Rißtiefen hängen stark von der Form des Risses ab. Dabei unterscheidet man

- V-förmige Risse
- Risse mit parallelen oder nahezu parallelen Rißflanken.

Risse mit V-förmigen Flanken haben eine endliche Tiefe, d.h. sie hören in einer bestimmten Tiefe auf. Risse mit parallelen oder nahezu parallelen Rißflanken reichen oft tief in den Putz hinein und können den gesamten Querschnitt des Putzes umfassen.

V-förmige Risse bzw. solche mit begrenzter Rißtiefe treten bei Putzen vor allem dort auf, wo diese stark geschwunden sind (netzförmige Rißbilder). Diese Risse sind meist nur wenige Millimeter tief. Eindringendes Regenwasser gelangt dabei in der Regel nicht bis zum Untergrund, sondern verteilt sich im Putz, je nach dessen Saugfähigkeit mehr oder weniger tief.

Bei Rissen mit parallelen oder nahezu parallelen Rißflanken kann Regenwasser in größere Tiefen des Putzes vordringen, auch bis zum Untergrund. Je nach Art des Untergrundes kann es dann zur Aufnahme von nennenswerten Wassermengen kommen.

Risse ab einer bestimmten Breite, ca. 0,3 bis 0,4 mm, reichen in nahezu allen Fällen bis zum Untergrund.

4.2.4.3 Rißursache

Die Ursachen von Rissen in Putzen sind sehr vielfältig. Wichtig ist in jedem Fall die genaue Kenntnis der Ursache, um erfolgreich sanieren zu können. Einige Rißursachen sind nachfolgend zusammengestellt:

- Fortsetzung eines Risses aus dem Untergrund auch im Putz
- Materialwechsel im Untergrund (z.B. Dämmplatte)
- Fehlende Putzbewehrung oder Putzträger im Putz
- Fehlende Dehnfugen
- Falsches Putzsystem
- Verarbeitungsmängel

Hierbei beinhaltet der Punkt *Verarbeitungsmängel* eine ganze Reihe von Fehlermöglichkeiten, so z.B.:

- fehlende oder falsche Untergrundvorbehandlung
- falsche Zusammensetzung des Putzes (zu hoher Bindemittelgehalt, zu hohe Festigkeit)
- falsche Vorgehensweise beim Putzauftrag
- fehlende oder falsche Nachbehandlung
- zu intensive oder zu späte Oberflächenbehandlung

Es sind viele Kriterien zu beachten, damit beim Putzauftrag keine Risse entstehen. Auch die Randbedingungen wie z.B. Witterungsverhältnisse und der Untergrund sind zu beachten. Im Kapitel 2 sind Eigenschaften beschrieben, die u.a. auch auf die Rißbildung direkten Einfluß haben. Es wirken der Rißbildung entgegen:

- geeigneter Putzgrund (Saugfähigkeit, Rauhigkeit), der eine gute Haftung des Putzes sicherstellt
- geringe Verformungen des Untergrundes nach dem Putzauftrag (empfohlene Standzeit des Untergrundes vor dem Verputzen: mindestens 6 Monate)
- günstige Witterungsbedingungen beim Putzauftrag (Lufttemperatur zwischen 10 und 20 °C, kein oder schwacher Wind)
- auf den Putzgrund abgestimmter E-Modul des Putzes
- hohe Zugfestigkeiten des Putzes (Zug-, Haftzug- und Biegezugfestigkeit)
- niedriger Elastizitätsmodul (E-Modul)
- großer Rißsicherheitskennwert K_R

- *Rißbilder*

Durch das Aussehen, die Anzahl und Anordnung der Risse, also das Rißbild, können vielfach Aussagen über deren Ursachen und Sanierung getroffen werden.

Putzoberflächenrisse treten überwiegend als haarfeine, netzartige Risse mit Rißbreiten von weniger als 0,2 mm auf. Solche Risse werden auch als Netzrisse oder als »Craqueléerisse« bezeichnet. In der Regel handelt es sich um Schwindrisse in der Oberfläche der obersten Putzlage. Bei trockenem Putz sind sie nicht ohne weiteres zu erkennen.

Putzrisse, die durch alle Putzlagen hindurchgehen, können ebenso wie Putzoberflächenrisse netzartig auftreten. Sie zeichnen sich jedoch deutlicher als diese ab, da sie breiter sind.

Risse, die vom *Putzträger*, also vom Untergrund, ausgehen, zeichnen sich, so wie sie im Untergrund entstanden sind, auch an der Putzoberfläche ab. Sie gehen demnach durch den gesamten Putz.

Auf diese Weise kann man vielfach durch die Form der Risse auf die Ursache der Risse schließen. Man kann also z.B. Stahlbetonstürze, Mischmauerwerk oder Holzwolle-Leichtbauplatten am Rißbild erkennen.

Bautechnische und *konstruktionsabhängige Risse* entstehen in der Regel dort, wo Fehler im statischen Bereich gemacht wurden (z.B. durch ungenügende Einbindung unterschiedlicher Baustoffe). Risse dieser Art zeichnen sich z.B. an Deckenstirnseiten ab, verlaufen schräg durch eine Wand entlang den Mauerwerksfugen oder gehen von Fensterecken aus diagonal ein Stück weit in den Putz. Risse dieser Art können Breiten von mehreren Millimetern erreichen.

Manche Bauherren oder Architekten sind zwar anderer Meinung, es muß aber klar gesagt werden, daß Risse, die auf diese Weise vom Untergrund ausgehen, auch bei Verwendung von Putzträgern oder Putzbewehrungen (auch doppelte Putzbewehrung) *nicht* sicher vermieden werden können. Solche vom Untergrund ausgehenden Risse werden nur dann im Putz rißfrei überbrückt, wenn die o.g. Maßnahmen ergriffen worden sind und wenn die Rißbewegung des Untergrundes in engen Grenzen bleibt (Rißbewegung ca. 0,2 mm). In Tabelle 4.7 sind verschiedene Rißarten genannt sowie mögliche Rißursachen. Ausführungen zu der rechten Spalte der Tabelle 4.7 »Rißinstandsetzung« finden sich im folgenden Kapitel.

4.2.4.4 Sanierung von Rissen

Für die Sanierung von Rissen in Putzen gibt es von den Herstellern von Anstrichstoffen und von den Putzherstellern sehr viele Empfehlungen und Hinweise zur Vorgehensweise. Die Vielzahl von Schäden an sanierten bzw. instandgesetzten rissigen Putzen zeigen jedoch, daß einfache Rezeptlösungen in der Regel nicht ausreichen, um Risse dauerhaft zu beseitigen. Sehr wichtig ist die genaue Kenntnis der Rißursachen. So wird z.B. ein Riß im Putz nach der Sanierung wieder auftreten, wenn dieser durch noch andauernde Verformungen des Untergrundes bedingt war. Daraus folgt, daß die Ursachen der Risse vor der eigentlichen Putzsanierung gefunden und beachtet werden müssen und eine Abschätzung der noch auftretenden Rißbewegungen vorgenommen werden muß. Je nach den Ergebnissen dieser Erhebungen wird man unter Berücksichtigung von optischen und wirtschaftlichen Belangen eine der Möglichkeiten zur Sanierung von Putzrissen wählen.

In Tabelle 4.7 werden in der rechten Spalte vier Möglichkeiten zur Sanierung von Rissen behandelt, nämlich Hydrophobierung, Anstrich, rißüberbrückendes Anstrichsystem, rißüberbrückender Oberputz und Wärmedämmverbundsystem. Diese Möglichkeiten zur Sanierung von Rissen sowie einige weitere werden nachfolgend beschrieben.

- *Hydrophobierung*
Hydrophobierungen und deren Wirkungsweise sind ausführlich in Kapitel 3.5.4.1 dieses Buches beschrieben. Aus diesem Abschnitt geht u.a. hervor, daß Hydrophobierungen nach der Ausführung nicht sichtbar sind und daß sie keine rißüberbrückenden Eigenschaften besitzen. Trotzdem ist die Hydrophobierung bei vielen Arten von Putzrissen, insbesondere bei schmalen Rissen mit Rißbreiten von weniger als ca. 0,25 bis 0,30 mm eine gute Möglichkeit, die schädlichen Auswirkungen der Risse auf den Putz und den Untergrund zu verhindern. Der Grund liegt darin, daß Hydrophobierungen sehr kleine Molekülgrößen aufweisen und tief in den zu hydrophobierenden Putz und tief in die Risse eindringen und dort die Poren mit dem hydrophobierenden Wirkstoff auskleiden, so daß im Rißbereich nur sehr wenig Wasser in den Putz eindringen kann.

Für Hydrophobierungen werden farblose, niedrigviskose Flüssigkeiten verwendet, bei denen der Wirkstoff in einem Lösungsmittel gelöst ist. Die Hydrophobierungsmittel dringen bei hoher Saugfähigkeit des Putzes in die poröse Putzoberfläche bis zu

Tabelle 4.7: Rißarten, Rißursachen und Möglichkeiten zur Rißinstandsetzung

Rißarten	**Rißursachen**	**Möglichkeiten zur Rißinstandsetzung** [1]
Risse in der Putzoberfläche (mit geringen Rißbreiten)	• zu feiner, gleichkörniger Sand in der letzten Putzlage; • zu viel aufschlämmbare Bestandteile toniger Natur im Sand des Putzmörtels; • zu hoher Bindemittelanteil in der letzten Putzlage; • zu intensive Oberflächenbehandlung des Putzes; • zu schneller Entzug des Anmachwassers durch fehlende oder falsche Nachbehandlung;	• Hydrophobierung; • Anstrich; • rißüberbrückende Anstrichsysteme; • rißüberbrückende Oberputze;
Risse, die durch alle Putzlagen hindurchgehen (mit geringen Rißbreiten)	• zu viel aufschlämmbare Bestandteile, z.B. bei lehmhaltigem Putzmörtelsand (Schwindrisse); • zu bindemittelreiche Mörtelzusammensetzung (Schwindrisse); • zu dicke Putzlage (Schwindrisse); • zu schneller Entzug des Anmachwassers durch Hitze, Sonne, Wind oder stark saugende Untergründe;	• Hydrophobierung; • rißüberbrückende Anstrichsysteme; • rißüberbrückende Oberputze;
Risse, die durch alle Putzlagen hindurchgehen, wobei sich Stoß- und Lagerfugen des Putzträgers abzeichnen (mit geringen Rißbreiten)	• ungenügende Austrocknung des Mauerwerkes; • stark abweichende Eigenschaften der Mauerwerksbaustoffe (Mischmauerwerk); • nicht vollfugig vermauertes Mauerwerk; • stark abweichende Eigenschaften von Mauerwerksbaustoffen und Fugenmörtel; • Thermische Spannungen, vom Wandbaustoff ausgehend; • zu bindemittelreiche Mörtelzusammensetzung (Schwindrisse); • zu dicke Putzlage (Schwindrisse); • zu schneller Entzug des Anmachwassers durch Sonne, Wind oder stark saugende Untergründe;	• Hydrophobierung; • rißüberbrückende Anstrichsysteme; • rißüberbrückende Oberputze; • Wärmedämmverbundsysteme;
Risse, die durch Formänderung des Untergrundes entstanden sind	• Volumenveränderung des Untergrundes durch Temperatur- und Feuchtigkeitseinwirkungen; • Mischmauerwerk, Stahlbetonbauteile in Außenwänden, Holzwolle-Leichtbauplatten;	• rißüberbrückende Anstrichsysteme; • rißüberbrückende Oberputze; • Wärmedämmverbundsysteme;
Risse, die durch bautechnische und konstruktionsabhängige Bewegungen entstanden sind	• Bewegungen und Verformungen durch Zug- oder Druckspannung, durch Dehnung und Setzung; • Windbelastung; • Schubbeanspruchungen; • Fehlende Bewegungsfugen; • Anschlüsse von Bauteilen und Baustoffen mit unterschiedlichen Eigenschaften;	• rißüberbrückende Anstrichsysteme; • rißüberbrückende Oberputze; • Wärmedämmverbundsysteme;
Risse, die auf den Baugrund zurückzuführen sind	• Geologische Setzungen, verursacht durch Bewegungen des Baugrundes (Erdbeben, Bergbau); • Erschütterungen durch Straßenverkehr, Bahnverkehr oder Luftverkehr;	• rißüberbrückende Anstrichsysteme; • rißüberbrückende Oberputze; • Wärmedämmverbundsysteme;

1 vor der Sanierungsmaßnahme muß geklärt werden, ob die noch auftretenden Rißbewegungen überbrückt werden können (außer bei Hydrophobierungen)

einigen Millimetern Tiefe ein, und die Lösungsmittel verdampfen. Dabei werden die Oberfläche und die oberflächennahen Poren sowie die Risse im Putz mit einem dünnen, nicht immer geschlossenen Film überzogen, wobei aber keine äußerlich erkennbare Schicht gebildet wird. Da auf diese Weise kein deckender Anstrich erfolgt, ist vor der Hydrophobierung des Putzes aus optischen Gründen eine intensive Reinigung erforderlich, um ein gutes Aussehen zu erreichen.

Entsprechende Messungen haben ergeben, daß Hydrophobierungen 10 bis 15 mm, z.T. auch tiefer in Risse eindringen und hier ihre hydrophobierende Wirkung entfalten.

Die Wirksamkeit und Nutzungsdauer von Hydrophobierungen ist stark abhängig von der Art des Wirkstoffes und der Menge der aufgebrachten hydrophobierenden Substanzen. Man rechnet mit einer Nutzungsdauer von ca. 10 Jahren. Dabei darf nicht übersehen werden, daß der anfängliche wasserabweisende Effekt an der Oberfläche relativ schnell nachläßt. Trotzdem bleibt die hydrophobierende Wirkung sowohl des gesamten Putzes als auch in den Rissen des Putzes noch lange erhalten, weil im Kapillarsystem des Baustoffes, unter der Oberfläche, die hydrophobierende Wirkung noch vorhanden ist. Dies haben entsprechende Laborversuche und Messungen an Putzen, die vor mehreren Jahren hydrophobiert worden sind, ergeben.

Um dem saugfähigen Putz eine ausreichende Menge an Hydrophobierungsmittel zuzufügen, wird die Fassade im Überschuß geflutet, üblicherweise in 2 Arbeitsgängen. Dabei ist zu beachten, daß im Bereich der Risse eine ausreichende Menge von Hydrophobierungsmittel aufgebracht wird. Wichtig ist es auch, daß der Putz und die Risse *trocken* sind, damit das Hydrophobierungsmittel auch aufgesaugt wird.

Das Aussehen der Risse wird durch eine Hydrophobierung nicht verändert, jedoch wird die sonst übliche Verschmutzung der Rißränder durch eine Hydrophobierung vermindert.

Bei größeren Rißbreiten sind Hydrophobierungen auf gerissenen Putzen nicht zweckmäßig; einerseits weil die Schutzwirkung vor eindringendem Wasser nachläßt, andererseits weil breitere Risse auch optisch stören und nach einer Hydrophobierung ja noch sichtbar sind.

• *Anstriche*
Übliche Fassadenanstriche, die *keine* rißüberbrückenden Eigenschaften aufweisen, sind nur in Sonderfällen geeignet, um Putzrisse zu überdecken. Sie sind nur dann sinnvoll, wenn sehr schmale Putzrisse vorliegen ohne nennenswerte Rißbewegung. Solche Risse können z.B. mit einem Dispersionsanstrich, bestehend aus Grund- und Deckanstrich, überbrückt werden. Eine vorherige, hydrophobierende Grundierung ist sinnvoll.

Wenn Rißbewegungen über eine Größe von ca. 0,1 mm hinaus möglich sind, können übliche Anstriche im Rißbereich unterwandert werden oder sich optisch abzeichnen. In solchen Fällen sind Hydrophobierungen oder Anstriche mit rißüberbrückenden Eigenschaften geeigneter als normale Anstriche.

• *Rißüberbrückende Anstrichsysteme*
Entsprechend konzipierte rißüberbrückende Anstriche lassen erwarten, daß auch über Rissen des Putzes mit veränderlicher Breite das Anstrichsystem nicht einreißt. Es gibt mehrere Vorgehensweisen zur Erzielung der rißüberbrückenden Wirkung. Für Putze werden überwiegend dickere Schichten eines verformungsfähigen, zugfesten Anstriches verwendet, die sich zwischenzeitlich seit mehr als 10 Jahren bewährt haben. Es handelt sich dabei überwiegend um Dispersionsanstrichsysteme mit einem zähelastischen, zugfesten Bindemittel (z.B. Ethylen-Mischpolymere). Bei der Verwendung solcher Anstrichsysteme in der Praxis muß zunächst der Putz im Hinblick auf die zu erwartende Bewegung der Rißufer beurteilt werden und entsprechend die Schichtdicke und das Anstrichsystem festgelegt werden. Überwiegend kommen 3- oder 4lagige Anstrichaufbauten zum Einsatz mit einer Trockenschichtdicke von ca. 0,3 mm bis 0,4 mm. Damit können sich bewegende Risse oder neu entstehende Risse im Putz mit einer Amplitude der Rißbreite von ca. 0,3 mm überbrückt werden (bei der Amplitude der Rißbreite handelt es sich um die Summe der maximalen Rißbewegungen in beide Richtungen senkrecht zum Riß).

Sehr wichtig ist es, daß vor dem Anstrich der Putz *geglättet* wird, so daß die Oberfläche nicht zu uneben ist. Andernfalls bildet sich über den Spitzen des Putzes nur eine relativ dünne Schicht des Anstriches aus mit verminderter Rißüberbrückung. Vor dem Auftragen des rißüberbrückenden Anstrichsystemes muß durch entsprechende Maßnahmen außerdem dafür gesorgt werden, daß die Putzoberfläche fest und tragfähig ist, so daß das Anstrichsystem gut und dauerhaft darauf haftet.

Trotz der relativ hohen Schichtdicke von rißüberbrückenden Anstrichsystemen erfüllen diese neben einem guten Regenschutz auch die gestellten Anforderungen an die Wasserdampfdurchlässigkeit, so daß sie als wasserabweisend einzustufen sind. Beim Einsatz von rißüberbrückenden Anstrichsystemen muß man sich aber darüber im klaren sein, daß statt einer Putzoberfläche eine gestrichene Oberfläche vorliegt, also ein ganz anderes Aussehen erreicht wird.

- *Rißüberbrückende Oberputze*
Mit den rißüberbrückenden Oberputzen bietet sich dem Stukkateur eine handwerksgerechte Möglichkeit, gerissene Putze zu sanieren. Dieses und auch die anderen beschriebenen Verfahren sind nicht nur bei neuen, rissigen Putzen einsetzbar, sondern vor allem auch bei älteren, instandzusetzenden mineralischen Putzen. Gerade das hier beschriebene Verfahren gewinnt zunehmend an Bedeutung, weil es bei akzeptablem Preis einen neuen, dauerhaften mineralischen Oberputz schafft, der gewisse Rißbreitenbewegungen des Untergrundes überbrückt. Der neue Oberputz kann dabei in vielen möglichen Strukturen und Farben aufgebracht werden.

Rißüberbrückende Oberputze können bei entsprechender Variation der Grundschicht auf gestrichene und ungestrichene mineralische Alt- und Neuputze der Putzmörtelgruppen P II und P III aufgebracht werden. Diese Putze können auch partielle Schäden aufweisen, z.B. an besonders beanspruchten Bereichen (Sockel, Balkone, Anschlüsse, Attika). Ein Auftrag auf Kunstharzputze oder mineralische Strukturputze mit und ohne Dispersionsanstrich ist ebenso möglich wie der Einsatz auf Edelputzen. Das Prinzip der rißüberbrückenden Oberputze besteht darin, daß eine teilflächige oder ganzflächige Armierungsschicht auf den Untergrund aufgebracht wird und diese nach der Erhärtung mit einem darauf abgestimmten Oberputz, der aus einem Werkmörtel besteht, überarbeitet wird. Als Oberputze kommen dabei je nach Wunsch und Anwendungsfall Kunstharzputze, Silikatputze oder auch Leichtputze zur Anwendung. Diese Putze können jeweils als Reibeputze, Kratzputze oder Modellierputze zum Einsatz kommen mit üblichen Schichtdicken von ca. 2 bis 4 mm.

Ein wichtiger Arbeitsschritt beim Aufbringen eines rißüberbrückenden Oberputzes ist die *Untergrundvorbehandlung*, vor allem bei Altputzen. Der Untergrund kann zwar Risse aufweisen, er muß aber fest und tragfähig sein. Je nach Zustand des Untergrundes eignet sich dafür Dampfstrahlen oder Hochdruckwasserstrahlen. Nicht tragfähige Altanstriche müssen restlos entfernt werden, tragfähige und feste Dispersionsaltanstriche können dagegen belassen werden. Selbstverständlich müssen im Rahmen der Untergrundvorbehandlung Fehlstellen, Hohlstellen, Ausbrüche oder mürbe Putzstellen durch Entfernen des Altputzes und Auftragen eines neuen Putzes beseitigt werden, und solche Reparaturstellen müssen ausreichend erhärten, bevor die Armierungsschicht aufgebracht wird.

Die *Armierungsschicht* besteht üblicherweise aus einem zementgebundenen, kunststoffvergüteten Werktrockenmörtel als Armierungsmasse, die in ca. 4 mm Dicke aufgespachtelt wird und in die ein Glasfaserarmierungsgewebe eingebettet wird. Dabei ist darauf zu achten, daß eine gleichmäßige Schichtdicke erzielt wird, das Gewebe mittig eingebettet wird und daß das Gewebe mindestens 10 cm breit überlappt wird. Es ist außerdem wichtig, daß nur rißüberbrückende *Systeme* zum Einsatz kommen, bestehend aus Armierungsmasse, Armierungsgewebe und zugehörigem Oberputz. Vor dem Auftrag der Armierungsmasse müssen hervorstehende Erhebungen des Altputzes abgestoßen werden, was mit Hilfe eines Gitterrabbots durchgeführt werden kann.

Wenn erkennbar ist, daß größere Unebenheiten ausgeglichen werden müssen, sollte eine *dickschichtige* Armierungsmasse mit entsprechend gröberem Korn aufgebracht werden (Schichtdicke ca. 6 bis 8 mm).

Wenn die alte Putzoberfläche aus einem festhaftenden Kunstharzputz oder einem Dispersionsanstrich besteht, haften zementgebundene Armierungsmassen i.d.R. schlecht. Hier bieten sich *dispersionsgebundene Armierungsmassen* an, die auch auf solchen Untergründen eine gute Haftung erzielen.

Je nach Art des Untergrundes (z.B. leicht sandender, mineralischer Altputz, saugfähiger Altputz) sind vor dem Auftrag der Armierungsmasse verfestigende Grundierungen oder Grundierungen zur Verminderung der Saugfähigkeit erforderlich.

Nach der Erhärtung der Armierungsschicht wird abschließend ein üblicher, systemzugehöriger Oberputz in der gewünschten Struktur und Dicke aufgezogen (Kunstharzputz, Silikatputz, Leichtputz). Dabei sollten keine *dunklen* Farben verwendet werden, die hohe thermische Spannungen verursachen, und keine zu grobe Körnung, die zu relativ großen Schichtdicken und damit zu größeren Schwindspannungen führt.

In Tabelle 4.8 sind die prinzipiellen Arbeitsgänge zum Aufbringen eines rißüberbrückenden Oberputzes nochmals zusammengefaßt. Mit solchen Systemen können Rißbewegungen von ca. 0,2 mm dauerhaft überbrückt werden.

Tabelle 4.8: Prinzipieller Aufbau eines rißüberbrückenden Oberputzes

Arbeitsschritte	Maßnahmen
Untergrundvorbehandlung	Schaffung eines festen und tragfähigen Untergrundes (alter, mineralischer Putz, Kunstharzputz oder Dispersionsanstrich) durch Dampfstrahlen oder Hochdruckwasserstrahlen sowie Ausbesserung von Fehlstellen (Ausbrüche, Hohlstellen, mürbe Bereiche)
Grundierung	Bei noch sandenden Oberflächen verfestigende Grundierung; bei stark saugendem Putz Grundierung zur Regulierung des Saugverhaltens
Ganzflächige Armierungsschicht	Zementgebundene, kunststoffvergütete Armierungsschicht in ca. 4 mm Dicke mit mittig eingebettetem Glasfasergewebe (mindestens 10 cm überlappt). Bei relativ *unebenem* Putz: Armierungsschicht mit gröberem Korn und größerer Schichtdicke (ca. 8 mm). Wenn der Untergrund aus festhaftendem Kunstharzputz oder einem Dispersionsanstrich besteht: Auftrag einer *dispersionsgebundenen* Armierungsschicht in ca. 4 mm Dicke mit mittig eingebettetem Gewebe.
Oberputz	Je nach gewünschter Art und Struktur Kunstharzputz, Silikatputz oder Leichtputz, aufgetragen z.B. als Reibeputz in ca. 2 bis 4 mm Dicke.

Bei den meisten älteren Putzen mit Rissen wirkt sich günstig aus, daß die überwiegende Anzahl der zu überbrückenden Risse bereits vorhanden ist und keine oder nur wenig *neu entstehende Risse* zu erwarten sind. Ein neu entstehender Riß mit einer Rißbreite von 0,2 mm stellt nämlich höhere Anforderungen an die Rißüberbrückung als ein bestehender, z.B. 0,2 mm breiter Riß, der sich auf 0,5 mm Breite aufweitet. Rißüberbrückende Oberputze eignen sich somit für eine Vielzahl von gerissenen Putzfassaden, deren zu erwartende Rißbreitenänderung auf ca. 0,2 mm begrenzt bleibt. Wenn höhere Rißbreitenänderungen zu erwarten sind, empfiehlt sich zur Sanierung von Rissen der Einsatz eines Wärmedämmverbundsystems, der teuersten, aber auch wirkungsvollsten Art der Sanierung von Rissen. Der relativ hohe Preis eines Wärmedämmverbundsystems erscheint aber in einem anderen Licht, wenn man bedenkt, daß dadurch gleichzeitig eine deutliche Verbesserung des Wärmeschutzes erfolgt und daß Wärmedämmverbundsysteme sehr dauerhaft sind.

• *Wärmedämmverbundsystem*
Wenn breite, sich bewegende Risse im Putz vorliegen, die ihre Ursache überwiegend im Untergrund bzw. in den konstruktiven Gegebenheiten des Bauwerkes haben, ist der Einsatz von rißüberbrückenden Oberputzen nicht mehr möglich, weil auch diese Risse bekommen würden. Rißüberbrückende Anstrichsysteme sind zwar in der Lage, bei entsprechender Schichtdicke auch Risse mit einer Bewegung von mehr als ca. 0,2 bis 0,3 mm zu überbrücken, doch auch solche Systeme sind bei sehr breiten und

sich stark bewegenden Rissen überfordert. Die eigentliche Ursache der Rißbewegung, nämlich wechselnde Temperaturen am Untergrund, wird bei beiden Sanierungsmaßnahmen nicht beseitigt.

Nach dem Auftrag eines Wärmedämmverbundsystems (WDVS) bleibt die Temperatur des Untergrundes infolge der Wärmedämmung auf einem relativ gleichmäßigen Niveau. Dadurch wird die Änderung der Breite von vorhandenen Rissen deutlich reduziert. Außerdem ist ein WDVS in der Lage, sich bewegende Risse des Untergrundes – auch bei Rißbewegungen von ca. 0,5 bis 0,7 mm – dauerhaft zu überbrücken. WDVS sind im Kapitel 1.5.4 dieses Buches beschrieben, und Ausführungshinweise liegen im Kapitel 3.3.8 vor. Es muß beachtet werden, daß die Mindestschichtdicke der Wärmedämmplatten ca. 30 mm betragen muß, um eine ausreichende Rißüberbrückung sicherzustellen, so daß der Gesamtaufbau ca. 40 mm dick wird. Je nach Objekt und je nach Ausbildung von vorhandenen Anschlüssen und Fensterbänken sind daher ggf. zusätzliche Maßnahmen an diesen Details erforderlich.

- *Sonstige Verfahren*

Je nach Schadensbild und Objekt sind außer den genannten Verfahren zur Sanierung von Rissen im Putz auch andere Verfahren möglich, z.B. Wärmedämmputz oder nur teilflächige Armierung des Putzes im Bereich der Risse. Es gibt auch sehr elastisch eingestellte Kunstharzputze, die im Bereich der Risse bewehrt werden und durch ihre Verformbarkeit die Rißüberbrückung gewährleisten sollen. Diese und weitere Verfahren haben sich jedoch nur in geringem Umfang zur Sanierung von Rissen im Putz durchgesetzt.

4.2.5 Undichte Anschlüsse

Durch undichte Anschlüsse an Attiken, Balkonen, Wasserspeiern, Durchdringungen oder anderen Details kann Wasser in den Putz eindringen und diesen frühzeitig beeinträchtigen durch Verfärbungen, Absandungen oder Abplatzungen. Wenn der Putz einen Anstrich besitzt, kommt es hier zu Verfärbungen und Abplatzungen des Anstriches. Die Ursache solcher Schäden sind letztendlich die undichten Anschlüsse, und diese müssen konstruktiv sicher und dauerhaft abgedichtet werden, bevor eine Sanierung des Putzes Erfolg haben kann. Am schwierigsten ist dabei meistens eine optisch befriedigende Anbindung des ausgebesserten Bereiches an den vorhandenen Putz.

Wenn der Stukkateur bereits beim Putzauftrag erkennt, daß undichte Anschlüsse vorliegen, die den Putz überlasten können, ist er verpflichtet, darauf hinzuweisen, was am besten schriftlich erfolgen sollte.

4.2.6 Schäden an Sanierputzen

Wie bereits im Kapitel 1.5.5 beschrieben, kann mit Sanierputzen die Oberfläche von feuchtem, salzhaltigem Mauerwerk trockengelegt werden. Die häufigsten Schäden treten in folgenden Bereichen auf:

- zu starker Wasseranfall aus dem Untergrund
- zu geringe Schichtdicke des Sanierputzes
- zu geringer Luftporengehalt des Sanierputzes
- zu geringe Oberflächenfestigkeit des Sanierputzes

Der erste Punkt betrifft die *Planung* der Maßnahmen. Sanierputze sind zwar hoch wasserdampfdurchlässig, bei großem *Wasseranfall* oder drückendem Wasser sind sie jedoch überfordert und können auch bei richtiger Ausführung ihre Aufgabe nicht oder nur eine begrenzte Zeit erfüllen, weil sie schon in wenigen Monaten mit auskristallisierten Salzen gefüllt sind.

Die anderen, am häufigsten vorkommenden Schäden betreffen jedoch *Verarbeitungsmängel*, für die der Stukkateur verantwortlich ist. Da es sich bei Sanierputzen um ein spezielles Fachgebiet handelt, sind die o.g. Verarbeitungsmängel noch relativ häufig anzutreffen. Bei Beachtung der Ausführungen im Kapitel 3.3.9 sowie der Technischen Merkblätter der Hersteller sollten die oben genannten und andere Verarbeitungsfehler nicht vorkommen. Insbesondere muß auf einen ausreichend hohen *Luftporengehalt* geachtet werden, der nur bei richtigem Mischen erreicht wird. Es ist daher empfehlenswert, zumindest am Anfang den ausreichenden Luftporengehalt des Sanierputzes nach dem Mischen vor Ort zu messen oder messen zu lassen.

Eine Methode dazu ist im Kapitel 3.3.9.1 beschrieben. Ein zu geringer Luftporengehalt im erhärteten Sanierputz, durch den dieser in seiner Wirksamkeit stark eingeschränkt wird, deutet also auf einen Mischungsfehler hin (falsche Putzmaschine oder nicht intensiv genug, zu kurz oder zu lange gemischt).

Ein anderer häufiger Mangel bei Sanierputzen ist eine zu geringe *Oberflächenfestigkeit*. Sanierputze, die stark hydrophobierend ausgerüstet sind und einen sehr hohen Gehalt an Luftporen besitzen, sind relativ empfindlich gegen zu schnelles Austrocknen der Oberfläche und gegen eine zu intensive oder zum falschen Zeitpunkt erfolgende Nachbehandlung. Die Vorschriften des Herstellers müssen also genau eingehalten werden, damit die Oberfläche dieser Putze fest und tragfähig wird. Andernfalls tritt ein relativ starkes Absanden der Oberfläche auf.

Wenn der Luftporengehalt eines erhärteten Sanierputzes einmal zu gering ist, läßt sich daran nichts mehr ändern. Je nach den Gegebenheiten des Objektes (Salzart, anfallende Wassermenge, Klima) und dem tatsächlich vorhandenen Luftporengehalt des Sanierputzes können verschiedene Sanierungsmöglichkeiten ausgeführt werden. Bei nur relativ geringer Unterschreitung des Luftporengehaltes läßt sich durch den Auftrag einer weiteren Lage Sanierputz in ca. 15 mm Dicke die ursprünglich angestrebte Wirksamkeit und Gebrauchstauglichkeit wieder herstellen. Bei starker Unterschreitung des Luftporengehaltes, also bei Rohdichten des Sanierputzes von mehr als ca. 1.750 kg/m^3 (normal ist eine Rohdichte des Festmörtels im Bereich um 1.350 kg/m^3), kann nicht mehr saniert werden, sondern dieser Sanierputz muß vollständig entfernt und neu aufgebracht werden. Ein Belassen des Sanierputzes mit zu hoher Rohdichte oder nur ein Überarbeiten des Sanierputzes hätte zur Folge, daß sich bei entsprechender Salzbelastung aus dem Untergrund der fehlerhafte Sanierputz vom Untergrund ablöst und durch die auskristallisierenden Salze zerstört wird.

Eine »Sanierung« eines Sanierputzes mit zu geringem Luftporengehalt durch Neuauftrag ist zwar sehr aufwendig, jedoch unumgänglich. Ein großer Teil des Aufwandes besteht dabei in der Entfernung des alten Sanierputzes und dem gründlichen Reinigen des Untergrundes von allen Resten des fehlerhaften Putzes.

4.2.7 Schäden an Wärmedämmverbundsystemen

Der Aufbau und die Wirkungsweise von Wärmedämmverbundsystemen (WDVS) ist ausführlich im Kapitel 1.5.4 beschrieben, und Ausführungshinweise zur mängelfreien Verarbeitung liegen in Kapitel 3.3.8 vor.

Dank umfangreicher Schulungs- und Weiterbildungsmaßnahmen von verschiedenen Seiten (Hersteller, Verbände, Innungen) sind die anfänglich relativ häufigen Verarbeitungsmängel deutlich zurückgegangen. Trotzdem kommt es nach wie vor zu Schäden an WDVS, die saniert werden müssen. Zum größten Teil betreffen die erforderlichen Maßnahmen überwiegend Alterungserscheinungen, nämlich Schwindrisse des Kunstharzputzes, Vergrauungen und z.T. beträchtliche Bewüchse des Kunstharzputzes mit Algen und Moosen.

Der andere Teil der Schäden ist von schwerwiegenderer Natur und beinhaltet Rißbildungen, Blasenbildungen und Abplatzungen des Kunstharzputzes oder der Armierungsschicht. Alle letztgenannten Schäden stören nicht nur optisch, sondern müssen auch deswegen so schnell wie möglich saniert werden, weil sonst durch eindringendes Wasser langfristig das gesamte WDVS geschädigt werden kann.

Die Ursache der Schwindrisse, Vergrauungen und Verschmutzungen des Kunstharzputzes ist in den Eigenschaften der früheren, relativ bindemittelreichen Kunstharzputze zu suchen in Verbindung mit den hohen Beanspruchungen, denen die Kunstharzputze auf dem hochwärmedämmenden Untergrund ausgesetzt sind (starke und schnelle Temperaturwechsel durch Sonneneinstrahlung, rasch wechselnde Feuchtigkeitsverhältnisse). Zur Sanierung bzw. Überarbeitung solcher gealterten Kunstharzputze ist zunächst eine gründliche Reinigung erforderlich, die sich gut mit einer Heißwasser-Hochdruckreinigung ausführen läßt (ca. 60 °C bei 60 bar Druck). Wenn der Kunstharzputz mit Algen und/oder Moosen bewachsen war, muß er vor einem Neuanstrich mit einem algen- bzw. moostötenden Mittel (Biozid) behandelt werden, damit diese nicht durch den Neuanstrich durchtreten. Dazu wird der *gut getrocknete* Kunstharzputz mit diesem Biozid so abgewaschen, daß dieses in die Oberfläche eindringen kann. In früheren Jahren hat man dann oft den so vorbehandelten Kunstharzputz mit einem einlagigen Dispersionsanstrich versehen. Heute werden statt dessen für den vorliegenden Einsatzzweck günstigere Anstriche verwendet mit geringen Schwindspannungen und einer sehr hohen Wasserdampfdurchlässigkeit, wie zum Beispiel lösungsmittelfreie Silikonharzfarben oder Siloxanfarben. Es gibt auch lösungsmittelhaltige Anstriche zur Überarbeitung von Kunstharzputzen, deren Lösungsmittel so zusammengesetzt sind, daß sie die Dämmplatten des WDVS aus Polystyrol-Hartschaumplatten nicht angreifen. Bei allen diesen Anstrichen ist keine Grundierung erforderlich, und ein einlagiger, satter Anstrich mit einem Verbrauch von ca. 300 g/m² reicht aus. Wenn die Farbe des vorgesehenen Neuanstriches stark von der alten Farbe des Kunstharzputzes abweicht, ist zur vollen Deckung jedoch ein 2lagiger Neuanstrich erforderlich.

Zur Sanierung der anderen oben genannten schwerwiegenden Schäden an Wärmedämmverbundsystemen ist immer eine genaue Schadensanalyse erforderlich, bei der die Ursache der Schäden genau ermittelt werden muß. Eine solche Schadensanalyse umfaßt u.a. die folgenden Untersuchungen:

- Verklebung der Dämmstoffplatten
- vorhandener Spalt zwischen den Dämmstoffplatten
- Dicke der Armierungsschicht
- Art und Lage des Armierungsgewebes
- Haftung der verschiedenen Schichten aufeinander (Haftung des Klebers auf dem Untergrund und der Dämmstoffplatte, Haftung der Armierungsschicht auf der Dämmstoffplatte und auf dem Kunstharzputz sowie die Zwischenhaftung innerhalb der Armierungsschicht).

Je näher die Schadensursache am Untergrund liegt, desto aufwendiger wird die Sanierung des WDVS, weil es z.B. bei einer mangelhaften Verklebung am Untergrund i.d.R. unumgänglich ist, das gesamte System abzutragen und neu aufzubringen. Eine mangelhafte Verklebung der Dämmstoffplatten am Untergrund hat fast immer Rißbildungen oberhalb der Stöße zur Folge, durch die dann Wasser eindringen und nach und nach Folgeschäden durch Blasenbildungen und Abplatzungen verursachen kann.

Viele Rißbildungen an den Stößen der Dämmplatten haben ihre Ursache darin, daß die Dämmplatten nicht dicht verlegt waren (ein Spalt von ca. 2 mm Breite genügt oft zur Rißauslösung!) und Armierungsmasse in den Spalt eingedrungen ist. Durch diese Unstetigkeitsstelle in der Armierungsschicht entstehen Spannungsspitzen, die zur Überschreitung der Zugfestigkeit und damit zur Rißbildung führen. Solche Risse können saniert werden, indem man die komplette Armierungsschicht mit dem anhaftenden Deckputz entfernt, die Spalte zwischen den Dämmplatten mit Streifen aus den Dämmplatten schließt und nach einer Reinigung der Dämmstoffplatten Armierungsschicht und Deckputz erneut aufbringt.

In den Fällen, wo die Armierungsschicht und der Kunstharzputz ausreichend fest auf dem jeweiligen Untergrund haften und auch die Verklebung der Dämmplatten gut ist, kann man auf das Entfernen der alten Armierungsschicht verzichten und nach einer Ausgleichsspachtelung zur Einebnung des Oberputzes direkt auf diesen eine neue Armierungsschicht und einen neuen Oberputz aufbringen. Diese Vorgehensweise setzt aber eine sorgfältige Prüfung der Haftung der einzelnen Schichten voraus, wozu Abreißprüfungen durchgeführt werden müssen.

Die durchzuführenden Sanierungsmaßnahmen haben das Ziel, die Schäden am WDVS und auch bereits eingetretene Folgeschäden mit dem geringstmöglichen Aufwand, aber dennoch mit ausreichender Sicherheit und Dauerhaftigkeit zu sanieren. Es muß selbstverständlich sein, daß undichte Anschlüsse oder undichte Fugen, die zu den Schäden geführt haben (meist Blasenbildungen und Abplatzungen), im Rahmen der Sanierung abgedichtet werden müssen, weil sonst erneut Schäden entstehen.

4.3 Verschiedene Schadensbilder

In diesem Kapitel werden wichtige Schadensbilder exemplarisch gezeigt und kurz erläutert. Danach werden die Schadensursachen genannt sowie ein mögliches Sanierungsverfahren. Dadurch sollen Hinweise zur allgemeinen Beurteilung von Schäden gegeben werden. Ein wichtiger Punkt ist hierbei die Gegenüberstellung des Schadensbildes und der Schadensursache. Auf diese Weise wird deutlich gemacht, wie die aufgezeigten Fehler vermieden werden können.

Bild 4.3: Großflächige Putzablösungen an einem älteren Gebäude infolge mangelhafter Haftung des Putzes auf dem Untergrund

4.3.1 Putzablösungen

Mängel bei der Vorbehandlung des Putzgrundes haben sehr häufig Putzablösungen zur Folge. Haftungsstörungen ergeben sich durch mangelhafte Untergrundvorbehandlung oder bei Anwendung zu fester Putze auf wenig festen Untergründen.

4.3.1.1 Putzablösungen durch mangelhafte Untergrundvorbehandlung

• *Schadensbild*
In Bild 4.3 ist ein Schaden zu sehen, bei dem großflächige Putzablösungen eines älteren Putzes auftraten. An einigen Stellen erkennt man, daß sich auch Putzschichten früherer Sanierungsversuche mit ablösten.

• *Schadensursachen*
Die Ursache der Putzablösungen lag in einer mangelnden Haftung des Putzes auf dem Untergrund. Die verwendete, heute nicht mehr gebräuchliche Untergrundvorbehandlung (Aufschlagen und Aufrauhen des Untergrundes mit einem Beil) weist eine viel zu geringe Flächenrauhigkeit auf, um dem darauffolgenden Putz eine genügende Haftung zu geben. Als zusätzlicher Auslöser für den Schaden lagen im vorliegenden Fall Feuchtigkeitshinterwanderungen vor. An kritischen Punkten, wie z.B. an der Balkonoberseite und an den Gesimsen, konnte Wasser in den Putz gelangen.

• *Sanierung*
Zur Sanierung sind die folgenden Arbeitsschritte erforderlich:

- Abschlagen des Putzes, ganzflächig, bis zum Untergrund bzw. bis zu einer festen, tragfähigen Putzschicht
- Auftrag eines neuen Putzes

4.3.1.2 Putzablösungen durch Holz im Untergrund

• *Schadensbild*
Putze haften nicht auf Untergründen aus Holz oder auf Holzteilen im Untergrund. In Bild 4.4 ist ein typischer Schaden dieser Kategorie abgebildet. Ein kleines Holzstück, welches ohne erkennbaren Sinn in diesem Wandbereich eingebaut war, wurde ohne Putzträger und nur mit einer sehr dünnen Putzschicht überarbeitet.

• *Schadensursachen*
Im vorliegenden Fall wurde das Holzstück nicht mit einem Putzträger überspannt und vom Putz getrennt, z.B. durch eine Folie oder ein getränktes Papier. Außerdem war die über dem Holz befindliche Putzschicht mit nur ca. 8 mm Dicke zu dünn. Zusätzlich besteht die Möglichkeit, daß dieses Holzstück, direkt über einem vorspringenden Wandsockel eingebaut, ständig über kleine Putzrisse Feuchtigkeit aufnahm und abgab, was ein Quellen und Schwinden des Holzes verursachte und dadurch den Putz ablöste.

- *Sanierung*

Zur Sanierung sind die folgenden Arbeitsschritte erforderlich:

- Abschlagen des geschädigten Putzes bis in den intakten Bereich
- Entfernen des Holzes und Ausmörteln des Hohlraumes im Untergrund
- Statt des vorigen Arbeitsschrittes kann das Holz auch belassen und mit einem Putzträger und einer Trennfolie überarbeitet werden.
- Auftrag eines neuen Putzes in ausreichender Schichtdicke

4.3.1.3 Putzabrisse an Holzfachwerk

- *Schadensbild*

Das Verputzen von Gefachen bei Holzfachwerken wurde im vorliegenden Fall (siehe Bild 4.5) bis in den Holzbereich hinein ausgeführt. Dabei entstanden ein relativ breiter Putzriß und kleinere Putzablösungen im Randbereich.

- *Schadensursachen*

Beim Verputzen von Gefachen von Holzfachwerken darf auf dem Holz nicht geputzt werden. Durch die unterschiedliche Ausdehnung bzw. das unterschiedliche Quell- und Schwindverhalten des Gefaches und des Holzfachwerkes bleiben sonst Putzrisse in diesem Bereich nicht aus.

- *Sanierung*

Zur Sanierung der breiten Risse sind die folgenden Arbeitsschritte erforderlich:

- Abschlagen des Putzes im Randbereich des Gefaches
- Abkleben des Holzes
- Neuverputzen des Randbereiches, so daß das Holz nicht verputzt wird
- Abziehen der Abklebung

4.3.1.4 Putzablösungen durch Verschmutzungen

- *Schadensbild*

Im Zuge von Sanierungsmaßnahmen hat man an einem Altbau den bestehenden Außenputz überarbeitet und diesen im unteren Bereich zum besseren Anschluß an den Gehweg um ca. 0,1 m weiter hinabgezogen. Dabei wurde der Untergrund (alter Sokkel) nicht ausreichend gereinigt.

- *Schadensursachen*

Wie auf Bild 4.6 sichtbar ist, lag der nach unten verlängerte Putz hohl, konnte hochgeklappt werden und hing nur noch am eingebetteten Gewebe. Zwischen Putz und Untergrund befanden sich Erde

Bild 4.4: Putzzerstörung auf überputztem Holzteil in der Außenwand

Bild 4.5: Putzabrisse an einem teilweise überputzten Holzfachwerk

und Steinchen! Eine ausreichende Untergrundvorbehandlung ist nicht durchgeführt worden, und eine Haftung des Putzes war hier unmöglich.

Andere Verschmutzungen, die oft nicht ausreichend sorgfältig vom Untergrund entfernt werden, sind Bitumenanstriche, die zur Abdichtung von Kellerwänden aufgebracht worden sind und in die zu verputzende Fläche hineinragen, sowie Mörtelreste oder Erd- und Schlammspritzer im Sockelbereich.

• *Sanierung*
Zur Sanierung sind die folgenden Arbeitsschritte erforderlich:

- Abschlagen des Putzes im unteren schadhaften Bereich, ohne das Gewebe abzutrennen
- Reinigung des Untergrundes
- Neuauftrag des Putzes mit Einbettung des vorhandenen Gewebes

Bild 4.6: Putzablösung durch Schmutzreste auf dem Untergrund

Bild 4.7: Zerstörung eines Putzes durch Ausblühungen und Putzabplatzungen im Balkon- und Gesimsbereich eines Altbaus

4.3.2 Putzschäden infolge Feuchtigkeit aus Niederschlägen

An den Anschlußbereichen des Putzes zu anderen Bauteilen wie z.B. Balkone, Gesimse und Fensterleibungen liegen kritische Punkte vor. Hier kann oftmals Regenwasser durch vorhandene Ritzen und Abrisse in den Untergrund gelangen. Wenn sich die Feuchtigkeit nicht im Baustoff durch Kapillarwirkung verteilen und/oder durch die Putzschicht wieder ausdiffundieren kann, so sind Ausblühungen bzw. Abplatzungen des Putzes oder eines Anstriches die Folge. Ausblühungen treten bei kalkhaltigen Außenputzen relativ frühzeitig als weiße Verfärbungen auf.

4.3.2.1 Zerstörung des Putzes durch undichte Anschlüsse

• *Schadensbild*
An älteren Schadensfällen kann häufig besonders gut der kapillare Wassertransport, ausgehend von Gesimsen und Balkonoberseiten, beobachtet werden. In Bild 4.7 sieht man an einem alten Gebäude, wie Ausblühungen und teilweise schon Putzabplatzungen um die Gesimse herum und im Bereich über dem Balkon vorliegen.

• *Schadensursachen*
An diesem Schaden ist sehr deutlich zu erkennen, wie sich eingedrungenes Wasser im Putz verteilt, nämlich nach oben, unten und seitlich etwa gleich weit. Einfluß auf die Wasserweiterleitung in der Außenwand hat hier nur

die kapillare Leitfähigkeit des Putzes bzw. des Untergrundes. Dieser Schaden entstand ursächlich wegen Undichtigkeiten an den Anschlüssen von Gesims und Balkon.

• *Sanierung*
Zur Sanierung sind die folgenden Arbeitsschritte erforderlich:

- Abschlagen des Putzes, ganzflächig, bis zum Untergrund bzw. bis zu einer festen, tragfähigen Putzschicht
- Auftrag eines neuen Putzes
- Abdichten aller Anschlüsse des Putzes an den Gesimsen und dem Balkon

4.3.2.2 Zerstörung des Putzes durch ständige Wassereinwirkung

• *Schadensbild*
Bild 4.8 zeigt die Fassade eines historischen Bauwerks, die jahrzehntelang vernachlässigt worden war. Im mittleren Teil des Bildes sind sehr starke Zerstörungen des Putzes und beginnende Zerstörungen des darunter befindlichen Mauerwerkes zu erkennen. Die Mörtelfugen sind schon stark ausgewaschen.

• *Schadensursachen*
Diese Schäden rühren von einem fehlenden Regenfallrohr her. Das Regenwasser floß in diesem Bereich schon seit vielen Jahren ständig über die Fassade.

• *Sanierung*
Um weitere Schäden an der Bausubstanz zu verhindern, muß so bald wie möglich saniert werden.

Dafür sind die folgenden Arbeitsschritte erforderlich:

- Ganzflächiges Abschlagen des Putzes bis zum Untergrund
- Verfugen der freigelegten Mauersteine
- Auftrag eines neuen Putzes
- Montage von Regenfallrohren

4.3.2.3 Abplatzungen des Oberputzes durch eindringendes Wasser

• *Schadensbild*
An der Innenseite der Attika eines sechsgeschossigen Gebäudes löste sich der Kunstharzputz vom Unterputz ab.

• *Schadensursachen*
Wie man auf Bild 4.9 sieht, wies das Abdeckblech nur einen geringen Überstand auf und konnte

Bild 4.8: Fassade eines historischen Bauwerks mit weit fortgeschrittener Schädigung des Putzes und der Wand

Bild 4.9: Innerer Attikabereich eines sechsgeschossigen Gebäudes mit Abplatzungen des Oberputzes

bei der vorliegenden starken Schlagregenbeanspruchung (exponierte Lage) das Eindringen von Wasser in den Unterputz nicht verhindern. In Verbindung mit Frost kam es zum Abplatzen des Kunstharzputzes und zu einer Schädigung des Unterputzes.

• *Sanierung*
Zur Sanierung sind die folgenden Arbeitsschritte erforderlich:

- Entfernen des Oberputzes
- Ganzflächiges Abschlagen des Unterputzes in mürben, geschädigten Bereichen
- Ausbesserung des Unterputzes
- Ganzflächiger Auftrag eines neuen Oberputzes
- Anbringen eines neuen Abdeckbleches mit ausreichendem Überstand und unterer Tropfkante.

4.3.3 Putzschäden infolge aufsteigender Feuchtigkeit

Herkömmliche Putze mit üblichem Porengehalt (Gipsputze, Kalkputze, Kalkzementputze, Edelputze, Zementputze) sind gegen auskristallisierende Salze bei aufsteigender Feuchtigkeit nicht beständig und dürfen auf solche Untergründe nicht aufgebracht werden.

4.3.3.1 Ausblühungen an einem Gipsputz

• *Schadensbild*
An die Innenseite einer Außenwand aus Natursteinmauerwerk wurde ein Gipsputz aufgebracht. Schon nach kurzer Zeit zeigte dieser Putz Ausblühungen und dunkle Verfärbungen (siehe Bild 4.10). Außerdem war der Gipsputz stark durchfeuchtet und hatte seine Festigkeit verloren.

• *Schadensursachen*
Der Gipsputz wurde auf ein Natursteinmauerwerk aufgebracht, in dem Feuchtigkeit mit gelösten Salzen aufsteigen konnte (keine Horizontalabdichtung vorhanden). Nach ca. 4 Wochen trat dieses Schadensbild auf.

Bild 4.10: Ausblühungen und Durchfeuchtung eines Gipsputzes auf feuchtem Natursteinmauerwerk

Selbst wenn in der aufsteigenden Feuchtigkeit keine bauschädlichen Salze gelöst gewesen wären, hätte sich der Schaden ausgebildet, weil Gipsputze generell gegen länger einwirkende Feuchtigkeit nicht beständig sind.

• *Sanierung*
Zur Sanierung waren auch ergänzende Abdichtungsmaßnahmen am Mauerwerk erforderlich:

- Abschlagen des Gipsputzes bis in eine Höhe von 1,2 m
- Sorgfältiges Entfernen aller Reste des Gipsputzes vom Untergrund
- Beseitigen von Unebenheiten des Untergrundes
- Auftrag eines Sanierputzsystemes in drei Arbeitsgängen
- Horizontalabdichtung des Natursteinmauerwerkes von außen her durch Bohrlochverfahren.

4.3.3.2 Putzschäden an falsch saniertem historischem Bauwerk

• *Schadensbild*
An einem sanierten historischen Bauwerk zeigten sich nach wenigen Monaten starke Zerstörungen der Putzoberfläche durch Absandung und Zermürbung (siehe Bild 4.11).

• *Schadensursachen*
Im zerstörten Bereich lag aufsteigende Feuchtigkeit vor, und zusätzlich befanden sich Salze im Mauerwerk. Eine Horizontalabdichtung ist weder früher noch bei der Sanierungsmaßnahme durchgeführt worden. Durch die

ständigen Feuchtigkeitstransporte durch den Putz und die mittransportierten, an der Putzoberfläche und im Putz auskristallisierenden Salze wurde der Putz zermürbt und fiel relativ schnell ab. Es wurde kein Sanierputz, sondern ein Kalkzementputz verwendet, ein Haftspritzbewurf fehlte.

• *Sanierung*
Bereits kurze Zeit nach der ersten Sanierung wurde eine weitere Sanierung erforderlich:

- Abschlagen des neuen Putzes im zerstörten Bereich sowie ca. 1 m höher als die feuchte Zone
- Durchführung von Salz- und Feuchtigkeitsuntersuchungen am Natursteinmauerwerk zur Planung des genauen, weiteren Vorgehens
- Reinigung des Untergrundes und Herstellen einer ebenen Oberfläche
- Auftrag eines Sanierputzsystems in 3 Arbeitsgängen
- Auftrag eines 2fachen Silikonharz-Anstrichs
- Horizontalabdichtung des Natursteinmauerwerkes von außen her durch Bohrlochverfahren.

4.3.3.3 Anstrichschäden und Putzablösungen

• *Schadensbild*
Ein neu instandgesetztes historisches Gebäude wurde trotz aufsteigender Feuchtigkeit auf der Außenseite mit einem normalen Außenputz und einem Dispersionsanstrich versehen. Durch aufsteigende Feuchtigkeit in dem ca. 60 cm dicken Natursteinmauerwerk kam es zunächst zu Anstrichablösungen und später zu absandendem Putz (siehe Bild 4.12).

• *Schadensursachen*
Aufsteigende Feuchtigkeit und darin gelöste, auskristallisierende Salze.

• *Sanierung*
Zur Sanierung sind die folgenden Arbeitsschritte erforderlich:

Bild 4.11:
Ausblühungen und Zerstörung eines Putzes auf Natursteinmauerwerk mit aufsteigender Feuchtigkeit

Bild 4.12:
Anstrichablösungen an einem neu sanierten historischen Gebäude durch aufsteigende Feuchtigkeit

- Abschlagen des neuen Putzes im zerstörten Bereich sowie ca. 1 m höher als die feuchte Zone.
- Durchführung von Salz- und Feuchtigkeitsuntersuchungen am Natursteinmauerwerk zur Planung des genauen, weiteren Vorgehens.
- Reinigung des Untergrundes und Herstellen einer ebenen Oberfläche
- Auftrag eines Sanierputzsystems in 3 Arbeitsgängen
- 2facher Silikonharz-Anstrich

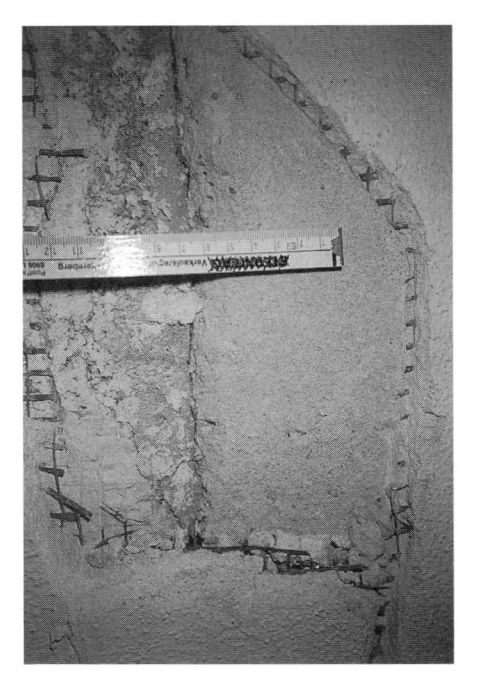

Bild 4.13: Putzgrund (Mischmauerwerk) unter einem rißgeschädigten Putz

Bild 4.14: Abgelöster Putz aus Bild 4.13; links des Putzstücks haftete der Altputz; rechts haftete der neue Putz nicht auf dem Untergrund

4.3.4 Sonstige Schäden

In diesem Kapitel sind in Wort und Bild noch einige sonstige Schäden zusammengestellt, die die Tragfähigkeit des Untergrundes betreffen, die falsche Einbettung eines Gewebes und einen nicht ausreichend festen Unterputz.

4.3.4.1 Schäden durch falsche Einbettung eines Gewebes (zu nah am Putzgrund)

• *Schadensbild*
Beim Umbau und bei der Sanierung eines älteren Gebäudes wurden mehrere Fensteröffnungen mit neuem Mauerwerk geschlossen. Den innen aufgebrachten Putz hat man über das alte und das neue Mauerwerk aufgebracht, wobei ein Gewebe zur Putzbewehrung verwendet wurde. Auf dem altem Mauerwerk lag in weiten Bereichen noch ein alter Putz mit relativ geringem Bindemittelgehalt vor. Schon kurze Zeit nach der Fertigstellung zeigte der neue Putz Risse in großem Umfang, vor allem im Bereich der ehemaligen Fensteröffnungen. Eine Untersuchung ergab, daß die Risse in etwa die ehemaligen Fensteröffnungen abzeichneten. Seitlich dieser Risse lag der Putz hohl. Die Hohlstellen hatten Durchmesser von 0,1 bis 1,2 m.

• *Schadensursachen*
Die Öffnung eines Rißbereiches (siehe Bilder 4.13 und 4.14) ergab, daß der Putz auf dem Untergrund nicht haftete. Die Ursache dafür war, daß der Putz das zu tief liegende Gewebe nicht überall durchdrungen hatte und an solchen Stellen keine Haftung auf dem Untergrund erzielt wurde. In den Bereichen, wo in ausreichendem Maße Putz durch das Gewebe gedrungen und eine gute Haftung zum Untergrund erzielt worden ist, hatte der neue Putz infolge seiner wesentlich höheren Festigkeit eine Schicht des alten Putzes abgelöst.

• *Sanierung*
Zur Sanierung sind die folgenden Arbeitsschritte erforderlich:

- Abschlagen des neuen Putzes im Bereich aller Holzstellen und Risse
- Ausbesserung der Fehlstellen des Altputzes
- Einbau eines Putzträgers im Übergangsbereich zwischen altem und neuem Mauerwerk
- Auftragen eines neuen Putzes

4.3.4.2 Schäden durch falsche Einbettung eines Gewebes (zu nahe an der Oberfläche)

• *Schadensbild*
Im Zuge von Sanierungsmaßnahmen wurde an einem Altbau der bestehende Außenputz durch einen neuen, rißüberbrückenden Oberputz, bestehend aus einer Armierungsschicht und einem Silikatputz, überarbeitet. An mehreren Stellen platzte der Oberputz von der Armierungsschicht ab

bzw. ließ sich relativ leicht mit der Hand abziehen.

• *Schadensursache*
Wie auf Bild 4.15 zu erkennen ist, wurde durch den abgelösten Oberputz die Bewehrung der Armierungsschicht sauber freigelegt. Dies deutet darauf hin, daß kein inniger Verbund zwischen Oberputz, Putzbewehrung und Unterputz erfolgt ist.

Der Grund dafür war, daß die Armierungsschicht mit nur 1 bis 2 mm Dicke deutlich zu dünn war. Das Gewebe war nur oberseitig in die Armierungsschicht eingebettet und ist nicht mit einer ca. 1 bis 2 mm dicken Schicht überarbeitet worden.

• *Sanierung*
Zur Sanierung sind die folgenden Arbeitsschritte erforderlich:

- Vollständiges Entfernen des schlecht haftenden Oberputzes
- Entfernen des alten Armierungsgewebes
- Herstellen einer festen Oberfläche der Armierungsschicht durch Abbürsten
- Herstellen einer neuen Armierungsschicht, durch Auftrag von Armierungsmasse, Einbetten des Armierungsgewebes und Auftrag einer weiteren Schicht Armierungsmasse, so daß das Gewebe mittig eingebettet ist.
- Auftrag eines neuen Oberputzes

4.3.4.3 Zu geringe Festigkeit des Unterputzes

• *Schadensbild*
Mehrere Monate nach dem Auftrag des Putzes auf ein 8geschossiges Wohnhaus (Kalkzementputz als Unterputz, Kunstharzputz in Reibeputzstruktur als Oberputz) platzte der Kunstharzputz in exponierten Bereichen der oberen Geschosse ab (siehe Bild 4.16, S. 190).

• *Schadensursache*
Entsprechende Untersuchungen (Abreißfestigkeit des Kunstharzputzes und des Unterputzes, Festigkeit und Witterungsbeständigkeit des Unterputzes) zeigten, daß nicht der Kunstharzputz oder eine falsch aufgebrachte Grundierung die Abplatzungen verursacht hatten, sondern eine nicht ausreichende Festigkeit des Unterputzes. Dieser wies einen deutlich zu hohen Sandanteil auf und war auch in geschützten, noch nicht beanspruchten Bereichen im Erdgeschoß so wenig fest, daß er sich leicht mit einem Hammer durchreiben ließ (siehe Bild 4.17, S. 190).

Ein Kunstharzputz kann einen darunterliegenden, nicht witterungsbeständigen Unterputz nicht vor Wassereinwirkung schützen.

• *Sanierung*
Der nicht ausreichend feste Unterputz kann mit vertretbarem Aufwand nicht dauerhaft saniert werden, deshalb:

- Entfernen des gesamten Unterputzes und Oberputzes
- Neuauftrag eines ausreichend festen Unterputzes
- Neuauftrag eines Oberputzes

Bild 4.15: Trennung zwischen Oberputz und Armierungsschicht

Bild 4.16: Ablösungen des Oberputzes an der Außenwand eines 6stöckigen Gebäudes

Bild 4.17: Geöffneter Wandbereich an einer Stelle des Gebäudes aus Bild 4.16

Alternativ kann auch folgende Sanierung ausgeführt werden, die den Wärmeschutz deutlich verbessert:

- Andübeln von Wärmedämmplatten eines Wärmedämmverbundsystems mit Verankerung der Dübel im tragenden Untergrund
- Auftrag der Armierungsschicht des Wärmedämmverbundsystems
- Auftrag des Deckputzes des Wärmedämmverbundsystems

4.4 Instandhaltung von Putzen

Zum Thema »Instandhaltung von Putzen« ist nur relativ selten etwas zu hören oder zu lesen. Dies liegt daran, daß in der heutigen Zeit Pflege- und Instandhaltungsmaßnahmen oft vernachlässigt und vielfach nicht als wichtig angesehen werden, obwohl sich durch regelmäßige Instandhaltungsmaßnahmen oft tiefergehende Schäden am Putz oder Anstrich des Putzes vermeiden lassen. Hauseigentümer und Wohnungsverwaltungen sind häufig erst dann bereit, Maßnahmen am Putz oder Anstrich des Putzes auszuführen, wenn die Schäden unübersehbar sind und deutliche Beeinträchtigungen vorliegen. Dieses Kapitel gibt Hinweise für eine regelmäßige Instandhaltung von Putzen.

4.4.1 Allgemeines

Mineralische Putze sind als sehr dauerhaft zu bezeichnen, und es gibt viele verputzte Bauwerke mit sehr alten, aber gut erhaltenen und funktionsfähigen Putzen. Kunstharzputze sowie Putzsysteme (Wärmedämmverbundsysteme, Wärmedämmputze) sind ebenfalls relativ dauerhaft, obwohl sie aufgrund ihres Kunststoffgehalts schnelleren und stärkeren Alterungsprozessen unterliegen als anorganische Baustoffe. Dasselbe gilt auch für kunstharzgbundene Anstriche und Putze. Trotz der relativ hohen Dauerhaftigkeit von Putzen, Putzsystemen und Anstrichen waren und sind diese Baustoffe bzw. Werkstoffe *Verschleißschichten*.

Diese Verschleißschichten müssen wichtige Aufgaben erfüllen, von der Farb- und Strukturgebung bis hin zum Regenschutz und der Verhinderung von Durchfeuchtungen. Wie alle Verschleißschichten benötigen Putze, Putzsysteme und Anstriche nach entsprechenden Zeiträumen aber auch Pflege- und Instandhaltungsmaßnahmen. Wenn solche Maßnahmen nicht oder zu spät ausgeführt werden, sind vielfach Schäden schon so weit fortgeschritten, daß Instandhaltungsmaßnahmen nicht mehr ausreichen und Sanierungsmaßnahmen ergriffen werden müssen.

Grundlage für alle Instandhaltungsmaßnahmen ist eine regelmäßige *Überprüfung des Zustandes* von Putz bzw. Putzsystem oder Anstrich. Der Abstand zwischen den einzelnen Überprüfungen sollte sich dabei nach der Intensität der Beanspruchungen richten und nach der Art der Details sowie auch nach der Objektgröße. Auf jeden Fall ist aber eine erste gründliche Überprüfung des Zustandes vor Ablauf der Gewährleistungsfrist, also nach ca. 1,5 Jahren erforderlich. Auch wenn eine längere Gewährleistungsfrist vereinbart ist, sollte nach ca. 2 Jahren eine erste Überprüfung stattfinden. Die weiteren Termine für Überprüfungen richten sich dann nach den Beanspruchungsbedingungen sowie auch nach den Ergebnissen schon durchgeführter Untersuchungen.

In Tabelle 4.9 sind einige wesentliche zu untersuchende Punkte zusammengestellt. Solche Untersuchungen können von Fachingenieuren des Bautenschutzes,

Tabelle 4.9: Untersuchungen zur Überprüfung des Zustandes von Putzen

Prüfung	Achten auf	
Aussehen	• Struktur des Putzes • Verschmutzungen • Ausblühungen • Blasenbildungen • Hohlstellen (Abklopfen) • Verfärbungen	• Ablösungen • Durchfeuchtungen • Absanden (Abfahren mit der Hand) • Sonstige Unregelmäßigkeiten
Risse	• Rißbreite • Rißlänge • Lage der Risse (Ecken von Fenstern, Rolladenkästen, Deckenstirnseiten)	• Rißtiefe • Art der Risse (Netzrisse, Einzelrisse)
Details	Besonders intensive Untersuchungen des Putzes an Detailbereichen, wie • Sockelbereiche • Balkonbereiche • Fensterbereiche • Ablaufbereiche	 • Horizontale Bereiche • Fugenbereiche • Attikabereiche

von erfahrenen Architekten oder Stukkateuren durchgeführt werden. Die Ergebnisse sollten schriftlich niedergelegt werden, ggf. mit entsprechenden Fotos. Danach können dann eventuell erforderliche Instandhaltungs- und Instandsetzungsmaßnahmen frühzeitig eingeplant werden. Hierzu geben die folgenden Kapitel Anregungen und Hilfestellungen.

4.4.2 Überbeanspruchung an Details

Überbeanspruchungen des Putzes an Detailpunkten sind die häufigsten Ursachen für frühzeitiges Versagen. Vielfach ist es so, daß der Putz an den Hauptflächen noch völlig in Ordnung ist, während er an Details schon bald Schäden zeigt, die sich – werden sie nicht behoben – schließlich so ausdehnen, daß hier der gesamte Putz erneuert werden muß. Wenn erkennbar ist, daß der Putz an einer Stelle durch Wasser stark beansprucht ist, sollte man gar nicht erst warten, bis erste Schäden durch Verschmutzungen, Ausblühungen, Absandungen oder gar Ablösungen auftreten, sondern so schnell wie möglich das Detail ändern. Beispiele hierfür sind

- Fensterbänke ohne Abtropfkante oder ohne seitliche Aufkantung,
- zu kurze Wasserablaufrohre, so daß das ablaufende Wasser über den Putz läuft,
- Abdeckungen mit zu kleinem Überstand, wo der darunterliegende Putz von oben her mit Wasser hinterwandert wird,
- Abrisse des Putzes an Bauteilanschlüssen (z.B. Fenster) und

- undichte Bereiche allgemein.

Wenn sich solche ungünstigen Details schon nach kurzer Zeit durch erste Verschmutzungen oder Absandungen abzeichnen, sollten sie so schnell wie möglich verbessert werden.

4.4.3 Risse

Entsprechend Kapitel 4.2.4 sind längst nicht alle in Putzen sichtbaren Risse eine Gefahr für deren Dauerhaftigkeit. Es ist vielmehr nach Rißbreite, Rißtiefe und Rißbild zu unterscheiden sowie nach der Art des Putzes und des Untergrundes. Ziel der Instandhaltung von rissigen Putzen ist es, solche Risse zu erkennen und frühzeitig zu behandeln, die im Lauf der Zeit zu immer stärkeren Zerstörungen des Putzes oder des Untergrundes führen. Wenn es sich um einzelne Risse handelt, die in unzulässigem Maße zum Eindringen von Feuchtigkeit führen, kann oft schon eine einfache Maßnahme, wie z.B. eine Hydrophobierung, Abhilfe schaffen. Da eine Hydrophobierung nach dem Trocknen des Hydrophobierungsmittels nicht sichtbar ist, kann man statt einer vollflächigen Tränkung des Putzes auch nur gezielt die Risse behandeln, um auf diese Weise Folgeschäden an den Rissen zu vermindern oder zu vermeiden.

5
Normen, Merkblätter und Richtlinien

- DIN 105 Teil 1 Mauerziegel; Vollziegel und Hochlochziegel.

- DIN 105 Teil 2 Mauerziegel; Leichthochlochziegel.

- DIN 106 Teil 1 Kalksandsteine; Kalksteine, Blocksteine, Hohlblocksteine.

- DIN 273 Teil 1 Ausgangsstoffe für Magnesiaestriche; Kaustische Magnesia.

- DIN 273 Teil 2 Ausgangsstoffe für Magnesiaestriche; Magnesiumchlorid.

- DIN 274 Teil 4 Asbestzementplatten; Ebene Tafeln; Maße, Anforderungen, Prüfungen.

- DIN 398 Hüttensteine; Vollsteine, Lochsteine, Hohlblocksteine.

- DIN 1045 Beton und Stahlbeton; Bemessung und Ausführung.

- DIN 1060 Teil 1 Baukalk; Begriffe, Anforderungen, Lieferung, Überwachung.

- DIN 1060 Teil 2 Baukalk; Chemische Analyseverfahren.

- DIN 1060 Teil 3 Baukalk; Physikalische Prüfverfahren.

- DIN 1100 Hartstoffe für zementgebundene Hartstoffestriche.

- DIN 1101 Holzwolle-Leichtbauplatten; Maße, Anforderungen, Prüfung.

- DIN 1102 Holzwolle-Leichtbauplatten nach DIN 1101; Verarbeitung.

- DIN 1104 Teil 1 Mehrschicht-Leichtbauplatten aus Schaumkunststoffen und Holzwolle; Maße, Anforderungen, Prüfung.

- DIN 1104 Teil 2 Mehrschicht-Leichtbauplatten aus Schaumkunststoffen und Holzwolle; Verarbeitung.

- DIN 1961 VOB Teil B: Allgemeine Vertragsbedingungen für die Ausführung von Bauleistungen.

- DIN 1164 Teil 1 Portland-, Eisenportland-, Hochofen- und Traßzement; Begriffe, Bestandteile, Anforderungen, Lieferung.

- DIN 1164 Teil 2 Portland-, Eisenportland-, Hochofen- und Traßzement; Überwachung (Güteüberwachung).

- DIN 1164 Teil 100 Zement; Portlandölschieferzement; Anforderungen, Prüfungen, Überwachung.

- DIN 1168 Teil 1 Baugipse; Begriff, Sorten und Verwendung, Lieferung und Kennzeichnung.

- DIN 1168 Teil 2 Baugipse; Anforderungen, Prüfung, Überwachung.

- DIN 4074 Teil 1 Bauholz für Holzbauteile; Gütebedingungen für Bauschnittholz (Nadelholz).

- DIN 4102 Teil 1 Brandverhalten von Baustoffen und Bauteilen; Baustoffe; Begriffe, Anforderungen und Prüfungen.

- DIN 4102 Teil 2 Brandverhalten von Baustoffen und Bauteilen; Bauteile; Begriffe, Anforderungen und Prüfungen.

- DIN 4102 Teil 3 Brandverhalten von Baustoffen und Bauteilen; Brandwände und nichttragende Außenwände; Begriffe, Anforderungen und Prüfungen.

- DIN 4102 Teil 4 Brandverhalten von Baustoffen und Bauteilen; Zusammenstellung und Anwendung klassifizierter Baustoffe, Bauteile und Sonderbauteile.

- DIN 4103 Teil 1 Nichttragende Trennwände; Anforderungen, Nachweise.

- DIN 4108 Teil 1 Wärmeschutz im Hochbau; Größen und Einheiten.

- DIN 4108 Teil 2 Wärmeschutz im Hochbau; Wärmedämmung und Wärmespeicherung; Anforderungen und Hinweise für Planung und Ausführung.

- DIN 4108 Teil 3 Wärmeschutz im Hochbau; Klimabedingter Feuchteschutz; Anforderungen und Hinweise für Planung und Ausführung.

- DIN 4108 Teil 4 Wärmeschutz im Hochbau; Wärme- und feuchteschutztechnische Kennwerte.

- DIN 4108 Teil 5 Wärmeschutz im Hochbau; Berechnungsverfahren.

- DIN 4109 Schallschutz im Hochbau; Anforderungen und Nachweise.

- DIN 4109 Beiblatt 1 Schallschutz im Hochbau; Ausführungsbeispiele und Rechenverfahren.

- DIN 4109 Beiblatt 2 Schallschutz im Hochbau; Hinweise für Planung und Ausführung; Vorschläge für einen erhöhten Schallschutz; Empfehlungen für den Schallschutz im eigenen Wohn- oder Arbeitsbereich.

- DIN 4165 Gasbeton-Blocksteine und Gasbeton-Plansteine.

- DIN 4208 Anhydritbinder.

- DIN 4211 Putz- und Mauerbinder; Begriff, Anforderungen, Prüfungen, Überwachung.

- DIN 4219 Teil 1 Leichtbeton und Stahlleichtbeton mit geschlossenem Gefüge; Anforderungen an den Beton; Herstellung und Überwachung.

- DIN 4223 Gasbeton; Bewehrte Bauteile.

- DIN 4226 Teil 1 Zuschlag für Beton; Zuschlag mit dichtem Gefüge; Begriffe, Bezeichnung und Anforderungen.

- DIN 4226 Teil 2 Zuschlag für Beton; Zuschlag mit porigem Gefüge (Leichtzuschlag); Begriffe, Bezeichnung und Anforderungen.

- DIN 4226 Teil 3 Zuschlag für Beton; Prüfung von Zuschlag mit dichtem oder porigem Gefüge.

- DIN 18 152 Vollsteine und Vollblöcke aus Leichtbeton.

- DIN 18 164 Teil 1 Schaumkunststoffe als Dämmstoffe für das Bauwesen; Dämmstoffe für die Wärmedämmung.

- DIN 18 165 Teil 1 Faserdämmstoffe für das Bauwesen; Dämmstoffe für die Wärmedämmung.

- DIN 18 168 Teil 1 Leichte Deckenbekleidungen und Unterdecken; Anforderungen für die Ausführung.

- DIN 18 180 Gipskarton-Platten; Arten, Anforderungen, Prüfung.

- DIN 18 181 Gipskarton-Platten im Hochbau; Richtlinien für die Verarbeitung.

5 Normen, Merkblätter und Richtlinien

- DIN 18 182 Teil 1 Zubehör für die Verarbeitung von Gipskartonplatten; Profile aus Stahlblech.

- DIN 18 182 Teil 2 Zubehör für die Verarbeitung von Gipskartonplatten; Schnellbauschrauben.

- DIN 18 182 Teil 3 Zubehör für die Verarbeitung von Gipskartonplatten; Klammern.

- DIN 18 182 Teil 4 Zubehör für die Verarbeitung von Gipskartonplatten; Nägel.

- DIN 18 183 Montagewände aus Gipskartonplatten; Ausführung von Metallständerwänden.

- DIN 18 184 Gipskarton-Verbundplatten mit Polystyrol- oder Polyurethan-Hartschaum als Dämmstoff.

- DIN 18 189 Deckenplatten aus Gips; Plattenarten, Maße, Anforderungen, Prüfung.

- DIN 18 350 VOB Teil C: Allgemeine Technische Vertragsbedingungen für Bauleistungen (ATV); Putz und Stuckarbeiten.

- DIN 18 506 Hydraulische Bindemittel für Tragschichten, Bodenverfestigungen und Bodenverbesserungen; Hydraulische Tragschichtbinder.

- DIN 18 540 Abdichten von Außenwandfugen im Hochbau mit Fugendichtstoffen.

- DIN 18 550 Teil 1 Putz; Begriffe und Anforderungen.

- DIN 18 550 Teil 2 Putz; Putze aus Mörteln mit mineralischen Bindemitteln; Ausführung.

- DIN 18 550 Teil 3 Putze; Wärmedämmputzsysteme aus Mörteln mit mineralischen Bindemitteln und expandiertem Polystyrol (EPS) als Zuschlag; Begriff, Anforderungen, Prüfung, Ausführung, Überwachung.

- DIN 18 550 Teil 4 (z.Zt. Entwurf) Putz; Putze mit Zuschlägen mit porigem Gefüge (Leichtputze); Ausführung.

- DIN 18 556 Prüfung von Beschichtungsstoffen für Kunstharzputze und von Kunstharzputzen.

- DIN 18 558 Kunstharzputze; Begriffe, Anforderungen, Ausführung.

- DIN 18 559 Wärmedämm-Verbundsysteme; Begriffe, Allgemeine Angaben.

- DIN 51 043 Traß; Anforderungen, Prüfung.

- DIN 52 210 Bauakustische Prüfungen; Luft- und Trittschalldämmung.

- DIN 52 615 Teil 1 Bestimmung der Wasserdampfdurchlässigkeit von Bau- und Dämmstoffen; Versuchsdurchführung und Versuchsauswertung.

- DIN 52 617 Bestimmung des Wasseraufnahmekoeffizienten von Baustoffen.

- DIN 53 237 Pigmente; Pigmente zum Einfärben von zement- und kalkgebundenen Baustoffen.

- DIN 53 922 Calciumcarbid.

- DIN 54 004 Bestimmung der Lichtechtheit von Färbungen und Drucken mit künstlichem Tageslicht (gefiltertes Xenonlicht).

- DIN 55 943 Farbmittel; Begriffe.

- DIN 68 800 Teil 1 Holzschutz im Hochbau; Allgemeines.

- EN 196 Teile 1 bis 7 und 21 Prüfverfahren für Zement.

- EN 197 Teil 1 Zement; Zusammensetzung, Anforderungen und Konformitätskriterien; Definitionen und Zusammensetzung.

- U.E.A.t.c.-Richtlinien für die Beurteilung der Eignung von Wärmedämmverbundsystemen für Fassaden.

- VGB 119 Schutz gegen gesundheitsgefährlichen mineralischen Staub.

- Bundesverband der Leichbauplattenindustrie: Außenputz auf Holzwolle-Leichtbauplatten nach DIN 1101 und Mehrschicht-Leichtbauplatten nach DIN 1104.

Weiterführende Normen

- DIN 272 Magnesiaestriche (Estriche aus Magnesiamörtel).

- DIN 4121 Hängende Drahtputzdecken; Putzdecken mit Metallputzträgern, Rabitzdecken; Anforderungen für die Ausführung.

- DIN 18 156 Teil 1 Stoffe für keramische Bekleidungen im Dünnbettverfahren; Begriffe und Grundlagen.

- DIN 18 201 Toleranzen im Bauwesen; Begriffe, Grundsätze, Anwendung, Prüfung.

- DIN 18 202 Toleranzen im Hochbau; Bauwerke.

- DIN 18 560 Teil 1 Estriche im Bauwesen; Begriffe, Allgemeine Anforderungen, Prüfung.

- DIN 18 560 Teil 2 Estriche im Bauwesen; Estriche auf Dämmschichten (schwimmende Estriche).

- DIN 18 560 Teil 3 Estriche im Bauwesen; Verbundestriche.

- DIN 18 560 Teil 4 Estriche im Bauwesen; Estriche auf Trennschicht.

6
Literaturverzeichnis

- Binder, Paul u.a.: »Stukkateur-Handbuch«, Verlag Th. Schäfer, Hannover, 1985 (Reprint der »Gipserfibel«, 3. Auflage von ca. 1955).

- Blumbach: »Baustoffkunde«, Vorlesungsmanuskript des Studiengangs Bauphysik an der Fachhochschule für Technik, Stuttgart, Sommersemester 1982 (unveröffentlicht).

- Blumbach: »Sonderprobleme Baukonstruktion«, Vorlesungsmanuskript des Studiengangs Bauphysik an der Fachhochschule für Technik, Stuttgart, Wintersemester 1984/85 (unveröffentlicht).

- Bohnhagen, Alfred: »Der Stukkateur und Gipser«, Verlag Georg D. W. Callwey, München 1987 (Reprint des gleichnamigen Buches von 1914).

- Böker, Harro: »Trockenbaupraxis mit Gipskartonplatten-Systemen«, 2. Auflage, Verlagsgesellschaft Rudolf Müller GmbH, Köln, 1984.

- Deutscher Stuckgewerbebund im Zentralverband des Deutschen Baugewerbes e.V. (Hrsg.): »Stuck – Putz – Trockenbau«, 2. Auflage, Verlagsgesellschaft Rudolf Müller GmbH, Köln, 1991.

- Funk, Peter (Hrsg.): »Mauerwerk-Kalender 1991«, 16. Jahrgang, Ernst & Sohn Verlag für Architektur und Technische Wissenschaften, Berlin, 1991.

- Gösele, Karl u.a.: »Schall – Wärme – Feuchte«, 7. Auflage, Bauverlag GmbH, Wiesbaden, 1983.

- Karsten, Rudolf: »Bauchemie«, 8. Auflage, Verlag C. F. Müller, Karlsruhe, 1989.

- Koch, Gerold: »Hydrophobieren historischer Putzfassaden?«, Das Bauzentrum – Sonderheft Denkmalpflege 89, Verlag Das Beispiel GmbH, Darmstadt.

- Leixner, Siegfried u.a.: »Der Stukkateur«, 2. Auflage, Julius Hoffmann Verlag, Stuttgart, 1990.

- Lutz, Peter u.a.: »Lehrbuch der Bauphysik«, Verlag B. G. Teubner, Stuttgart, 1985.

- Reul, Horst: »Handbuch Bautenschutz Bausanierung«, 2. Auflage, Verlagsgesellschaft Rudolf Müller GmbH, Köln, 1991.

- Rheinisch-westfälisches Elektrizitätswerk (Hrsg.): »RWE Bau-Handbuch Technischer Ausbau 1985/86«, Energie-Verlag GmbH, Heidelberg, 1985.

- Pieper, Karl: »Kunstharzputze«, Bautenschutz + Bausanierung Heft 4/81, Edition Lack + Chemie, Filderstadt.

- Ross, Hartmut und Stahl, Friedemann: »Sanierputz auf salzhaltigem feuchtem Untergrund – Problematik bei nicht abdichtbarem Natursteinmauerwerk«, Bautenschutz + Bausanierung Heft 4/90, Verlagsgesellschaft Rudolf Müller GmbH, Köln.

- Pursche, Jürgen: »Zur Erhaltung historischer Putzfassaden«, Das Bauzentrum – Sonderheft

Denkmalpflege 89, Verlag Das Beispiel GmbH, Darmstadt.

- Sälzer, Elmar u.a. (Hrsg.): »Bauphysik-Taschenbuch 1986/87«, Bauverlag GmbH, Wiesbaden, 1986.

- Schäffler, Hermann: »Baustoffkunde«, 2. Auflage, Vogel-Verlag, Würzburg, 1980.

- Schild, Erich (Hrsg.): »Aachener Bausachverständigentage 1985 – Rißbildungen und andere Zerstörungen der Bauteiloberfläche«, Bauverlag GmbH, Wiesbaden, 1985.

- Schild, Erich (Hrsg.): »Aachener Bausachverständigentage 1989 – Mauerwerkswände und Putz«, Bauverlag GmbH, Wiesbaden, 1989.

- Scholz, Wilhelm u.a.: »Baustoffkenntnis«, 11. Auflage, Werner-Verlag GmbH, Düsseldorf, 1987.

- Stahl, Friedemann: »Dämmung mit Hartschaumplatten«, Baugewerbe Heft 1–2/1990, Verlagsgesellschaft Rudolf Müller GmbH, Köln.

- Staufenbiel, Georg u.a.: »Bauphysik und Baustofflehre Band 1 – Adhäsion, Porigkeit, Kapillarität«, Bauverlag GmbH, Wiesbaden, 1986.

- Staufenbiel, Georg u.a.: »Bauphysik und Baustofflehre Band 2 – Wärme, Wärmewirkungen, Wärmeschutz«, Bauverlag GmbH, Wiesbaden, 1989.

- Torraca, Giorgio: »Poröse Baustoffe – eine Materialkunde für die Denkmalpflege«, Verlag Der Apfel, Wien, 1986.

- Volkart, Karlheinz: »Bauen mit Gips« Bundesverband der Gips- und Gipsbauplattenindustrie e.V., Darmstadt, 1986.

7
Lexikonteil

Abreißfestigkeit
→ Haftzugfestigkeit

Abrieb
1. dünnschichtiger Oberputz mit Struktur;
2. abgeriebenes Material durch mechanische Einwirkungen auf Putze und Estriche.

Absanden
Wenn sich beim Überfahren des Putzes mit der Handfläche Sandkörner lösen, so spricht man von Absanden. Ursachen des Absandens können sein: zu starke Bearbeitung der Putzoberfläche mit dem Filzbrett, Verwendung von zuviel Wasser beim Filzen, zu späte Nachbearbeitung oder mangelhafte Festigkeit des Putzes.

Akustikputz
Ein mit poröser Oberfläche ausgestatteter Putz. Die poröse Struktur wird durch Zusatz von porigen Zuschlägen erreicht. Eine erhöhte Schallabsorption im Bereich des Putzes bzw. der Putzoberfläche findet durch die vielen offenen und teils tieferen Poren statt. Akustikputze erhalten keinen Oberputz und sind mechanisch empfindlich. Daneben gibt es noch eine weitere Art von Akustikputzen, nämlich feine Spritzputze auf porösen Putzträgern. Ungeeignete Anstriche auf Akustikputzen vermindern oder unterbinden deren akustische Eigenschaften.

Alkalifest
Putze mit den Bindemitteln Kalk und/oder Zement sind alkalisch. Im nichterhärteten Zustand sind sie stark alkalisch, später nimmt die Alkalität ab durch die → Karbonatisierung des Putzes. Putzträger und Putzbewehrungen müssen daher alkalifest bzw. alkalifest ausgerüstet sein. Glasfasergewebe erhalten hierzu einen dünnschichtigen Kunststoffüberzug.

Anhydrit
(griechisch: aneu hydratos = ohne Wasser). Mit Anhydrit wird reines Calciumsulfat bezeichnet, welches kein Kristallwasser eingelagert hat.
→ Dihydrat → Halbhydrat

Anhydritbinder
Anhydritbinder ist wie → Gips ein nichthydraulisches Bindemittel. Anhydritbinder wird aus wasserfreiem Gipsstein $CaSO_4$ und Anregern (z.B. Gips) hergestellt. Anhydrit erhärtet erst durch den Zusatz von Anregern. Anhydrit findet Verwendung zur Herstellung besonders fester Innenputze oder von Industrieestrichen. Mit Anhydrit als Bindemittel werden Putze der → Putzmörtelgruppe P V hergestellt.

Anmachwasser
Putzmörtel benötigt für die Erhärtungsreaktionen und zur Sicherstellung einer bestimmten Verarbeitungskonsistenz Wasser. Dieses Wasser wird Anmachwasser genannt. Der Bedarf an Anmachwasser für Putzmörtel darf nicht wesentlich über- oder unterschritten werden.

Antikondensputz
In Räumen mit hoher zu erwartender Tauwasserbildung können in bestimmten Fällen Putze eingesetzt werden, die dieses Tauwasser aufnehmen und wieder abgeben können. Solche Putze werden umgangssprachlich als Antikondensputz bezeichnet. Diese Putze sind relativ weich und porenreich, wodurch sie sehr viel Feuchtigkeit aufnehmen können, ohne daß es zu Abtropferscheinungen kommt. Der Wechsel zwischen Feuchtigkeitsaufnahme und -abgabe muß ständig gewährleistet sein. Die Verwendung solcher Putze sollte weitestge-

hend vermieden und dem Oberflächentauwasser durch einen entsprechenden Wärmeschutz begegnet werden. Antikondensputz kann i.d.R. durch → Sanierputz ersetzt werden.

Aufkämmen
Um zwischen einzelnen Putzlagen eine gute Haftung zu erzielen, wird die jeweils untere Putzlage waagerecht aufgekämmt. Dies kann z.B. mit einer Zahntraufel geschehen.

Ausblühungen
Enthält der Untergrund von Putzen oder der Putz selbst wasserlösliche Salze und findet eine Feuchtigkeitswanderung aus undichten Bereichen her oder durch aufsteigende Feuchtigkeit an die Putzoberfläche statt, so werden die Salze an die Oberfläche der Putzschicht transportiert und kristallisieren dort aus, nachdem die Feuchtigkeit verdunstet ist. Diese Auskristallisation an der Oberfläche nennt man Ausblühen. Ausblühungen können Anstriche abdrücken und die Putzoberfläche schädigen. Der Putz sandet dadurch stark ab und verliert ständig an Dicke. Die häufigsten Ausblühungen sind Nitrat-, Sulfat- und Chloridausblühungen. Mit »Salpeter« oder »Mauersalpeter« werden umgangssprachlich alle Ausblühungen bezeichnet. Die Bezeichnung ist jedoch nur für Nitratausblühungen korrekt.

Baustellenmörtel
Wird Putzmörtel auf der Baustelle aus den dort vorhandenen Bindemitteln und Sanden hergestellt und gemischt, so spricht man von Baustellenmörtel.
→ Werkmörtel
→ Werktrockenmörtel

Beschichtungsstoff-Typ
Die Putze mit organischen Bindemitteln werden gemäß DIN 18 558 nach ihrem Anwendungsbereich in 2 Beschichtungsstoff-Typen eingeteilt.

Beschichtungsstoff-Typ	für Kunstharzputz als
P Org 1	Außen- und Innenputz
P Org 2	Innenputz

Besenwurf
→ Spritzputz

Bestich
Einfaches Überputzen von Mauerwerk in dünner Schicht ohne besondere Oberflächenbearbeitung. Ein Bestich kann in untergeordneten Räumen ausgeführt werden. Er gilt nicht als Putz gemäß DIN 18 550.

Bindemittel
Der → Zuschlag im Putzmörtel wird durch Bindemittel während des Erhärtungsvorganges verbunden, so daß Putz (Festmörtel) entsteht. Je nach Anforderung und Verwendungszweck des Putzes gelangen Putzmörtel mit unterschiedlichen Bindemitteln zum Einsatz, z.B. Kalke, Putz- und Mauerbinder, Zement, Gips, Anhydrit und Kunstharze.

Brandschutzputz
Als Brandschutzputze gelangen vorwiegend gipshaltige Putze zum Einsatz. Sie sollen die Feuerwiderstandsdauer der Bauteile, auf denen sie aufgebracht sind, verlängern. Erhärteter Gips enthält ca. 20% chemisch gebundenes Wasser. Dieses Wasser (Kristallwasser) beginnt bei Erhitzung des Gipsputzes über 40 °C nach und nach zu verdampfen. Durch dieses Verdampfen wird dem Gips sogenannte Verdampfungswärme entzogen, der Vorgang wirkt sich dadurch leicht kühlend aus. Zudem erreicht der Gipsputz nach dem Verdampfen des Wassers eine deutlich niedrigere Wärmeleitfähigkeit. Dadurch erhitzen sich die dahinter liegenden Bauteile nicht so schnell.

Auch zementgebundene Putzmörtel mit hohem Anteil an mineralischen Leichtzuschlägen werden als Brandschutzputze eingesetzt.

Brandschutz
Baustoffe werden aufgrund ihres Brandverhaltens in Baustoffklassen nach DIN 4102 eingeteilt, so auch Putzmörtel. Die einzelnen Baustoffklassen sind:
A – nicht brennbar, z.B. mineralisch gebundene Putzmörtel.
B – brennbar, z.B. organisch gebundene Putzmörtel.

Container (Silos)
In Putzwerken hergestellte Trockenmörtel (→ Werktrockenmörtel) werden bei Lieferung von größeren Mengen in Containern an die Baustelle geliefert. Diese Behälter (Silos) werden mit dem LKW an die Baustelle transportiert und dort aufgestellt. Ein Nachfüllen an

der Baustelle ist grundsätzlich möglich. An die Container werden Fördermaschinen direkt angebaut, die den Werktrockenmörtel bis zur Putzmaschine fördern können. Für bestimmte Putze wird direkt am Container eine Putzmaschine anmontiert, die dort den Mörtel fertig mischt, von wo er dann durch Schläuche an den Einsatzort gepumpt wird.

Dampfbremse
→ Dampfsperre

Dampfsperre
Von einer Dampfsperre spricht man, wenn deren diffusionsäquivalente Luftschichtdicke $s_d \geq 1500$ m beträgt. Dampfsperrende Wirkungen werden im allgemeinen mit Aluminiumfolien erreicht. Von einer Dampfbremse spricht man bei diffusionsäquivalenten Luftschichtdicken $s_d < 1500$ m der betreffenden Baustoffschicht. Als Dampfbremsen gelangen z.B. PE-Folien und Bitumenbahnen zum Einsatz.

Druckfestigkeit
Je nach Anwendung müssen Putze eine bestimmte Druckfestigkeit aufweisen. Diese wird nach DIN 18 555 an Probekörpern (Prismen) bestimmt. Die Druckfestigkeit ist eine der Größen, nach denen ein Putzmörtel für den jeweiligen Einsatzzweck ausgewählt wird.
→ Putzmörtelgruppen

Dihydrat
Mit Dihydrat bezeichnet man Calciumsulfat mit zwei eingelagerten Kristallwassermolekülen.

→ Anhydrit → Halbhydrat

Edelputz
Werden Werktrockenmörtel mit Pigmenten durchgefärbt, so spricht man von Edelputzen.

Einschichtputze
Werden Putze in *einer* Lage aufgebracht, so spricht man von Einschichtputzen. Heute werden Gipsputze in der Regel als Einschichtputze ausgeführt, aber auch im Außenbereich gewinnen Einschichtputze, z.B. als Edelputze mit Kratzputzstruktur, zunehmend Bedeutung.

E-Modul
Der Elastizitätsmodul (abgekürzt: E-Modul) ist ein Maß für die elastische Verformbarkeit des Mörtels. Bei Putzmörteln liegt der E-Modul zwischen 1000 und 15000 N/mm². Bei mineralischen Putzen ist der E-Modul eng mit der Festigkeit verknüpft. Putze mit niedriger Festigkeit haben einen niedrigen E-Modul und umgekehrt. Mit organischen Bindemitteln im Putz kann der E-Modul in bestimmten Grenzen gesteuert werden.

Entfeuchtungsputz
→ Sanierputz

Feinzug
Dünnschichtiger Oberputz im Innenbereich zur Erzielung einer tapezierfähigen Oberfläche.

Fertigmörtel
→ Werkmörtel

Festmörtel
Der erhärtete Putzmörtel (Putz) wird auch als Festmörtel bezeichnet. Die Festmörtelrohdichte unterscheidet sich von der Rohdichte des → Frischmörtels.

Filzen
Abreiben des Putzes während der Erhärtungsphase mit einem Filzbrett oder einer Filzscheibe. Zu beachten ist, daß beim Filzen eine Bindemittelanreicherung an der Oberfläche entstehen kann (Ursache von → Schwindrissen) oder daß zu stark gefilzt wird (→ Absanden).

Frischmörtel
Unter Frischmörtel versteht man den gebrauchsfertig hergestellten Putzmörtel. Die Frischmörtelrohdichte unterscheidet sich von der Rohdichte des → Festmörtels.

Füllstoffe
oder Füller, seltener Zusatzstoffe: Stoffe in der Art wie Zuschlagstoffe, jedoch sehr fein gemahlen zur Füllung bzw. Streckung von Mörteln, Beschichtungsstoffen und Anstrichen.

Gerüststoß
Dunkle, meist waagerechte Verfärbungen oder Strukturunterschiede in der Fassadenoberfläche. Die Ursachen dafür sind Oberflächenbearbeitungsschwierigkeiten und -bearbeitungsfehler im Bereich der Gerüstbohlen oder auch Spritzwasser, das von den schmutzigen Gerüstbohlen an den frisch aufgebrachten Putz gelangt.

Gips
Gips ist ein Bindemittel, welches vorwiegend bei Innenputzen verwendet wird. Weitere Verwendung erfolgt in Trokkenbauplatten. Da Gips wasserlöslich ist, darf er nicht im Außenbereich eingesetzt werden. Mit Gips als Bindemittel werden Putze der → Putzmörtelgruppe P IV hergestellt.

Gitterrabbot
Gitterförmiges, aus vertikal nebeneinander gestellten Metallstreifen bestehendes Gerät mit Griff. Damit werden Putzoberflächen vor der Erhärtung zur Erzielung einer ebenen Oberfläche überarbeitet. Der Vorgang der Überarbeitung gleicht einem Schaben.

Glasfasergewebe
→ Putzbewehrung

Glätten
Die Oberflächenbearbeitungsweise zur Erzielung einer glatten Putzoberfläche nennt man Glätten. Zum Einsatz gelangt hierbei eine Glättkelle (Traufel) oder ein Gitterrabbot. Das Glätten mit der Traufel kann eine Bindemittelanreicherung an der Oberfläche bewirken, die die Entstehung von Schwindrissen fördert. Durch Glätten mit dem Gitterrabbot findet eine solche Bindemittelanreicherung nicht statt.

Grobzug
Unter Grobzug versteht man eine grob abgezogene Oberfläche von Unterputzen. In der Regel muß darauf noch ein Oberputz (→ Feinzug) aufgebracht werden.

Grundierung
In der Putztechnik erfolgt eine Grundierung meist nur auf stark saugenden Untergründen, um einen zu schnellen Wasserentzug aus dem Putzmörtel zu vermeiden (Aufbrennsperre). Der Einsatz empfiehlt sich auch bei unterschiedlich saugenden Untergründen, um diese gleichmäßig wassersaugend zu machen. Eine weitere Anwendung von Grundierungen ist eine solche als Haftbrücke. Haftbrücken gelangen vor allem dort zum Einsatz, wo wenig saugende Putzuntergründe, wie z.B. Beton, vorliegen. Während Aufbrennsperren häufig aus reinen Dispersionen hergestellt werden, sind in Haftbrücken Quarzsande als Zuschlag enthalten.

Haftbrücke
→ Grundierung

Haftzugfestigkeit
Die Haftzugfestigkeit (auch Abreißfestigkeit genannt) von Putzen oder anderen Baustoffen sowie von im Verbund stehenden Werkstoffen (Anstriche, Beschichtungen, Estriche) wird durch Abreißversuche bestimmt.

Dazu bohrt man den zu prüfenden Baustoff mit einem Kernbohrer ein (üblicherweise 50 mm Durchmesser) und klebt darauf einen Prüfstempel. Dieser wird mit einem Abreißprüfgerät abgezogen, das die zum Abziehen erforderliche Kraft mißt. Die Haftzugfestigkeit bzw. Abreißfestigkeit wird in N/mm^2 angegeben. Außer dem eigentlichen Zahlenwert, der bei einer solchen Prüfung ermittelt wird, ist sehr wichtig, an welcher Stelle der Bruch stattfindet.

Halbhydrat
Mit Halbhydrat bezeichnet man Calciumsulfat mit einem halben eingelagertem Kristallwassermolekül.
→ Anhydrit → Dihydrat

Hydratation
Mit Hydratation oder hydraulischer Erhärtung ist meistens die Zementerhärtung gemeint. Diese ist ein komplizierter chemischer Vorgang. Im Gegensatz zur → Karbonaterhärtung, die nur an der Luft stattfindet, kann die hydraulische Erhärtung auch unter Luftabschluß (unter Wasser) erfolgen.

Kalk
oder Baukalk findet bei vielen Putzen Verwendung. Häufig gelangt er zusammen mit Zement (Kalkzementputz) oder Gips (Kalkgipsputz oder Gipskalkputz) zur Anwendung. Reine Luftkalke, die ausschließlich karbonatisch erhärten (→ Karbonaterhärtung), werden heute kaum noch ohne andere Bindemittel eingesetzt. Bei hydraulischen Kalken und hochhydraulischen Kalken erfolgt die Erhärtung auf hydraulischer Basis (→ Hydratation). Mit Luft- und Wasserkalken (hydraulische Kalke) können Putze der Putzmörtelgruppe P I hergestellt werden. Mit hochhydraulischen Kalken können Putze der Putzmörtelgruppe P II hergestellt werden.

Kapillare Wasseraufnahme

Zur Verarbeitung wird den Putzmörteln Anmachwasser zugegeben. Bei der Erhärtung des Putzmörtels wird ein Teil des Wassers, je nach Bindemittel, chemisch eingebunden und der größte Teil verdunstet. Durch dieses Verdunsten entstehen im Putz feine Kapillaren und Poren. Von diesen Poren ist weitgehend abhängig, wie sich der Putz hinsichtlich kapillarer Wasseraufnahme verhält. Die kapillare Wasseraufnahme ist nicht nur von der Größe und Anzahl der Poren, sondern auch vom Bindemittel und eventuellen hydrophobierenden Zusatzmitteln abhängig. Die kapillare Wasseraufnahme wird mit dem Buchstaben w bezeichnet.

Karbonaterhärtung

Mit Karbonaterhärtung wird die Erhärtung des Bindemittels Kalk bezeichnet. Diese Erhärtung findet nur in Gegenwart von Kohlendioxid aus der Luft statt, da es mit dem Kalkhydrat unter Abgabe von Wasser zu Calciumkarbonat (Kalkstein) umgewandelt wird (karbonatisiert). Eine → Karbonatisierung unter Wasser kann nicht stattfinden. Der Karbonatisierungsvorgang läuft von außen nach innen ab und dauert um so länger, je dicker die Putzschicht ist.

Karbonatisierung

Bei der Zementerhärtung entsteht Kalkhydrat. Dieses Kalkhydrat gibt dem Zement bzw. Beton ein alkalisches Milieu. Durch die Zufuhr von Kohlendioxid aus der Luft wandelt sich dieses Kalkhydrat unter Abspaltung von Wasser in Calciumkarbonat (Kalkstein) um. Mit zunehmender Karbonatisierung nimmt die Alkalität des Putzes bzw. des Betons ab.

Kartätsche

Eine Abziehlatte aus Leichtmetall, mit der der frisch aufgebrachte Putzmörtel gleichmäßig abgezogen wird.

Kornaufbau

Bei der Herstellung von Putzmörteln ist der verwendete Sand bzw. der Kornaufbau des Sandes von entscheidender Bedeutung. Mit Kornaufbau wird der jeweilige Anteil an verschiedenen Korndurchmessern im Zuschlagstoff bezeichnet. Bei Werktrockenmörteln werden häufig die Zuschlagstoffe aus verschiedenen, trockenen, gleichmäßig zusammengesetzten Sanden hergestellt. Dadurch ist eine gleichmäßige Qualität gewährleistet.

Kunstharzputz

Kunstharzputze haben kein anorganisches Bindemittel wie mineralische Putze, sondern ein organisches Bindemittel, das nahezu immer aus einer → Kunstharzdispersion besteht. Die anderen, weit überwiegenden Bestandteile von Kunstharzputzen sind mineralische Zuschlagstoffe sowie Füllstoffe, Pigmente und Zusatzmittel. Kunstharzputze haben als Oberputze auf mineralischen Putzen sowie als Oberputze von → Wärmedämmverbundsystemen eine weite Verbreitung gefunden. Sie werden im Werk hergestellt und verarbeitungsfertig geliefert. Sie härten nach dem Auftrag auf die Baustoffoberfläche durch Verdunstung des Wassers aus. Kunstharzputze sind nach DIN 18 556 und DIN 18 558 genormt.

Kunstharzdispersion

Diese werden als Bindemittel in Kunstharzputzen und als Zusatzmittel in mineralischen Putzen verwendet. Mit Dispersion bezeichnet man kleinste in Wasser verteilte Feststoffteilchen. Durch die Wasserverdunstung vernetzen diese Teilchen zu einem Film bzw. zu einer Schicht. Diese Filmbildung bei Kunstharzputzen ist eine rein physikalische Erhärtung. Für Grundierungen verwendet man sehr feine Dispersionen, um ein möglichst gutes Eindringen in den Untergrund zu gewährleisten.

Latent-hydraulische Bindemittel

Die hydraulischen Eigenschaften dieser Bindemittel liegen zunächst latent (= verborgen vor). Sie werden erst bei Gegenwart von Kalkhydrat oder von Zement zusammen mit Wasser wirksam. Latent-hydraulische Stoffe sind gemahlener Hüttensand, Traß, Elektrofilterasche, Puzzolane.

Leichtputz

Leichtputze sind Putze mit geringerer Festigkeit und geringerem E-Modul als normale Putze. Sie wurden für großformatiges Leichtmauerwerk entwickelt. Leichtputze finden dort ihren Einsatzbereich, wo auch Untergründe mit geringerer Festigkeit bzw. geringerem E-Modul vorliegen. Leichtputze enthalten mineralische oder organische → Leichtzuschläge.

Leichtzuschläge
Zuschlagstoffe mit Rohdichten zwischen 30 und 300 kg/m³ aus mineralischen oder organischen Bestandteilen. Sie gelangen in → Leichtputze, → Wärmedämmputze und → Brandschutzputze zur Anwendung, wobei sie die Wärmeleitfähigkeit dieser Putze mehr oder weniger stark reduzieren, ebenso deren Festigkeit und E-Modul. Wichtige mineralische Leichtzuschläge sind: Perlite, Bims, Blähton, Schaumglas, Blähglimmer. Wichtige organische Leichtzuschläge sind: Expandierte Polystyrolkügelchen und Sägemehl.

Luftporenbildner
Luftporenbildner sind Zusatzmittel, die während des Mischvorganges im Putz Luftporen entstehen lassen bzw. entstandene Luftporen erhalten. Durch das gezielte Einbringen von Luftporen in Putzmörtel wird die Verarbeitbarkeit verbessert, so daß der Putz in einer Lage in dickerer Schicht rißfrei aufgebracht werden kann. Luftporenbildner werden in großem Umfang in Sanierputzen eingesetzt, wo sie Luftporengehalte des Festmörtels von über 40 Vol.-% erzeugen. Schon allein durch Zugabe von Luftporenbildnern kann die kapillare Leitfähigkeit von Putzen verringert werden, zusätzlich reduziert sich der Wasserdampfdiffusionswiderstand µ.
→ Luftporengehalt

Luftporengehalt
Durch den Mischvorgang entsteht in allen Putzen ein gewisser Luftporengehalt. Der Luftporengehalt kann im Frischmörtel und im Festmörtel gemessen werden. Bei Sanierputzen ist ein Luftporengehalt von mindestens 25 Vol.-% im Frischmörtel vorgeschrieben.
→ Luftporenbildner

Maschinenputz
Mit Putzmaschinen verarbeitbare Werktrockenmörtel. Am häufigsten werden Gips- und Gipskalkputze für den Innenbereich mit Putzmaschinen verarbeitet. Zunehmend gelangen auch Außenputze als Werktrockenmörtel in Putzmaschinen zur Anwendung.

Mineralischer Putz
Putze mit mineralischen Bindemitteln. Gemäß DIN 18 550 werden diese in die → Putzmörtelgruppen P I bis P V eingeteilt.

Mischungsverhältnis
Mit Mischungsverhältnis bezeichnet man die Anteile von Bindemittel und Sand in Raumteilen (RT) eines Putzmörtels. In der DIN 18 550 werden für Baustellenmörtel Mischungsverhältnisse angegeben.

Mörtelgruppen
Mauermörtel werden nach DIN 1053 in verschiedene Mörtelgruppen (MG) unterteilt. Für besondere Anwendungszwecke gibt es noch Leichtmörtel (LM) und Dünnbettmörtel (DB). Die Mörtelgruppen sind nicht zu verwechseln mit den → Putzmörtelgruppen.

Nagelbrett
Ein mit Nägeln versehenes Brett, welches zur Herstellung von Kratzputz dient. Der Kratzputz wird nach einigen Stunden oder einem Tag Erhärtungszeit mit dem Nagelbrett (Edelputzkratzer) bearbeitet. Durch diese Bearbeitung wird die bindemittelreiche Oberschicht entfernt. Je nach Größe des Zuschlagstoffes werden auch mehr oder weniger viel Körner damit abgekratzt. Das Nagelbrett kann auch zum Aufrauhen von Unterputzen verwendet werden.

Oberflächentauwasser
→ Tauwasser

Organische Bindemittel
Sie bestehen aus Kunstharzen, entweder als → Kunstharzdispersion (wässrig) oder gelöst in organischen Lösungsmitteln.

Pigmente
Farbstoffe zur Einfärbung von Edelputzen, selten zur Färbung von Baustellenmörteln. Bei der Verwendung von Pigmenten ist darauf zu achten, daß diese alkalibeständig sind. Ferner empfiehlt sich, bei der Verwendung von Zement als Bindemittel nur Weißzement zu verwenden, um die Farben nicht schmutziggrau erscheinen zu lassen.

Porengrundputz
Bei bestimmten Sanierputzsystemen (→ Sanierputz), sind Porengrundputze ein Bestandteil. Sie sind porenreiche Unterputze mit einem definierten Mindestporengehalt.

Profile

Um Abschlüsse, Eckbereiche, Dehnfugen und Sockelbereiche schneller und exakter herstellen zu können, wurden im Laufe der Zeit immer mehr Profile angeboten. Sie werden für Innen- und Außenputz in unterschiedlicher Form bzw. in unterschiedlichem Querschnitt hergestellt. Am häufigsten gelangen Eckprofile, Dehnfugenprofile, Profile zum Abschluß von Wärmedämmverbundsystemen und Sockelprofile zur Anwendung.

Putz

Der Begriff Putz ist in DIN 18 550 definiert. Er ist ein an Wänden und Decken ein- oder mehrlagig in bestimmter Dicke aufgetragener Belag aus Putzmörteln oder Beschichtungsstoffen, der seine endgültigen Eigenschaften erst durch Erhärtung am Baukörper erreicht. Mit Putz wird also der am → Putzgrund erhärtete Putzmörtel bezeichnet. Putze übernehmen je nach den Eigenschaften der verwendeten Mörtel bzw. Beschichtungsstoffe bestimmte bauphysikalische Aufgaben (z.B. Schlagregenschutz). Gleichzeitig dienen sie der Oberflächengestaltung eines Bauwerks (→ Putzweise). Nach DIN 18 550 sind gespachtelte Glätt- und Ausgleichsschichten, Schlämmputze, Bestich, Imprägnierungen und Anstriche keine Putze im Sinne der Norm.

Putzbewehrung

Sie ist dazu da, dem Putz eine höhere Zugfestigkeit zu verleihen. Putzbewehrungen (auch Putzarmierung genannt) bestehen aus alkalifest ausgerüsteten Glasfasergeweben oder engmaschigen Edelstahlmatten. Putzbewehrungen sind über problematischen Untergründen erforderlich, z.B. über Rolladenkästen oder gedämmten Deckenstirnseiten. Bewehrungen bewirken vor allem eine Rißverteilung, das heißt, statt großer breiter Risse entstehen viele kleine Haarrisse, die die Funktion des Putzsystems nicht beeinträchtigen, weder optisch noch physikalisch.

Putzgrund

Mit Putzgrund (Untergrund) wird das Bauteil bezeichnet, das verputzt wird.

Putzlagen

Mit Putzlage wird eine in einem Arbeitsgang aufgebrachte Putzschicht des gleichen Putzmörtels bezeichnet. Es gibt ein- und mehrlagige Putze. die unteren Lagen werden als Unterputz (seltener: Grundputz) bezeichnet und die oberste Lage als Oberputz. Der → Spritzbewurf ist keine Putzlage, er dient lediglich der Vorbereitung des Putzgrundes.

Putzleisten

Damit kann die vorgesehene Putzdicke auf dem Putzgrund exakt eingehalten werden. Putzleisten sind aus Putzmörtel hergestellte Leisten auf dem Putzgrund (Pariser Leisten). In der Regel werden sie als ca. 10 cm breite Bänder aus demselben Putzmörtel hergestellt, der auch für die weitere Wand verwendet werden soll. Die Abstände dieser Putzleisten liegen zwischen 1,0 bis 1,5 m. Nach Erhärten der Putzleisten kann der Mörtel dazwischen aufgetragen werden. Mit der Abziehlatte wird der frische Putzmörtel über die Putzleisten eben abgezogen.

Putzmaschine

Sie ersetzt das Anmischen und Antragen des Putzmörtels von Hand, welches einen verhältnismäßig großen Zeit- und Kraftaufwand erfordert. Putzmaschinen haben zu einer wesentlichen Rationalisierung der Putzarbeiten in den letzten 40 Jahren beigetragen. Gebräuchlich sind heute Kolbenpumpen- und Schneckenpumpenmaschinen. Zudem gibt es Putzmaschinen mit Zwangsmischer, in denen → Baustellenmörtel oder auch → Werktrockenmörtel angemacht werden kann. Von der Putzmaschine aus wird der Mörtel durch einen Schlauch an den Auftragsort gepumpt.

Putzmörtelgruppen

Die Putzmörtel mit mineralischen Bindemitteln werden gemäß DIN 18 550 nach der Art ihres Bindemittels in 5 verschiedene Putzmörtelgruppen eingeteilt.

Putzmörtelgruppe[1]	Art der Bindemittel
P I	Luftkalke[2], Wasserkalke, Hydraulische Kalke
P II	Hochhydraulische Kalke, Putz- und Mauerbinder, Kalk-Zement-Gemische
P III	Zemente
P IV	Baugipse ohne und mit Anteilen an Baukalk
P V	Anhydritbinder ohne und mit Anteilen an Baukalk

[1] Weitergehende Aufgliederung der Putzmörtelgruppen siehe Tabelle 1.20.
[2] Ein begrenzter Zementzusatz ist zulässig.

Putznormen

Die wichtigste Putznorm ist die DIN 18 550. Ihre einzelnen Teile heißen:
Teil 1: Putz; Begriffe und Anforderungen.
Teil 2: Putz; Putze aus Mörteln mit mineralischen Bindemitteln; Ausführung.
Teil 3: Putze; Wärmedämmputz, Systeme aus Mörteln mit mineralischen Bindemitteln und expandiertem Polystyrol (EPS) als Zuschlag, Begriff, Anforderungen, Prüfung, Ausführung, Überwachung.
Teil 4 (z.Zt. Entwurf), Putze; Putze mit Zuschlägen mit porigen Gefügen (Leichtputze); Ausführung.
In DIN 18 558 Kunstharzputze; Begriffe, Anforderungen, Ausführungen, sind → Kunstharzputze beschrieben.
Die Prüfung von Putzmörteln erfolgt nach DIN 18 555. Diese Norm besteht aus mehreren Teilen für verschiedene Prüfungen.

Bezugsquelle für DIN-Normen: Beuth-Verlag GmbH, 1000 Berlin 30.

Putzprofile
→ Profile

Putzriß
→ Risse

Putzträger

Sie dienen dazu, die Haftung des Putzes auf dem Untergrund zu verbessern oder einen Putz herzustellen, der von der tragenden Konstruktion weitgehend unabhängig ist. Als Putzträger werden metallische Putzträger, Gipskartonputzträgerplatten, Holzwolle-Leichtbauplatten oder Mehrschicht-Leichtbauplatten verwendet (früher auch Ziegeldrahtgewebe und Rohrmatten). Im Vergleich mit Putzträgern sind Putzbewehrungen Einlagen im Putz, die der Verminderung von Rissen dienen (→ Putzbewehrung). Metallgittermatten, als Putzbewehrung eingesetzt, können gleichzeitig auch als Putzträger dienen.

Putzweise

Damit wird die durch die Art der Oberflächenbehandlung entstehende Struktur des frischen Putzmörtels auf dem Untergrund bezeichnet. Übliche Putzweisen sind: Gefilzter Putz, geglätteter Putz, geriebener Putz (Reibeputz), Münchner Rauhputz, Rillenputz, Wurmputz, Madenputz, Kellenwurfputz, Modellierputz, Spritzputz, Kellenstrichputz und Kratzputz. Weniger übliche Putzweisen sind Waschputz, Steinputz (Stockputz) oder Stukkolustro.

Puzzolane

Puzzolane gehören zu den hydraulischen Bindemitteln. Es sind in der Natur vorkommende Stoffe, wie z.B. Traß. Ihre Namen haben sie von der Stadt Puzzuoli bei Neapel/Italien durch die dort vorkommende Puzzolanerde. Puzzolane sind latent-hydraulische Stoffe und enthalten reaktionsfähige Kieselsäure. Die Zusammensetzung von Traß ist ähnlich.

Qualitätssicherung

Zur Qualitätssicherung dienen Überwachungen unterschiedlicher Art, um ein einwandfreies Herstellen des Putzmörtels und des Auftrags zu sichern. Werktrockenmörtel unterliegen in der Regel einer Eigen- und Fremdüberwachung durch das Herstellerwerk bzw. einer übergeordneten Institution. Die Überwachung hierfür ist in DIN 18 557 beschrieben. An der Baustelle gemischte Baustellenmörtel oder auch Werktrockenmörtel können von Fachingenieuren überwacht werden. Dies empfiehlt sich insbesondere in Fällen mit problematischen Putzgründen und/oder Verwendung besonderer Putze (z.B. Sanierputz). Die Überwachung vor Ort, die normalerweise durch den Bauleiter (Architekt) durchgeführt wird, aber auch von Fachingenieuren durchgeführt werden kann, ist genauso wichtig zur Qualitätssicherung wie die Eigen- und Fremdüberwachung von Werktrockenmörteln.

Rabitz

Zur Herstellung von Rabitzarbeiten wird zunächst ein Putzträger auf den betreffenden Bauteilen (z.B. Holzbalkendecken, Trägerkonstruktionen) aufgebracht. Auch freistehende Putzträger (z.B. um Lüftungsschächte und Installationsleitungen) gehören dazu. Diese Putzträger werden dann verputzt und bilden zusammen mit dem Putz eine sich selbst tragende Konstruktion.

Regenschutz

Die Schlagregenbeanspruchung eines Gebäudes ist abhängig von der regionalen Lage und der Höhe des Gebäudes. Nach DIN 4108 werden drei Beanspruchungsgruppen festgelegt, die anhand von Niederschlagshöhen und Windstärken eingeteilt sind. Je nach der Beanspruchungsgruppe können normale Putze verwendet werden oder es müssen wasserhemmende bzw. wasserabweisende Putzsysteme zum Einsatz gelangen. Einige mineralische Putzmörtel für den Außenputz können die Anforderungen an wasserabweisende Putzsysteme nur erfüllen, wenn sie entsprechende Zusatzmittel enthalten.

Rippenstreckmetall

Dies ist ein häufig verwendeter → Putzträger, bestehend aus einer aus Blech gestanzten Metallmatte.

Risse

Risse im Putz können u.a. durch Verarbeitungsfehler entstehen. Ein netzartiges Rißbild (*Netzriß*) entsteht insbesondere dann, wenn die Putzoberfläche zu intensiv mit dem Filzbrett oder der Traufel bearbeitet worden ist. Seltener führt eine falsche Putzmörtelzusammensetzung zur Netzrißbildung. Andere Risse können Putzträger oder das Mauerwerk durch den Putz abzeichnen. Sie entstehen aus den konstruktiven Gegebenheiten des Putzgrundes.

Sackrisse entstehen vorwiegend dann, wenn Putzmörtel zu dick angeworfen wird und infolge seiner Masse absackt. Bei Leichtputzen ist die Gefahr von Sackrissen wesentlich geringer.

Schwindrisse entstehen während der Erhärtungsphase von Putzmörteln. Im Gegensatz zu Schrumpfrissen entstehen sie durch den chemischen bzw. physikalischen Erhärtungsvorgang, bei dem man die auftretenden Längenänderungen als Schwinden bezeichnet. Werden die zugehörigen Spannungen nicht über den Putzgrund abgebaut, so kommt es zur Schwindrißbildung.

Schrumpfrisse entstehen durch die Abgabe von überschüssigem Anmachwasser. Sie bewirken bei mineralisch gebundenen Putzen in der Anfangsphase der Erhärtung eine Längenänderung, welche als Schrumpfen bezeichnet wird. Schrumpfrisse treten dort auf, wo falsche Mörtelzusammensetzungen und/oder fehlende Untergrundvorbehandlungen bzw. Nachbehandlung des Putzes vorliegt.

Rollkorn

Für bestimmte → Putzweisen, wie z.B. Reibeputz, Rauhputz, Münchner Rauhputz, wird ein Putzmörtel benötigt, der einen bestimmten Anteil eines runden Grobkornes enthält. Beim Überarbeiten dieses Putzes auf dem Putzgrund rollen diese Körner über den Putz und geben ihm das typische Reibe- oder Rillenputzbild.

Romankalk

Dieser Kalk wird aus einem silikatreichen Kalkstein unterhalb der Sintergrenze gebrannt. Romankalke enthalten relativ viel Ton. Sie werden nach dem Brennen nicht gelöscht, sondern nur gemahlen. Die Bezeichnung Romankalk hat dieses Bindemittel daher, weil die Erhärtung von bei den Römern üblichen Mörteln in ähnlicher Weise verlief. Romankalk ist ein hochhydraulisches Bindemittel. Fälschlicherweise wird Romankalk auch mit Romanzement bezeichnet.

Romanzement

→ Romankalk

Sackriß

→ Risse

Salpeter

→ Ausblühungen

Sanierputz

Damit werden Werktrockenmörtel bezeichnet, die ganz bestimmten Anforderungen, insbesondere Anforderungen an ihren Luftporengehalt, genügen müssen. Entsprechend der Definition des WTA (Wissenschaftlich-Technischer Arbeitskreis für Denkmalschutz und Bauwerksanierung) wird ein Sanierputz wie folgt beschrieben:

»Sanierputze sind Werktrockenmörtel gemäß DIN 18 557 zur Herstellung von Putzen mit hoher Porosität und Wasserdampfdurchlässigkeit bei gleichzeitig erheblich verminderter kapillarer Leitfähigkeit«.

Von der Zusammensetzung her sind Sanierputze meistens zementhaltige Putze, die durch Zusatz von Luftporenbildnern eine poröse Struktur erhalten. Der Luftporengehalt von erhärtetem Sanierputz liegt zwischen 30 und 45 Vol.-%. Durch das grobporige Gefüge von Sanierputzen sowie durch die werkmäßige Hydrophobierung des Putzes wird die Benetzbarkeit der Poren und die Saugfähigkeit herabgesetzt, so daß keine kapillare Wasseraufnahme mehr erfolgen kann. Anfallende Salze, die mit der Feuchtigkeit des Mauerwerks transportiert werden, können in den relativ großen Luftporen des Sanierputzes auskristallisieren, ohne eine mechanische Zerstörung des Putzes nach sich zu ziehen. Das Wasser aus dem Mauerwerk kann also nur in Form von Wasserdampf durch den Sanierputz gelangen, so daß die Putzoberfläche trocken bleibt und die gelösten, ausblühfähigen Salze zurückgehalten werden.

Schallschluckputz
→ Akustikputz

Schlämmputz
Schlämmputze werden aus einem dünnflüssigen Mörtel hergestellt. Sie werden in einer oder mehreren dünnen Schichten auf den Putzgrund mit einer Bürste aufgeschlämmt. Es handelt sich nicht um einen Putz im Sinne der DIN 18 550.

Schneckenmantel
Damit wird ein Verschleißteil von → Putzmaschinen bezeichnet, die mit einer Schneckenpumpe arbeiten.

Schrumpfriß
→ Risse

Schwindriß
→ Risse

s_d-Wert
Dieser Wert ist das Produkt aus der Wasserdampfdiffusionswiderstandszahl μ und der Schichtdicke s eines Bauteiles. Dieses Produkt nennt man diffusionsäquivalente Luftschichtdicke s_d. Der Wert gibt an, wie dick eine ruhende Luftschicht sein müßte, um den gleichen Diffusionswiderstand zu haben wie der entsprechende Baustoff, bzw. die Baustoffschicht. Ein 20 mm dicker Kalkzementputz hat einen s_d-Wert von ca. 0,6 m und eine 0,1 mm dicke PE-Folie einen solchen von 10 m.

Sgraffito
Fassadenmalerei in Kratztechnik (italienisch: sgraffiare = kratzen). Durch unterschiedlich eingefärbte, übereinander aufgetragene Putzschichten, die anschließend in feuchtem Zustand in unterschiedlicher Tiefe wieder abgekratzt werden. Diese Technik wurde insbesondere in der italienischen Renaissance verwendet. Sie wird heute wieder aufgenommen.

Silikatputz
Bei diesen Putzen besteht der überwiegende Bindemittelanteil aus Wasserglas (Kaliumsilikat). Mit Silikatputzen können in etwa die gleichen Oberflächenstrukturen wie bei Kunstharzputzen erzielt werden. Sie werden in verarbeitungsfähiger Form geliefert.

Sinterschicht
Entsteht an der Putzoberfläche durch die Bearbeitung eine Bindemittelanreicherung, so kann eine glasartige Schicht entstehen, die härter ist als der darunterliegende Putz. Dadurch kann es zu Rißbildungen kommen (→ Schwindrisse).

Sockelputz
Diese Putze müssen widerstandsfähig, wenig wassersaugend und ausreichend fest sein sowie den Einwirkungen von Frost standhalten. Sockelputze sollen der → Putzmörtelgruppe P III entsprechen. Es gibt aber auch andere Putze, die diese Anforderungen erfüllen.

Spritzbewurf
Dieser putzartige Überzug dient der Vorbereitung des Putzgrundes, er wird nicht als Putzlage gerechnet. Bei stark oder unterschiedlich saugendem Putzgrund wird ein volldeckender Spritzbewurf aufgebracht, bei schwachsaugendem Putzgrund muß der Spritzbewurf nicht volldeckend ausgeführt wer-

den. Ein Spritzbewurf ist insbesondere zum Verputzen von Holzwolle-Leichtbauplatten notwendig. Spritzbewurfmörtel wird in der Regel aus grobem Sand mit einem Korn bis 4 mm oder größer hergestellt. Als Bindemittel verwendet man Zement.

Spritzputz
Spritzputze entstehen durch ein- oder mehrmaliges Aufspritzen eines feinkörnigen und dünnflüssigen Mörtels mit einem speziellen Spritzputzgerät. Diese Putze werden u.a. auch für → Akustikputze verwendet. In der Regel gelangen Korndurchmesser bis zu 1 mm zur Anwendung. Früher hat man für den Putzmörtel-Auftrag Reisigbesen verwendet (Besenwurfputz).

Sperrputz
Wasserundurchlässige Putze werden als Sperrputze bezeichnet. Der Effekt des Absperrens von Wasser wird durch ein besonderes Bindemittel/Zuschlagstoffgemisch erreicht. Die Porenräume sind beim Sperrputz extrem klein, wodurch die kapillare Leitfähigkeit stark reduziert wird. Sperrputze verwendet man als Innenabdichtung von Kellerwänden, wenn außenseitig keine Abdichtung möglich ist.

Strahlenschutzputz
Putze mit speziellen Zuschlägen wie Schwerspat oder Brauneisenstein werden als Strahlenschutzputze bezeichnet. Diese Putze haben ein sehr hohes Eigengewicht von ca. 60 kg/m² bei 20 mm Putzdicke. Einsatz finden diese Strahlenschutzputze z.B. zur Abschirmung von Röntgenräumen.

Stuck
Aus gestalterischen Gründen geformter Putz an Wand- und Deckenflächen wird als Stuck bezeichnet. Schwierige Formen werden zuerst gegossen und dann an den betreffenden Bauteilen befestigt. Als Bindemittel wird Gips verwendet, teilweise auch mit Kalkzusätzen.

Stuckmarmor
Wird eingefärbter Gipsmörtel so bearbeitet, daß die Oberfläche spiegelnd wird, so spricht man von Stuckmarmor. Als Bindemittel wird hierzu Alabastergips oder Marmorgips verwendet. Stuckmarmor muß mehrmals gespachtelt, geschliffen und poliert werden, bis eine geschlossene Oberfläche erzielt wird.

Stukkateur
Der Begriff Stukkateur ist von Stuck abgeleitet, das aus dem italienischen Wort »stucco« herrührt. Je nach Region wurde früher und teils heute noch der Stukkateur auch als Gipser, Ibser, Putzer, Rabitzer, Tüncher, Weißbinder oder Baustukkateur bezeichnet. Noch im Mittelalter wurden Verputzarbeiten vom Maurer oder von wandernden Handwerkern ausgeführt. Erst als Innenputzarbeiten immer mehr zum ästhetischen Element wurden, ergab sich hieraus ein neuer Berufszweig.

Taupunkt
Wird Luft mit einer bestimmten relativen Luftfeuchte abgekühlt, so steigt die relative Luftfeuchte an. Erreicht diese den Wert von 100 %, so spricht man bei der dann erreichten Lufttemperatur vom Taupunkt. Die Feuchtigkeit in der Luft fällt ab dem Taupunkt als → Tauwasser aus, z.B. an Bauteiloberflächen.

Tauwasser
Sinkt die Temperatur an irgendeiner Stelle eines Bauteiles unter den → Taupunkt der umgebenden Luft, so fällt dort Tauwasser aus. Tritt dieser Fall an der Oberfläche des Bauteiles ein, so spricht man von Oberflächentauwasser. Tauwasser innerhalb von Bauteilen darf nur eine bestimmte Höhe erreichen und muß wieder austrocknen können. Oberflächentauwasser darf in normalen Wohn- und Aufenhaltsräumen nicht auftreten. Es bildet sich jedoch kurzfristig z.B. in Bädern und Duschen an kalten Wandfliesen oder Fensterscheiben. Fälschlicherweise wird statt Tauwasser häufig der Begriff »Kondenswasser« verwendet.

Traß
Ein Vulkanisches Tuffgestein. Durch Zugabe von Traßmehl zu Kalkmörteln erhalten diese hydraulische Eigenschaften, und durch Zugabe von Traß zu → Zement entsteht Traßzement.

Trockenbauplatten
Als Trockenbauplatten werden vorwiegend Gipskartonplatten

und Gipsfaserplatten verwendet. Sie finden Anwendung, als Montagewände, Montagedecken und bei → Trockenputz.

Trockenputz
Als Trockenputz bezeichnet man anstelle von Putzmörteln aufgebrachte Gipskarton- oder Gipsfaserplatten.

Unterputz
Beim Auftrag von Putzmörtel in zwei Lagen werden die unteren Lagen als Unterputz, seltener als Grundputz bezeichnet.

VOB
Dies ist die Abkürzung für die **V**erdingungs**o**rdnung für **B**auleistungen. Die VOB ist in 3 Teile gegliedert:
Teil A: Allgemeine Bestimmungen für die Vergabe von Bauleistungen.
Teil B: Allgemeine Vertragsbestimmungen für die Bauausführung von Bauleistungen.
Teil C: Allgemeine Technische Vorschriften für Bauleistungen.
Für Putz- und Stuckarbeiten gilt VOB Teil C : Allgemeine Technische Vorschriften für Bauleistungen, Putz- und Stuckarbeiten – DIN 18 350.

Wärmedämmputz
Solche Putze erhalten zur Erhöhung der Wärmedämmeigenschaften porige Zuschläge (→ Leichtzuschläge). Sehr häufig gelangen dabei Zuschläge aus geschäumtem Polystyrol oder Blähglimmer zur Anwendung. Die Rohdichten solcher Putze können sehr niedrig liegen (z.B. bei 300 kg/m^3). Die Wärmeleitfähigkeit λ_R liegt zwischen 0,07 und 0,10 W/mK. Da diese leichten Wärmedämmputze empfindlich hinsichtlich von Einflüssen aus der Witterung sind, müssen sie einen Oberputz erhalten. Der Oberputz muß auf den wärmedämmenden Unterputz abgestimmt sein.

Wärmedämmverbundsystem
Damit wird eine Kombination aus Wärmedämmplatten mit einem Putz bezeichnet. Als Wärmedämmplatten gelangen Polystyrol-Hartschaumplatten und Mineralfaserplatten zur Anwendung. Wärmedämmverbundsysteme mit Platten aus Polystyrol-Extruderschaum sind weniger bekannt. Die Wärmedämmplatten werden auf den Untergrund geklebt und gedübelt. Als erste Lage wird eine Armierungsschicht mit eingelegtem alkalibeständigem Glasfasergewebe aufgebracht. Darauf kommt dann der strukturgebende Oberputz. In der Regel werden Kunstharzputzsysteme oder kunstharzmodifizierte Putzsysteme angewendet. Rein mineralische Systeme mit Mineralfaserplatten und einem mineralischen Oberputz können auch die Brandschutzanforderungen für Hochhäuser erfüllen.

Wärmeleitfähigkeit
Die Wärmeleitfähigkeit λ wird in W/mK angegeben. Mit ihr kann ein Baustoff hinsichtlich seiner wärmeschutztechnischen Eigenschaften beurteilt werden. Je kleiner die Wärmeleitfähigkeit ist, um so besser sind seine Wärmedämmeigenschaften. Fälschlicherweise wird die Wärmeleitfähigkeit auch mit »Wärmeleitzahl« bezeichnet.

Werkmörtel
Werkmörtel werden im Gegensatz zu → Baustellenmörtel in einem Werk zusammengemischt und an die Baustelle geliefert.

Werktrockenmörtel
Werktrockenmörtel ist eigentlich Werkmörtel. Die Bezeichnung stellt lediglich den Unterschied zum Werk*frisch*mörtel heraus, der verarbeitungsfertig, also mit dem notwendigen Anmachwasser an die Baustelle geliefert wird. Werktrockenmörtel wird pulverförmig in Papiersäcken oder Containern an die Baustelle geliefert. Alle häufig benötigten Mörtel werden heute als Werktrockenmörtel hergestellt. Als Werkfrischmörtel werden vor allem → Kunstharzputze und → Silikatputze geliefert.

Zement
Anorganisches bzw. mineralisches Bindemittel mit hydraulischen Eigenschaften (Erhärtung also auch unter Wasser möglich). Zement wird durch Brennen von Kalkstein über die Sintergrenze hinaus hergestellt, also bei Temperaturen von mehr als 1300 °C. Nach dem Mahlen des entstehenden Klinkers entsteht Zement, den es in verschiedenen Festigkeitsklassen gibt. Zement dient hauptsächlich als Bindemittel für Beton. Im Bereich der Putze ist Zement in Zementputzen enthalten (→ Putzmörtelgruppe P III) sowie als zusätzliches Bin-

demittel in Kalkzementputzen (→ Kalk). Zement mit Zusatz von Kunststoffen (kunststoffvergüteter Zement) dient außerdem in vielerlei anderen Produkten des Bauwesens als Bindemittel (Sanierputz, Sperrputz, Estrich, Spachtelmassen, Kleber).

Zuschlagstoffe
Gemenge von Körnern, seltener Fasern, aus anorganischem, seltener organischem Material, die mit Bindemitteln und Wasser vermischt zur Herstellung von Putzmörtel, Mauermörtel und Beton verwendet werden.

Zusatzmittel
Stoffe, die die Eigenschaften von Mörtel beeinflußen und verändern können. Sie werden mit ihrem Volumen nicht bei der Mischungsberechnung berücksichtigt.

Zusatzstoffe
→ Füllstoffe

Zuschläge
→ Zuschlagstoffe

8 Stichwortverzeichnis

A
Abbeizer 148
Abbürsten 169
Abdeckbleche 135
Abdeckungen 132; 191
Abdichtung 10; 132
Ablängen von Putzprofilen 111
Ablösung des Putzes 72; 166; 191
Abplatzungen 16; 100; 104; 180; 181; 184; 189
– des Anstrichs 169
– des Oberputzes 185
Abreiß
– festigkeit 167; 168; 189
– prüfgerät 167
– prüfungen 167
Abriebfestigkeit 98
–, erhöhte 30
Abrisse 191
Absanden 114; 166; 169; 191
Abscherfestigkeit 39
Abschlämmbare Bestandteile 16
Absetzversuch 16
Abstandshalter 109
Abwitterung 70
Acrylatharze 36; 150
Acrylharze 11; 149
Acrylsäureester 11
Adhäsion 83
Akustik
– decken 153; 160
– platten 160
– putz **44**; 45
Algen 103; 123; 147; 180
– befall 166
Alkalibeständigkeit 39; 144; 149
Alkylarylsulfonate 18, 129
Altanstriche 144; 148; 153

Altbauten 106; 120; 133
Alterung 89
– sprozesse 190
Altputz 177
Aluminate 19
Aluminiumfolie 48
Ammonium 164
Angriffsarten 163; 167
Angriffe
–, biologische 162
–, chemische 70; 162; 163
–, lösende 70; 163
–, physikalische 162; 163
–, treibende 70
Anhydrit 1; 2; 22
– binder 3; **24**
– estrich 3
– kalkmörtel 21; 24
– mörtel 21; 24
– putze **121**
–, synthetischer 2
Anmachen 23–26
Anmachwasser 61; 71
Anschlüsse 177
–, undichte 179
Anschlußfugen 128
Ansetzgips 22; 52; 53
Ansetzmörtel 111; 121
–, gipshaltige 111
Anstrich 29; 45; 47; 98; **143**; 144; 169; 174; 176
– art 145
– aufbau 151; 176
– auf Putzen **143**
– schäden 187
– stoffe 144; 146; 174
– systeme 143; 147; **148**; 150–153
– untergrund **146**; 147; 169

Anwerfen 115
Anwurfgeschwindigkeit 113
Armierung 39; 40; 75; 77; 108
– sgewebe 139
– smasse 40; 177; 178
– sschicht 36; 38; 39; 40; 75; 127; 137; 177; 178; 181
Asbest 14
– fasern 75
– zementplatten 75
Aufbrennsperre 122
Augenschein 101; 147
Ausblühungen 42; 103; 121; 133; **134**; 135; 141; 147; 166; 184; 186; 191
Ausdehnungen 163
Ausdehnungsverhalten 77
Ausführung 96; 110; 165
– von Putzarbeiten 96
– sfehler 169
– shinweise **120**
Ausgangsstoffe 1
Ausgleichsfeuchte 49
Ausgleichsputz 28; 43
Auskristallisation 23; 65; 134; 163
Aussehen 165; 191
Außen
– abdichtung 43
– bauteile 78
– bereich 102
– deckenputz 27; 28
– putze 4; 25; 26; 27; 102
– – Beurteilung von 171
– putz auf Leichtbauplatten 139
– – mit Bewehrung 140
– sockelputze 27; 100; 133
– temperatur 28; 83; 163
– wände 78

– wandputz 27; 28
Austrocknung 60; 88; 172
Azethylengas 4

B
Bakterien 164
–, nitrifizierende 164
Balkon 184
– platten 76; 105; 140
Baryt 14
Basalt 13
Bauakustik 78; 90
Baugipse 22; 23
Baukalke 24
Bauphysik **78**; 144
Bauphysikalische Kennwerte 145
Baustellenmörtel 113
Baustoffe 107
–, anorganische 190
– für den Trockenbau **46**
–, kalksteinhaltige 164
Baustoffgrundlagen **1**
Baustoffklassen 34
Bausubstanz 162
Bauxit 8
Beanspruchung 78; 97; 98; 143
–, chemische 69
– durch Wasser 64; 96
–, physikalische 64
–, hygrische 163
–, mechanische 40
– sarten 163
– sbedingungen 98; 165; 190
– sgruppen 66; 67
–, thermische 99; 163
Bedenken 102
Befestigung
–, mechanische 39
– mittel **52**; 158
– sabstände 157
Beheizung 168
Bekleidungen 159; 160
Beläge 47
Belastung 133
Benetzungsprobe 101; 147
Benetzungsstörungen 150
Beplankung 157; 158; 160
Beschädigungen 103; 110

Beschichtungsstoff 20; 28; 29; **32**; **199**
Besenwurfputz 115
Bestich 117
Beton 7; 61; 72; 74; 107
– als Putzgrund 102
– anstriche 146
– fassaden 151
– instandsetzung 41; 144
– sanierung 41; 144
– stahl 7
– steine 73; 74
– verflüssiger 19
–, wasserdichter 42
– zusatzmittel 18
Bewegungsfugen 107; 128
Bewehrung 41; 139; 146
– sstreifen 158; 159
Bewertungskurve 91
Bewitterung 169
Bezugskurve 92
Biegezugfestigkeit 22; 23; 24; 99
Biegezugspannungen 55
Bims 14; 15
– beton 73; 74; 85; 99; 102; 142
Bindemittel **1**; 25; 142; 143; 144; 145; 162; 163
– anreicherung 114; 142; 168
– gehalt 33; 61; 173
– gemisch 29
–, hydraulische 5; 7; 12
– struktur 163
Biogene Angriffe 164
biozid 149; 180
Bitumenanstrich 183
Bitumendachbahn 87
Bläh
– glimmer 14; 15; 37
– perlite 14; 15
– ton 14; 15; 37
– schiefer 14; 15
Blasenbildungen 180; 181; 191
Bodenfeuchtigkeit 141
Borate 19
Brandschutz 3; 31; 40; 46; 50; 77; 78; 106; 154; 155; 156
– putz 14; **46**
Brandverhalten 34
Brauneisenstein 14

Brechsand 13; 14
Brennen 1; 2; 3; 5; 10
Bruchdehnung 45
Buntpigmente 18; 34
Bürste 45

C
C-Profile 50; 51
Calcium
– aluminatferrit 7
– hydrogenkarbonat 146
– hydroxid 7
– karbonat 6; 146
– nitrat 141; 164
– silikat 6
– sulfat 2; 3; 23
– –, Phasen von 3
– sulfid 17
Carbidkalk 3; 5
– hydrat 25
CD-Profil 51
Chloride 17; 141
Chlorkohlenwasserstoffe 148
Craqueléerisse 173
Crimpern 52; 53
CW-Profil 51; 157

D
Dachschrägen 138
Dämm
– platten 63; 76
– – verklebung 125
– putze 99
– schichten 98
– schichtunterlagen 161
– stoff 39
– – dicke 158
– – haltescheiben 105
– – platten 105; 181
– wert 81
Dampf
– bremse 85
– diffusion **82**; 83
– – seigenschaften 122
– – sstrom 83
– sperre 48; 85
– strahlen 177
– strahlgeräte 148
Dauerhaftigkeit 142; 144; 181; 190

Deckanstrich 143; 169
Decken 78; 114
– abhängungen 160
– anschlußprofile 157
– bauarten 159; 160
– bekleidung 159; 160
– stirnseiten 76; 77; 105; 112; 135; 136
– systeme 159
– untersichten 105
Deckkraft 144
Deckputz 29; 102
Deckschicht 38
Dehnungsfugen 111; 173
Dehnungsverhalten 163
Dezibel 91
Diamantbohrkrone 167
Dicalciumsilikat 7
Dichtungsmittel **20**; 28; 43
– schlämmen **43**; 89
– zusatz 28
Diffusions
– fähigkeit 142; 145
– strom 87
– widerstand 72; 84; 87; 88; 146
– – szahl 74; 84
Diffusivität 79
Dihydrat 2
Dispersion 11
– sanstriche 87; 88; 152; 169; 176
– sfarben 145; **150**; 153
– spulver 12
– s-Silikatanstriche 152; 169
– s-Silikatfarben 145; **150**; 152; 153
– szusatz 36
Dolomit 3
– kalk 3; 5; 24
– – hydrat 25
Doppel
– Ausgleichskolbenpumpen 113
– Kolbenpumpe 113
– hydrat 2
– ständerwände 155; 156; 157
Draht
– geflecht 106
– gewebe 77; 108; 114; 140
– gitter 106
– netz 139
– ziegelgewebe 106
Drehrohrofen 6
Dreipunkt-Biegezugprüfung 55; 56
Dreischichtenplatte 49
Druckfestigkeit 8; 22; 23; 24; 56; 62; 63; 99; 100; 132; 133
Druckluftpolster 112
Druckspannungen 55; 72
Druckstöße 112
Dübel 105
Durchfeuchtung 78; 83; 88; 104; 141; 166; 191
– des Untergrundes 172
Durchfrieren 168
Durchtränkung 149

E
E-Modul 39; **56**; 61; 62; 63; 71; 72; 74; 76; 99; 100; 110; 133; 142; 143; 173
Ebenheit 100
Echter Mauersalpeter 141; 164
Eckausbildung 110
Eckprofile 110
Edelbrechsand 15
Edelputze 29; 63; 177
Eigenspannungen 61; 62; 68; 74
Eigensteifigkeit 107
Eigenüberwachung 130
Einbettung eines Gewebes, falsche 188
Eindringtiefe 52
Eindringvermögen 149
Einfachständerwände 156
Einfärbung 18
Einkerbungen 119
Einkolbenpumpe 113
Einlagenputz 139
Einschichtenplatte 49
Einsumpfen 44
Einwirkungen, chemische 163
Einzelkristalle 163
Eisenoxid 6
Eisenportlandzement 8
Eiskristalle 163
Eiweißstoffe 20
Elastizität 39
Elastizitätsmodul (siehe E-Modul)
Elektrokorund 14
Empfangsraum 92; 94
Energieeinsparung 80
Energieverbauch 80
Entschalungsmittel 72
Epoxid 11
Ergiebigkeit 130
Erhärten 3; 122
Erhärtung 4; 7; 9; 22; 168
– von hydraulischem Kalk 6
Erhärtung
– sphase 58; 114; 117; 139
– sverhalten 121; 144
– sverzögerung 6
– svorgang 13
– sreaktion von Zementklinker 7
– szeit 28
Erstarrungsbeschleuniger **19**
Erstarrungsverzögerer **19**
Estrich 11
– element 49; 161
– gips 2; 22
Ettringit 17
– bildung 122
– kristalle 121

F
Fachwerk 106
Farbgebung 143; 152
Farbwirkung 18
Fasergehalt 75
Fasergips 2
Faservlies 47
Faserzementplatten 75
Fassaden 97; 139; 185
– anstrich 89; 145; 176
– bekleidung 40
– dämmplatten 125
– farben 145
– –, lösungsmittelhaltige 145
– oberfläche 147
– renovierungen 125
– schutz 150
– – theorie nach Künzel **88**
– verschmutzung 149
Faulen 3
Federbügel 51

Federschienen 51
Fehlstellen 147
Feinkalk 24
Feinkornanteil 168
Feinputzmaschine 114
Feinstaub 75
Feinstkörnung 43; 132
Feinstsande 17
Fensterbänke 191
Fensterleibungen 110
Fensterstürze 105; 110
Fertigbauteile 107
Fertighausbau 40
Fertighäuser 75
Fertigmörtel 113
Fertigputzgips 22
Festigkeit 23; 24; 54; 62; 72; 99; 113; 116; 143; 144; 146; 163; 168; 189
–, erhöhte 27
Festigkeit
– saufbau 62
– sbeeinträchtigungen 23
– sgefälle 170
– sklassen 8; 24; 142
Festmörtel 99
Fett 147
– kalk 5
Feuchte
–, absolute 83
–, relative 83
– transport 164
Feuchthalten 60; 124; 132; 148; 168
Feuchtigkeit 103; 147; 163
–, aufsteigende 123; 128; 134; **141**; 185; 187
– aus Niederschlägen 184
–, rückseitige 26
– saufnahme 49
– seinwirkung 120
– sgehalt 51
– shinterwanderungen 182
– sschutz 40; 88; 100
– stransport 186
Feuchtklima 64
Feuchträume 26; 29; 30
Feuerhemmend 22
Feuerschutzplatten 47
Feuerwiderstandsdauer 46

Filzen 114
Flächenmasse 91
Fließbeton 19
Fließmittel 19
Flugasche 6; 8
Flußsand 13
Flußsäuregewinnung 2
Folgeschäden 181; 191
Förderdrücke 113
Fördermengen 113
Fräsen 75
Freifallmischer 129
Fremdstoffe 147
Frequenz 90
– bereich 45; 90
– gang 45
frisch in frisch 142
Frischmörtel 129
– rohdichte 99
Frost 28; 64; 65
– beständigkeit 33
– einwirkung 168
– schäden 97
– schutzmittel 19
– Tausalz-Beständigkeit 18
Fugenfüller 158; 159
Fugengips 22
Fugenprofile 110; 111; 112
Füller 12; **17**
Füllstoffe **17**; 144
Fußwärme 79

G
Gasbeton 72; 74
– platten 24
– steine 24
– beschichtungen 142
Gasdurchlässigkeit 151
Gebäudeecken 110
Gebrauchsdauer 109; 129
Gebrauchstauglichkeit 167
Gefrieren 163
Gefüge 162; 163
Gehrungsschnitt 111
Geräusch 91
– eindruck 91
– erzeuger 91
Gesamtputzdicke 132
Gesimse 184

Gesteinsmehl 12
Gewährleistungsfrist 190
Gewebebahnen 127
Gewebestreifen 109
Gips 1; 6; 30; 47
– faser
– – Verbundplatten 50
– – platten 46; **48**; 49; 155; 157; 158; 161
– platten 48; 49
– kalkmörtel 21; 23
– karton
– – Bauplatten 47
– – Lochplatten 47
– – platten 46; **47**; 48; 49; 76; 107; 114; 154; 155; 156; 158; 159; 160; 161
– – – Kantenformen 48
– – Putzträgerplatten 47
– – Verbundplatten 48
– – Zuschnittplatten 47
– kristalle 3
– marken 125
– mörtel 21; **22**; 23
– putz **120**; 121; 138; 139; 186
– – maschinen 113
– sandmörtel 21
– stein 2
Gitterrabbot 114
GK– Platten 47
Glanzgrad 144
Glasfaser 14
– armierungsgewebe 138; 177
– bewehrung 140
– gewebe 35; 36; **109**; 77; 108; 109; 110; 139; 140
Glasseiden-Gittergewebe 40
Glätten 114
Glättkelle 114; 115
Gleitlager 112
Glukonate 19
Granit 13
Graukalk 5
Griffstück 112
Größtkorn 33; 34; 61
Grubensand 13
Grundanstrich 169
Grundgeräuschpegel 94

Grundierung 35; 102; 122; 143; 168; 178; 181
Grundputz 28
Gußasphalt 87
Gutachter 165

H
Haarrisse 170; 172
Haftbrücke 12; 102; 137
Haftputzgips 22
Haftspritzbewurf 43; 44
Haftung 12; 24; 60; 62; 100; 101; 102; 107; 144
– smittel **19**
– sstörungen 182
Haftzugfestigkeit 39
Hammerwerk 92
Harnstoff 19
Härte 23
Haustrennwände 94
Heißwasser-Hochdruckreinigung 180
Heizenergie 80
Historische Bauwerke 99; 186
Historischer Putz **44**
Hitzebeständigkeit 40
Hochdruckwasserstrahlen 169; 170; 177
Hochhäuser 36; 97
Hochofenschlacke 13; 14
Hochofenzement 8
Hohlblock 74
Hohlraum 160
– dämpfung 155; 158; 160
Hohlstellen 167; 191
Holz
– balken 106
– beton 14
– brett 115
– fachwerk 106; 182; 183
– konstruktionen 106
– paneele 46
– profile **51**; 156
– Sägemehl 14
– schalungen 160
– schutzmittel 51
– spanplatten 46; 157
– späne 14; 15
– ständerbauweise 138; 155; 156

– wolle 15; 105
– – Leichtbauplatten 10; 14; 39; 74; 76; 102; **105**; 134; 136; **138**; 140; 157
Höreindruck 90
Horizontalabdichtung 186
Horizontalsperre 120; 141
Hüttenbims 14; 15
Hüttensand 6; 13; 14
– zuschlag 13
Hüttensteine 73
HWL-Platten 105
Hydratation 3; 22
Hydratationswärme 19
Hydratkristalle 3
Hydratstufe 23
Hydraulefaktoren 6
Hydraulischer Kalkmörtel 21; 25
Hydraulischer Kalk 5; 24
Hydrophobierung 20; 36; 41; 143; 144; 145; **148**; 149; 150; 152; 153; 174; 176 191
– smittel 85; 89; 149; 176

I
Imprägnierungen 20; 149
Industrie- und Stadtklima 64
Infrarot-Strahlung 70
Innen
– abdichtung 43
– ausbau 46; 48
– dämmung 84
– deckenputze 26; 30; 139
– putze 25; 26; 101; 138
– wände 78
– wandputze 26; 29
Instandhaltung 162; 191
– von Putzen **190**
Instandsetzungsmaßnahmen 170
IR-Strahlung 70

J
Jauche 141
Joint– Füller 158; 159

K
k-Wert 78; 79; 83
Kalilauge 19
Kaliumsilikat 9

Kaliwasserglas 9; 36; 150
Kalk 3; 4; 44
– anstriche 143
– farbe 145; 152
–, gebrannter 3
– – Herstellung 4
– – Löschen 4
–, gelöschter 3
– gipsmörtel 21; 23
– gipsputze 139
–, hydraulischer 5; 24
–, hochhydraulischer 5; 24; 25
– hydrat 4; 7; 23; 25; 26
–, karbonatisierter 4
– klümpchen 44
– mergel 3; 5
– mörtel 4; **24**; 121
– –, hochhydraulischer 21
– putze 3; **121**; 138; 146; 152
– sandsteine 24; 73; 74; 101
– schlämme 4
– spat 29
– stein 3; 13
– zementmörtel 21; 74; 138
– zementputz 87; 88; 137; 145
– zementunterputz 99
Kammspachtel 137
Kantenschutzprofile 111
Kapillarität 88
Kapillare 65
Kapillargesetze 149
Kapillarsystem 176
Karbonate 19; 141
Karbonatisieren 7; 122
Karbonatisierung 7; 41
Karsten'sches Prüfröhrchen 87; 90
Kartonschicht 49
Kartonummantelung 47
Kassettendecken 160
Kelle 115
Kellenschnitt 31
Kellenstrichputz 115
Kellenwurfputz 115
Kellerwand-Außenputz 27
Kennwerte, mechanische **54**
Kernbohrer 167
Kies 14
Kieselsäure 6

– ester 149
– gel 150
Klammern 52
Kleben 53
Kleber 38; 39; 52
– bett 125
– streifen 125
Klemmen 52; 53
Klimatische Einwirkungen 78
Klimazonen 163
Klinker 6
Kniestöcke 135; 140; 146
Kohlendioxid 4; 144; 146
Kohlensäure 6; 7
Kohleschlacke 14
Kokosfaserplatten 39
Kolbenpumpe 112
Kompressor 112
Konsistenz 114
Korn
– abstufung 42
– aufbau 117
– farbe 117
– form **15**; 29; 117
– gemisch 15
– größe **15**; 117
– gruppe 15
– klasse 15
– verband 162
– zusammensetzung 85
Körperschallanregung 91
Korrosion 8; 17; 110
– sschäden 41
– sschutz 7; 16; 17; 146
Kostenminimierung 153
Kratz
– arbeiten 119; 120
– eisen 120
– grund 119; 120
– probe 101; 147
– putze 29; 33; 34; 117
– schicht 119
Kreide 17
Kristall
– bildung 141
– isationsdruck 121; 129; 141; 163
– isationskeime 23
– wasser 22; 120
Kunstdünger 141

Kunstharz **11**; 109
– dispersion 19
– putze 11; **31**; 32– 35; 63; 70; 75; 86; 89; 99; **123**; 124; 137; 145; 178; 181
– Vergütung 137
– zusätze 12; 61; 121
Künstliche Zuschläge 15
Kunststoff
– dispersion 11; 45; 61; 150; 152
– Fasern 14; 75
– gehalt 190
– gewebe 35; 77; 110; 188
– Kantenschutz 110
– zusatz 61

L
L-Wandaußen-Eckprofil 50
L-Wandinnen-Eckprofil 50
Lagerdauer 1
Lagerstabilität 33
Land- und Gebirgsklima 64
Lattenunterkonstruktionen 138
Lautstärke 91
– eindruck 90
Lehm **9**
– putzweisen 119
Leichtbauplatten **138**; 140
Leichtbeton 72; 73; 74
– steine 170
Leichthochlochziegel 73; 74
Leichtmauerwerk 99
Leichtmörtel 74
Leichtoberputz 142
Leichtputz 99; 102; 142; 145; 178
Leichtunterputz 99; 102; 142; 143
Leichtziegel 73; 99
Leichtzuschläge 14; 46; 74
Leistungsverzeichnis 97
Leitfähigkeit, kapillare 172
Lichtbeständigkeit 144
Lichtechtheit 70
Lieferkörnung 15
Lochziegel 74
Löschverhalten 25
Löslichkeit 3
Lösungsmittel 34; 144
– dämpfe 152
Luftfeuchtigkeit 168

Luftgehaltsprüfer 130
Luftkalk **3**; 5; 24
– mörtel 21; 25; 121
Luftporen 42; 113; 129; 180
– anteil 113
– bildner **18**; 41; 42; 61; 129
– gehalt 41; 42; 129; 130; 132; 179; 180
Luftschadstoffe 69; 70; 144; 168
Luftschall
– dämmung 91
– anregung 91
– schutzmaß 92
Luftschichtdicke, diffusionsäquivalente 35; 84; 87; 88; 89; 144; 145; 149
Lufttemperatur 82; 83; 173
Luftverschmutzung 4
LW-Inneneckprofile 157

M
Madenputz 115
Magerkalk 5
Magnesia **10**
Magnesium
– chloridlösung 10
– hydroxid 10
– sulfatlösung 10
Mängel 104; 120; 167
– am Putzgrund 102
– beseitigung 167
– vermeidung **120**; 133
Mangelhafte Festigkeit **167**
Mangelhafte Oberflächen-
   festigkeit **168**
Marienglas 2
Marmor 3
– gips 22
– kalk 5
Maschenweite 106; 108; 137; 138
Maschinenputz 22; **112**; 142
– gips 22
Masse, flächenbezogene 90; 91
Materialgefüge 162
Materialwechsel 173
Maueranschlüsse 108
Mauersalpeter 141
Mauerschlitze 101; 167
Mauerwerk 136

– aus leichten Baustoffen 73
– aus schweren Baustoffen 73
–, einschaliges 74
–, feuchtes 179
–, salzhaltiges 41; 179
– sart 98
– skanten 110
Mehlkorn 13
Mehrschicht-Leichtbauplatten 39; 74; 76; 95; 98; 102; **105**; 136; **138**; 140
Mesoklima 64
Meßhilfen 170
Meßlatten 103
Meßmethode 170
Metakieselsäure 9
Metall
– oxide 18
– profile **50**; 51; 110; 156
– Putzprofil 111
– Regelprofile 50
– seifen 149
– späne 14
– ständer 155
– – wände 154; 155; 156
Methacrylsäureester 11
Mikroklima 64
Mikroorganismen 40; 120; 123; 144; 149; 163
Mikrorißbildungen 163
Mikroskop 170
Mindestdicke 62
Mindestdruckfestigkeit 24; 100; 133
Mindestluftporengehalt 129
Mindestrohdichte 158
Mindestschichtdicke 131; 132
Mindestüberdeckung 8
Mindestwärmeschutz 79; 80
Mineralfaser 39; 63; 105; 107
– Kassettendecken 160
– dämmstoffe 47; 48; 158
Minerale 29
Mischbauweisen **77**
Mischer 112
Mischkomponenten 113
Mischmauerwerk 107; 108
Mischungsanweisung 24
Mischungsfehler 179

Mischungsverhältnis 21; 25; 26; 133
Mitteilung von Bedenken 104
ML-Platten 105
Modellierputz 33
Molekülgröße 174
Montagedecken 50; 51; 153; **159**
Montagewände 46; 50; 51; 94; 153; 154; 155; 156; 159; 160
Moos 103; 147; 180
Mörtelart 20; 21
Mörtelkonsistenz 109; 139; 140
Mörtelmischung 26
Mörtelpumpe 112
Mörtelreste 23
Münchner Rauhputz 115
Musterbrief 104
Musterflächen 148

N
Nacharbeiten 96
Nachbearbeitung 116
Nachbehandlung 122; 124; 132; 168; 173; 180
Nachhallzeit 92
Nachschleifen 158
Nachschwinden 39
Nachspachtelung 158
Nägel 52
Nagelbrett 117
Nageldurchmesser 52
Nägel 52
naß in naß 140
Naßphosphorsäureherstellung 2
Naßputzarbeiten 158
Naßzellen 29
Natriumsilikat 9
Natronwasserglas 9
Naturgips 49
Naturharzseifen 18; 129
Naturputz 116
Natursteinmauerwerk 186
Natursteinputze 34
Natursteinsande 29
Nebenleistung 103; 104
Netzrisse 58; 170; 173
Neuanstrich 180
Niederschlagswasser 100; 147
Niete 52; 53

Nietverbindungen 157
Nitrat 141; 164
– ausblühungen 141
– haltige Wässer 164
Nitrit 164
Norm-Trittschallpegel 92; 93
–, bewerteter 93; 94
Nut- und Federschalung 46
Nutzungsdauer 149; 176

O
Oberfläche, kreidende 70
Oberflächen
– bearbeitung 112; 168
– behandlung 20; 148; 168; 173
–, behauene 116
– energie 163
– festigkeit 72; 152; 168; 169; 180
– gestaltung 20; 119
– schwindrisse 125
– spannung 85
– tauwasser 79; 80; **83**
– temperatur 68; 79; 83
– wasser 141
Oberputz 28; 29; 63; 110; 133; 178
Ölabweisend 149
Oleat 20
Oleophobierend 149
Öl 147
– schieferzement 8
Opferkalk 164
Organismen 164
Oxicarbonsäuren 19

P
Paneele 160
Papierfasern 14
Partialdruck 82; 83
Perlite 15; 46
Pfeiler 135
Phasenverschiebung 79
Phosphate 19
Pigmente **18**; 144; 150
Pilzbildungen 103; 147
Pilzsporen 123
Planblockmauerwerk 141
Planer 134
Planung 165
Planungsrisiko 97

Plastifizierungsmittel 19
Plattenstöße 75
Polyethylenfolie 87
Polyglykolether 18; 129
Polymerisatharz 149; 168
– anstrich 152; 153; 169
– farben **151**
Polymethacrylat 11
Polystyrol 14; 15
– Extruderschaum 39; 107; 135; 136; 137
– – platten 76
–, geschäumtes 63
– Hartschaum 37; 39; 48; 63; 76; 105
– – platten 37; 74; 181
– Partikelschaum 136
Polyurethan 11
– Hartschaum 48
Polyvinlyacetat 11
Polyvinylpropionat 19
Poren 65; 174
– beton 72; 73; 74; 85; 88; 99; 100; 101; 102; 141; 142
– – platten 24
– – steine 24
– – beschichtung 142
– – elemente 141
– durchmesser 163
– raum 162; 163
– wandung 163
Portland 8
– zement 6
Profil 108; 157
– blechdicke 50
– querschnitt 50
Prüfsiebe 15
Prüfstempel 167
PSE-Platten 135; 136; 137
Pulverkalke 25
Putz 38; 61
– ablösungen **167**; 182; 183; 187
– abrisse 183
– abschluß 110
– – profil 111
– anwendung **26**
–, Anwendungsbereiche **26**
– arbeiten **96**; 112
– armierung 77; 107

– art 20; 120; 138; 145; 152; 165
– aufbau 103
– –, Regeln zum **61**
– auf Mauerwerk mit geringer Festigkeitsklasse 142
– auf Porenbeton 141
– auftrag 173
– bewehrung 100; 104; **107**; 108; 109; 138; 140; 143; 173; 174
– dicke 30; 62; 138; 165
–, einlagiger 29; 30
– festigkeit 165
– gips 22
– grund 20; 27; 62; 101; 102; 104; 107; 108; 173
– hersteller 174
– kante 110; 111
–, kunstharzvergüteter 61
– lagen 62; 101; 139
– mängel 96
– maschine 112; 129; 180
– mörtel 1; **20**; 21; 32
– – gruppen 20; 28; 29; 30; 98; 100
– oberfläche 29
– oberflächenrisse 173; 174
–, organischer **31**
– system 97
– profile **110**; 140
– querschnitt 168
– regel 37; 62
– risse 134; 135; 138; 150; 174; 176
– sanierung 174
– schäden 96; 103; 165; 184; 185; 186
– schienen **110**; 111; 121; 134
– systeme 27; **31**; 62; 63; **97**; 100; 136; 173
– –, bewährte 27–30
– techniken **112**; 114
– träger 28; 46; 47; 77; 100; **104**; 105; 106; 107; 114; 135; 138; 167; 173; 174; 182
– untergründe **71**; 103; 152
– verarbeitung von Hand 112
– weisen 20; **114**
Putz- und Mauerbinder 6; **12**
Puzzolan 5
– zement 8

Q
Quarz 6
Quarzit 13
Quellen 22; 55; 57; 65; 107
Quellfähige Bestandteile 16

R
Rabitz
– arbeiten 106
– Decken 106
– konstruktionen 114
– putz **114**
– unterkonstruktion 114
– wände 114
Rahmenkonstruktion 51
Randbedingungen 173
Rationalisierungsgründe 110
Rauchgasentschwefelung 2; 49
Rauhigkeit 71; 76; 147; 173
Raumklima 64
Reaktionsfähigkeit 1
Regen 97
– fallrohr 185
– karte 66
–, saurer 70
– schutz 33; 40; **85**; 88; 89; 144; 145; 149; 151; 152
– wasser 164; 173; 184
Reibeputz 33; 34; 114
Reinigungsmittel 148
Reinigungsverfahren 148
Reisigbesen 115
Reißfestigkeit 138
Rekristallisation 146
Relaxation 57
Resonanzfrequenz 94
Reversibilität 144
Rezeptlösungen 174
Richtschnur 111
Rillenputz 32; 33; 34; 115
Rindenputz 115
Rippenstreckmetall 106; 114
Rißanfälligkeit 150
Rißarten 174; 175
Riß
– art 172; 191
– bereich 174
– bewegungen 174; 176
– bilder 173

– bildung 58; 59; 61; 72; 99; 100; 109; 122; 143; 170; 171; 172; 180; 181
– bild 170; 173; 174; 191
– breite 150; 165; 170; 172; 173; 174; 176; 191
– breitenänderung 178
– breitenmaßstab 170
– erscheinungsbild 147
– flanken 173
– formen 173
– frei 61; 169
– instandsetzung 174; 175
– länge 191
– neigung 57
– ränder 176
– richtung 109; 141
– sicherheit 57
– sicherheitskennwert 56; **57**; 122; 173
– tiefe 170; 172; **173**; 191
– überbrückende
– – Anstriche 145; 151; 152
– – Anstrichsysteme 174; 176; 178
– – Dispersionsanstriche 153
– – Eigenschaften 40; 73
– – Oberputze 174; 177; 178
– überbrückung 40; 45; 126; 178; 179
– ufer 151; 170; 176
– ursachen **173**; 174; 175
– verhalten 71
– verlauf 147
Risse 40; 58; 60; 101; 103; 104; 106; 107; 112; 125; 134; 138; 147; **169**; 170; 172; 174; 176; 188; 191
–, bautechnische 174
– bewertung 172
– im Putz 166
–, konstrutionsabhängige 174
–, Lage der 191
–, unregelmäßige 170
–, unvermeidliche 169
Ritzzeichnungen 119
Rohdichte 23; 49; 73; 74; 79; 91; 99
Rohrgeflecht 114
Rohrmatten 106
Rohrputz 106

Rohwand 143
Rolladenkästen 76; 77; 98; 105; 108; **134**; 140; 167
Rolladenprofile 77
Rollputz 32; 33; 34
Romankalk 5
Roving-Bündel 109

S
Sägeblatt 117
Salpeter 141
Salpetersäure 164
– korrossion 164
salpetrige Säure 164
Salze 17; 65; 134; 141; 163; 164; 179; 185
– art 180
– aufnahme 144
–, auskristallisierende 180
– druck 42
– kristalle 141
– kristallisation 89
– säure 117
– transport 42; 131
Sand 13; 14; 25; 26
– gemisch 16
– injektor 148
– strahlen 170
Sanierputz 18; 26; **41**; 42; 113; **128**; 129; 131; 141; 145; 146; 179
– system 130
Sanierung **162**; 165
– von Rissen 174
Sanierungs·
– arbeiten 106
– maßnahmen 170; 186; 190
– möglichkeiten 165; 167; 180
– verfahren 182
Sättigungsdruck 83
Saugfähigkeit 71; 73; 147; 149; 173; 174; 178
Saugverhalten 102
Säuren 164
Schadens
– analyse 181
– art 165
– beseitigung 165
– –, Verfahren zur 165
– bilder 162; 182

– diagnose 165
– entstehung 165
– fälle 97
– hergang 165
– klassen 165
– umfang 165
– ursachen 162; 165; 182
– wirkungen 162
Schäden 97; 120; **162**; 165; 190; 191
– an Sanierputzen 179
– an Wärmedämmverbund- systemen 180
Schadgasaufnahme 144
Schall
– absorbierend 160
– absorption 45
– – sfläche, äquivalente 92
– dämm-Maß 90; 91; 92
–, bewertetes 90; 91; 92; 94
– dämmung 90; 91; 94; 95; 158
– druck 90
– Leistung 91
– pegel 90; 91; 92; 160
– schluckplatte 47
– schutz 39; 40; 48; 50; **90**; 93; 106; 154; 155; 156; 157; 160
Anforderungen 93
– übertragung 51; 78; 92; 95
Schalöl 72
Schalungstrennmittel 101
Schamotte 14
Schariereisen 116
Schaumbeton 72
Schaumglas 15; 107
Schaumlava 14; 15
Scherspannungen 55
Schichtdicke 45; 61; 124; 131; 142; 143; 145; 151; 176; 177; 178; 179
Schichtenfolge 20
Schiefermehl 17
Schilfrohr 106
– matten 77; 106
Schimmelflecken 120
Schlagregen 64; 85; 143
– beanspruchung 65; 66; 67; 88; 97; 172; 185
– schutz 67; 170; 172
– sicherheit 128; 172
Schlämmen 4

Schlämmputze **45**
Schleifscheiben 148
Schlitze 106; 108
Schneckenpumpe 112; 113
Schnellbauschraube 52
Schotter 14
Schrauben 52; 157
Schüttdichte 24; 25
Schutzfunktion 143
Schutzmaßnahmen 168
Schutzwirkung 143; 165; 167
Schwachstellen 96; 101; 105; 135
Schwammbrett 114
Schwarzkalk 5
Schwefeldioxid 4; 164
– haltige Luft 164
Schwefelsäure 17; 164
Schwerspat 13; 14
Schwinden 43; 55; 56; 57; 58; 59; 63; 71; 102; 107; 113
Schwind
– kräfte 39
– maß 19; 39; 55; 56; 60; 61; 74
– rißbildung 28
– risse 3; 4; 13; 43; 102; 114; 132; 140; 166; 168; 173; 180
– spannungen 22; 55; 58; 60; 72; 103; 107; 139; 144; 146; 152; 168; 181
– verhalten 71; 77
Schwingungen 91
sd– Wert 84; 85; 145
Seemuschelkalk 5
Seemuscheln 3; 29
Senderaum 92; 93
Serpentin 14
Setzrisse 174
Setzungen 102
Sgraffito 119
– schlingen 120
– technik **119**
Sichtbeton 41
Sickerströmung 85
Silane 149
Silikat **9**; 19; 20; 149
– anstriche 9; 169
– farben 36; 145; **150**; 153
– putz 9; **35**; 36; 63; **123**; 145; 178
Silikonate 149

Silikon
– emulsion 36; 49
– harz 149
– – anstrich 152; 153; 169
– – emulsion 152
– – farbe 145; 146; **152**
– – putz 35; **36**
Siliziumkarbid 14
Silo 113
Siloxane 149
Sinterbims 15
Sintergrenze 3; **6**
Sinterschicht 167
Sockel 177
– bereich 26; 103; 133
– profile 110; 111
– putze 97; 133
– schienen 125
Sonderputze 12
Sonderzuschläge 14
Sonne 168
Sonneneinstrahlung 81; 140; 180
Sonnenlicht 69; 70
Spachtelgips 22
Spachtelmasse 60; 158; 159
Spachtelung 158; 160
Spannungen **54**; 58
–, thermische 140
Spannungsabbau 59; 60
Spannungserhöhung 60
Spannungsspitzen 143
Spanplatten 76
Speckkalk 5
Sperrbeton 20
Sperrputze **42**; 43; 89; **132**
Spezialbefestigungsdübel 139
Sprengdruck 163
Spritzbewurf 26; 46; 71; 72; 73; 101; 102; 109; 118; 130; 133; 134; 138; 140; 143
Spritzputz 33; 45; 115
– gerät 115
Spritzwasser 65; 68
Stabilisierer **19**
Stahlbetonaußenbauteile 136
Stahlbetonbauteile 135
Stahlbeton-Stützen 105
Ständerwände 155
Standzeit 140; 148; 169; 173

Staub 147
– beutel 119
– bindung 49
Stearat 20
Steinfestigkeit 98
Steinfestigkeitsklasse 133
Steinputz 29; 116
Steinwaschputz 26; 117
Stockputz 29; 116
Stoßbeständigkeit 110
Strahlenschutzputz 13
Strahlenschutzwände 159
Straßenbau 6
Streckmetall 77; 106
– Tafeln 106
Streichputz 33
Strömungswiderstand 158
Strukturputze 34; 47
Stuck
– arbeit 114
– gips 22
– marmor 118
– mörtel 23
Stückkalk 24
Stukkolustro 118
Stürze 76; 105; 140
Stützen 140
Styrolacrylat 11
Styrolbutadien 11
Substanzen, wasserlösliche 135
Sulfat 17; 141
– ausblühungen 120
– salze 123
– treiben 17; 121
Sulfide 17
Sulfonate 19
Superverflüssiger 19

T
Taktverfahren 112
Tapete 29; 47
Tauchversuch 86
Taupunkttemperatur 83
Tauwasser 79; 83; 84
– ausfall 85; 137
– bildung 83
– ebene 84
– menge 84
Technische Merkblätter 31

Temperatur 103; 147; 163
- Amplitudenverhältnis 79
- änderung 79
- absenkung 163
- beständigkeit 39
- dehnzahl 56; 57; 74
- differenzen 163
- schwankungen 138
- spannungen 73
- unterschiede 163
- verteilung 79
- wechsel 67; 71: 68; 71; 168; 180
Thermohaut 38
Tischlerplatten 76
Titandioxid 34
Ton 6; **9**
- erde 6
- - (schmelz)zement 8
- mineralien 9; 10
- säuren 6
Transportmörtel 19
Traß 6; 25
- hochofenzement 8
- kalk 5; 25
- - mörtel 25
- Kalk-Putze 44
- zement 8
Traufel 114
Treiberscheinung 166
Trennschleifer 75
Trennwände 92; 114
-, leichte 107
Tricalcium
- Disilikat-Hydrat 6
- aluminat 7
- silikat 7
Trittschall
- anregung 92
- dämmplatten 161
- dämmung 78; 91
- schutz 92
- Verbesserungsmaß 92
Trocken
- bau 3; 46; 49
- - arbeiten **153**
- - platten 49; 153; 155; 156; 157; 158; 160
- - systeme 153
- estrich 49; 161

- putz 48; 153; **160**
- schichtdicke 151; 176
- schüttungen 161
- wohnen 122
Trocknungsspannungen 150
Tropfnasen 147
Trümmergesteine 9
Tuffe 15
Türzargen 157

U
U-Profile 50; 51
Überbeanspruchung 191
Überkorn 34
Überputzen von Dämmplatten 76
Überschichtdicken 145
Überschußwasser 101
Überstreichbarkeit 144; 153
Ultraviolett-Strahlung 70
Umbildung, Chemische 163
Umlagerung, hydraulische 7
Umweltschutzauflagen 148
Unebenheiten 103
Unterboden-Elemente 161
Unterdecken 153; 159
Untergrund 39; 96; **97**; 100; 143; 147; 148; 165
- beschaffenheit 143
-, Prüfen des 100; 101; 102; 134; **138**; 169
- mängel 103
- vorbehandlung 96; 102; 103; 125; 148; 162; 165; 170; 173; 177; 178; 182; 183
Unterkonstruktion 48; 105; 156; 160
Unterputz 26; 28; 109; 110; 133
Unterzüge 135
Unverrottbarkeit 39
Urin 141
Ursachen von Putzschäden 166
UV-Einwirkung 70; 144
UW-Profile 51; 157

V
Verarbeitbarkeit 19; 39; 61; 144; 150
Verarbeitungs
- fehler 31; 132

- konsistenz 142; 144
- maß 93
- mängel 173; 179
- vorschriften 31; 38
- zeit 19; 25
Verbund 59; 60
- platten 48; 49; 160
verschieblicher 58
- werkstoff 49
Verdichtung 114
Verdübelung 39
- von Wärmedämmverbundsystemen 126
Verdunstung 88
Verdunstungsgeschwindigkeit 134
Verdunstungswassermenge 84
Verfärbungen 16; 141; 166; 191
Verflüssiger **19**
Verformung 40; 55; 58; 61; 110
-, thermische 55
-, hygrische 55
- des Untergrundes 173; 174
- svermögen 99
- swiderstand 76
Vergrauungen 180
Verhältnis Biegezugfestigkeit/ Druckfestigkeit 99
Verkieselung 9; 36; 123
Verklebung 48; 181
Vermiculite 15; 46
Vermörtelung 98
Verputzen von
- Porenbeton 142
- PSE-Platten 136; 137
Verringerung des E-Moduls 61
Verschleiß 112
- fest 13
- schicht 143; **190**
Verschmutzung 89; 166; 183; 191
- des Kunstharzputzes 180
Verschmutzungsneigung 144; 147
Verseifungsbeständigkeit 33
Versprödungen 70
Versteifungsbeginn 22; 23
Versteinerung 9
Vertikalabdichtung 141
Verunreinigungen 23
-, Organische 17

Verwitterung 162; **163**
Verwitterungsarten 162
Verzögerungsmittel 23
Vinylacetat 11
Vinylaromate 11
Vinylpropionat 11
Viskosität 19
VOB 103
Vollwärmeschutz 38
Vollziegel 73; 74
Volumenvergrößerung 163
Voranstrich 137
Vorarbeiten 96
Voraussetzungen, bautechnische 100
Vorbehandlung 137, 142
Vorbereitende Arbeiten **96**
Vornässen 71
Vorsatzschalen 153; 155; 156; 160

W
w-Wert 86; 145
Wandbauarten 156
Wandbekleidungen 51
Wandbildner 143
Wandkonstruktionen 85
Wandscheiben 135
Wandschlitze 107
Wandtrockenputz 160
Wände, biegesteife 91
Wärme
– ausdehnung 107
– ausdehnungskoeffizient 69; 75; 76; 99; 100
– brücken 40; 76; 81; 105; 136; 138
– eindringkoeffizient 79
– dämmputz 81
– dämmung 14; 38; 39; 50; 73; 74; 76; 85; 99; 98; **78**; 105
– dämm
 – – eigenschaft 78
 – – platten 40; 124; 167; 179
 – – putz 14; **37**; 62; 63; **123**; 179
 – – schicht 48; 85
 – – stoffe 66
 – – verbundsystem 11; 31; 35; 36; **37**; 38; 39; 40; 62; 75; 81; 123-126; 135; 174; 178; 179; 181

– – unterputz 63; 124
– durchgangskoeffizient 78; 79
– durchlaßwiderstand 79
– kapazität 79
– leitfähigkeit 37; 39; 71; 73; 74; 79; 80; 99
– schutz 37; 40; 50; 73; 78; 79; 80; 106; 154; 155; 156
– –, sommerlicher 81
– –, winterlicher 79
– – verordnung 80; 81
– speicher 39; 79; 81
– übergangwiderstand 79
Wartezeiten 165
Wartungsanstriche 145
Waschputz 26; 29; 117
Wasser
– abgabe 88
– ablaufrohre 191
– ableitung 134
– abweisend 20; 27; 67; 88; 89; 143; 144; 145; 148; 149; 150
– anfall 179
– anspruch 19; 24
– aufnahme 20; 66; 72; 87; 88; 89; 144; 152; 153
 – – koeffizient 35; 45; 85; 86; 87; 89; 99; 144; 145; 146; 149
– beanspruchung 97
– belastung 97; 147
– beständigkeit 39
– dampf 87; 144; 145
 – – diffusion 28; 172
 – – diffusionswiderstand 149; 172
 – – diffusionswiderstandszahl 83; 85; 87; 99
 – – durchlässig 83
 – – durchlässigkeit 35; 72; 83; 87; 89; 144; 146; 149; 150; 151; 152; 153; 177; 181
 – – partialdruck 82; 83
 – – sättigungsdruck 83
 – – teildruck 82; 87
– einwirkung 64; 96; 141; 185
– entzug 61; 63; 168
– gehalt 147
– gipsverhältnis 23
– glas 9; 20; 149

– hemmend 27; 67; 88; 89; 143; 144; 145
– kalk 5
 – – mörtel 21; 25
 – – hydrat 24; 25
– leitung, kapillare 141
– löslichkeit 3
– rückhaltevermögen 20
– saugfähigkeit 76
– speicherfähigkeit 172
– stauung 166
– strahlen 169
– weiterleitung 172
– zugabe 45
Weißfeinkalk 5
Weißkalk 3; 5; 24
– hydrat 25
Weißpigment 34
Weißzement 18
Werkmörtel 19; 31; 37
Werktrockenmörtel 12; 29; 99; 113; 133; 140; 142; 177
Wind 97; 168
– belastung 39
– kessel 112
Wischprobe 101; 147
Witterung 98; 143
Witterungs
– bedingungen 173
– beständigkeit 167; 189
– einflüsse 168
– schutz 28; 39; 78
– verhältnisse 165; 173
Wölbungen 114
WTA-Merkblatt 42
Wulst-Punkt-Methode 125
Wurmputz 115
Wurzelmaßstab 86

Z
Zahnspachtel 132
Zeichnung 119
Zellulosefasern 14; 49
Zement **6**; 8; 26
– arten 8
– klinker, Herstellung 7
– mörtel 21; **26**; 133
– putze 26; 86; **122**
– spritzbewurf 101

– stein 164
Zermürbung 186
Zersetzung 70
Zerstörung 164
– des Zementsteines 164
– des Putzes 184; 185; 191
Ziegel
– erzeugnisse 10
–, porosierte 102; 142
– mehl 44
– rabitzgewebe 114
– splitt 14; 44
Ziehklinge 117

Zugabewasser **17**
Zugfestigkeit 39; 40; 56; 58; 59; 60; 62; 99; 107; 109; 173
Zugkräfte 40; 110
Zugspannungen 55: 59; 60; 61; 69; 107; 124
Zugzone 107; 134
Zusatzleistungen 103
Zusatzmittel **18**; 89; 113; 150
Zusatzstoffe 1
Zuschläge 99; 101; 102; 113; 117
–, hydraulische 5

– mit dichtem Gefüge 13
– mit porigem Gefüge 14
–, natürliche 14; 15
–, organische 42
–, porige 74
–, schädliche **16**
Zuschlagstoffe **13**
Zwangsmischer 113; 129, 130
Zweikomponenten-Silikatfarben 150
Zwischenanstrich 143
–, armierter 63

Über die Autoren

Dipl.-Ing. Hartmut Ross (Jahrgang 1953)

- Studium des Bauingenieurwesens an der Universität Stuttgart (Schwerpunkte: Konstruktiver Ingenieurbau und Baustoffkunde)
- Abschluß als Diplom-Ingenieur, 1978
- Tätigkeit an einer Materialprüfungsanstalt für das Bauwesen
- Mitarbeit in einem Sachverständigenbüro für das Bauwesen
- seit 1989 selbständig
- Hauptaufgaben: Begutachtung und Sanierungsplanung mit Fachbauleitung im Bereich Betoninstandsetzung, Putze, Natursteinsanierung, Anstriche und Estriche sowie Sachverständigengutachten
- Vortragstätigkeit und Autor zahlreicher Veröffentlichungen

Dipl.-Ing.(FH) Friedemann Stahl (Jahrgang 1957)

- Studium der Bauphysik an der Fachhochschule für Technik in Stuttgart (Schwerpunkte: Sonderprobleme Baukonstruktion, Baustoffkunde, Technische Akustik)
- Abschluß als Diplom-Ingenieur (FH), 1985
- freie Mitarbeit in einem Sachverständigenbüro für das Bauwesen
- seit 1985 selbständig mit eigenem, beratendem Ingenieurbüro
- Hauptaufgaben: Planung und Begutachtung im Bereich Wärmeschutz, Bauakustik, Raumakustik, Lärmschutz, Feuchtigkeitsschutz, Mikroklima und Brandschutz. Sanierungsplanung und Fachbauleitung für Putze, Natursteinsanierung und Abdichtung
- Vortragstätigkeit und Autor zahlreicher Veröffentlichungen

Die Autoren sind seit Anfang 1990 Geschäftsführer der *Ingenieurgesellschaft für Bauphysik und Bautenschutz mbH* (IFB mbH) mit Büros in:

7264 Bad Teinach-Zavelstein 4
Lützenhardter Straße 15

7069 Berglen
Ulrichstraße 28

Die IFB mbH führt schwerpunktmäßig Planungsarbeiten, Bauwerksuntersuchungen, Fachbauleitungen und Gutachtenerstellungen durch im Bereich

- *Bauphysik*
  Wärme- und Feuchtigkeitsschutz, Schallschutz, Brandschutz

- *Bautenschutz*
  Betoninstandsetzung, Putze, Estriche, Natursteinsanierung, Abdichtungen, Anstriche

Die Ausstattung mit Prüf- und Meßeinrichtungen ermöglicht die Durchführung von akustischen Messungen, chemischen Analysen, Laboruntersuchungen, Abreißprüfungen und mikroklimatischen Messungen.

AKTUELLES FACHWISSEN

Kalkulationshandbuch für das Stuckgewerbe

Dieses über 1.300 Seiten starke Handbuch bietet Kalkulationshilfen für nahezu alle im Stukkateurbereich anfallende Putzarbeiten, einschließlich der Trockenputzarbeiten.

Für jede der über 1.600 Leistungspositionen enthält das Kalkulationshandbuch jeweils auf die nach VOB bzw. Standardleistungsbuch abzurechnende Einheitsgröße.

**1991. Ca. 1320 Seiten in 3 Bänden.
Format DIN A 5, Spiralbindung,
DM 168,—.
ISBN 3-481-00357-9**

Kalkulationshandbuch für Trockenbauarbeiten

Mit dem Kalkulationshandbuch für Trockenbauarbeiten wird erstmalig eine Musterdatensammlung aus der Praxis für die Praxis geschaffen. Es dient als verläßliche Vergleichshilfe für die eigene Kosten- und Preisermittlung. Jede der Leistungspositionen für Trockenbauarbeiten enthält, bezogen auf die nach VOB bzw. Standardleistungsbuch abzurechnende Einzelgröße.

**1991. Ca. 840 Seiten, Format 15 x 21 cm, in zwei Bänden,
Spiralbindung, DM 98,—.
ISBN 3-481-00380-3**

**Von Dipl.-Ing. Hans von der Damerau
und Dipl.-Ing. August Tauterat.
Bearbeitet und herausgegeben von W. Stern
und R. Franz.
12., überarbeitete Auflage 1989. 316 Seiten
mit 746 Abbildungen, Format 21 x 26 cm,
gebunden, DM 112,—.
ISBN 3-481-00016-2**

VOB im Bild

Die „VOB im Bild" gehört seit Jahren zu den Bestsellern der VOB Literatur. Sie ist der bewährte Bildkommentar zu den 53 Einzelbestimmungen des Teiles C der VOB, der neben das Wort die Zeichnung setzt, so daß der Benutzer mit einem Blick bei der Aufstellung oder Prüfung einer Bauabrechnung die Aussage der VOB-Bestimmungen in einer eindeutigen Auslegung aus der zeichnerischen Darstellung schnell, klar und konzentriert erfassen kann.

Die jetzt vorliegende 12. Auflage berücksichtigt die erheblichen Änderungen für den Teil C „Allgemeine Technische Vertragsbedingungen für Bauleistungen".

Mit der DIN 18 299 ist eine neue ATV in den Teil C aufgenommen, die die gleichlautenden Regelungen der bisherigen Abschnitte 0.5 jeder einzelnen ATV zusammenfaßt. Alle überarbeiteten ATV'en der Ergänzungsbände 1984 und 1985 wurden in den Gesamttext integriert.

Rudolf Müller
FACHBÜCHER